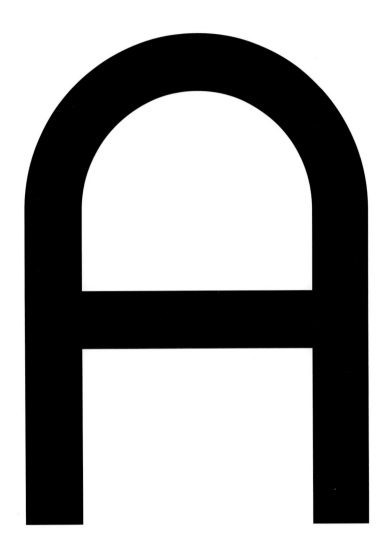

建筑的故事
THE STORY OF ARCHITECTURE

后浪

［英］帕特里克·纳特金斯 著

杨惠君 等 译

CNS
PUBLISHING & MEDIA

全国百佳图书出版单位

湖南美术出版社

·长沙·

Original title：The Story of Architecture (2nd Edition) © 1997 Phaidon Press Limited
This Edition published by Ginkgo (Beijing) Book Co.，Ltd under licence from
Phaidon Press Limited，Regent's Wharf，All Saints Street，London，N1 9PA，
UK，©2021 Ginkgo (Beijing) Book Co.，Ltd.

图书在版编目（CIP）数据

建筑的故事 /（英）帕特里克·纳特金斯著；杨惠
君等译 . -- 长沙：湖南美术出版社，2021.10
ISBN 978-7-5356-9541-3

Ⅰ.①建… Ⅱ.①帕…②杨… Ⅲ.①建筑史 - 世界
- 普及读物 Ⅳ.①TU-091

中国版本图书馆 CIP 数据核字 (2021) 第 146480 号
审图号：GS（2021）5816 号

建 筑 的 故 事
JIANZHU DE GUSHI

出 版 人：黄 啸	著 者：[英]帕特里克·纳特金斯	
出版策划：后浪出版公司	译 者：杨惠君 等	
出版统筹：吴兴元	编辑统筹：杨建国	
特约编辑：王小平	责任编辑：贺澧沙	
营销推广：ONEBOOK	装帧制造：墨白空间·王茜	
出版发行：湖南美术出版社（长沙市东二环一段 622 号）	印 刷：北京雅昌艺术印刷有限公司	
后浪出版公司	（北京市顺义区高丽营镇金马园达盛路 3 号）	
开 本：889×1194 1/16	字 数：400 千字	
版 次：2021 年 10 月第 1 版	印 张：30	
印 次：2021 年 10 月第 1 次印刷	书 号：ISBN 978-7-5356-9541-3	
定 价：298.00 元		

读者服务：reader@hinabook.com 188-1142-1266   投稿服务：onebook@hinabook.com 133-6631-2326
直销服务：buy@hinabook.com 133-6657-3072   网上订购：www.hinabook.com（后浪官网）

后浪出版咨询（北京）有限责任公司 常年法律顾问：北京大成律师事务所   周天晖 copyright@hinabook.com
未经许可，不得以任何方式复制或抄袭本书部分或全部内容
本书若有印装质量问题，请与本公司图书销售中心联系调换。电话：010-64010019

目录 ▮

版权页右　劳拉纳：蒙泰费尔特罗公爵的宫殿，乌尔比诺，意大利，约公元 1454 年

前跨页图　杰斐逊、桑顿、拉特罗布：弗吉尼亚大学，夏洛茨维尔，弗吉尼亚州，公元 1817—1826 年

◁　小约翰·伍德：皇家新月楼，巴斯，英国，公元 1767—1775 年

前言 ∎

　　建筑艺术在每个人生命史中，都占有部分篇章——无论我们是否意识到这一点。我们出生、做爱、死亡，可能都在建筑物内部；工作、游戏、学习、传授技艺以及宗教膜拜，可能都在建筑物中进行；甚至思考、制造、买卖、组织活动、协商国家事务、审讯罪犯、发明事物、关心他人等，可能也都在建筑物内部发生。大多数人早上在建筑物中醒来，到另一栋建筑或另外几栋建筑中度过一整天，夜间又回到原来的建筑里安睡。

　　光是生活在建筑中这一点，就让每个人都有足够的专业权威，可以开始研究建筑的起源与内涵。但在进入建筑世界之前，我们得先弄清建筑艺术的一大基本特色，此特色是建筑艺术与其他多种艺术迥然不同之处，也是让建筑艺术比较难评判的因素：建筑艺术除了艺术魅力之外，还得兼具脚踏实地的特性；另外，一方面要讲求美观，一方面又要强调实用。

　　17世纪初期的亨利·伍登（Henry Wotton）爵士，曾改编更早的理论家——1世纪的罗马建筑师维特鲁威（Vitruvius）的名言，指出"美好的建筑有三大条件：坚固、实用与愉悦"。前两个条件都和建筑艺术脚踏实地的特性有关，第三个条件则属于美感的范畴。"实用"指的是建筑的基本目的：建筑物内部的空间是否能配合该建筑物的用途。"坚固"指的是建筑物的结构是否健全：建筑物的建材与构造是否能配合当地的特殊环境与气候。"愉悦"则是指欣赏者与使用者从某建筑获得的美感上的愉悦与满足感，其间包含多重的个人判断。

　　本书阐述的建筑故事，范围涵盖全世界。目前有关东方与中东国家的建筑艺术甚至有关史前建筑艺术的知识，每年都不断增加，这些知识影响到我们对自身所处环境的看法，改变了我们身处环境的面貌、历史地位与相对重要性。我得先强调，我是个建筑师，因此我观察建筑，完全是从建筑师如何设计建筑的角度出发，这和艺术史学家采取的角度或许不同。我试着以自己的观点切入问题，也就是尽力想象建筑师在设计某栋建筑时，脑海中到底在想些什么。

因此，我每碰到一栋建筑，一定会问一个问题：这栋建筑为什么盖成这样？个中原因或许很多，但只要我们能找出部分原因，例如历史、政治、宗教甚至社会的影响，我们就能更清楚了解，该设计师为什么那样思考，为什么他选择以某种方式来建筑。建筑形成的原因很多，满足建筑需求的方式也不止一种，建筑师最后必须做出选择，我们要问的就是，他为什么做出这样的选择？

密斯·凡·德·罗：西格拉姆大厦，纽约，公元1954—1958 年 ▷

第一章
建筑的基本知识：乡土建筑

在深入了解建筑故事之前，我们得先弄清有关建筑的一些基本知识，这些建筑常识适用于全球各地的日常建筑，不但普遍常见，而且浅显易懂。

整个建筑史发展到现代（许多建筑技术在现代有所突破），建筑只有两种基本方式：一种是把一块块建材堆砌起来的组砌式；另一种则是先造出骨架或框架，再覆盖上外表。

全球各地几乎都有以组砌式盖出来的建筑，堆砌的建材可能是干泥块、砖块或石块。开始是将这些建材一块块堆起，后来发明了转角的方式，还发明出留下洞口的方法，以便进出、采光或排烟，最后整个建筑结构干脆加上篷盖，从而达到庇护的作用，形成了最简单、最直接的居所。有些地方因为生产的建材不同，当地人采取了另一种建筑方式：先以木材或成束的灯芯草（后来则用铁和钢）架出框架，再覆以各种

图 2　北美印第安人的小屋

图 1　新墨西哥州一个以土块建成的村落，其中每个居住空间都是基本的单间住宅

图 3　环绕庭院而建的村庄小屋，马里▷

图 4 日本武士住宅

外表——兽皮、布料、帆布、泥土与稻草（后来则发展出多种板材）。

用来建筑房屋的砌块，几乎什么材料都可以：有的用冲积土（图1），有时也加上稻草，以加强凝固力与持久度，例如古代的美索不达米亚或古埃及就采用这种建材；有的用窑烧的砖，例如中东与欧洲大部分地区；有的用经修整或未经修整的石块，甚至有人用冰块，例如北极地区因纽特人的冰屋。所有建材中，最好用、最持久又最富意义的，还是石头。在框架结构方面，北美印第安人的小屋（图2）可以说是典型的例子。这种小屋的支柱在顶端交叉，然后裹以兽皮，由此而衍生出多种变化：例如拉普兰地区（泛指北欧地区）的皮帐篷、用小树枝搭出的房屋、用黏土和芦苇造成的房子，以及日本用木头和纸为建材盖成的屋舍（图4）。19世纪用铁和玻璃为原料搭出的房屋骨架以及现代用钢与玻璃为材料建出的楼房架构，都是以上述框架式的房屋为先驱。

以此为背景，并认清建筑基本结构的分类后，我们就可以进一步讨论更为实际的问题。对最早面临建筑挑战、思考该如何建造出实用房屋的建筑师而言，一开始的

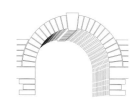

图 5 叠式拱圈与标准拱圈

图 6 吐勒式建筑，屋顶以叠式圆顶构成，阿尔贝罗贝洛，阿普利亚，意大利

问题不在于如何在房屋侧边留下洞口（以下的介绍将指出，洞口对某种类型的建筑其实非常重要），而在于如何盖出建筑物的顶部。完成顶部同样有两种方法，最常见的就是前面提过的那种：用木头做个框架，然后在平坦或呈斜坡状的木架上，覆以能挡风遮雨、阻隔日晒的材料，甚至还设法固定住外覆材料，以免被风吹走。但最原始的一种方法（到最后，也是建筑艺术中最精彩的一种方法），还是在堆栈石墙时，让每层石块逐渐突出，使墙向内弧曲，最后两边的墙在顶端会合。这种名为"叠涩砌法"（corbelling，图 5）的建筑方式，可以用来建筑隧道，如果通转一圈，就可以形成房屋的圆顶。

图 7　巨石阵，威尔特郡，英国，约公元前 2000 年

目前这种结构现存的最精彩实例，位于意大利南部的阿普利亚（Apulia），也就是阿尔贝罗贝洛（Alberobello）的吐勒式（Trulli）建筑（图6），虽然这里大部分的圆顶石屋可能都是16世纪以后才盖的，但其沿袭的传统却可回溯至原始时代，只不过随着时序演进，房屋的装饰性越来越强罢了。

现在我们再进一步地探讨这个问题。最早的建筑师在考虑如何搭盖房屋时，一定迟早会想到，建材能运用的方式只有几种，不是紧压在一起，就是拉长或弯曲。以现代结构工程学的术语来说，结构的强度取决于抵抗压力、拉力和弯矩的能力。砌块结构依赖的是压力——利用石头或砖块层层相叠而产生；框架结构依赖的是木材能够弯曲的绝佳特性，这点从风中树梢的弯曲就可看出；更为复杂的结构，以及某些比较原始的结构，则利用人工编制的绳索的拉力，亦即这类绳索抗拉力的特性。

由于某些建材耐压性较强，某些建材拉力较大或适于弯曲，因此全球各地的建筑也就依所产建材的不同，发展出不同的结构。其实几乎所有材质都可以作为建材，建材的取用范围也几乎无所不包，只不过很自然地，影响全球各地建筑最深的，还是唾手可得的普通材料，诸如石、木、土、皮、草、叶、砂、水等，这些材料有的是自然被发现，有的是借人力使之可及。

所有的结构方式中，有两种方式最基本，影响也最深远，因此值得在这里特别提出探讨，看看这两种方式如何解决了基本的建造问题。

所有玩积木的儿童迟早都会发现，用积木堆起一道墙后，下一个课题就是如何在两个垂直摆放的积木间，让一块横向积木取得平衡，进而形成"横梁"（lintel）。先民早就发现过相同的技巧，有时他们还为这种形式赋予神秘的色彩或仪式性的意义，例如环形排列的巨石阵（Stonehenge，图7），就利用这种形式做成门道，让朝阳的光芒或落日的余晖穿过其间。世界各地的建筑无论如何变化，都以支柱与横梁作为基本架构，埃及人将之稍加转化，成为圆柱支撑柱顶线盘（entablature）的系统，进而变形为希腊建筑中的古典列柱式，用来强调重要建筑物的权力与庄严，例如雅典的帕特农神庙（Parthenon）。而中国由于盛产质轻的木材，就把支柱与横梁调整为适用于木材的形式，形成屋顶由金字塔状架构托住整个宽广屋檐的结构，金字塔状架构就是由一个个逐渐变小的柱梁结构向上堆栈所形成的；日本则把这种柱梁结构用在神社的入口。

建筑的第二种基本结构形式就是拱圈（arch）。前面我们已经提过拱圈的原始形式，即一个开口的两边石墙在堆栈时，每层石块都比下一层突出，直到顶端不需横梁也能彼此连接成桥状为止。这种自撑式的弧形结构在世界上很多地方都看得到，印度最早的文明城市摩亨佐达罗（Mohenjo-Daro）的砖砌储水池、中国公元前 3 世纪的圆拱形墓穴，以及巴比伦空中花园引水槽的拱形支撑结构，都是很好的例子。建造正规的拱形结构，需利用放射状的楔形石或拱石，紧密排列成半圆形，这是人类想象力的实际发挥，同时凸显出建筑上的无限可能性。

了解了基本建材与基本结构形式之后，我们接着来看看建筑的基本类型，也就是住宅。

人类最早的住处都只有一大间，有时是洞穴，有时是地上挖出来的半洞穴，上面覆以帐篷似的架构或泥砖，从屋顶进出。这类早期原始住处在全球各地都有发现，约旦与安纳托利亚（今土耳其）就有很早期的实例，有些例子甚至可以追溯到公元前 8000 年。日本弥生文化（公元前 200—公元 200 年）的帐篷式居所在地面挖洞，上面覆以树枝和草皮做成的屋顶，是另外一个例子。无论后代子孙如何变化，早期建筑师所盖的房子，似乎只有两种基本形状，也只有两种基本组合方式。

就形状而言，房子不是圆的，就是长方形的。圆形房屋可能出现较早，因为这种房屋不需要转角，而要盖出转角就牵涉到切割石块或制造砖块的技术问题，即使是早期的长方形房屋，像苏格兰或爱尔兰早期的乡间农舍，屋角也都呈圆弧状。会盖出长方形房屋的地区，通常都盛产木材，以便架设屋顶或房屋框架，举例而言，斯堪的纳维亚各国的长条形房舍，以及英格兰的叉柱架构屋（cruck-framed house），都是以木材搭出拱形框架插入地面，四周再围上墙壁和盖上屋顶。

人类住宅的发展超越单间式的住宅后，出现两种组合房间的方式。一种是复合式住宅：盖好多个别的房间，每个房间都有自己的屋顶，但是彼此相邻，或者更自由散漫地排列。前面提过的意大利阿尔贝罗贝洛的吐勒式建筑，就是现存这类住宅的最佳实例：圆拱形的石屋可以两间、三间或四间组合在一起，最终形成设计精巧、外观迷人的建筑群落。帐篷式建筑，例如阿拉伯沙漠中的村落，也可以用类似方式组合。不过这类建筑最引人入胜的实例，还是奥克尼（Orkney）群岛上的斯卡拉布雷（Skara Brae）村落。1850 年，一场大风暴侵袭此地，吹出了可能是早在 3000 年前被另一场风暴掩埋的石器时代村落。这个村落全由单间的石屋组成，屋子可能有木架或鲸鱼骨架起的草皮屋顶，屋舍以有篷盖的廊道连接，屋内有石制的炉灶和床，甚至还

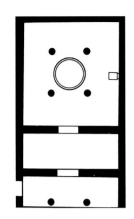

图 8 主厅，迈锡尼，希腊，约公元前 1250 年，平面图

有石制的梳妆台与碗柜。

此外，人类还可以在一个屋顶下隔出不同的空间，创造出两个房间以上的房舍。这类分隔房舍的方法，最早是为了让人类与动物共处一个屋檐下。苏格兰高地与群岛最早的住屋就是如此：人类住在火炉的一边，牛住在另一边，后来中间的火炉演变成墙壁。等动物完全撤出，人住进分离的畜舍后，原本的房屋就变成有两个房间的住宅，一间作为起居室，一间作为卧室。

两个房间以上的住宅，在其中某个房间的重要性提升之后，整个结构也变得更加复杂。这类建筑最典型的实例是最早在迈锡尼城发现的希腊主厅（Megaron）建筑（图 8）——除了大厅外，旁边还有一个作为入口的小房间。这种简单的模式后来演变成大宅与城堡的基本形式。随后屋宇向上发展，增加了二楼或阳台，于是就需要在户外或室内建造楼梯，以便通行。

住宅进一步改良的方向，是发展出多种调节室内温度的方法。东方建筑为了追求凉爽，往往将住宅或房间建在庭院的四周（图 3），这是最早期僧侣或沙漠中的隐士采用的建筑模式，由于极其便利，后来欧洲的寺院建筑与大学之类的学术机构也加以采用，促使这种建筑方式逐渐传播开来。在气候严寒的地区，如欧洲大部分地区，尤其是北欧，最重要的建筑演进是开始建造火炉。起初火炉建在地板中央，屋顶上留个洞口以便排烟，有时也会在洞上加盖，以便挡雨。后来火炉移到墙壁边，成为壁炉，对长方形房屋而言，通常还将壁炉移到外墙，而且逐渐发展出烟囱（起先以木材搭建，后来改用石头），奠定了房屋的基本形式。把壁炉移到外墙，虽然可能损失一些热量，却能使屋内的陈设更加便利，同时增加新鲜空气，这可能是建筑史上首次把舒适性的考虑放在技术效率之前的做法——后来的建筑艺术也一直朝此方向发展。

介绍至此，我们得先强调很重要的一点：前述所有关于建筑基本事项的内容，全都以各类建筑中最基本的类型——也就是人类的居所，住宅——为讨论范围。若说住宅是最基本、最普通、最常见的建筑类型［也就是所谓乡土建筑（vernacular architecture）］的发展起点，那么所谓伟大建筑（great architecture）的发展起点就不是住宅，而是我们稍后会介绍的坟墓与庙宇。

伟大建筑的故事，指的是人类个人与群体，如何把原本为满足人类基本需求而发展出来的房舍结构、组合、规划、进出方式、功能区分等，逐渐转变为人类精神的最伟大体现，这也就是我们现在要说的故事。

第二章

野性的光彩：建筑文明之始

建筑故事的发展始于文明之初，当先民决定放弃游牧生活，开始在某个地方定居，建筑的故事就随之展开。在此之前，我们的祖先四处流浪，依赖种子与莓果维生，追逐可以猎食的动物。当然，即使在气候温暖的地区，祖先也需要房舍的庇护。房舍可用来抵御严寒的天气，更可用来对抗野生动物或敌人，避免在睡眠时遭到袭击。在四处流浪的岁月里，祖先可以利用洞穴或树木等作为天然的庇护所，只有在定居下来，开始种植自己的农作物以后，才开始需要永久的住处。很自然地，他们发现群策群力，共同利用水资源，一起耕耘田地，对大家最为有利——这就是人类社会与城市的起源。

人类最早建立城市的过程与文明生活的发展密不可分，英文中"civilization"（文明）一词，正源自拉丁文的"civis"，指的是"市民"或"城市中的居住者"。肯尼斯·克拉克（Kenneth Clark）曾指出，永久定居的观念是文明发展的先决条件，还有什么比建立城市更能明确地显示一个人决意放弃流浪生涯？亚里士多德也说过，人类聚居在城市中是为了生活，留在城市中不走，则是为了过更好的生活。

不过，这一切到底是从何时何处开始的呢？我们得记住，目前我们对早期城市的了解，大都来自考古学的发现，从文艺复兴时期开始，考古学家就投身各重要古文明的废墟进行研究，而所得结果又引导他们进一步探索更早期的人类社会。拿破仑在这方面曾经推波助澜，因为他在 1798 年率军前往埃及时，不但带了大批的官兵将领，还随军带了 151 名医师、科学家与学者，后来由于政治因素，他不得不匆忙返乡，这些随员中有很多就留在埃及，后来针对埃及金字塔与其他埃及古文物，提出了最早的详尽报告。尽管如此，19 世纪的大半时间里，考古研究都是由业余人士在半嬉游的状态中完成。一些驻扎荒郊野外的外交人员与生意人，平日闲来无事，想找点事打发时间，就开始从事考古的研究。现代考古学上的重要发现，不断扩展我们对早期人类居所的认识，进而改变我们对古代居住环境的看法；同样，鉴定年代的新技术不断出炉，也意味着我们必须不断修正对过去人、时、地的看法。可以确定的是，废墟经历

图 9　突尼斯卡拉斯里拉（Kalaa Sghrira）鸟瞰（参照图 11），从图中可看出当地典型的稠密建筑形式、狭窄的街道，以及附有庭院的房舍 ▷

的年代，往往比我们原本认知的还久远，人类文明发展的历史，似乎比所有旧书上说的，都要长得多。

尽管如此，定居过程的最早痕迹，还是可以在公元前 9000 年到公元前 5000 年的农业村落中找到，这些村落发现的地点包括安纳托利亚高原（今土耳其），扎格罗斯山脉［例如加泰土丘（Çatal Hüyük）的神庙］，叙利亚、约旦的南部与西部，一直到地中海一带［例如塞浦路斯的希罗基蒂亚（Khirokitia）有上千座粉刷过的蜂窝式房舍］。坐落在约旦沙漠中的杰里科（Jericho），如今是个棕榈处处的绿洲小镇，柠檬果园星星点点散布其间。对研究史前文化的学者而言，杰里科与加泰土丘同享在史前被称为"城镇"的殊荣——杰里科是因为有可追溯至公元前 7000 年的坚固高墙与高塔（图 10），加泰土丘则是因为有证据显示当时已有打火石与黑曜石的繁荣贸易。但我们要寻找目前已知的最早市镇建筑，还得从更靠近东方的大城市和复杂的城邦组织着手。

图 10　高墙与高塔的遗迹，杰里科，约公元前 7000 年

现在我们所谓文明的摇篮，指的是美索不达米亚平原"两河当中的那块地"，也就是《圣经》中的示拿圣地（Land of Shinar）。这块地位于今天的伊拉克境内。从幼发拉底河与底格里斯河发源的安纳托利亚高原的泛湖（Lake Van）附近，向东南延伸约 1126 公里直到波斯湾一带，传统上认为，《圣经·创世纪》中描述的人类生命起源地伊甸园就在这里。

这块地区如今看来毫不起眼，但考古学家却发现，在文明孕育初期的 5000 年里，这块荒芜孤寂的地区曾是肥沃的冲积平原，物产丰富，野禽遍野，正如科特雷尔（Leonard Cottrell）在《消失的城市》（Lost Cities）一书中所描述的："是地球上最肥沃的一块地，平畴绿野绵延至天际，棕榈树丛与葡萄园的处处美景，点缀在运河交织的网络里……黎明时分或日落之际，整个地区只见种种美景的黑色剪影，映衬在冲积平原上。"波斯湾战争与南部沼泽地带的干涸，可能对这样的美景造成致命的打击。但我们要强调的是，即使在早期文明孕育发展的阶段，这个被史学家形容为"肥沃月弯"的地区，也是靠人为的种种努力，才能缔造出辉煌灿烂的盛况。这个地区降雨极少，为了打猎或采集而在无意间进入此地区的部族发现，他们得大量利用两河的河水进行灌溉，才能确保在此生存无虞，而复杂的灌溉工程需要众人通力合作，合作过程中又发展出复杂的组织运作，这种组织运作正是文明发展的最大特色，也是城市兴起的最大诱因。如今，随着更多早期文明的遗迹被一代一代的人们发现，这个地区的发展轮廓，也由肥沃月弯逐渐转成像渗透于各海之间的墨迹——范围遍及黑海、里海、波斯湾、红海与地中海一带。

至少在公元前 5500 年到公元前 1000 年左右，美索不达米亚平原是世界的中心，也是众多部族移民的大熔炉。在此定居的部族各自组织城邦，以今天的标准来衡量，这些城邦的规模都很小 [苏美尔人最大的城邦乌鲁克（Uruk），估计人口只有 5 万左右]。在数千年的时间里，这些城邦分分合合，轮番崛起，又轮流被新的入侵者征服消灭，有时被消灭的部族还会东山再起，再度称霸一段时间。

既然我们要谈的是建筑，不妨把注意力集中在美索不达米亚平原的三大文明上。其中时间最早的是位于现今巴格达（Baghdad）南部的苏美尔–阿卡德文明（约公元前 5000—前 2000 年），包括整个平原南部延伸至波斯湾的沼泽地带，也就是被称为迦勒底（Chaldees）的一带，都属于苏美尔文化的范围。苏美尔人建立的城市除了乌鲁克外，还包括名字罕见难记的埃利都（Eridu）、拉加什（Lagash）、乌尔（Ur）等，其中阿卡德的都城阿加得（Agade），至今尚未发现遗迹。

公元前 2000 年左右，亚摩利人（Amorites）的巴比伦帝国崛起，成为美索不达米亚平原的主要统治者，并建立了与帝国同名的首都。巴比伦的废墟距巴格达约 90 公里，此帝国有两段兴盛期，第二期始于公元前 6 世纪尼布甲尼撒二世重建巴比伦城（图 11）。巴比伦中间一度衰微，乃因不敌美索不达米亚第三大文明亚述王国的一再攻击，终于灭亡。亚述人属于闪族的一支，王国位置偏北，先建都于亚述（Ashur），公元前 9 世纪迁都尼姆鲁德（Nimrud），公元前 722 到公元前 705 年间又迁都科尔沙巴德（Khorsabad），最后在公元前 7 世纪迁都尼尼微（Nineveh）。这几个都城都属于最早发掘出来的古迹，许多最精彩、最珍贵的遗迹，都出自这几个地方。

北方亚述王国的都城，保存得比南方文明的城市要好，其间的道理很简单：北方有石头作为建材，因此建筑风貌和南方的苏美尔与巴比伦文化不太一样（南方既没有木材，又缺乏石头和其他矿石），反而和地势相近国家的建筑风格相近，例如主掌安纳托利亚高原的赫梯人（Hittites，约公元前 2000—前 629 年）。赫梯人于铜器时代建立的大型都城哈图沙什（Hattusash），虽然没留下什么遗迹，但种种迹象显示，

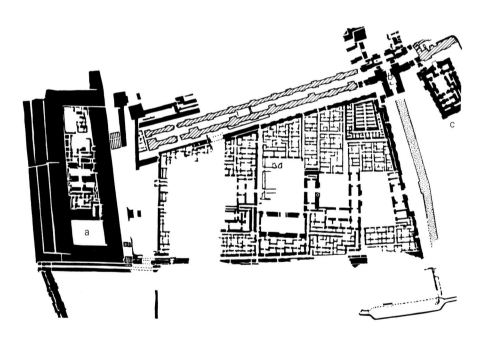

图 11　尼布甲尼撒二世（公元前 605—前 562 年）治下巴比伦城北部的部分平面图，从图中可以看到护城的堡垒（a）、伊什塔城门（b）以及尼玛神庙（c）

哈图沙什不但有防卫设施，本身还是个完整的堡垒——这表明当时有战争或该城市受到战争的威胁。这座都城位于现今土耳其城市博阿兹柯伊（Bogazköy）附近的高耸山脊，四周尽是挂着瀑布的悬崖峭壁。亚述王国与安纳托利亚高原的城市防卫措施十分相似，因此我们在往后的叙述中，将把两者归为一类。不过现在我们要先结束这段美索不达米亚平原历史的简短叙述：亚述王国后来历经许多敌人的轮番攻击，国力逐渐衰微，终于在公元前 614 年，被巴比伦人与米提人（Medes）联手推翻，新的巴比伦帝国后来在公元前 539 年并入波斯帝国。

如果北方用的建材是石头，那么南方的苏美尔人用的建材是什么？ 19 世纪的旅行家莱亚德爵士（Sir Austen Henry Layard）或法国外交家爱米尔·波塔（Émile Botta）这些早期的考古学家开始发掘肥沃月弯时，肥沃月弯已经不再肥沃，当时他们只看到"贫瘠荒芜的沙地"连绵到天边，其间偶尔点缀着先前曾引起旅游者好奇心的怪异土丘。他们完全没想到，这个地方原本就以太阳晒干的土块为建材，因此那些土丘其实是倾颓的建筑，甚至城市，只不过风化颓废，回归大地而已。那些考古学家的努力挖掘，可能正好破坏了自己想寻找的目标，例如英国大英博物馆与外交机构派出来的考古学家泰勒（J. E. Taylor），在被召回英国前（幸好他被召回）至少砍掉了乌尔城庙塔的最上面两层。

现在对这些古老城市的描述，难免包含少许臆测的成分。可以确定的是，与其说苏美尔是个国家，不如说它是许多独立城邦的综合体，每个城邦都有自己的组织与专属的神。苏美尔文化纵横美索不达米亚平原近千年，才被萨尔贡大帝（约公元前 2370—前 2316 年在位）领导的阿卡德帝国取而代之。萨尔贡大帝征服了其他所有的城邦，建立人类有史以来第一个统一的大帝国，这个帝国的寿命虽然只有短短 150 年，文化却极其灿烂丰富。除了建立第一个大帝国，萨尔贡大帝统领的阿卡德帝国还写下另一项历史记录，那就是将美索不达米亚平原的书写文字统一为阿卡德文——一种用芦苇写在泥板上的楔形文字。我们也知道，苏美尔人日常生活使用铜器（现存的古文物中有个铜制的头颅，一般认为是萨尔贡大帝的塑像，另外有个双腿掩蔽在身后的铜制女像，有点像美人鱼），比一般熟知擅于制作使用铜器的中国人，整整早了 1500 年。

由于苏美尔-阿卡德文明的建筑特色，一直延续到巴比伦时期（其中很重要的原因，当然是因为这片土地不生产木材，也没有石头，只能用相同的泥砖作为建材），因此我们可以一并介绍苏美尔与巴比伦的建筑艺术。我们已经知道，美索不达米亚平原上城市的规划与建筑，和一般市民的生活与宗教组织息息相关。从巴比伦城的规划就可以看出，所有主要建筑与神庙都集中在城市的一区，此区的建筑远远高出城中其他建筑，专为此城的专属神而设。不单是神住在这里，代表神统领平民的神职人员与王室贵族也住在这个区域，例如乌尔城的西北角就有月神南纳（Nanna）所居的围墙高耸的建筑，其中包括月神的住处（庙塔，图 12），旁边还有 5 座神庙围成半圆形，加上堡垒般的厚实外墙。最大的一座神庙供奉的当然是月神，较小的神庙中有一间供奉的是月神之妻妮歌（Ningal）。此神庙建筑群还包括行政中心的办公室，官员在此代表神伸张正义、处理税收。当时由于每个平民都隶属于某间神庙，而且依此纳税，因此这里必然有财务规划、税务处理与仓库管理等各项活动，再加上神庙拥有贩售日常器具的商店与工厂，由女性进驻制作，我们不难想象当年这片神庙区域人声鼎沸、街市喧闹的景象。

在挖掘出来的神庙遗迹中，有许多上面写有神庙颂歌、传说与历史的刻字石板，以及包含平方根与立方根等复杂计算内容的数学表格，这可能表示当时有先进的天文

图 12　乌尔纳姆的梯形庙塔，乌尔城，伊拉克，约公元前 2100 年

学计算方式。另外，遗迹中还包含喷泉及由沥青围筑而成的水道，以及砖块搭建而成的台面，上面还有刀子切杀祭祀牺牲品的刀痕，这些动物牺牲品被宰杀后，就被送到神庙中厨房的炉灶——神职人员每天使用的炉灶——上煮熟。在各项发现中，考古人员伍利教授（Professor Woolley）对面包烤炉的发现印象最为深刻，他在挖掘日志中写道："3000 年以后，我们终于能再度燃起火焰，重新使用全世界最古老的厨房。"

在约公元前 2500 年的乌尔城皇室坟墓遗迹中，发现了大批金、银、琉璃与贝壳等制造的器具。从尼尼微城发掘出来的亚述巴尼拔（Ashurbanipal，公元前 669—前 627 年）图书馆，则发现了规模惊人的刻字石板，全球许多最古老的故事——包括吉尔伽美什（Gilgamesh）的史诗——都是在此出土，由此可见当时上层社会生活的豪华奢靡。就拿尼尼微城来说，约有 35 万人挤在约 13 平方公里大小的区域内，其中街道、商场、庭院应有尽有。泥砖筑成的房舍紧紧相邻，使其结构获得支撑，同时遮挡住宅区上方的炎炎烈日，这种建筑模式至今还可以看到（图 9）。另外还加入木材的运用：财力较佳、用得起木材的人，通常会用木头构筑一道户外的楼梯，从一楼庭院通往二楼简单的木制阳台，再从阳台进入楼上的房间。

巴比伦城的建筑就更加令人叹为观止。此城坐落在幼发拉底河东岸，位于距离底格里斯河最近处，也就是位于现今巴格达南方约 40 公里处。汉谟拉比（Hammurabi）约在公元前 1750 年建立巴比伦城时，北方的亚述王国也正好建立了首都亚述城。巴比伦城经过详细的规划，建筑宏伟，后来尼布甲尼撒二世（公元前 605—前 562 年在位）重建时，还在西岸增建了一个较小的城市，两城靠运河与桥梁交通往来。巴比伦城中还有一条与河流平行的大道贯穿，护城河上横跨着 6 道桥梁，分别通往 6 个大门。希腊旅行家希罗多德曾在游记中这样描写公元前 5 世纪时的巴比伦城：

> 整个城市呈正方形，耸立在宽广的平原上，四周环绕着宽阔深广的护城河，河边矗立着高耸的围墙……护城河中的泥土一挖出来，就送进砖窑烧成砖块，用来建造护城河边的墙壁。盖城墙时，他们以烫手的沥青（此处所谓的沥青，指的是石油的副产品，我们目前已经知道此地区盛产石油，而这种沥青的黏着力甚强，以此黏附的砖块，即使到 3000 年后的今天，都很难用十字镐敲开）作为黏合剂，还在每层砖块间插入一层编织好的芦苇。城墙顶端有一字排开的单间式建筑，建筑之间的空间足以让四马战车回旋转弯，沿着城墙的圆弧，可以

看到上百个大门，全都以铜制成，还有铜制的门柱与门楣。城中房屋高度都是3~4层，所有街道都呈直线排列，与河流平行，另有垂直的街道通往河边。城的内墙几乎与外墙一样厚实，每个城区的中央都有独立的堡垒——一边是国王的宫殿，另一边则是供奉朱庇特·贝勒司［Jupiter Belus，可能是巴比伦城的神马杜克（Marduk）］的神庙，所有大门都由坚实的纯铜制成。

考古学家的挖掘结果显示，巴比伦城既是商业中心，也是宗教之都，其间有108间神庙（55间供奉的是马杜克），还有100多间小庙与神坛。希罗多德当年在巴比伦城所见的宏伟景象，可能包括位于中央大道旁与自由神像同高的埃特曼安吉神庙（Temple of Etemenanki）——这座庙塔可能是巴别塔（Babel Tower）的原型，以及被希腊人列为世界七大奇观之一的巴比伦空中花园。空中花园其实是呈阶梯状的层层平台，盖在一座拱形的建筑上方。这座拱形建筑内，不但有多口水井，可以打水让上方各层花园中的花草树木保持青翠美丽；还有个冰屋，或说冰箱，可以存放冰凉可口的果汁奶冻，作为米提公主茶余饭后的甜点，而整座空中花园，据说正是为米提公主休闲游憩所建。

早期苏美尔人惯以凸出或缩入的板块或锥形土块来点缀形似堡垒的城墙，这种简单的装饰艺术到了巴比伦时期，显然已有长足的进步。伊拉克极早期的沃尔卡神庙（Temple of Warka）遗迹显示，苏美尔人的锥形土块，有时会涂上奶油色、黑色或红色，然后嵌入表面以土覆盖的城墙，排列出各种圆圈状的图案；到了巴比伦时期，他们最擅用的则是经过处理的釉砖，这种砖块主要是蓝色，带有琉璃的色调，另外以金色作为对比的装饰色彩——后来在同一地区堂皇富丽的伊斯兰教建筑中，我们也可以看到色调相同的装饰风格。尼布甲尼撒的伊什塔尔城门（Ishtar Gate，图16）就是

以色泽灿烂的蓝色瓷砖做底，加上152只几乎和实物相同大小的金色野兽做装饰，这些野兽包括野牛和狮子，还杂有神话中的怪兽"希洛"（sirrush）——一种有大山猫的前腿、老鹰的后腿，头和尾巴则都像蛇的怪物。近来的研究显示，巴比伦城当年魅力十足，以至于当尼布甲尼撒国王宣布释放以色列俘虏，让他们自由选择去处时，以色列领袖都很难说服以色列人离开巴比伦。

美索不达米亚平原上的城邦，当然并非个个都如此文明高尚、富于人情味。尼尼微的各项建设虽然也很发达，辛那赫里布王（King Sennacherib）还以运河与石制

图 13　石狮大门，迈锡尼，希腊，约公元前 1300 年

水槽等将饮用水送入城内。但一般而言，亚述王国的城市和安纳托利亚高原赫梯人建立的城池类似，显得较为冷峻严厉。

对不断受到其他城邦威胁、随时可能陷入部族战争的城邦而言，大规模的防御工事不可或缺，而用作建筑防御工事的材料，就依当地出产的原料而定：美索不达米亚平原南部用泥砖，安纳托利亚高原则用石块，不过通常以泥砖搭盖基本架构。这类防御性建筑通常呈同心圆状，而且这种防御模式一直沿用到中世纪，甚至沿用到火药发明、防御性城池无法再发挥作用为止。城池的外墙有一座座观测用的塔楼，以及一个个门洞，有些以门柱加门楣的方式建成，有些则呈椭圆状的拱形，例如赫梯人的大型都城哈图沙什。这个都城的大门（图14）有巡哨塔楼护卫左右，门柱上还刻有动物或战士作为守护者。再向西行，同时代希腊大陆上的迈锡尼城与其港城梯林斯（Tiryns），也有类似的大型石材防御建筑。迈锡尼城的领袖阿伽门农王（Agamemnon）是特洛依战争中希腊人的领军主帅，这座城池的大门有两座巨大的石狮拱卫在侧（图13）。

图14 石狮拱卫的西南大门，哈图沙什，博阿兹柯伊附近，土耳其，约公元前1300年

亚述人和后来的波斯人，都以浮雕装饰内墙、外墙与铜制大门。浮雕描述的是他们的历史（图15），有时旁边还刻上楔形文字加以说明。亚述巴尼拔与以撒哈顿（Esarhaddon）两位亚述王在尼姆鲁德的宫殿墙上所刻的各种浮雕，就验证了《圣经》中对亚述人残暴无道的种种描述："我在城门前建了一道墙，我把叛军领袖的皮剥下，用他们的皮覆盖墙面，有些叛军被我活埋在砖墙里，有些则在墙上被钉成一排，我下令将他们很多人在我面前剥皮，然后以他们的皮覆盖墙面。"

这些早期国家的建筑成果，无论是结构还是格局都十分简单，只有庙塔算是美索不达米亚平原上比较特殊的建筑形式。所谓庙塔，是以砖块与碎瓦砾盖成的阶梯式金字塔形建筑，有富丽堂皇的阶梯直通位于顶端的神庙。在苏美尔平原上，这类高耸的神庙建筑是主要地标，在城外远处的田野或枣树园中工作的农民，只要抬头看到神庙，就好像看到神明在保护自己。另外，这类神庙显然也是宣扬统治者权力的工具，因为当时统治者就等同于城中的专属神，例如乌尔庙塔的每块砖上，就都刻着"乌尔之王乌尔纳姆（Ur-nammu，king of Ur），南纳神庙的建造者"等内容。

庙塔可能是无意中发展出来的建筑形式。由于泥砖的寿命很短，需要不断重建，而神庙附近的区域又永久属于神所有，因此每次的重建工作往往是在原地进行，先以之前的神庙遗迹为基础，铺好一座平台，再在上面盖上新建筑，而高级神职人员的墓穴很可能也就造在平台内。希罗多德针对这方面，曾有概略的描述：

图15 巴比伦人与大夏王国搬运贡品的队伍。大流士王的拜谒厅东墙外侧壁缘饰带上行进队伍的局部图案，波斯波利斯，伊朗，公元前5世纪

在神庙区域的中央有一座塔，上面又盖起第二座，第二座上面又盖起第三座，一直到第八座。要登上整座建筑的最顶端，必须沿着各座塔外面环绕的小径蜿蜒而上，走到半路还有休息处和座椅可供休息。最顶端的建筑是一间神庙，里面有个很大的卧榻，装饰繁复，旁边还有一张金桌，但没有神像。当代的神职人员迦勒底人指出，只有一个人可以睡在这里，那就是由神明亲自选拔、从众人中脱颖而出的一名当地妇女。

图16　伊什塔尔城门，巴比伦，约公元前 580 年；现重新竖立在柏林的佩加蒙博物馆（参照图 11）

这种高耸的神庙建筑，显然也有其象征意义，它就像一座山峰，让众天神在上面轮班交替——这个与崇敬天神相关的主题曾经反复出现，而且具体表现在圆形神庙建筑与环形排列的巨石阵上。

庙塔建筑有些建造的石工不错，例如位于现今伊朗地区的小型王国埃兰（Elam），有座乔加·赞比尔（Choga Zambil）的神庙，就称得上最美丽的庙塔（图 17）。这座神庙原本有五座阶梯，其中三座至今都还算得上完整无缺。尽管如此，这些早期建筑中，即使是最重要的代表作，也谈不上复杂精致：顶多只是石头上面堆石头，或砖块上面堆砖块，然后再用编织好的芦苇或叠涩出挑（corbelling）作为屋顶收尾。有时这类石材建筑的规模十分庞大，看来就像是巨人盖的，因此又称为"蛮石砌"[①]。

其中真正令我们目瞪口呆的，还是这类建筑表达权力的那种狂妄自大，它们以强而有力的繁复姿态，顶着各式各样的雕刻与人物，让人能怀着无比的雄心与壮志，

[①] cyclopean，源自希腊神话独眼巨人之名。——译者注

图 17　乔加·赞比尔梯形庙塔，苏萨附近，伊朗，公元前 14 世纪

顺着建筑上的斜坡与阶梯，光荣自信地登上山顶。而整座建筑则以睥睨一切的傲慢态势凌驾于下方平民的芦苇小屋之上——这是一种充满野性光彩的建筑。

在那个诸文明之间征战纷扰，每个文明都刻意加强防卫，以求生存与掌控一切的艰困年代，我们很惊讶地发现，公元前 3000 年左右，竟有个文明社会的生活显得安逸得多，那就是克里特岛上的希腊文明——米诺斯（Minoan）。虽然米诺斯文明也有残暴的神话，例如怪物弥诺陶洛斯（Minotaur）如何在米诺斯王（King Minos）的宫殿迷宫中肆虐，等着吞噬年轻男女。但亚瑟·伊文斯爵士（Sir Arthur Evans）为我们勾勒出来的克诺索斯（Knossos）王宫大殿景象，却是一根根由粗至细、看来有如上下倒置的红色圆柱，以及一幅幅描绘公主与侍女在花朵遍野的草地上闲荡嬉戏的湿壁画，显示出一片平和安逸（图 18）。这种无忧无虑的生活态度，可能就是米诺斯文明后来覆灭的原因——他们可能遭到希腊大陆上擅于征战的迈锡尼人攻击，结果位于克诺索斯与菲斯托斯（Phaistos）的宫殿就此烧毁，湮没在时间的洪流里；另一种让米诺斯文明在公元前1500年左右突然消失的原因，可能是位于克里特岛与希腊大陆间的海域正好是个火山口，而当年火山突然爆发，毁灭了一切。从火山口边缘的其他岛屿，例如桑托里尼［Santorini，即锡拉（Thera）］岛上挖掘出来的和克里特岛上的相类似的壁画，可以证明这种说法。

　　话虽如此，克里特岛的建筑和美索不达米亚或安纳托利亚的建筑相比较之下，在结构上并不会比较复杂。肥沃月弯上真正出现结构显得较为精巧的建筑，要等到公元6世纪，也就是2500多年后，那时不但克诺索斯的宫殿已倾毁，就连苏美尔人、巴比伦人与亚述人也都早已消失。振兴波斯帝国的萨珊王朝（Sasanians），在肥沃月弯利用窑烧制的砖块斜斜叠起，挑出底格里斯河畔泰西封（Ctesiphon）宫殿大厅［或称伊万（iwan）］的抛物线形拱顶（图20），至今我们还能看到它的遗迹。更早的另一个波斯王朝阿契美尼德王朝（Achaemenid），在大流士一世（Darius I）、薛西斯一世（Xerxes I）与阿尔塔薛西斯（Artaxerxes）等历代君王的率领下，于公元前518年到公元前460年间，建立了首都波斯波利斯（Persepolis）。此处的建筑就让我们感到非常熟悉，因为其中对于圆柱的运用颇有埃及建筑或后来古希腊建筑的味道。

图18　米诺斯王宫的御座大殿（Throne Room），克诺索斯，克里特岛，约公元前1600年

图 19 大流士王的拜谒厅西侧阶梯，波斯波利斯，伊朗，公元前 5 世纪

波斯波利斯的建筑有宏伟壮观的一排排阶梯，通往建在高台上的宫殿，壁缘饰带（frieze）上雕刻着向波斯帝王朝贡的 23 个藩属国的图案（图 15），高台的北边有大门与走道通往西边的拜谒厅（Apadana，图 19），或向东通往御座所在的大殿。这些正式厅堂的后面，则是位居南边的平日起居场所。目前只有薛西斯御座大殿的一百根廊柱还留有底部的残迹。大流士的拜谒厅梁柱顶端饰有极为独特的柱头，状似动物的前半部。这些气势磅礴、令人敬畏的建筑遗迹一再地提醒我们，阿契美尼德王朝建立的波斯帝国正是当时全世界前所未有的最大帝国的权力中心，吸纳融合了我们先前曾经讨论过的所有文明，包括埃及与印度河流域，都在他们的统治范围内，难怪剧作家克里斯托弗·马洛（Christopher Marlowe）在《帖木儿》（*Tamburlaine*）一剧中描绘征服波斯的蒙古君主帖木儿时，曾如此呈现他伟大的梦想："身为君主，而能以胜利姿态穿越波斯波利斯，岂非极其勇敢的壮举？"后来所有这些文明都在公元前 4 世纪被亚历山大大帝（Alexander the Great）征服毁灭。亚历山大大帝是马其顿的传奇年轻君王，据说他曾一度潸然泪下，只因全世界再也没有任何地方可供他征服。但在亚历山大大帝的征讨下，先前诸文明的种种成就与影响开始先后传入印度、中国与日本，最后终于传遍全世界。

不过早在亚历山大大帝征服世界以前，在那些远离肥沃月弯的国度里，文明内涵已经开始产生变化，这类变化往往沿着肥沃的河谷展开。中东地区就是如此，印度

图 20　宫殿大厅的穹隆门厅，泰西封，伊朗，约公元 550 年

河河谷与其支流沿岸（现今的巴基斯坦境内）也曾发现一连串的部落，时间都在公元前 2500 年到公元前 1500 年之间。公元前 19 世纪中期左右，当汉谟拉比还在巴比伦称王、克里特岛上的文明也正值巅峰之际，中国的原始文化可能在黄河沿岸开始有了长足的进步，逐渐发展成早期的文明。另外，新世界的文化也跨越广大海洋的障碍，开始在中美洲发展。

　　我们将在本书的第四章、第五章和第六章讨论这些国度的建筑发展过程。但首先我们还是留在中东，先来探索一下所有早期文明中最神秘而不可思议的一个：古埃及文明。

第三章

不朽的几何学：古埃及建筑

埃及文明发展的关键在尼罗河。由于环境特殊，此河一年四季都不干涸：虽然尼罗河流域可说完全不下雨，但源自中非大湖区与埃塞俄比亚山区的白尼罗河与青尼罗河，却为尼罗河注入源源不断的河水。尼罗河分流贯穿两个截然不同的地理区域，古埃及也因此顺势分为下埃及与上埃及两个王国，后来虽然古埃及王美尼斯（Menes）在公元前 2400 年左右统一了这两个分裂的王国，建都于孟菲斯（Memphis），但埃及人意识中对二分法的概念还是极其执着、念念不忘，比如黑暗与光明、黑夜与白昼、洪水与干旱等，这种概念后来也表现在建筑上。

位于开罗西南部约 80 公里处的尼罗河西岸，约有 80 座金字塔散布其间，以神秘莫测的巍峨之姿，迎向绚烂的烈日。一般人面对这些金字塔的第一反应，可能认为金字塔文明与美索不达米亚的文明十分类似，毕竟这些文明都源自河谷，也同样位于中东地区，发展条件十分类似，建筑的规模——不管是庙塔、一般神庙还是金字塔——也都硕大无比。但这两种建筑文化其实截然不同：美索不达米亚平原上的建筑展现了防御与侵略的辉煌规模，而埃及文化中的建筑却反映出 3000 年历史的灿烂、稳固与神秘。埃及文化与建筑有种保守内敛、亘古不变、几乎是不屈不挠的特质，这样的特质能持续如此漫长的时间，不能不说相当惊人。

美索不达米亚平原的地理环境使此地成为一个纷纷扰扰的种族大熔炉，各个民族为了争取土地，必须不断征战或屯垦。相形之下，埃及独自位于安全稳固的尼罗河谷，享有天然的和平条件，居民不必挤成一团，聚居筑有堡垒、防卫森严的城市中。事实上，埃及城市的发展速度十分缓慢，最早具有城市雏形的是墓地，一个个坟墓排列整齐而形成类似纵横交错的街道，有时坟墓还盖成小屋的形状，沿着棋盘式的街道排列。真正一般人居住的城市在埃及出现，要等到古王国时期（Old Kingdom，公元前 2686—前 2181 年），当时法老下令建筑城镇，供建筑金字塔或从事其他公共建设的工人居住，例如位于底比斯（Thebes）西岸的麦地那（Deir el-Medina），就是一间间窄小如鸽舍的房屋，排列在棋盘式的密集街道上，让建设死者之城（Necropolis）

图 21 拉美西斯二世阿布·辛拜勒神庙，约公元前 1250 年 ▷

的工人居住。外界若想入侵埃及，只有两条可行的路线，一条从地中海沿尼罗河谷逆流而上（后来的希腊罗马征服者即沿此路线前进），另一条则从南部的努比亚出发，顺尼罗河而下。不过在努比亚一带，埃及也有些天然屏障：古王国时期埃及南部边境有两座岛屿可供防守，一座是象岛（Elephantine），另一座是菲莱岛（Philae），另外附近还有一连串的险滩作为天险。除了天然屏障外，埃及人还在尼罗河上游建筑了一连串的要塞与神庙，其中有座特殊的堡垒位于布亨（Buhen），其墙稳固、状似城堡，周围足足有 1.6 公里长，目前这座堡垒已经淹没在纳赛尔湖（Lake Nasser）底，纳赛尔湖在兴建之初是全球最大的人工湖，用来支持阿斯旺水坝（Aswan Dam）。兴建水坝时，为了避免水位变动淹没建筑，许多最美丽的神庙就迁往他处，例如入口处有巨大塔门（pylon）的伊西斯神庙（Temple of Isis），就从菲莱岛迁往阿吉齐亚（Agilkia）；罗马占领时期留下的珍贵建筑图拉真凉亭（Kiosk of Trajan），或较随性地称之为"图拉真的床架"（图 22），也保留了下来；小型的邓顿神庙（Dendun temple）被拆开送往国外，最后在纽约的中央公园重组。最令历代工程师啧啧称奇的，则是把阿布·辛拜勒神庙（Abu Simbel）向上迁移约 70 米的巨大工程。埃及新王国（New Kingdom）时期的建筑师，当初是在山壁的砂岩上直接开挖雕刻出这座神庙，因此后来迁移时，必须把神庙整个切开挖出来，然后在上面加上看来像石块实际上是钢条制成的圆顶，以营造出原有的气氛。拉美西斯二世（Rameses Ⅱ，公元前 1279—前1212 年在位）的四座巨大雕像（其中一座少了头），至今仍端坐在埃及南部，摆着和过去 3000 年来同样的姿态，庞然威严，神圣不可侵犯，以凌厉威猛的眼神吓退来自南方的入侵者，同时等着阳光在春分、秋分时刻穿透神庙（图 21）。大庙（Great Temple，约公元前 1250 年）的主殿约 9 米高，共有 8 根栋梁，上刻奥西里斯（Osiris）的头部。主殿后面有间较小的大殿，两旁则有随意排列的各个房间。

对上埃及和下埃及两个王国来说，险滩下方的尼罗河正好提供了绝佳的往来水道，盛行风由北往南吹，正好推着船只朝尼罗河上游前进。在中王国时期（公元前2040—前 1782 年），沿河各地建起砖造的码头与水道，让船只能靠拉力朝上游前进，避开中间的险滩，直达努比亚的贸易要塞与港口；回程时，船只只要收起棕色的大帆，就能顺流而下，迅速返回家乡。

尼罗河上游阿斯旺采石场所产的大块大块的花岗岩，就沿着这条路线，以平底船或木筏送到下游去建造神庙或坟墓；香料、象牙、兽皮以及非洲内陆矿区所产的黄金与宝石（法老对这些矿产有专卖权），也沿着这条河道运往各地。

尼罗河对建筑也有很大的影响。无论一般平民的住宅，还是坟墓、金字塔与神庙这类要持续保存的建筑，都得盖在沙漠区的边缘，超出尼罗河泛滥的最高界限——当然，泛滥区域也是尼罗河最肥沃的地带，生产季节突然到来时，一个人甚至可以一脚站在农田中，另一脚踩在沙漠里。尼罗河西岸属于死者的国度，这里满布纵横往来的堤道，通往进行丧礼的神庙、各种复合式建筑群，以及负责建筑坟墓遍布的死者之城的工人所居住的村落。在新王国时期（公元前1570—前1070年），西岸的峭壁上更是密密麻麻地开凿了陵墓。

尼罗河的东岸属于活人居住的区域，主要是码头与造船区。码头边啤酒屋与小吃店林立，再上去才是伟大的神庙。从码头边到神庙区，往往有一整条由狮身人面像连成的大道，旁边则是组成整个城镇的平民住宅、商店与工作坊。大多数住宅都由泥砖建成，如今已完全湮没在岁月的洪流中，没有留下任何遗迹；但从坟墓中发现的小型而平坦、几乎只有二维空间、名为"灵魂之屋"的模型看来，当时的住宅和现今同一地区的房屋，并没有太大的差别（图23）。当时贵族居住的是豪宅，不仅有室外走廊、花园与喷泉，还有装饰用的水族箱（也常用来捕杀蚊虫），以及许许多多套房，这一切都被包围在极为高耸的泥墙之后。大富人家入口只有一扇门，一旦踏进去，就会看到好几条回廊通往不同的起居区域。有位首席大臣坟墓的墙上详细描绘了他家的模样，根据此图看来，他家有三条回廊，一条通往佣人的住处，一条通往妇女的闺房，另一条则通往起居场所，其中包括挑高的接待室，屋顶以深红色的圆柱撑起，柱头上还有莲花状的装饰，墙上则尽是花鸟画。

虽然埃及法老和他的祭司兼占星师会以测量标尺在尼罗河两岸固定的标点预测水位高度，但为了预防他们预测得不准，尼罗河两岸的建筑都会建起高高的泥砖墙，以保护墙内的建筑，防止河水意外高涨。

每年9月到10月，尼罗河停止泛滥，回归原本的水位，留下大片经泛滥的青翠农田，一直到隔年，这些深褐色的农田才会在强烈阳光照射下转为土灰色的龟裂干泥块。埃及的原始房屋大概就是用这种干泥块建成的。只不过人们后来发现，把泥块塑形加入稻草与牛粪混合后，可以制造出更坚固的泥砖，所以才改用泥砖。事实上，尼罗河洪水对埃及建筑的影响还不止于此，每年5月到9月，尼罗河至少有3个月的泛滥期，其间农田无法耕作，法老多出大批闲置农工可运用，再加上他们连

图 22　菲莱岛上的图拉真亭，或称"图拉真的床架"，公元 1—2 世纪

年征战而陆续掳来大批外族俘虏，劳工更加不虞匮乏。于是碰到农闲时期，法老就让农工去盖金字塔或复杂的坟墓建筑群，这是法老一生牵念的大事。

　　有如此庞大的人力可供运用，似乎说明了规模巨大的金字塔能够建成的部分原因，但许多有关金字塔建筑的问题至今仍找不到答案，因此说整个金字塔建筑仍是一团谜，还是比较保险。我们只要想想，建筑金字塔的石块是从尼罗河上游遥远的阿斯旺利用平底船顺流而下，运到建筑金字塔的现场的，而以胡夫（Khufu，希腊名

为 Cheops）金字塔为例，总共用了 200 万块石块搭建，其中一些还重达 15 吨，如此沉重、数量又如此庞大的石块如何运送，实在匪夷所思。卡纳克（Karnak）的阿蒙-拉神庙（Temple of Amun-Ra）有间多柱式（hypostyle）大厅，也是一个例子。这间大厅中的柱子有些十分沉重巨大，即使在今天，全球大概也只有两座起重机举得起来，可是埃及人根本没有起重机——他们虽然会使用杠杆，但是对滑轮的原理可能还一无所知。

当时埃及人懂得运用的建筑技巧其实十分有限。他们一直不知道如何让铜变得更坚硬，因此他们虽有铜制的锯子和钻孔器，但这些器材碰上坚硬的花岗岩，却完全无法发挥作用。为了把阿斯旺坚硬的花岗岩从石面上切割下来，他们得先用一种名为辉绿岩（dolerite）的坚硬岩石制成球状或槌状的工具，用这种工具在花岗岩上凿出垂直的深沟，然后在沟中挤进金属或木头做成的楔子，让木头浸水膨胀，把石头撑开。切割下来的石头（其中有些还带有采石场的标志）就沿着尼罗河送往建筑金字塔的场地附近，然后用平板车拖往建筑工地。

图 23　埃及坟墓中发现的"灵魂之屋"，约公元前1900 年

从卡纳克发现的建筑工所用的斜坡遗迹推断，埃及人在地面铺好第一层石块后，除了从地面向上运送所需材料，还会随着金字塔向上发展，建筑便于工作的砖造斜坡。不过此处又出现一大谜题：只要曾推过轮椅的人都知道，就算轮椅上只有一个人，但如果坡度太陡，要把这个人推上或拉上斜坡，都是极为困难甚至不可能做到的事，而要在高达 146 米的金字塔上建筑工作用的砖造斜坡，本身就是几乎不可能完成的艰巨工程。此外，埃及人又是如何规划调度如此庞大的人力，让数以百计甚至数以千计的工人能在适当的时机把无数石块从上游的采石场运到下游的金字塔工地？我们对埃及金字塔的建筑过程，所知其实还是非常有限。

埃及最早的重要建筑，是名为"马斯塔巴"（mastaba）的砖造坟墓，专供贵族与皇室埋葬死者。一开始这类坟墓的结构很简单，只是一个个存放死者的墓穴，上面盖起一个个的土堆，死者以天然碳酸钠［盐类的一种，吉萨（Giza）的金字塔附近也发现有盐类沉积物］保存。早王朝（Archaic）时期（公元前 3150—前 2686 年）最早的一个皇家马斯塔巴的遗迹，位于萨卡拉（Saqqara）的沙漠边缘，在俯瞰孟菲斯的悬崖峭壁上。这里的坟墓是长方形的，两边以 75 度角（所谓的"batter"）向内倾斜，上接平坦的顶部。我们可以合理地推测，这些坟墓就像后来的金字塔，以阶梯技术（step technique）建成，可能有 7.6 米高，分为外室（墙面往往经过精心装饰）与秘密内室（存放家人雕像），存放尸体的房间则是往下方岩石挖出的大洞——通常只有一间，但有时旁边也会有个储藏室。坟墓旁边有个小小的庙宇，用来摆放面包、酒以及其他食物等祭祀品，供死者享用，这些属于附属用途的房间，后来发展成墙壁相连的复杂建筑群。到了后来的古王国时期，皇家陵墓变成盖在金字塔内，贵族则继续建造马斯塔巴式的坟墓，先是用砖盖，后来用石头。

约从公元前 2630 年（属古王国时期）开始，孟菲斯西部为第三王朝的左塞王

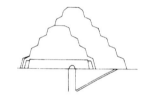

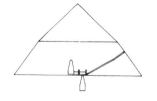

图 24　左塞王阶梯式金字塔（约公元前 2630—前 2610年）的横切面，萨卡拉；以及斯尼夫鲁（Snefru）弯曲金字塔（Bent Pyramid，约公元前 2570—前 2250 年）的横切面。弯曲金字塔代表了真正的金字塔发展前的最后阶段

图 25　左塞王的阶梯式金字塔，萨卡拉，约公元前 2630—公元前 2610 年

（King Zoser 或 Djoser）所盖的马斯塔巴，经过了几个重要的变化而发展成阶梯式金字塔（图 24、25）。埃及对建筑史的独特贡献，也在此时完全展现。由于埃及对个人的崇拜，建筑师的大名——伊姆霍特普（Imhotep）才能保留至今。他不但是埃及王的顾问与大臣，更是个创意十足、心思敏锐的人，他既是祭司与学者，也是占星师和魔术师，甚至娴熟医道，200 年后还被封为医学之神。他为左塞王在萨卡拉搭盖的丧葬建筑群占地极广，周围有一道 9.7 米高的白墙，墙内除了一座 6 级阶梯状、高达 61 米、下有信道深入墓穴的金字塔外，还有 11 个各自独立的墓穴供皇室其他成员之用。这个建筑群有许多特色，后来成为后世建筑的主要依归。

其中第一个特色，就是伊姆霍特普虽然使用石材，却把先前用在木材与泥砖上的技巧，转用在石头这种坚硬的材料上。他是有史以来第一个使用方石（ashlar，即磨整过的石块）的人，换句话说，他把石板平整地拼在一起，形成一个光滑的连续平面，这和毛石（rubble）建筑中，石头一块块明显独立，可由四周界线明显辨认的状况截然不同。

但更重要的是，伊姆霍特普把原本用来固定收紧泥墙的成束芦苇，改为石材建筑中的基本要素——圆柱。萨卡拉建筑群中的行政建筑"北方之屋"（House of the North），目前还残存一边的墙壁，就有三根美丽简洁的附壁柱（engaged，即部分贴合的，图26），是以生长于下埃及沼泽地带的纸莎草为基础，柱身模仿纸莎草茎部的三角形，柱头则形似纸莎草开花后的伞形花序，上承支撑屋顶的横梁（cross-beam）。与"北方之屋"相对应的"南方之屋"（House of the South），其柱头呈莲花状——这是上埃及的象征。埃及建筑师后来在卢克索（Luxor）的阿蒙-拉神庙，运用同样的技巧，演绎出纸莎草花苞层层收卷的柱头，其他地方也变化出莲花与棕榈叶形的柱头（图27）。后来的古典希腊建筑师也以同样的基调进行演绎，以成束纸莎草变化出有凹槽的廊柱，另外又以希腊本土的植物，如莨苕（acanthus）的叶子，作为柱头的饰形。

埃及第四王朝（公元前2613—前2498年）是金字塔建筑的辉煌时代，或许是由第三王朝的最后一位法老胡尼（Huni）开启。胡尼延续伊姆霍特普的作品风格，把麦登（Meydum）地区原本看来像是七阶的金字塔，转变成怪异而迷人的几何结构——我们只要一想起古埃及，就会联想到这些迷人的金字塔：从长方形地基上升起的四面三角形高墙，渐渐向内、向上倾斜发展，最后交会于一个点。最知名的三座金字塔分别是齐阿普司或称胡夫（Cheops or Khufu，一个是希腊名，一个是埃及名）金字塔、赛夫兰或称卡夫拉（Cephren or Khafre）金字塔，以及麦瑟纳斯或称门卡乌拉（Mycerinus or Menkaure）金字塔。这些金字塔成群矗立在吉萨，也就是现今开罗的边缘。胡夫金字塔脚下还有另外三座小小的金字塔，分别属于胡夫的三个王妃（图28、29）。

金字塔是埃及法老追求永生的具体表现。法老不像尼布甲尼撒建巴比伦城、大流士与薛西斯建波斯波利斯、亚历山大建亚历山大城，或君士坦丁大帝建君士坦丁堡那样，致力于兴建宏伟的城市，以显示自己无上的权力。法老盖金字塔的意图更实际也更迫切，他相信若要获得永生，就得确保自己的肉体、自己在凡尘俗世中的

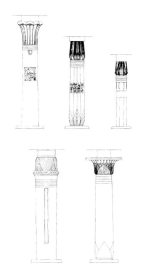

图 27　埃及的柱头：棕榈
叶状、纸莎草花苞状、莲
花状、"帐篷支柱"状、伞
形花序状

图 26　萨卡拉的"北方之屋"，约公元前 2630—前 2610 年，图中可见有着芦苇伞形花序的廊柱

图 29　吉萨金字塔平面图

图 28　吉萨金字塔，约公元前 2550—前 2470 年

外表以及自己在人间的种种生活原貌继续存在，至少要以模型的状态延续下去。这样一来，当他的灵魂结束以动物的形态在凡世中的漫游之后，才能有完整的肉体与家园等在那里，让他进驻，作为他永恒的落脚处。正因如此，金字塔的门户与洞穴的窗户永远处于开启的状态，以便灵魂自由来去，同时让灵魂能透过洞开的门窗，盯着保护自己的肉体。

　　肉体要放入金字塔，必须先经过防腐处理——这是个漫长而复杂的过程，仔细做完要花上 70 天的时间，还得先在坟墓旁边搭盖防腐室。为了让死者的面容看来永恒不变，工匠得先做好死者的面具，知名的图坦卡蒙法老（Tutankhamun）的黄金面具就是一例。丧葬室的四周摆满了各种死者的半身塑像，墙上则绘有死者一生的故事，夹杂有各种咒语与说明性的古埃及象形文字。另外一些房间，摆有死者希望来生继续享用的物品，例如屋宇、花园、船只，以及一些其他所有物的模型。大部分的金字塔中，还会有一些其他的应用物品，以便妻子、宠妾与家中其他成员共同下葬。

　　建筑师完成上述准备工作后，就得设法保护金字塔与放置其中的各种物品，使其既免于天气变化的威胁，又不会沦入觊觎陪葬金银财宝的盗匪之手。为达到目标，金字塔的入口常常被掩藏起来，让人难以找到，而这类入口通常位于金字塔北面的上方某处，从入口有一条倾斜的信道（倾斜的角度不一定）通往墓室，有时信道还有转弯处。从这点看来，胡夫金字塔的施工计划似乎经过修改，因为这个金字塔从入口处向下蜿蜒延伸的本来应该通往墓穴的信道，后来似乎弃置不用，取而代之的是一条向上发展、穿越大展览室（Great Gallery）通往法老王室（King's Chamber）的快捷通道。法老王室的位置正好在整个金字塔的中心，也就是金字塔地基中心点的正上方（图30）。但这一切错综复杂的设计，或许只是用来阻止可能侵入的盗匪。通常金字塔中的回廊蜿蜒曲折，既有通风之便，也有交通往来之利，有的通往展览室，有的通往其他墓室（如果有家人同葬），有的通往储藏室。有时金字塔会建造一些骗人的假入口或中途封死的回廊，盗匪常因此受骗，或者在地下坑洞里走着走着，忽然就碰上尽头，再也无处可去。地下坑洞除了用来欺瞒盗匪，还可以容纳从墓室表面渗入的雨水。整个金字塔通常建在墓穴的上方，要等法老的尸体就地定位后，建筑用的信道才会填满封死。

或者，这只是我们一厢情愿的猜测。因为矗立在吉萨的3座大金字塔，其结构与内部状况，再次为我们带来许多谜团。

我们知道，当时的建筑师会在金字塔表面的石块之间，撒上一层薄薄的砂浆。一般认为，这层砂浆不是用来固定石块，而是用来分离石块，以便将斜面上的石块移往正确的位置，但他们到底是如何计算出来的？又是如何将如此巨大的面石放上定位的？至于胡夫金字塔中通往法老王室的大展览室的顶部承托石板，更是难解的谜团：这个长廊式的展览室长约46.6米，以26度的仰角向上延伸。更奇怪的是，墓室中的石棺是空的，也没有任何陪葬品。不过最令人惊讶的，还是这几座金字塔的墙上都没有绘画，也没有任何说明文字标明法老的头衔，或者盛赞法老一生的丰功伟业。正因如此，有人推测吉萨的金字塔并非真正的坟墓，而是象征性的建筑，由于埃及神话中，有法老死后会升天成星神的传说，故而金字塔的宗教意义可能大于实质意义。

埃及第五王朝最后一位法老乌纳斯（Onnos，公元前2375—前2345年在位）的金字塔中，曾出现这样一段文字："登上天堂的天梯已为他备好，他登此天梯入天堂，烟云中他起身，乌纳斯如鸟般自由翱翔。"根据埃及神话，法老死后会化身为天神奥西里斯（猎户座之神），而吉萨3座金字塔的排列方式（两座较大的并列，门卡

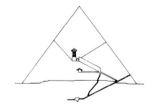

图30　胡夫金字塔的横切面，图中可见法老王室与王后室、大展览室、入口与通道

乌拉金字塔则在左边稍远处），正好和猎户座腰带上 3 颗最亮星星的相关位置一致，因此有人认为这其中必有关联。倘若真是如此，在胡夫的时代，法老墓穴中的信道应该正好对准猎户星座，或许也是基于同样的道理。然而直至今日，这一切有关埃及的谜团，仍无法真正解开。

　　无论吉萨的这 3 座金字塔是否真如本文的推测并未遭受盗匪蹂躏，大部分其他的埃及金字塔与坟墓都可以确定曾遭盗匪洗劫。后来在公元前 2000 年左右，金字塔逐渐转变为岩挖式（rock-cut）的坟墓，原因之一就是希望避免被盗墓。新王国时期的法老从图特摩斯（Thutmose，公元前 1524—前 1518 年在位）开始，就在底比斯山区遗世独立的国王谷（Valley of the Kings）300 米高的橘黄色峭壁上开挖自己的坟墓。这个地区仍属尼罗河西岸的死者国度，但距离举行丧礼的神庙够远，足以保持坟墓确切地点的隐秘性。坟墓的入口与金字塔模式相同，位于岩石表面的某个高处，从门口有个漏斗状的信道向斜下方延伸，和内部信道连接成 T 字形，运送丧葬物品的平板车就沿着这条信道向前拖行。T 字形的交叉口两旁各有信道通往其他房间，交叉口摆放着死者的雕像，以便早晨的阳光能透入入口照在死者的脸上。信道两侧有一系列倾斜摆放的铜镜，让阳光能反射进入内部的信道或其他房间，以便筑墓的艺术家在其中工作。不过岩挖式坟墓的防盗能力似乎没比金字塔高明多少，其中只有图坦卡蒙王因为年轻早逝葬在大臣的坟墓中而逃过一劫。

　　金字塔内部陈设巧艺繁复，极尽变化之能事，外表却简单朴拙，直接矗立在广袤无垠的沙漠中——像是展览中的雕塑品，这种内外的强烈对比，更添金字塔神秘难解的色彩。胡夫金字塔的四个角正好对准指南针的四极，而其四面墙壁几乎是极为准确的等边三角形，以 51~52 度的角度从地面隆起，这种几何学上的精确度，令人叹为观止。卡夫拉金字塔的底部面积虽大到足以涵盖 6 个足球场，但其形状却是误差还不到 15 厘米的完美正方形。我们不禁要想，埃及人如何做出这种形状？尤其埃及人在新王国时期、晚期与托勒密时期（the Late and Ptolemaic period，公元前 664—前 30 年），似乎曾发展出另外两种几何形式的建筑——方尖碑（obelisk）与塔门，使得上述问题更加疑云重重。位于伊德富（Edfu）的公元前 3 世纪的塔门［入口两边呈倾斜状或压紧的扶壁（buttress），图 31］，是埃及建筑中最精致的塔门之一，这座塔门高约 30 米，位于荷鲁斯（奥西里斯之子，鹰隼之神）神庙的入口，据说法老就是荷鲁斯的化身转世。卡纳克的阿蒙-拉神庙与月神孔斯（Khons）的神庙（约

图 31　荷鲁斯神庙的塔门，伊德富，公元前 237—公元前 57 年

公元前 1500—前 320 年），都有方尖碑与塔门两种建筑形式（图 32）。

神庙会出现斜墙，或许是基于结构上的考虑。这些神庙都建筑在洪水区的边缘，以免占据每年尼罗河泛滥后留下的宝贵农地，而既然在边缘，就得留下一点洪水进退的余地。塔门宽阔的地基，显然可以让基础更稳固，而墙内侧呈平坦的垂直状态，外侧则向外倾斜延伸，使得墙面越高越薄，泥砖所受的压力也越来越小。

至于为什么会发展出方尖碑、塔门与金字塔等种种几何建筑形式，比较可能的答案或许如下：这些建筑反映的不是几何图形，而是自然界抽象图案的具体表现——例如阳光的光束。太阳神在埃及人的生活中无所不在，是埃及人心目中最伟大的神，因此这些神庙建筑可能都源自对太阳神的崇拜——阿蒙-拉神庙显得较为庄严，阿顿（Aten）神庙则显得较为可亲。金字塔与方尖碑的建筑都习惯在尖端镶上金箔，而金字塔的每个面向以及神庙的入口上方，也都会刻有加上翅膀的太阳图案。这些特色再次验证，金字塔可能是通往天堂的天梯。而埃及文化中黑暗与光明截然对立的二分法特质，在此也再度显现：金字塔外部是沙漠中强烈耀眼的阳光，内部则是绝对的黑暗。1937 年，莫顿（H. V. Morton）走访胡夫的金字塔时，曾生动描述过这种黑暗：

那是我曾进过最阴森恐怖的房间之一，真的很可怕，如果说那地方闹鬼，我一点也不会怀疑。湿热的空气中飘散着陈腐的气味，尤其蝙蝠的恶臭十分呛人，逼得我频频抬头仰望，觉得一定有蝙蝠挂在墙角。虽然这个房间（墓室）比外面阳光普照的沙丘还要高出 140 英尺（约 43 米），却给人深入地底的错觉……那确实是墓中才有的黑暗，而伴随黑暗而来的，还有死亡的沉寂。

新王国时期，底比斯成为埃及的首都，同时也是阿蒙-拉的信仰中心。当时底比斯是全球最大的城市，卡纳克与卢克索都被囊括在内，城内有一条由羊面狮身像连成的大道，通往众多神庙与巨像。埃及的神庙与宫殿建筑，在新王国的三个王朝期间达到高峰，尤其在拉美西斯二世统治时更达到鼎盛，此时是埃及帝国主义的扩张时期：埃及东部和北部的边境向外推进至幼发拉底河，南部则扩张至盛产金矿的努比亚（Nubia）或库什（Kush）。有些神庙历经漫长的岁月才兴建完成，前后历经多位法老，每位都在旧有的神庙建筑上添加新的庭园或厅堂，卡纳克的阿蒙-拉神庙即是如此（图33）。这间神庙最早于公元前1500年左右开始兴建，其中知名的多柱式（屋顶加上石柱）大厅，建于400年之后，入口处的塔门则是6处塔门中最晚兴建的，建筑的时间已经是公元前4世纪。尽管前后横跨如此漫长的岁月，阿蒙-拉神庙的整体建筑观念依旧协调统一，这是最令人赞叹之处。

图 32　阿蒙-拉神庙，卡纳克，底比斯，约公元前 1500—前 320 年。图中可见法老图特摩斯一世与女法老哈特谢普苏特的方尖碑

图 33　阿蒙-拉神庙建筑群，卡纳克，底比斯，公元前 1500—前 320 年

　　埃及神庙的建筑模式，后来在全球各地的许多神圣建筑，都一再反复出现，那就是轴线式的建筑（axis）。神庙的内室或空间是一个接在一个后面，先是较大的公共空间，往里去之后衔接较小、专属特殊人士（在埃及就是祭司与法老王）的精英区域，再进去才是置放神像的内室，也就是神的居所、内部的圣室，是圣地当中的圣地。通常越往内走，空间就越小、越暗、越隐秘，下一章介绍印度次大陆的印度教建筑时，我们也会发现这种特色非常明显。埃及神庙建筑有某种程度的隧道效果，因为通常从比较开放的多柱厅到比较隐秘的内室，地面会随着几级浅浅的阶梯而升高，同时旁边房间的屋顶却越来越低，到了最后面的圣室（其中除了置放神像，还有搭载神像出巡的圣船），变得十分阴暗，只有屋顶的格栅（roof-grills）微微透进些许光芒。

　　阿蒙-拉神庙虽然前后历经十几个世纪的雕琢修饰，但仍然保留这种轴线式建筑

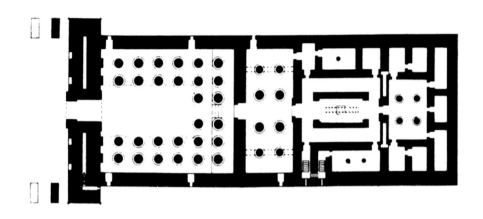

图 34　孔斯神庙，卡纳克，底比斯，平面图

的特色，只不过在卡纳克另一座形式较为单纯的月神孔斯的神庙，这种特色就更为明显（图 34）。阿蒙-拉神庙具有埃及神庙典型的磅礴气势：外面的开放广场和有屋顶的多柱式大厅形成强烈对比——广场空空荡荡但多柱式大厅却挤满 134 根长柱，每个柱头都雕有纸莎草开放或合拢的伞形花序做装饰，最外面的塔门则有巨大的祭司雕像作为守护（真人的高度仅达雕像的膝盖），另外阿蒙-拉神庙还有典型的行进大道，两旁尽是成列的羊面狮身像，因为公羊是阿蒙-拉的象征。我们可以想象当年阿蒙-拉神庙在举行各种祭典时，景象是何等壮观，足以令人屏息：前来为法老献舞的女祭司以及负责奏乐的喇叭手和铙钹手，挤满了庙前的广场与多柱式大厅，另外还有一列列排列整齐、头发剃光、身着白袍的祭司，等着迎接法老进入内部的圣室。埃及人在受到伊姆霍特普的影响而把注意力转向石材之前，其实非常善于运用木材，这或许是因为他们精于造船。我们知道他们已经可以做出多达 6 层的胶合板，也掌握了木材镶嵌的技巧，甚至我们今日运用的大部分木头接合方式（包括榫眼与榫头等），都是埃及人发展出来的，因为埃及当地所产的柳树或无花果树等木材，都只能切割出狭窄的木板，所以接合木板的技巧就变得十分重要。从埃及神庙的建筑形式，也可以看出运用木材更胜于运用石材的建筑传统：除了墓穴之外，他们不用拱圈或拱顶，因此多柱式大厅中由石材横楣架出的广大空间，就成为一片石柱森林，其光线来源则包括天窗的格栅隙缝以及白色雪花石地板的反光，这种雪花石地板，不但让大厅显得更加宏伟，同时也显得更为神秘。

图 35　阿蒙-拉神庙，卢克索，底比斯，约公元前 1460—前 320 年。图中可见纸莎草花苞状的廊柱

　　卢克索的阿蒙-拉神庙（图 35）固然最为精致繁复、时髦亮丽，但女法老哈特谢普苏特（Hatshepsut，约公元前 1479—前 1458 年在位）在卡纳克主导兴建的阿蒙-拉神庙，则是规模最大、最令人肃然起敬的。托勒密时期与罗马占领时期所建的神庙，例如伊德富的隼神荷鲁斯神庙或登德拉（Dendera）的哈托尔（Hathor，母牛女神，后来希腊人把她比拟为爱与美的女神阿佛洛狄忒）神庙，规模就比较小。许多最好的神庙都和坟墓在一起，作为丧葬用途，其中最有名的，就是位于尼罗河西岸德尔巴赫利的女法老哈特谢普苏特的神庙（图 36）。这间神庙在河谷美宴（Beautiful Feast of the Valley）庆典中，和对岸的底比斯维持宗教往来，庆典期间，阿蒙-拉教的神像就会从对岸的卡纳克用船运过来。神庙建筑群包括谷中庙宇、殡葬室，以及其间的堤道，所勾勒出的冷静、齐整的水平线条和背后笔直陡峭的山壁形成强烈的对比。由光滑的梁柱构成的平台式回廊，透过中间巨大的斜坡层层相连，散发出沉

图 36　女法老哈特谢普苏特的丧葬神庙，德尔巴赫利，底比斯，约公元前 1458 年

静、优雅、君临天下的气质，却不带丝毫的炫耀与侵略意味，这倒是令人相当惊讶。因为当初兴建这间神庙，就是为了埃及有史以来唯一的一位女性法老哈特谢普苏特，这位女法老篡夺了年轻继子图特摩斯三世的王位，因此可说是夸耀与侵略的人格成分兼而有之。她逝世后，图特摩斯三世终于继承王位，他下令将谷中神庙里所有哈特谢普苏特雕像的头颅全都砍掉，借以昭示自己的心情。

　　哈特谢普苏特神庙是作为埃及建筑故事终站的好地方，因为我们只要将这间神庙的照片与阿提卡（Attica）苏尼恩角（Cape Sounion）的海神庙（Temple of Poseidon）列柱照片放在一起，就可以发现，希腊神庙建筑其实与埃及系出同源。事实上，虽然哈特谢普苏特神庙中有些石柱呈方形，但也有些石柱像萌芽期的多立克（Doric）石柱一样呈十六边形。埃及另外有些建筑也与古典希腊建筑的前身相仿，例如位于贝尼哈桑（Beni Hassan）的中王国时期岩挖式坟墓入口处的石柱，不但有凹槽，而且直径越来越小。

尽管如此，在走入希腊、罗马的建筑世界，并进而追寻西方主流建筑的沿革发展之前，在往后几章里，我们还是先暂退一步，看看世界其他地方建筑的发展。这些地方的文明起步并不比我们刚刚看过的中东世界晚，而且也对人类建筑文明的发展有独特的贡献。

第四章

圣山与圣窟：亚洲次大陆建筑

　　我们很难决定该在什么时候探讨印度、东南亚、中国、日本和前哥伦布时代的美洲建筑，原因是这些地区与西方世界在建筑史上并没有平行发展的关系。当西方世界快速地经历了各种风格和模式的建筑时，上述几个文明并不像美索不达米亚、埃及和古波斯那样一齐衰亡，反而通常是在延续好几个世纪之后，都还维持着昌盛的状态。

　　本章的建筑故事，让我们置身一片由半岛形成的辽阔次大陆区域，这个地区西起兴都库什山，东至中国四川山群的一段山脉向外延伸，犹如一道悬挂在东半球海域上的前障（frontal）。在如此广阔的一片区域，显然建筑材料非常多样与不同，气候的差异也相当大。

　　目前印度境内所发现的最早期的城市，也就是前面谈论早期城市的章节中提过的印度河谷（Indus Valley）和其支流的文明，并非本章探讨的重点。我们认为这些早期的城市，有可能是由远在公元前 6000 年一支叫达瑟司（Dasus）的民族所建立，此民族的文明延续了千年之久，在公元前 2500 年至公元前 1500 年之间达到全盛。自从 20 世纪 20 年代考古学家的第一批挖掘发现以来，已经有超过 100 座城市出土，其中，两个现在被沙漠分隔开（可能是放牧过度剥夺地利所致）的城市中心更是意义非凡：北方旁遮普（Punjab）的城市群散布在印度河支流，以哈拉帕（Harappa）为主要城市；在南方的城市群位于印度河上的信德（Sind），以摩亨佐达罗（Mohenjo-Daro）为首要城市。这两座城市看来规模都相当大，可能宽达 5000 米，内部建有一座有墙垣、高塔并盘踞在泥砖搭成的平台上的城堡，俯瞰着十字交叉棋盘状的道路。19 世纪时，为了取其中的砖块作为铺铁道的碎石和兴建住房用，哈拉帕不幸遭到全面破坏，相形之下，摩亨佐达罗可以提供的信息就丰富多了。摩亨佐达罗有一群重要的建筑物，当中包括考古学家判断是"集会厅"（assembly hall）的建筑，有复杂信道的谷仓，再加上非常大的"大浴场"（Great Bath，图 37）——四周遍设一间间的更衣室，也可能是小浴池，这些浴场必然有仪式作用，可能就是举行宗教仪式之处。我们当然宁可相信，宗教信仰在古老民族的生活中确实扮演重要角色，然而，

图 37　大浴场，摩亨佐达罗，信德省，巴基斯坦，公元前 2500—前 1700 年

图 38　婆罗浮屠：佛陀与钟形的窣堵波，爪哇岛，约公元 9 世纪 ▷

如果浴场并不具有任何宗教意义的话，我们深信的远古建筑就是庙宇和坟冢建筑的理论则会因此颠覆：这个地区没有发现任何的庙宇和坟冢，只找到一座兼具祭司和国王身份的雕像，看似经文匣（phylacteries）的东西绑在他的上臂和太阳穴上。这个发现令人困惑。或许，必须等到他们所留下的文字记载被一一解读诠释之后，我们对这一切才能有深一层的认识。

44   印度河文明可能是被雅利安人（Aryan），或是大约公元前 1750 年开始经由开伯尔山口（Khyber Pass）入侵印度的印欧民族逐渐摧毁；同时，印度河的一再泛滥，更加速了整个毁灭的过程。入侵的民族似乎循着常见的模式发展：由狩猎民族演进成定居的农耕民族，接下来逐步占据土地。到了公元前 900 年，范围已达恒河流域，又一个世纪之后，进入德干高原，把原本定居当地的达罗毗荼人（Dravidian）赶向南方。这便是所谓的吠陀时期（Vedic period），因为我们对公元前最后 2000 年的印度的印象，大都来自雅利安人的经典《吠陀》，这是一部梵文圣诗集，包括两段精彩的有关民族起源和传奇的史诗。《吠陀》一直要到 18 世纪才有文字的记录，不过它显然深藏着一段由来久远的口述承传历史。到了公元前 5 世纪左右，印度教似乎已取代吠陀信仰；最后，在相当于基督教时代来临的时期，吠陀信仰中众多模糊难以理解的神，地位被三合一神（trimurti），即印度教三位一体的三个伟大神取代。

45   我们依旧在搜寻能够考证这个时期建筑的线索。当地用竹子和茅草搭成的建筑物，当然早已无迹可寻，至于其他种类建筑遗迹之稀少，意味着木头是主要的建材。软木、缅甸产的上等柚木，还有穷人用的柚木——阔叶黄檀（shisham），不是长在印度境内山谷，就是由山区的森林浮流而下。在孟加拉国的河谷平原、旁遮普、斯里兰卡和缅甸，偶尔发现砖造建筑的遗迹，令人联想到摩亨佐达罗技艺精湛的砖造建筑传统。然而，梵文文献中提的宏伟城市，有 1500 年之久完全无迹可考，直到伊斯兰教徒在 1565 年征服印度南方毗奢耶那伽罗（Vijayanagara），摧毁它规模雄伟的宫殿建筑之后，我们才从他们对战役的记述中得知一二。目前认为这座建于 1363 年的王宫，是信奉印度教的毗奢耶那伽罗王朝权力中心所在，另外诸如仕女浴场（Ladies' Bath）、象舍（Elephant Stable）和一座供奉湿婆神（Shiva）的神庙等壮观的建筑也已出土。在基督教世纪开始之前的 1000 年间，印度各地有王朝统治也有共和政体，因此才产生了旃陀罗笈多·孔雀（Chandragupta Maurya，公元前 316—前 298 年在位）创立的一统全印度的王朝。在他的孙子，孔雀王朝的阿育王（Asoka，公元前 273—

图 39　霍伊萨拉斯瓦拉神庙南端入口上的雕刻，哈勒比德，迈索尔，印度，公元 14 世纪

前 232 年在位）统治时期，首度在建筑上运用有雕饰的石头。此后，石头被认定为建神庙的"神圣"材料，而神庙则是建筑故事活生生的呈现。在石材稀少的地区，石头用作碎石墙的饰面。斯里兰卡不缺乏石材，神庙建筑因此与众不同。印度在印度河以南产砂岩和大理石，更南边的德干高原产砂岩。既然木工雕刻的技巧常常被运用在石造建筑上，那么我们对那些已经失落的木造建筑还是能有许多了解，甚至连木刻接头的小细节也不难推测出来；即使在今天，从印度工匠雕刻的盒子和托盘上，从饶富乡村气息的手工雕刻和农民风格的烙画（poker-work）之中，我们还可以瞥见与许多神庙正面丰富的精美雕刻相似的艺术手法。

这个区域的建筑，因印度教与佛教两大经久不衰的世界性宗教而传播和灿烂。也许再也找不到任何一种建筑，比这个辽阔地区的建筑更能生动反映出建造者信仰的哲理，特别在装饰性的雕塑方面。如果把 14 世纪建于哈勒比德（Halebid）的有一层层布满大象、狮子、骑士像的台座逐渐上升接近顶端千手佛像的霍伊萨拉斯瓦拉神庙（Hoysaleswara Temple，图 39）视为印度教建筑典型的代表，将它和斯里兰卡波隆纳鲁沃（Polonnaruwa）伽尔寺（Gal Vihara）的 12 世纪佛陀圆寂后的雕像（图 40）并排——佛陀的面容是如此慈祥喜乐，与脚跟的莲花一般——我们就会发觉两个宗教给人完全不同的感受。两个宗教的建筑在比较世俗化的方面，显得在影响人的情绪上不如在功能上差异大：印度教乃个人借着祭司举行的公众仪式，完成每日朝拜的宗教；佛教则是非常强调以群体为中心的宗教，因此有僧院（vihara）的创立，僧院中庭四周分布着禅室（cell），另外有支提（chaitya）或集会堂，以及窣堵波（stupa）——土墩堆成的庙宇，用来聚集香客和大量会众。话说回来，如果我们一味详究两个宗教的差异，会显得无知。这些宗教不仅一直并存，而且好几个世纪以来关系密不可分，以至于在信条上、在祭拜或崇敬的形式上，都变得难以区别，令外人十分困惑。印度教原本随其祭司阶级的名称而称为婆罗门教，本身的起源就是个不寻常的融合。一半是黑皮肤、入世的达罗毗荼人的信仰，充满对偶像图腾和多产符号的膜拜；一半是白皮肤的雅利安人无偶像崇拜的信仰。

了解印度教建筑的一个要诀是把一些有时候看似彼此抵触的折中元素找出来。我们在许多神庙墙上的石雕中，看到《爱经》（Kama Sutra）描述肉欲享受的篇幅和情色幻想，以受虐的方式活生生地呈现时，也要能够接受瑜伽表现出的近于非人的苦修。瑜伽最高的境界是极神圣的入定（saddhu），在酷热之下一动不动地坐着，无视时间和搅乱心志的肉体的存在。对印度教而言，两者没有产生自我矛盾的疑虑，所有的显现都是同一位神本质的一部分。亚洲的建筑经常出现这种一物两貌的特质：在抽象的平面和象征性的轮廓下，加入大量塞满雕刻的球茎状塔，雕刻之多有如生长繁茂的丛林，千手佛和叽喳乱吼的猴子形象则使人头脑发胀。

佛教是从婆罗门祭司的压制下分离出来的两支宗教之一，另一支是耆那教（Jainism），后者在建筑上的影响力较小。佛教的教义源自"觉者"释迦牟尼的教诲，他生于公元前 6 世纪，是北方恒河平原的一个王国的王子，倡导八正道的修行：任何人，不论由哪一个种姓阶级出生，都能凭借着一次次的重生和达到涅槃（也就是最终

图 40　伽尔寺的佛陀像，波隆纳鲁沃，斯里兰卡，公元 12 世纪

的解放）的境地，而得到解脱。

公元前 255 年，北印度的孔雀王朝的第三代君主阿育王皈依佛教，并将它扶立为国教。阿育王是个活跃的统治者，他效法他的祖父旃陀罗笈多曾经亲见的亚历山大大帝（当年印度有一部分在其帝国版图内）的行政统治与军事掠夺的模式，巩固手中第一个一统印度的王朝的势力。同时，阿育王修建起自巴特那（Patna），终至西北的皇道，即今日的大干道（Great Trunk Road）。在自责出征东印度的羯陵伽（Kalinga）犯下屠杀 25 万人的暴行后，他回归宗教，下令兴建第一批石窟式神龛（cave shrines），可能是仿公元前 6 世纪和前 5 世纪波斯所建的阿契美尼德王朝陵寝，供着那教的苦行僧在巴拉巴丘陵（Barabar Hills）上修行；之后，他拓展王朝宗教精神上的版图，广派僧侣至各地，远达古希腊世界、尼泊尔、斯里兰卡。整个当时已知的世界，包括波斯、亚历山大的帝国，加上现在佛教建立起的精神帝国，几个巨型帝国的势力范围重叠，说明了我们在建筑史上一再看到的东西文化交流所产生的影响。从整个印度境内的柱子和岩面上、岩凿的神龛和神龛的单块巨石造的装饰建筑上、数千计的坟冢（tumuli）或窣堵波（据说阿育王在 3 年里共立了 84000 座之多）上，以及在华氏城（Pataliputra，今日的巴特那）有规模宏伟的多柱厅的颓败宫殿上都雕刻着的道德教诲中，见证阿育王的影响。

佛教、耆那教和印度教共同的基本思想是世界漂浮在有如浩瀚大海的宇宙的正中央上方。世界的中心是一座由 5 层或 6 层平台构成的大山，众生散聚在最底层，负责守护的神居中间几层，上方有众神的 27 个天国。我们感到惊奇，建筑的形式和细节，可以一次又一次追本溯源到这种基本的概念，这个概念在梯形庙塔的建筑上，早已透露一二。

一开始，世界是座圣山的理论，完全符合印度人认为诸神住在山林或洞穴里的想法，这个想法使印度人在凡世为神明盖临时住所时，采用会被我们视为土丘与洞窟的建筑模式。印度教所有的神庙都是庙山（temple-mountains），至于最典型的佛教建筑窣堵波，最初的形式较接近神龛，而非一种建筑物——那是一座牢固、穿不透的超大型土丘，随后才逐渐用砖头或石头将它包住，以增加其耐久性。

早期的窣堵波留存下来的不多。印度中部桑吉（Sanchi）的大窣堵波（Great Stupa），虽然 19 世纪曾一再重建和整修，依然保有阿育王在公元前 273 年至公元前 236 年之间兴建时的基本结构。目前所见到的土丘（图 41、42），可能是公元 1 世纪

47

图 41　大窣堵波，桑吉，印度，公元 1 世纪

图 42　大窣堵波建筑群，
桑吉，印度，平面图

时所建，呈现典型的宽敞但不纵深的外形，直径为 32 米，高度为 15 米。窣堵波所有典型的特征，在此都可一一看见：区隔圣境和世俗环境的栅栏或有雕刻的石栏杆，在东、西、南、北 4 个正方位开口，树立雕饰华丽的高耸大门（gateway），称为托拉那（toranas，影响到后来中国的牌楼和日本的鸟居）；环绕土丘的步廊，有阶梯通向窣堵波平坦的顶端，顶端置有一座神龛或祭坛。每个窣堵波都是神圣的纪念碑和舍利匣（塔），因为，即便没有供奉任何与佛陀生平有关的遗物，也至少是标志佛陀自己或其信徒曾经到过而成为圣地的地方。 ₄₈

　　富有象征意义的结构，像做习字帖练习一样摊开在建筑上。绕着宇宙中轴运转的大天顶，在视觉上，以伞盖状结构叠成的尖塔做代表，象征灵魂通向不同层次的意识状态。4 道入口装饰着代表佛陀的符号——车轮、树木、三叉戟以及莲花，面向东、西、南、北 4 个正方。将走道分隔出来的栅栏，是极重要的结构，如此的设计方便信徒在进行朝拜仪式时，以顺时针方向绕神龛走，研读墙上雕刻的佛陀生平。 ₄₉

　　窣堵波演化出多种令人惊叹的形式。从公元 3 世纪建于古都阿努拉德普勒（Anuradhapura）的鲁梵维利萨亚佛塔（Ruvanvelisaya dagoba，dagoba 为斯里兰卡语

的窣堵波），即可看出斯里兰卡保有窣堵波最原始的形式。此外，在阿努拉德普勒还见得到成了废墟的僧侣禅室群的柱子。该城废墟规模之大与巴比伦及尼尼微相当，因而闻名，其中孔雀宫（Peacock Palace）和铜宫（Brazen Palace）两座宫殿的圆柱，依旧历历可辨。铜宫一度以许多层黄铜色瓦片砌成的屋顶为豪，宫内是珍珠与黄金堆的厅殿，还有一座以日月星辰图案装点的象牙王座。

图 43　斯瓦扬布纳特寺窣堵波，加德满都河谷，尼泊尔，约建于公元 400 年，后来历经多次重建

曾是缅甸首都的蒲甘（Pagan），在 13 世纪中国的蒙古族皇帝忽必烈企图征服东南亚而被战火破坏之前，有 13000 座钟型寺庙绵延伊洛瓦底江岸 32 公里，其中 5000 座保留至今。当中一些，如仰光的仰光大金塔（Shwedagon Pagoda），包在窣堵波外层磨光的坚硬泥灰面上，仍旧覆盖着金箔。加德满都河谷的斯瓦扬布纳特寺窣堵波（Swayambhunath Stupa，图 43）是尼泊尔式的建筑：在方形庙身侧边上，佛陀斜目、眼帘低垂、无所不观的双眼，自佛教天国 13 重伞圈组成的盔状屋顶下，凝望四方。由于窣堵波的造型在不同地区出现如此多重的变化，从土丘状、钟状、台阶式坟冢状到宝塔状都有，很难区别什么是庙、什么是窣堵波。基本上，庙是圣所，涉及集体膜拜的活动，而膜拜总是要绕着（的确如此，因为在仪式中做环绕式的步行相当重要）窣堵波式的建筑或佛陀像举行。

对于土丘式建筑的介绍，在此先告一段落。与庙山式建筑截然不同的洞窟式建筑（womb architecture），三种宗教一致采用，借以传达宗教意涵。不管是印度教、耆那教还是佛教，都保存了印度远古时期的建筑传统，最早从公元前 200 年开始，一直到公元 9 世纪，以惊人的技巧和无比的苦力，从天然的岩石上凿出洞穴式神龛与集会厅。

支提本来是个泛指神龛的词，而今常用来指佛教附有僧侣起居的精舍的集会厅。岩凿的支提，有时候就是个倒转过来的窣堵波：把堆高的土丘改成由山崖凿出一座岩丘。里面的走道形成类似基督教堂里行进用的步廊。步廊和集会厅以一排没有打磨过的圆石柱隔开，在后方形成环形殿（apse）。位于德干高原卡尔利（Karli）的支提柱子（公元前 78 年，图 44、45），又粗又短，上方的柱头像一颗有棱线的水果，这是印度建筑千年来不变的细部特征。公元 1 世纪建于巴贾（Bhaja）的支提，供佛教的僧侣使用，与卡尔利一样，有一座挑高的筒状拱顶。环形殿中依习惯立着一座小型窣堵波，上方嵌

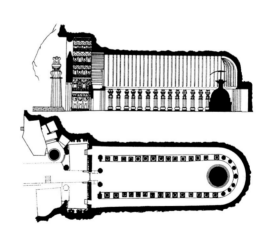

图 44　岩凿的支提厅，卡尔利，印度德干高原，公元前 78 年，剖面图与平面图

图 45 支提厅内部，卡尔利

着通常由地面直接升起的一根圆石柱镂刻而成的伞尖，充当窣堵波顶端的伞状结构。支提通常靠马蹄形窗采光，约公元250年建于阿旃陀的支提就是一例（图46），这里有一座全由岩石凿出来的设有学院以及礼拜堂的僧侣大学。根据中国游僧玄奘的描述：阿旃陀是印度中部一个杂草丛生的峡谷，在黄昏时刻，谷中听得见胡狼低嚎。当地号称有29个洞穴，从公元前2世纪到公元640年，费时良久才竣工。这批洞穴式神龛的窗户，上面的花饰窗格（traceries），也就是窗上的横杆、窗框和栏栅，就像用木材雕刻的一样。

图46　19号洞穴神庙入口，阿旃陀，印度，约公元250年

　　印度教的庙宇有不同的风貌，它不将岩石向下凿空做建筑物，而是从天然岩石的岩面朝内、朝上挖，建筑物几乎就是雕塑品。埃罗拉（Ellora）的凯拉萨神庙（Kailasa Temple，公元750—950年），仿照喜马拉雅山脉的凯拉萨山外貌设计，用来供奉湿婆神，估计共凿掉200万吨的黑火山岩，才从坚实的岩石中雕出神庙的外形（图47）。凯拉萨神庙的中庭竖着一根司坦巴（stambha）：一种不设支撑物、上面刻有铭文的柱子，有时候用作人像或光源的台座。庙的底层是后来才加上去的，把岩石向内挖得更深，凿成象征力量与季风的大象，看起来有如象群把整座庙扛在背上。公元七八世纪，帕拉瓦（Pallava）王朝的君主把南印度马德拉斯（Madras，今金奈）附近的马哈巴利普兰（Mahabalipuram）由大块花岗石组成的独石群一块块原地凿成战车（raths）以及和实物同样尺寸的大象（图48）。只有13世纪建于奥里萨（Orissa）科纳克（Konarak）的太阳神庙（Temple of the Sun）门厅是建造出来的，它的震撼力在于整座殿顶（pavilion）雕成太阳神的战车的造型（图49），而非绕着外壁四周的著名带状情色雕刻。印度–雅利安人信仰的太阳神（Surya），每天乘着4匹或7匹马拉的战车绕地球转。这座红砂岩建的神庙上

图47　凯拉萨神庙，埃罗拉，印度，公元750—950年，雕版画

图 48　战车，马哈巴利普兰，金奈，印度，公元 7—8 世纪

面计有 12 个车轮，象征黄道十二宫，给人正在奔驰的错觉。孟买港的象岛（Elephant Island）上 9 世纪建的象庙（Elephant Temple），有雕刻成的檐口和方柱，柱头像缀有有棱线的水果，跟卡尔利的柱子一样。

　　历史最久远的无支撑结构的神庙废墟在阿富汗出土，建于公元 2 世纪，笈多（Gupta）王朝统治时期。由洞窟式神庙演化成直接立在地面上的建筑形式，德干高原艾霍勒（Aihole）的哈卡帕亚神庙（Hacchappayya Temple，公元 320—650 年）是现存的最早几个实例之一。形式虽有变化，所呈现的象征意涵却丝毫不减。洞窟还是存在的，印度教神庙地面楼层的正中央，有一座称为卡尔巴吉利哈（garbha griha）的神龛，没有照明，又暗又小，里面立着该庙供奉的神。这是庙宇圣境之中最为神圣的地方，只有祭司能够入内为神明更衣、服侍、奉食。奥里萨以及南印度其他地区，最常见的结构模式是神龛前有一连串的连廊（vestibules）和神龛沿着同一条轴线一个接一个往后排列（图 50），和我们在埃及神庙中看到的结构一模一样。通常有曼达波（mandapa，舞蹈厅）作为神庙的底座（plinth base）。神龛的正上方有叫锡

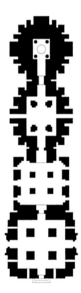

图 50 林迦罗神庙，布巴
内斯瓦尔，奥里萨，印度，
公元 9—10 世纪，平面图

图 49 太阳神庙，科纳克，奥里萨，印度，公元 13 世纪

图 51　海滨庙群，马哈巴利普兰，金奈，印度，公元 8 世纪

卡拉（sikhara，山巅之意）的螺旋状屋顶，在建筑物外部标志神龛的位置。锡卡拉是由渐渐向内缩的石头层砌成，里面相当空旷，它唯一的目的是模仿山的外形，向外界昭告进入宇宙须经的神圣途径的所在，这条途径是一根隐形的、连接洞穴与山林的权杖。不同地区的锡卡拉，规模和造型上变化甚大，然而锡卡拉迫人的高度和精湛的雕刻总是能彰显庙中神的尊荣，底下安奉神像的神龛反而做不到，因为那里通常狭窄阴暗又不通风。这一点在两座 8 世纪的海滨神庙上（图 51）表现得更明显，两庙位于马哈巴利普兰的海滩上，大的那座朝东，小的朝日落方向。尽管岁月的侵蚀，使得守卫入口湿婆神的楠达牛（Nanda bulls）轮廓有些模糊，但金字塔状的锡卡拉——上面绕有三层走道，每一层的地板是底下一层的屋顶——仍旧十分壮观。

在金奈、迈索尔（Mysore）与喀拉拉（Kerala）、安得拉（Andhra）等邦发现的南达罗毗荼式神庙（约公元 600—1750 年），是唯一一种不只是用来设神龛和供侍奉神的祭司住宿的印度教庙宇。庙中有更复杂的院落、塔、曼达波群，可作为团体膜拜和日常活动的空间。一系列的锡卡拉之下形成的重叠屋顶，或沿着一座上升的锡卡拉搭建的一系列台阶式屋顶，为这些院落、塔、曼达波提供遮蔽。这类建筑有 70 座留存至今，不例外地，有好几座沿着一条轴、一个对一个向后排列的院落，靠里面的几座盖着平屋顶，每座都有一道设塔的大门，称为戈蒲兰（gopuram，意即台阶式金字塔）。戈蒲兰在平面图上呈长方形，越接近中央神龛的部分越小。戈蒲兰本身就是灿烂生辉的建筑：四侧往上削尖的台阶式斜面上，布满雕像、挤满一间间有圆顶的模型房屋，常常杂乱地遵照造物次序——人在最下层，神在最上层——配置，是圣庙山的象征。

图 52　大庙：三座主要的戈蒲兰，马杜赖，印度，公元 1623 年

　　位于马杜赖（Madurai）的大庙（Great Temple，公元 1623 年，图 52），有多达
2000 根狮子和奔马造型的圆柱撑起的长廊，是南达罗毗荼式建筑极佳的示范。大庙
的规模差不多有一座小镇大，原先奉祀湿婆神及其随扈湄那克什（Meenakshi）的几
座小神龛，几乎已经湮没在后来大量兴建的庭院、厅堂和入口之中。四周市集的喧
嚷声，庙里养的大象发出的鸣吼，香客在湖一般大小的金莲池（Tank of the Golden
Lilies）里净身、洗衣的活动，极生动地刻画出印度人性灵面和世俗面合一的生活。

　　所有神庙都有一个共同点，就是在曼达波内紧临着神龛的四周或者神庙外端，
有一条填满神圣雕刻的走道。印度教的神庙本身就是受尊崇的主体，绕神庙走动是
膜拜的一种方式：如果是住人的庙（living temple），由东方入口做顺时针绕行；如

图 53　梵天主神庙，布巴内斯瓦尔，奥里萨，印度，公元
9 世纪

果是安葬用的纪念性庙宇，像柬埔寨吴哥窟的高棉大庙，由西方入口做逆时针绕行。神庙还有一项共同的特点是，不论外观上是往空中升还是向地下凿，一切有用途的空间都留在地面，或者在建筑物里面，或者围绕着建筑物。在天气酷热的地区，日常生活一概在户外进行，所以这个现象是不足为奇的。每个地区的神庙轮廓和平面，都根据当地建筑风格的偏好、可取得的建材和降雨量等因素，来决定屋顶和锡卡拉的形状与沟渠的设计。神庙是单纯的北方式建筑（一圈步廊绕着塔与走廊，再竖一道 1.8 米长的墙，把圣地与世俗地间隔开）也好，是复杂得多的南方达罗毗荼式建筑（重重的庭院沿着一条轴线排列，从外观都可以清楚分辨出不同的建筑元素）也好，它们或许彼此有信道连接，规划时，却视同各自独立的单位。神庙内部两个主要的结构：一是底座宽敞的集会厅，供膜拜仪式之用，从侧面看去是压低、贴近地面的；另一个是上方设锡卡拉的小神龛室。公元 9 世纪是奥里萨神庙建筑鼎盛的时期，梵天主神庙（Brahmesvara Temple，图 53）位于布巴内斯瓦尔（Bhubaneswar）这个日益蓬勃的首府，从外侧清楚可见笔者一直谈论到的三种基本结构：底座、由雕刻装饰成的饰纹条和居高临下的锡卡拉。梵天主神庙是一度环着圣湖的 7000 座奥里萨式纪念性建筑中留存下来最伟大的一座，神庙上的锡卡拉看似一根玉米穗，尖端顶着侧边有棱线的圆盘，圆盘像个厚丝绒裁的扁平坐垫，事实上却是石头刻成的。

　　神庙不管在轮廓上属于哪一种形式，都是代表宇宙的一个形象，是造物天神灵魂的表现。在兴建神庙之前，都需要请示天象，以便确定动土的时辰。至于一些比较繁复的结构，其平面图呼应曼荼罗（mandala）展现的怡人的对称与神秘的完美，换句话说，这些平面图是宇宙的几何图，是造物的过程。桑吉的窣堵波，在东、西、南、北四方设栏栅、大门，就是以极简朴的手法来传达这种建筑的理念。

亚洲艺术无数瑰丽的作品之中，有两座令人印象深刻、蔚为奇观的建筑，我们不可不提，那就是柬埔寨的吴哥窟（Angkor Wat）和原爪哇的庙山建筑婆罗浮屠（Borobudur），两者都以雄伟的天然景观

图 54　吴哥窟，柬埔寨，公元 12 世纪

取胜。婆罗浮屠当初是由一座山凿刻成的，有火山群当背景，其造型就是仿照这些火山的形貌。吴哥窟（图 54）坐落在 4 公里长的土岗上，矗立在丛林之中，与四边的树木隔绝。苏耶跋摩二世（Suryavarman Ⅱ，公元 1113—1150 年在位）这位高棉王朝的国王，同时也是德维拉贾（Deva-Raja，即神王），为纪念王朝的功业，便兴建了这个全世界规模最大的宗教建筑群。吴哥窟之大，让前来朝拜的信徒在做整个绕行四周的仪式时，就得走上 19 公里的路。庙的中心高踞在 65.5 米高的 5 层平台上，另外上端立有 5 座象征须弥山（Mount Meru）的冷杉果状塔，要登上中心，必须爬过隆起的道路，再由十字形的入口平台进入。

罗丝·麦考莱（Rose Macaulay）在《废墟拾趣》（*Pleasure of Ruins*）中提到："从堤道和土岗进（吴哥窟的）庙内，简直像坠入令人发狂的梦境之中！"她接着描述游客如何走过弯曲上攀或又直又陡的一段段阶梯，由一个平台登向另一个平台，在一大群错综复杂的庭院和长廊中，走出一条路径；长廊的墙壁随着舞蹈仙女阿普莎拉斯（Apsaras）"轻轻摇曳"；而且"碰来碰去都是那个冥思的神"；最后，他们朝下望见"附近树林深处中的吴哥城"。这是因为在高棉王朝后，树林很快长回来，吞没了王朝的城市。象征神性的蛇，变形为围绕神庙四周的栏杆，几个世纪后，数量再也比不过缠绕得更紧的蛇形物——无花果树和榕树蔓延的根、枝。这座巨型的建筑在这些根枝窒息的缠抱中，不像睡美人的城堡只长眠了 100 年，而是整整不见天日 500 年。

图 55　婆罗浮屠，爪哇岛，约公元 800 年，鸟瞰图

然而，总会有等到白马王子到来的一天。1861 年，他以名为皮埃尔·洛蒂（Pierre Loti）的法国自然学家兼作家的身份出现[①]。洛蒂在寻找一株稀有的热带植物时，被这件高棉艺术的珍宝绊倒，随后他让它重生。至 1973 年为止，费尽功夫的整建工程让神庙重拾昔日大半的光彩。可惜，1975 年后吴哥窟美丽的平台再度荒芜，受降雨、菌类、藤蔓的肆虐，没有多少神明还能够继续冥思，文物破坏者和窃贼已让其大部分成为无头神像。

　　公元 800 年左右建造的婆罗浮屠（图 55），是佛教艺术最上乘的杰作，深具自然力散发的魅力。一来婆罗浮屠原本是一块岩石的露头，二来规模庞大：由下往上看时，点缀着一座座置有佛陀像神龛的平台，上方浩大的石造工程，简直不像人力所能

---

① 洛蒂出生于 1850 年，此处疑为法国博物学家亨利·穆奥（Henri Mouhot），其于 1861 年重新发现吴哥窟。——编者注

完成，倒像是岩石崩陷成的天然悬崖，崖面嵌着隐士的洞窟。整座婆罗浮屠象征灵魂抵达涅槃境界的过程，就跟在吴哥窟一样，朝拜的信徒必须沿着长廊不断往内往上前进，历经 9 个克己修行的阶段，方能大彻大悟得道。信徒从底座穿过 4 层有墙壁围住的四方形平台，到达 3 层开放的同心圆平台，72 个有方格石框的钟形窣堵波位于 3 层平台上，里面坐着 72 尊佛陀，有一些佛像已无钟罩掩蔽，腰部以上可见，活像是穿着浴袍舒舒服服端坐在那里（图 38 ）。等到信徒一路爬上最高点，抵达那座密闭、有尖塔的小窣堵波时，心中再也不会有任何的怀疑，窣堵波中必然藏着生命核心的奥秘，永远静待人们来发现。

第五章

谜语和模矩：中国与日本建筑

56　　远东地区的建筑之所以展现出极为独特、引人注目和令人难忘的特质，乃是源自一种冷漠、疏离和自成体系的文化。疏离，这当然是西方的观点。中国在地理位置上是背向西方，朝向东方，面对朝鲜、日本和旭日东升之处。往西，中国背后的重山叠岭，将远东地区和世界其他地方远远隔绝。

　　西方对于中国早期建筑的了解是零散片段的，一方面是因为中国木造建筑的传统，木头是非常容易腐朽的建材；另一方面是因为中国人与日本人在纪念性或永久性的建筑上，不管是世俗的还是神圣的，并不特别注重华丽与铺张的表现。不过在 20 世纪 70 年代，从黄河流域的黄土中发现许多秦朝（公元前 221—前 206 年）的帝王陵墓，其中之一是统一中国、自称始皇帝的秦始皇陵墓。1996 年，秦始皇的陵墓被发现非常完整，不过在此书撰写之时，这座陵寝还未被开启。秦始皇不但建立新的首都咸阳以及防御匈奴入侵的万里长城（是将此前零星的防御工事填补连接起来），而且在 36 年之中，征募 7000 名兵士，建造了一座地下"灵城"（spirit city），里面放置了人物陶俑，取代以前那些陪伴君王殉葬的活人。这些陶俑有数千个，高约 1.8 米（那时的中国人不知是否都这么高大），每个人物的脸孔都不同，仿佛是根据不同的士兵制作的。"灵城"里还有一个根据秦人概念制作的天体模型，包括太阳、月亮和星球，靠机械加以运转。而对我们的了解助益最多的是一个秦朝国境的配置模型，里面有以水银灌注的黄河和长江，以机械装置重现了这两大河川奔流入海的情景。还有陶制的农舍、宫殿和亭阁，重现旧首都的建筑风貌。

　　这些与稍晚的陵墓出土模型（图 56）证实了学者以前从日本的木造建筑推论出的关于早期中国木造建筑的假设，一般认为由于日本人非常热衷每隔 20 年或 30 年就在附近地区复制原来的建筑物，因此这些日本的木造建筑应是多次模仿中国式建筑后的重建物。在日本有许多神庙供奉古老泛神信仰的神道教太阳女神，如伊势神宫（图 57）与出云神宫，它们可说是日本本地建筑的美丽例证。

　　相比较之下，将一些线索组织起来，去推测 3500 年前的中国社会情形便容易多

图 56　陶土房屋模型，出土自东汉陵墓，中国，公元 1 世纪

图 57　伊势神宫，日本三重县，一般认为，自 7 世纪起，每隔 20~30 年都会在原址重建

图 58　姬路城，即"白鹭"城，日本兵库县，约公元 1570 年 ▷

图 59　明十三陵入口的大理石牌楼，中国昌平，北京附近，约公元 1540 年

58 了，因为中国很早便已独立地发展出自己成熟的文化，然后选择延续那些只适合自己民族气质的技术发展。而在许多其他的活动领域，直至 20 世纪初，中国仍处在相对缓慢的状态。

中国人对于使用木材非常坚持，在 19 世纪恐便已将一些丛林地区变得近乎光秃，几成不毛之地。中国人并非不知道如何使用砖石。事实上，从公元前 3 世纪起，中国人就已经用砖拱来建造陵墓与穹顶了。公元 2—3 世纪时，随着佛教的传入，印度与缅甸的砖石建筑传统也一起传入中国，特别是运用在塔的建造上，如辽朝（公元 907—1125 年）砖塔；另外也应用于牌楼（作为城市入口，类似西方的凯旋门，非常显著，图 59）和桥梁上。在这个水源充足的国家，桥梁始终具有美丽的样貌。在元朝（公元 1271—1368 年）的创始者忽必烈（公元 1215—1294 年）的王宫、后继的明朝（公元 1368—1644 年）的王宫以及许多防御堡垒中，也都有极佳的砖造建筑。

不过，木材无疑是中国人最喜爱的建材。木造的楣梁式（trabeate）建筑最早是在中国发展，然后传到日本，可说是中国建筑的两大特色之一。另一特色就是一套严格遵循的营造法规，这是一套不成文的法规，限定城镇或建筑物的规划，控制建筑物的位置、方位、平面配置甚至颜色。这些法规的产生，不仅仅根据自然、社会和政治的需求，也根据讲究自然和谐的设计哲学与神谕的吉兆决定，也就是"风水"。风水与空间的使用（建筑的永恒主题）与空间的创造有关，而空间是中国哲学中最重要的概念，有些评论者甚至认为这比时间还重要，当然也比结构重要。不过，如果要对中国建筑物有一些概念，就必须先来看看建筑结构。

起初促使木材运用于各种早期建筑上的原因，无疑是木材资源充足。在北方的黑龙江流域，最早的住所并非以洞穴为主，较多是在地上的坑洼，上面加盖屋顶，以插入地里的树干支架为支撑。早期的日本建筑同样是将茅草顶搭盖在地面上，如绳文文化的建筑，后来的弥生文化则是在篱笆茅草墙上，用一根架在两支叉状棍棒上的栋木支撑着一个帐篷式的屋顶，看起来就像是一个天然的草丘。这个特色一直留存在日本的农舍建筑形式中。在中国南方、东南亚和印尼，可能由于洪水的缘故，形成了建在木桩上的房屋样式，这也一直保存在当地的建筑形式中。

建造在台基之上的木构建筑，兴起于黄河中游地区，后来成为中国古典建筑的样式。常常在中国发生的地震（在日本更是频繁），可能也影响了这种建筑的发展。这里需要的不是厚实的墙，因为地壳的任何变动隆起都会使墙破裂毁损；这里需要的建筑结构，最好是能像船一样浮在起伏的地壳上，移位了然后又回到原来的位置，最起码至少是抛弃式的，可以在灾难之后轻易地完成重建。或许底部的台基能够具有木筏一样的缓冲作用。

山西省五台山的佛光寺（图61），建于9世纪，是早期中国建筑的著名例子。佛光寺具有中国与日本建筑的三个基本要素：高台基、框形墙和屋顶。典型的台基是实心的（从来不加设地窖），以压实的土制成，有时上面砌上砖或石；也有的以捣碎的黏土、碎石、凹凸不平的石头制成，甚至平砌的砖或方石都有可能。房屋的木框架就立在这个平台上。这是本书中首次出现一个民族为自己"伟大"的建筑，依据框架的原则，发展出独特的建筑式样——屋顶是由有角柱的框架支撑，墙壁是之后再填上的。在远东地区的木造房屋中，我们可以一览无遗地看到结构的原理，极少见到遮掩框架的包覆表面。

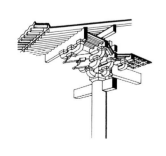

图60 斗拱

朝鲜妙香山的普贤寺，建于11世纪，是另一个中国式早期建筑的例子。它以

图 61　佛光寺，中国山西省五台山，约公元 857 年

坚实粗短的树干做角柱，这是早期建筑的典型特色；另外，此处采用了单一的额枋（architrave），后来的古典建筑则多半采用双额枋。松木或杉木柱子多半立在具有保护作用的石制或铜制柱基上，经过时间的演变，这些柱基逐渐增添了精致的装饰雕刻。也是为了防止气候和白蚁的侵害，角柱都涂上漆或一种油与大麻纤维的混合物（还加了砖屑）。由此可能形成一种习惯做法：将柱子与斗拱全都漆成一种颜色，通常是鲜红色（图 62）［漆多半也是鲜红色的，萃取自漆树的汁液，暴露在氧气中就会变硬。自很早的时候，特别是自公元前 3 世纪起，漆便用来涂在承重的建筑结构上，如柱子或钟架（bell frame）］。柱子之上放置着支撑屋顶、造型独特的额枋。中国建筑中没有烟囱的设计，暖气是靠可移动的炉子供应，烟则是从屋侧或屋脊下排出。在湿热的南方就没有这个问题，墙不过是填上华美装饰的围幕而已，多半只有屋子一半的高度。即使是在严寒的北方，以木料搭建的墙可能厚达 100 厘米，不过习惯上还是会在屋顶檐口线下留个缝隙。窗户是用纸糊上的，天热的时候可以像窗帘一样卷起来，

图 62　春日大社里的红漆柱子，日本奈良，建于公元 768 年

让微风吹进屋内。勒·柯布西耶（Le Corbusier）曾经指出，窗户有三种功能：采光、观看与通风。在一年中日照十分充足的地区，窗户的头一项功能是不需要的，通风才是窗户最重要的功能。在日本，外部与内部的帷幕墙都是纸做的。

　　这里的屋顶是值得特别注意的。人们不用中古欧洲半木造房屋所采用的三角形连接（triangular tied）结构。远东地区的建筑从未使用斜向的强化支柱，出现在建筑表面上的对角线木条，例如从汉墓出土的农舍模型上所见到的，都只是用作装饰而已。中国与日本房屋上的宽大屋檐，由一种金字塔形楣式结构[①]（trabis，在拉丁文中指的是梁）支撑。除了支撑屋椽的檩之外，在两个角柱之间的楣梁则支撑着短小垂直的构件，而这些构件又支撑着更短小的梁。这种模式可以重复运用，越往上接近屋顶处，楣梁的长度也随着递减，迫使屋顶的重量往下压在两根基本主梁

① 指抬梁式构造。——译者注

（kingpost）上。为了分担屋顶的重量，或者，为了能让侧边的走道扩大并使屋檐的出挑幅度更大，形成挑檐（这是一种传统典型的做法，可以因此形成一个有遮阴的阳台或中庭，供一家人坐在其中而不受日晒雨淋），侧边会增添一些柱子，每根柱子承载各自的柱梁结构。

这些额外增添的柱子在内部形成了走廊与类似侧廊的空间。为了符合扩大挑檐的要求，又要避免内部空间由于增添柱子而显得杂乱，建造者因此发展出一种巧妙的建筑系统：利用悬臂方式将挑檐朝外架在成组的托架也就是所谓的斗拱（图60）上。斗拱本身就是一种艺术作品，互相卡榫在一起。传统上，斗拱所支撑的梁椽都会涂上鲜艳的色彩。斗拱的设计灵感可能源自波斯，经印度传入，其重要性在宋朝（公元960—1279年，中国文化的兴盛时期）更获得强调。1103年，在一位建造大师的手册——李诫的《营造法式》——问世后，根据斗拱大小来安排梁柱空间位置的模式（之前大多是迷人的无规则状态）确立了，并且通行全国。17世纪清朝（公元1644—1911年）的工部提出新的建筑法则时，也仍然以斗拱臂作为法则的基础。

斗拱角度的变化可以使中国建筑的屋顶产生令人惊异的起伏波动（图63），加上所选用的屋顶形式，如硬山（人字形屋顶，gabled）、庑殿（四坡屋顶，hipped）、悬山（半四坡屋顶，half-hipped）或攒尖（锥形屋顶，pyramidal），创造出非常迷人的屋檐轮廓。自汉朝（公元前206—公元220年）开始，屋檐呈链状曲线垂悬着，并有弯曲的脊线与斜脊梁（hip seams）；有时会炫耀地将边缘弄成龙牙般的锯齿状，将檐角弄得充满活力，仿佛要展翅高飞，还挂上小小的铜铃。脊梁（ridge pole）非常重要，因此在安放定位时要举行特别的仪式。另外，屋顶的砖瓦在北方是灰色的，在其他地方则可能是蓝色、绿色、紫色或黄色。黄色是代表皇室的颜色，若在明朝从空中鸟瞰北京，或许可以从屋顶的颜色辨别出不同区

图63　阿育王寺，中国浙江省宁波市

域的社会地位。

　　塔被认为是远东地区独特的建筑形式。无疑，中国几乎每一个城镇都至少有一座当地可以夸耀的塔，通常是建立来阻止恶煞从东北方——"鬼方"——进入城镇。但事实上，传统的中国建筑通常只有一层楼，最多两层，而且是长方形的建筑物围绕着庭院。非常有趣而值得注意的是，在大多数其他的国家里，宗教建筑会为其民族的建筑风格立下"上等"的典范，相比之下，中国和日本的寺庙却是依照一般住家的建筑风格建造的。这种神圣与世俗的颠倒，可能是远东地区人民特有的心态，或许可以用来解释日本茶道的神圣特质。

　　有人认为，一般附属于寺庙的塔，可能是由一种传统房屋发展而来，这种

图 64　嵩岳寺塔，中国河南省嵩山，公元520 年

房屋从本书图片中所显示的汉墓模型可以看到：有一个长方形的厅堂，上方二楼中间是一个书房，主人可以在此安静地思考，顶楼则是一个谷仓。另一个似乎合理的解释为，塔源自佛教的影响，也就是从一种锡卡拉或佛伞的锥形物发展而来。不过多层的楼房建筑在中国古代就已出现，而且可以追溯到汉墓中的瞭望塔或水塔模型。很可能塔是从一种结合上述三种形式的建筑演变而来。

　　我们可以透过三座塔来看这个演变过程。第一座塔是位于河南省嵩山的嵩岳寺塔（图 64），这座塔为十二角形，是中国现存最古老的砖造建筑，建于公元 520 年，非常类似印度的庙宇。第二座塔是宋代的料敌塔，位于河北省定州市开元寺，建于公元 1001—1055 年，是辽宋疆土交界处的一座瞭望塔，看起来像座灯塔（图 65）。不过，要到第三座塔，也就是建于公元 1056 年的应县释迦牟尼塔（图 66），塔的形式才发展成我们所认为的典型中国式的建筑。释迦牟尼塔是一座完全木构的建筑，平面配置为八角形，而且楼层数为奇数，这一点日后将成为定则（通常是 7 层或 13 层）。

图 65　开元寺料敌塔，中国河北省定州市，公元 1001—1055 年

63

周朝人相信天有九重，因此在早期佛教中，特别偏爱9这个数字。佛宫寺的释迦牟尼塔有5层，这是由外部凸出的屋顶显示出来，楼层中间的回廊隐藏在内，未被凸显。塔最初是附属于佛教寺庙的神龛（shrine）或圣骨塔，里面的第一层放置佛像，上方是空的，就像印度的锡卡拉；或者是放置一尊巨大的佛像，高达好几层楼；或者是在有回廊的楼层里放置一组佛像。

虽然中国塔的形式都很相似，不过都没有印度锡卡拉所被赋予的神秘意义：宇宙是绕着一个垂直的轴而旋转。中国人也关切宇宙之轴的问题，但是对他们来说，这个轴是水平的，而且是在地面上的。方位也极为重要，四个方位各自有不同的属性，以不同的颜色、动物象征和季节代表。黑色代表北方、夜晚与冬天，也就是一天与一年的结束；另外，妖魔鬼怪也来自这个方位，当我们想到蒙古吹来的寒风时，对这一点就觉得不足为奇了。也因此，从所发现的最早例子中可以看出，中国的城镇与房舍似乎都是南北向的，在格状规划的城镇里，主要的干道是南北向，房舍则都是大门朝南——南方是个好方位，代表夏天的太阳，动物象征则是朱雀。向西方向则表示白色的秋天、白虎（傍晚与暮年）、白色的和平与死亡时的白色丧服。由于中国人非常重视祖先祭祀，因此房屋的西南角是神圣的区域，不会在这里设营利场所。

建筑物的位置选定之后，接着就是筑墙，以阻绝任何从不吉方位而来的有害影响，这多半也与风水有关。墙以及墙所形成的隐秘性，对中国人非常重要。中国的第一位皇帝秦始皇，将相邻的诸侯国因敌对争斗而各自沿着北方边界所筑的墙适当地连接起来，形成万里长城（图67）。万里长城是人类与自然环境互动的一个宏伟范例，它沿着山峦的天然界线，从渤海湾一直蜿蜒至甘肃省的嘉峪关。秦长城约完成于公元前210年，之后的历朝皇帝都继续加以修护，我们现在所看到的长城外表，是明朝在公元15—16世纪重新整修过的。

我们之前曾谈过，木造楣式结构与那套建筑法则是中国建筑的两大特点，中国人对防御性城墙的执迷可说是第三个特点。首先，为什么在中国这样一个曾充满诸侯与封建君主相互争战的国家里，竟缺乏防御性城堡，这令人迷惑之处可借由防御性城墙来解释。一个诸侯的封地就等于他的城堡。秦朝首都咸阳规划容纳1万人，北京的紫禁城也非常庞大，必要时其城墙内足以容纳全北京城的居民。秦朝在公元前3世纪统一中国，建立起阶级组织的封建系统，而城镇就变成官僚政治与行政管理的中心。这种为官僚体系、隐私和防御建立起的城墙系统，从大宇宙到小宇宙不断重复出现：

图66 释迦牟尼塔，中国山西省应县，公元1056年，剖面图

64

66

图 67　万里长城，中国，完成于公元前 210 年

国家有城墙围着，每个城市也有城墙围绕，还有城墙与护城河的保护神，而城市里的每间住宅一般都是好几栋建筑物组成，外有围墙，中间是庭院，里面住着传统常见的大家庭，可能还住着上百个亲戚。实际上，中国字的"墙"与"城"原本是同义语。

　　北京这个古时北方的首都，可说是这个城墙系统的缩影。北京成为首都的命运在 1552 年以前一直游移不定，之后才由明朝皇帝筑起一座新城墙，长 14.5 公里，围绕着 7 座城门，好将早因人口剧增的压力而发展起来的南边郊区并入。北京如此一来就形成 4 个著名的围场（walled enclosure），也将城外的天坛（图 68、69）纳入。天坛建于公元 1420 年，按照传统建于露天室外，地点在北京城南方的小丘上。壕沟与筑有防御工事的城墙围入南边的外城与北边的内城；内城里也有城墙围绕，穿过这些城墙，还得经过天安门才能进入天安门广场，这个广场可说是进入皇城的入口院

图 68　天坛祈年殿，中国北京，公元 1420 年

落。要进入紫禁城（图 71）这个建筑群的中心地区，必须先从午门穿越另一道墙，从五座桥梁之一横越马蹄形的运河，再穿过由乾隆皇帝的巨大铜狮守护的门楼（gate-house）建筑，然后是太和门，最后抵达矗立着太和殿的台基（图 70）。这令人想起那些精巧的盒子里还有盒子（中国人特别擅长雕刻这些盒子），盒子中蕴藏着一股神秘的期盼，让人期待穿过一个又一个的盒子，直抵代表无上权力与最高权威的帝王宝座。如此层层包围的结果是，中国社会的各个阶层就各自保持自身的特质，并且各以自己的交往方式与外面的世界往来。

　　这种疏离感同时说明了城市与房屋的设计规划。房屋的规划也是由里往外看，与西方街道所见的情形完全相反；在西方，每栋房子都骄傲地向路过的人炫耀自己的位置、地位与美。中国屋主的社会地位，其实可以从房屋在城市里或城市格状街坊中

69　天坛祈年殿的藻井，
中国北京，公元 1420 年▷

图 70　从午门看马蹄形的运河与太和门前广阔的仪典广场，紫禁城，中国北京

的方位看出端倪。踏进了屋子大门之后，房屋的台基高度与中庭的数目等等也暗示了屋主的身份地位。明朝的朝廷律法规定了单栋住宅的开间数（bay）：天子 9 间、皇子 7 间、官吏 5 间、百姓 3 间，不过从街上只能看到空白的墙。房屋都是面朝内院（图 72），所以围绕着入口庭院的墙也看不到窗户，就算从大门朝屋内望去，视线也会被影壁（spirit walls）挡住——屏风安置在大门入口处是为了阻挡邪魔进入，因为据说邪魔只能直线前进。不过从入口庭院处有时可以瞥见开着花的树顶，而影壁本身也大都非常漂亮，上面雕着狂砌（crazy paving，指用不规则形状的材料拼铺）或裂冰等模式的几何自然图形，配上莲花或竹节，或者有时就漆上白色，写上一个代表吉兆的黑色字。

　　通常前院由侧门进入，但是访客看不到什么令人印象深刻的建筑立面，只见到一堵长墙，门口开在中央［从来不会开在山墙（gable wall）］。为求好运，所有的房子不但有前门，也有后门，而且两个门不能在一条直线上，这也是为了阻挡邪魔。礼数规范在此时会决定访客是否可以被更进一步邀请入内而一睹宅内的对称格局：前面是明亮（明）的厅房，后面是凉爽阴暗（暗）的厢房，也就是隐秘的卧房。这种配置有部分原因是让室内对流通风，反映出中国礼节与隐私的一个必要安排：台阶分为左右边，主人往东入内，客人往西入内，各自到达后面的厢房，让客人清楚了解自己进入了主人家的家庭活动区域，不能太随便。

　　在公元 1103 年的《营造法式》确立建筑指导原则之前，庭园早已是中国建筑的一大特色。唐朝的武则天女皇（公元 690—705 年在位）甚至把长安的宫廷花园变成野生苑囿，160 公里长的围墙围绕着整个园区，从印度进口的犀牛在园里的山坡、湖畔和林地漫游。位于北京西北方的颐和园，周围溪流密布，树林繁茂，到处是独特迷人的建筑物，例如亭子（有八角形和格子细工的门）、塔、环绕湖滨的遮阴步道、桥、门道、台阶（图 73）。里面流泉喷涌，水声潺潺，树叶沙沙作响，小路蜿蜒，如满月般漂浮在湖面上的睡莲，优雅地摆荡着——"现在深红色的花瓣睡着了，白色的花瓣跟着也睡着了，宫殿步道上的柏树也在沉睡中，金色的鱼鳍也不在斑岩泉水中闪烁了……"。这一切都如笼罩在杏花迷蒙中的幻梦。

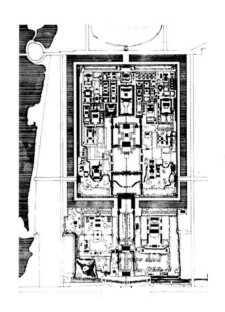

图 71　紫禁城，中国北京，公元 1406—1420 年，平面图

　　宫殿内的房屋建筑就和一般平民的屋舍一样，都是对称设计，合乎传统法则，但是庭园就不受形式拘束。这种微观与宏观的二元性一直延续着。房子可说是中国人世界观的缩影：世界就像一个五边形的敞开盒子，以天为盖。庭园则是自然观的缩影：岩石代表山岳，植物与青苔代表森林，溪流与水池代表河流与海洋。庭园里没有直线，全都是有坡度与蜿蜒的设计，以阻挡那些潜伏的恶魔。同样，连接房屋与庭园的建筑物，例如门、阳台、假墙、栏杆、台阶等，全都放弃房屋四方形的对称设计，采用圆形波动的线条以及不规则的自然图形，例如碎冰、茎秆、穗须叶、扁平的羊齿植物和颤抖的竹子等。

　　评论者认为，中国屋舍与庭园的对比风格，与中国本土的儒家与道家两大哲学思想有关。两大哲学派系的创立人都是生活在中国历史上的一段动荡时期，努力寻求一种生命和谐的原则。公元前 6 世纪，老子就以《道德经》阐释了自己的哲学思想；而孔子则是公元前 5 世纪的一位官员，宣扬士大夫面对人生问题时的解决之道。孔子遵循传统且主张服从崇敬先祖的传统（礼），并提倡维持社会秩序与和平的"道"（借由理性与适任的行政管理产生）。从以下几点可以看出孔子哲学思想的影响：秦始皇在战国时代（公元前 475—前 221 年）之后建立的统一帝国，官僚体系的封建制度的建立（这种制度非常稳固，一直持续到公元 1911 年），以及中国建筑

图 72　中国的庭院房舍，中国北京

图 73　颐和园中的长廊，中国北京，最初设计于公元 18 世纪

中的秩序、阶层与精准的几何学等特色。庭园相对地反映出道家对于生命感受、直觉与神秘主义的关切，它是一种远离理性主义、秩序和对称，转向自由、试验与冥想的思潮运动。

在中国有一个古老的传说，叙述天帝在一开始时，便派遣两股对立的势力，即阴与阳，共同控制宇宙。从中国的房屋与庭园，我们看到了阴阳两极的力量相互调和，相互依存。

当我们来看日本建筑时，我们发现中国文化对于日本的影响是多么深远（前面我们已谈论了许多中国建筑的故事）。日本国土是一座太平洋上多岩石的火山岛屿，距离亚洲大陆 200 公里，近代之前，一直处于封闭孤立的状态。在日本的历史上，本地的统治和文化传承时期，是与外来势力侵占时期交替更迭着的。日本新石器时代的绳文文化以及本土的神道教，首先被来自外国的移民搅乱干扰。这些移民是在公元 1 世纪至 5 世纪间经由朝鲜到达日本，紧跟着移民的脚步而来的是佛教的传入。佛教的传入在建筑上最重要的表现，应该算是京都（当时称为平安）南边的宇治河上方的平等院阿弥陀佛堂。阿弥陀佛堂一般称为凤凰堂，因为它的平面形状像是一只鸟。这座建筑建于公元 11 世纪，正面仿自唐朝的宫殿，而其以金、银、漆器和珍珠母贝制作的华贵装饰，显示出中国以及日本华丽的佛教建筑风格已臻至巅峰（图 74）。

在中国唐朝衰亡之后，日本人再次大大展现自己的活力；此时天皇迁都至平安，而在公元 8—12 世纪之间，日本首次出现了本地的住宅建筑，这些是排列散乱不整的乡村房舍，专为统领宗族的藩主建造。一般常见的形式是一连串长方形建筑物，以走廊连接起来，不规则地设立在有水池和小岛的美丽庭园中。

持续不断的宗族争战最后演变成长达一个世纪的内战，导致天皇的权力转移至军队领袖，即所谓的幕府将军。公元 12—19 世纪，主要的权力掌握在拥有私人军队（武士）的幕府将军手中。由于幕府将军的掌权和火药的引进，因此建筑上出现了令人赞叹的防卫性城堡，这些城堡在日本当地取代了中国围城式的防御系统。这些令人印象深刻的建筑物通常有护城河围绕，矗立在用处理过的花岗岩或其他石头建造的高台上，以防范大火（火对上层的木造建筑是一大威胁），另外还有弧形的斜墙防震。城堡下方有挤成一堆的城镇，而城堡显然俯瞰控制着周遭的乡村地区。

17 世纪 30 年代，德川幕府的家光将军下令驱逐所有外国人，封锁边界贸易，违者处死，随着 16 世纪荷兰、西班牙与葡萄牙探险者传入的基督教也遭到压制。日本

图 74 平等院凤凰堂，日本京都附近的宇治市，公元 11 世纪

此时进入了所谓的"浮世"时代，一个中产阶级富裕兴起的时代，也是艺术的黄金时代：包括音乐、傀儡戏、能剧、俳句、绘画与版画，特别是描绘花卉与日本火山富士山的版画作品。在接下来繁荣兴盛的 200 年间，日本人口剧增至 3000 万，识字率非常高。到了公元 1854 年，日本已准备好和外界恢复关系，最后成为世界上技术先进的国家之一。

日本建筑的独特之处在哪里呢？他们最早采用的中国建筑形式，是将矩形的建筑物建在以木头支柱搭建的开敞平台上。日本人还在此种建筑形式里另外增添了一个走廊，这个走廊通常被称为钓鱼台，因为只要地理环境允许，日本的住宅会建在池塘或湖泊边，这样一来，鱼这种日本人的主食，就可以保持新鲜。日本人最早期的篷式屋顶（tent roof），一直沿用了至少两千年，特色在于房屋脊梁两端的 V 形叉柱。但是最常见的屋顶形式是结合了人字形与半四坡屋顶，人字形式的屋檐稍微朝后弯曲，渐次消失于包围着它的（wrapped-around）四坡顶，而在正面形成了一个奇特的轮廓，看起来像是农夫戴的宽边斗笠。

一整列有着 5 个屋顶的日本佛塔，比中国的塔更加精致。日本佛塔的屋顶形式整齐且更为修长，加上宽大的檐翼，看起来仿佛盘旋在建筑物上。有些佛塔的挑檐长达2.4米。这些屋顶有时尺寸不一，堆在隐蔽其内的方形中心塔体上，就像是圆盘堆在纺锤上。另外，在屋顶上还有一个又高又细、称为"hosho"（意为神圣至高的宝石）的顶尖，它是如此细长，仿佛一只野鸟鸣叫般没入云霄。日本佛塔的侧影常常类似一个书法字，或日本风景中常见的松树。建于公元680年的奈良药师寺（图75），它的东塔屋顶宽窄不一，交错排列，每对屋顶的下面那层设有入口门。不过只有底层的大门才是真正的入口，上面其他通往各层的回廊的门都是假的。位于奈良斑鸠町的法隆寺（图76），大约建于公元670—714年，其佛塔有5个屋顶，屋顶的大小根据10:9:8:7:6的比例，非常巧妙地由下往上递减。在日本各种建筑物的屋顶当中，最令人感到兴奋的是城堡的屋顶，因为日本人想办法解决了复杂的建筑结构问题：用朝着不同方向的山墙小心地堆砌楼层。位于兵库县，约建于公元1570年的姬路城，坐落于水滨之上，墙体涂上了白色灰泥涂料，使得城堡看起来就像是一大群庞大的白色海鸟，正准备展翅飞离崎岖多岩的栖息地，无怪乎姬路城又被称为白鹭城（图58）。

日本人的木造建筑技术甚至超越了中国人的技术。日本人有非常多练习的机会，一方面是因为在地震或风灾后需要重建，另一方面则因为在公元710年将奈良定为永久首都之前，日本的宫廷是巡回驻在各地的，所以工匠必须想办法发展出精准接合、小心卡榫在一起的建筑物，以便快速拆卸与重建（图77）。甚至早期通往神道

图75　药师寺东塔，日本奈良，公元680年

图 76 法隆寺，日本奈良，约公元 670—714 年，空中俯瞰图

寺庙的大门（相当于中国的牌楼，在日本称为鸟居），其简洁质朴的双横梁，也展现了日本人精湛的技艺。亚洲现存最古老的木造建筑——奈良法隆寺的金堂（大厅），也同样展现了精巧的建筑技艺。这座建筑原本是日本古代的英雄——圣德太子（公元 574—622 年）为佛教僧侣所建，里面支撑这些庞大屋檐的斗拱，非常厚实美丽。

中国人偏好对称美感的执着早就被日本人摆脱了。寺庙一开始时还是遵守南北向轴线的平面配置，但是当法隆寺在公元 670 年发生火灾之后必须重建时，建筑师将留存下来的一个停尸小庙并入金堂，并且在旁边建置一座塔，塔内存放着描绘佛陀涅槃场面的泥塑雕像。733 年，法隆寺境域之内的隆起地面（rising ground）上又增建了法华堂。法华堂和金堂一样，是一栋简单的单层建筑，具有早期典型的间隔不一的柱子，但因为有平缓的古老屋顶形式，加上银灰色的屋瓦和逐渐弯曲的屋檐，使它看起来比金堂更优雅，更漂亮。

方位的传统则是基于实用的目的而保留下来。为了下午阳光强烈的西晒，房子较长的一边是东西向的，起居室则面向南方或东南方。此外，日本人常随季节变迁

图 77 日本屋顶的斗拱系统，唐招提寺大厅，日本奈良，公元 8 世纪

而更换居处，在盛夏时搬到屋内较阴暗的地方。最后，这种背离中国建筑形式的迁移性一直延续了下来，从而超越之，并找到自己的轴向性——对于不对称设计的偏爱。对建筑立面不同变化的喜好开始形成，并因此在建材的天然特质以及表面纹理所形成的动人对比方面产生浓厚的兴趣，当我们在后面讨论 20 世纪 60 年代的现代潮流，与保存古建筑这项在当时非常重要的潮流时，将会看到这些成为日本留给现代建筑的部分遗产。最具代表性的例子是建于公元 1397 年，位于京都北山的金阁寺（鹿苑寺，图 78）：由金阁各楼层不同的精细装饰与表面而产生的变换乐趣，因为湖中的倒影而加倍。

对于纹理质感的兴趣是佛教禅宗所提倡的，禅宗兴起成为一个重要的教派时，也恰好是幕府将军掌权的时候。禅宗坚持简朴的主张，影响了现代西方建筑在线条、色彩与装饰上的精简表现。现代西方建筑也遵循日本建筑的一项古老原则，那就是模矩（module）的使用。日本房屋本身、室内区域的面积，以及沿着房屋立面形成开间的屏风，都是按照 1.8 米 × 0.9 米的模矩单位（即一个榻榻米的尺寸）来确立的。最初，榻榻米只是随意并排放在一起，后来则是铺设在地面上，而一直到公元 1615 年之后，当日本首都迁到江户（现在的东京），[①] 榻榻米这个模矩的标准尺寸才完全统一。当时，早期以走廊连接不同建筑的方式被舍弃已久，代之以纸门在屋内形成走

图 78　金阁寺的金阁，北山，日本京都，公元 1397 年

---

① 1615 年德川家康统一全日本，1869 年日本迁都江户。——编者注

廊。公元 12 世纪之后，日本人将纸门的滑轨安装在地板上，如此一来可将纸门推到一侧，因此敞开一个新的空间，或在夏天时，将屋子面对庭园的一侧全部打开。日本人传统上并没有家具：他们跪坐着，用盘子盛食物吃，睡在榻榻米上。这就产生了两个结果：一是日本人都是生活在非常低的高度，天花板可以做得很低，而庭园的美景是从离地几尺的高度来欣赏；第二个结果比较重要——房屋的空间运用因此非常灵活有弹性。传统的日本房子有两个抬高的区域：供起居与睡觉的主要区域铺有榻榻米，在进入前要先脱掉拖鞋；另一个区域是在地面铺上木板，作为回廊与走廊之用。屋内较低且没有铺上地板的区域，通常作为门厅、浴室和厨房。日本人因此保有传统本土的建筑，这一点是令西方人非常羡慕的。这种房屋形式是如此有弹性，不但可以保有独特性，也适用大量生产的建筑组件。

茶室是为茶道而建的，它可以说是日本模矩建筑非常了不起的精简表现的缩影，就像日本人在白墙前摆放一小枝花的插花艺术一样。饮茶的习惯最早与禅宗和尚有关，因为他们喝绿茶让自己在冥思打坐时保持清醒。一位名叫村田珠光的禅宗和尚，曾说服他的朋友足利义政将军（公元 1436—1490 年）在京都的银阁寺空地盖一座特别的小茶室。日本的茶室因此可说是根据和尚的简单书房设计的，纯净、美丽、适合沉思（图 79）。墙与门板都是白色，不然就是半透明的，以便让从外面地上反射的光线透进来——在那些深长的屋檐底下，这是主要的照明来源。地面上铺着榻榻米，家具则只限于放置茶具的架子，可能还有一个壁龛，展示着一件艺术品——也许是一幅画、一个钵或简单的插花。

我们发现的浓缩于茶室建筑之中的日本精神，也明显展现在庭园之中。禅宗特别强调与自然合为一体的必要性，而庭园，不管大小，都是非常重要的。就像中国的庭园一样，日本的庭园也是再现这个世界的缩影。不过在日本，人为的艺术更特别地去模仿自然。你也许可以走进日本林地和苔藓花园，但枯山水庭园只能在梯坛或走廊上观赏。如同插花艺术会请伟大的画家来设计，庭园也会请他们来设计，例如京都龙安寺茶室旁的枯山水庭园，据说就是画家相阿弥的作品。就像那些日本人非常喜爱的水墨画一样，枯山水庭园可说是对于明暗表现的探究——如岩石由仔细寻觅而得来的天然成品（分割一块石头乃违反自然法则）而来，白色的沙子用耙子耙成小丘以及波纹或漩涡、盆景小树、湖泊和池塘或小瀑布（如果空间允许的话）中的水（图 80）。

图 79　桂离宫的茶室：松琴亭，日本京都，约公元 1590 年

自公元16世纪起，中国对于欧洲的艺术与建筑有显著的影响，但是就长远来看，日本建筑才更是影响深远。世界各地从日本建筑汲取得来的特点包括：根据模矩而标准化制造的建筑组件；重新思考室内空间的运用，以组合地毯、垫子，同时用靠垫、豆袋（bean bags）和沙发床来取代家具，而这些东西在不用时都可以完好地收纳在组合橱柜里；使用纸门让空间规划具有弹性；选用未经处理过的自然材质（如亚麻、羊毛、酒椰、大麻、木头），跟少数色系（如白色、黑色、原色）形成对比质感，突显出结构；最后是房屋与庭园的交替互换，这一点在20世纪的建筑上完全展现了出来。

图 80　龙安寺枯山水庭园，日本京都

第六章

血腥仪式：中美洲建筑

16 世纪时，西班牙国王查理五世派遣他的征服者军队至新大陆，这群征服者发现了历史可追溯到公元前 1000 年的奇异文明。军队在墨西哥湾上岸，之后一路艰辛地穿过荆棘遍地并且蚊虫密布的雨林，抵达阿兹特克人的特诺奇提特兰城（Tenochtitlan），即今日墨西哥城所在位置。当地的印第安人和这群西班牙人碰上时，彼此都用充满猜测的眼神瞪着对方。西班牙人的意外出现，对印第安人来说，是应验了他们部族中流传的预言：当时的阿兹特克国王蒙特祖玛二世（Montezuma Ⅱ）和他的臣民都相信，他们见到的就是全身覆盖羽毛的蛇神魁札尔科亚特尔（Quetzalcoatl）转世的化身。根据预言描述，蛇神转世重现时，会全身泛白、留有胡须、气势雄伟地自东方而来。印第安人被这些全副武装的征服部队鬼怪的模样吓呆了，部队除配挂闪亮的钢刀、携带轰隆作响的火枪和火炮之外，最恐怖的是，还骑在蹄子踢得砰砰响、鬃毛甩来甩去、尾巴像鞭一样挥着的怪兽上。这些印第安人没用过铁也没用过钢，一向用尖端上了毒的箭以及铜和黑曜石打造的武器作战。另外，在前哥伦布时代，当地土著人不懂得使用车轮，更没见过马。其实，在这个国家，除了秘鲁的安第斯山高山地区偶尔用骆马当载重的工具，人是主要驮重的动物——这种传统影响之深，使得即便在今日，建筑工人搬运大石块时，常常宁愿把石块放在超大的编篮里扛在背上，加上系头带作为助力，也不愿使用单轮或多轮的推车。至于首次见到马，这件事更有重大的历史意义，这个地区从此世世代代爱马。

西班牙人征服的路径中，会有什么阻碍出现呢？他们所侵袭的地区位于 27 年前（即公元 1492 年）哥伦布登陆地点的南方，是连接北美与南美西岸的地带。在这个区域（现在的墨西哥、尤卡坦半岛、洪都拉斯、危地马拉）和南美的太平洋沿岸（包括今日的秘鲁以及玻利维亚、智利的边缘），美洲的几个古文明处于衰亡前最后的阶段。西班牙人一路由尤卡坦攻向内陆时，很可能就先被几个 2.5 米高，体积奇大无比的石刻头像绊倒，这是古老的奥尔梅克族（Olmec）在金字塔和球场两种中美洲古典的建筑形式之外，所遗留下来的另一项奇景；他们也有可能瞥见玛雅人尖顶装饰繁复

图 81 金字塔神庙 l，蒂卡尔，危地马拉，约公元 687—730 年▷

的神庙，被弃置在浓密的树丛之中。这种假设不是毫无根据，因为玛雅和奥尔梅克这两个古老的部族，很可能曾在当地居住了 2000 年。

最后，在山势险峻、坡面呈蓝色条纹状的墨西哥火山山脚下，西班牙人被人数远远超过自己部队的一个部族挡住去路，这个部族跟他们先前接触过的当地人完全不同：肤色黝黑、性情剽悍、体格强健、好战。这些是阿兹特克人移居到此地的游牧部落，他们沿途杀掠，遵照有蜂鸟身形的邪恶战神威齐洛波契特里（Huitzilopochtli）的指示，四处寻找栖息在仙人掌上食蛇的鹰，因为那便是他们最终定居之地的标志。当年的阿兹特克人是在特斯科科咸水湖（Lake Texcoco）的一个岛上，看到了符合战神描述的那头鹰，现在的墨西哥国旗就保留了这个标识。于是，1325 年时，阿兹特克人在两个邻近的岛上建立特拉特洛尔科（Tlatelolco）和特诺奇提特兰两个城市，位置所在即今日的墨西哥城。建城材料是就地取用被称为特融托（tezontle）的轻质火山岩，这是种暗红色的浮石，如此一来，城市的地基才能浮在湖里的沼泽地上。

西班牙人对特诺奇提特兰城的结构留下深刻印象，像一般典型的中美洲城市，特诺奇提特兰城依据大空间的造镇计划原则进行规划，以现代的眼光来看都能接受。大型的广场周围有矗立在金字塔状土墩上的庙宇和宫殿，各地区之间有运河往来，以及利用桥梁串联起来的堤道网络，这些堤道宽敞到足以容纳 8 个征服者士兵并骑而过。特殊设计的渠道引进淡水，花园里一片繁花锦簇的美景。只是，空气中飘散着一股恶臭，平常习惯与血为伍的西班牙士兵在见到这个染满人血、泛着玫瑰般鲜红颜色的城市时，也不禁却步。献血是祭拜美洲豹神（图 82）、战神威齐洛波契特里、羽蛇神魁札尔科亚特尔常见的仪式，中美洲大部分的部落都有祭祀上述神的习俗。每晚，祭司大肆举行放血的仪式，并且在公开的祭典中拿动物和人做牺牲献神。为了配合这种祭祀仪式的需求，这里渐渐发展出一套标准的城市中心建筑模式：金字塔状的神庙前有巨型广场，方便群众集会、表演宗教舞蹈、举行娱乐活动，沿着塔壁级级而上的大型台阶，直通到塔顶为神盖的小庙。台阶顶端放置神像处，便是祭司进行公开献祭仪式的地点。塔底广场上，在万头涌动，情绪狂热的参拜者眼里，祭司站在高耸入天的柱基上的渺小身影和天已经不可思议地接近。墨西哥城郊的圣塞西利亚神庙（Santa Cecilia Temple，图 83），便是依这种形式兴建的金字塔状庙宇，考古学家将它从一堆颓败的上层构造底下挖掘出土时，结构还相当完整，我们由此不难了解金字塔状神庙当年的风貌。

图 82　雅克其兰（Yaxchilan）地区的石楣，墨西哥，约公元 600—900 年。描绘的景象是玛雅王任命提盾的美洲豹神（Shield Jaguar）披挂上阵

阿兹特克人奉行的祭典如此血腥，是因为他们相信，如果要求威齐洛波契特里恩准天天让太阳升起，普照大地之后再西落，就必须挖活人的心脏来献祭。于是，几位执事祭司弯下身，把他们选中的牺牲者拉上台阶高高的顶端，将其身体朝后弯曲，站在两侧的祭司将其手脚拉直，按倒在立于威齐洛波契特里神像前的献祭石上。一

图 83　圣塞西利亚金字塔神庙，墨西哥城附近，约公元 500—900 年

位西班牙的编年史学家对接下来的情景有这样的描述："随后，他们把他的胸口深深地割开……掏出心脏……然后把尸体翻过来，把心脏往下扔，让它一路弹到塔底。"祭司一次又一次把挖出的心脏由奇琴伊察（Chichen Itza）91 级台阶高的金字塔顶端，往塔下残暴的雨神查克（Chac）的腿上扔。

　　长久以来，人们还以为这些中美洲城市的遗迹不过是皇家和修道院档案中收藏的那些当年寄回西班牙的书信和报告的文字描述。然而最近几年有令人振奋的发现，墨西哥城为了建运输系统、设下水道、埋电缆而挖掘地道时，也挖出和西班牙人的记载描述吻合的史料。昔日让阿兹特克帝国全军溃败、步上灭亡的三文化广场（Plaza of Three Cultures）所在地，就找出由红色火成岩砌成的特拉特洛尔科神庙（Temple of Tlatelolco）遗址，在一间西班牙人建的教堂和修道院旁边。同样在墨西哥城，紧邻前有巨型的佐卡拉（Zocala）广场的巴洛克式大教堂后方，出土了特诺奇提特兰大神庙的庙基。在 1487 年神庙的奉献礼中，大量无辜受害者牺牲，不同的统计数字显示，有 1 万～8 万人为此丧命，牺牲的仪式每次屠杀 4 条人命，从日出杀到日落，一连进行 4 天。

　　中美洲的古文明是否自成体系发展而成，长期以来一直没有定论。可能曾有过从东向西，从北非穿越大西洋，从秘鲁到波利尼西亚群岛的部落迁徙，否则难以解释为什么这几个分散四处、相隔遥远的文明，包括他们的建筑风格，竟有惊人的相似之

处。部落迁徙的理论可以解答，为什么只有少数几个而且都集中在美洲中部的部族，包括玛雅、奥尔梅克、阿兹特克、萨波特克（Zapotec）、托托纳克（Totonac）、托尔特克（Toltec）与米斯特克（Mixtec）有如此先进的文明产生，同期在北美和南美的印第安部族，反而依旧停留在野蛮原始的状态。这样的理论才足以说明，为什么美洲南北的部族还用树枝树叶搭茅屋时，中美这几个部族早已像美索不达米亚人用干泥砖和稻草盖方形的住屋，住屋结构有时还呈现相当复杂精细的特征，比如多楼层、明沟、街道、下水道以及引水道。这个理论也能够合理解释，为什么他们会从老远搬来石块，在丛林里和人烟荒芜的海岸上建造台阶式的金字塔。

中美洲这群拥有高度文明的部族，在土地勘查技术、计时、天文方面的知识，可能还超越巴比伦人和埃及人。由他们天文台中用来测定天体起落位置的窥管和有角度的窥洞，不难推测他们是如何做天文演算的。萨波特克有"万神之城"之称的阿尔万山（Monte Alban），有一座中央有窥管的船形天文台，建于公元 500—700 年之间。同一时期，托托纳克人早在公元 600 年以前，便在他们位于墨西哥湾岸上的首都埃尔塔欣（El Tajin），兴建壁龛金字塔（Pyramid of Niches，图 94）。20 世纪 50 年代，考古学家把这座金字塔挖掘出土时，认为塔上一个个窗户状的凹洞，每一个代表一年中的一天，而且应该是置放神像的壁龛，只不过里头的神像已经散失，于是命名为壁龛金字塔。但是，我们现在进一步了解到，这些金字塔上的壁龛，乃是印第安人观测天文所用的重要凭据。壁龛金字塔的平面图和婆罗浮屠（Borobudur）神庙上曼荼罗（mandala）的平面图非常相似。不过，并没有迹象显示两者之间彼此有影响。曼荼罗是一种被广泛运用的图腾，象征人类潜意识中和满足状态的精神表达。奇琴伊察的卡拉可（Caracol，蜗牛之意）天文台（图 84）兴建的日期，要不是早于托尔特克人在公元 9 世纪与 10 世纪重建晚期玛雅城的时间，就是和这个时间重叠。天文台的结构，包括 3 米高的塔身，两层圆形观测台环绕着塔中央的螺旋梯，天文台因为这座螺旋梯的特色而以蜗牛命名。整个天文台的建筑体坐落在台阶式平台上，是截至目前发现的唯一一座具有玛雅式建筑典型的叠涩穹顶（corbelled vault）的圆形建筑物。

美洲印第安人的建筑群，以公共区域造型宏伟、腹地宽广的风格独树一帜，城市里公共区域和住宅区之间有清楚的区隔。位于玛雅帝国北部低地犹加敦的普克（Puuc）式建筑，尽管具有长与低的特点，又建在空地上，并没有必要拉高到超出丛

96 | 建筑的故事

图 84 卡拉可天文台，奇琴伊察，墨西哥，约公元 900 年

林的高度，却还是习惯把建筑物架在高耸的平台上。以乌斯马尔（Uxmal）长达 100 米的首长官邸（Palace of the Governor）为例，官邸建筑立在 13 米高的人造步道上，据估计为建造这条步道，动用了 2000 名劳工，每天搬运重达 1000 吨的建材，每年 200 个工作天，前后花 3 年的时间才完工。中央仪式区，是位居今日墨西哥城东北，几百年来一直是中美洲文化重镇的特奥蒂瓦坎城（Teotihuacan，图 86），它创造了建筑典范。关于中央仪式区起源的推测仍旧存在分歧，不过最初可能由托尔特克人在公元前 5 世纪兴建，在鼎盛时期，其规模甚至比当时的罗马大。在此，供舞蹈和举办食人宴用的区域四周，庙宇一个紧挨着一个林立。

在托尔特克帝国后来的首都土拉，可以找到中美洲早期建造的列柱建筑。柱梁上记载着托尔特克人征伐的事迹：神庙的门口，竖立的是常见刻有蛇神魁札尔科亚特

图 86 魁札尔科亚特尔神庙台阶和正面的侧景，上面有蛇神魁札尔科亚特尔（图正下方）以及雨神查克（图右下方）的头像，特奥蒂瓦坎，墨西哥，约公元400—600年

图 87 穿戴蝴蝶状胸甲的战士像柱，魁札尔科亚特尔神庙内支撑屋顶的柱梁，土拉（Tula），墨西哥，约公元 700 年

图 85 球场，奇琴伊察，墨西哥，约公元 900—1200 年

尔像的梁柱，柱基上是蛇神吐露尖牙、被覆羽毛的脸，尾巴朝上承着门楣（这是许多部族普遍使用的母题）；至于神庙的前方，则矗立着以骁勇的托尔特克战士身形所铸的巨柱，战士头戴羽饰、身配状似蝴蝶的胸甲（图87）。从奇琴伊察仪式区之间连接的列柱和门廊，可以明显看出托尔特克帝国在建筑上的影响。

奇琴伊察另外还有中美洲仪式场所规模最大、最壮观的实例——球场（图85）。球赛的规则是把直径25厘米的实心橡皮球（该地盛产橡胶，西班牙人就用"橡胶人"称呼奥尔梅克人），用臀部、手肘、大腿顶进高高设在球场墙上的石环。球场墙上的壁画显示，有时候输球的队伍还会惨遭屠杀，作为祭祀用的牺牲，由此可以证实球赛有宗教上的涵义；另一项证据，是球场就建在神庙附近，两者之间常有供祭司和达官贵人观赛的看台相连。

拥挤、没窗户、阴暗的建筑物内部和壮丽的外观形成强烈的对比。高高落在直入青天的金字塔顶端的小神庙，完全无异于今天的玛雅农民可能在住的土坯茅屋。就算是宫殿之类的建筑，像是玛雅帝国乌斯马尔城的首长官邸（图91），也不设窗户。宫殿建筑全靠射进门前走道的自然光照明，里面的房间是又暗又窄，通常以一个单位为基础，有时候采用双排的建筑，乌斯马尔的官邸便是一例，与其说是设计为生活起居之用（日常的活动大部分在户外进行），还不如说是偶尔开放展示用。

我们可以拿一些特定的建筑细节当线索，判定一座遗迹究竟是当年中美洲哪一个部族所筑。直到20世纪才从密不见日的丛林中清除出来的玛雅帝国早期城市，有这几项特点：陡峭的金字塔上方顶着正方形的小庙，庙中有叠涩穹顶式的屋顶，屋顶后面高耸着石制羽状绉领，西班牙语称这种结构为"cresteria"（图89）。整个建筑通常高出周围树丛许多，使得整座金字塔看似一张升在空中、用来炫耀权势的华美王座。庙内奉的神，大概就从小小的居所向外俯视其统辖的丛林王国。受当地充足的热带硬木之赐，硬木搭成的楣，坚固到足以托撑如此规模的上层建筑。要具体说明玛雅建

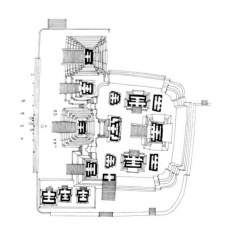

图88　北卫城（Acropolis），蒂卡尔，危地马拉，约公元前100—公元730年，平面图

图89　太阳神庙以及呈梳齿状的屋顶（所谓的 cresteria），帕伦克，墨西哥，约公元 700 年

筑的特色，最好的例子非蒂卡尔（Tikal）5 座主要的金字塔神庙莫属，蒂卡尔（图 81、88）是一个宗教中心，位于危地马拉的佩滕（Petén）丛林里。这群金字塔应该建于玛雅文化的全盛时期，玛雅文化的历史可从公元前 1000 年算起，在公元 200—900 年之间达到巅峰。从 1877 年蒂卡尔首次被外界探勘以来，计有 3000 座左右的建筑结构出土，这几座神庙便是其中的一部分。

对美洲的印第安人而言，9 是个神圣的数字，所以许多金字塔都具备 9 层基本的平台。至于台阶的建构，则各有变化。有些金字塔的台阶是陡峭地由塔基直上塔顶，奇琴伊察的卡斯蒂略（El Castillo）金字塔（图 92、93）就是采用这种设计：4 大段楼梯对称分布，由塔的四侧横扫上塔顶。其他神庙的台阶，阶面浅，一段段向下急降，常常和土与碎石堆成的庙身土墩平台的层数无法相符，玛雅人在乌斯马尔造的巫师金字塔（Pyramid of the Magician）台阶便是如此。从巫师金字塔，可以清楚见到玛雅人建叠涩穹顶的特点，柱梁彼此之间只有最末两层凸出的石头，在固定整个建筑结构的大横梁底下交叠。这种类型的穹顶，在其他的玛雅城市——帕伦克（Palenque）也找到几处，例如复式宫廷（Multiple Court）的正面和碑文神庙（Temple of the Inscriptions）内为有祭司身份的国王设的地下墓室，都有此类的拱形圆顶。碑文神庙是中美洲相当罕见的埋葬用金字塔，必须经由筑在墙壁之内的楼梯，穿过一道三角形的门，才能进入墓室。箭头状、有支柱托撑的开口，在玛雅帝国北方稍后发展出的普克式建筑上也出现过，譬如乌斯马尔的首长官邸，在其连接主建筑体和两边侧翼的拱廊上便可见到。

尤卡坦干燥的普克的低地区，建筑物四周保存完整的檐壁，显示出不凡的建筑成就，不只因为我们现在知道它们仅仅是用铜和黑曜石制的粗陋工具打造成的，更因为其中蕴藏的变化之丰富。乌斯马尔的龟屋（Turtle House，图90），造型圆滑、温暖、优雅，风格和希腊与埃及的古典建筑一样简朴，与首长官邸环绕一大道带状装饰的烦琐华丽形成明显的对比。龟屋的纵深几乎就有首长官邸总高度的一半，使得它的外观看来与众不同，既像个盒子又像只甲虫，非常醒目。至于乌斯马尔附近，卡巴（Kabah）的科兹普泊（Codz-poop），又称面具宫（Palace of the Masks），上方以极复杂的模式反复使用雨神查克面具为装饰，又是一种形式全然不同的檐壁。数千个一模一样的组件若有1厘米多凸出，要想拼组起来，就不可能了。

墨西哥地峡上，托尔特克帝国历史远久的首都特奥蒂瓦坎，以及随后在此地发展出来的城市，它们的建筑除了可见中美洲文化在结构设计上普遍采用的比例与轮廓之外，还独具特色，运用称为裙墙镶版（tablero）的矩形镶板，突显台阶式金字塔的层层平台构造，裙墙镶版通常悬挑在金字塔上倾斜的收分墙体（talud）之外。我们可以从中美洲人设计的建筑物轮廓推测，他们对于强烈的太阳光线所产生的勾勒轮廓效果和明暗对比掌握得相当好。从墨西哥海岸由南向北延伸的瓦哈卡（Oaxaca）地区，有几处建筑也可见到上述中美洲建筑的特征：米斯特克人建立的米特拉城（Mitla），

84

图 90　龟屋，乌斯马尔，尤卡坦，墨西哥，约公元 600—900 年

第六章　中美洲建筑 | 101

图 91　首长官邸，乌斯马尔，尤卡坦，墨西哥，约公元 600—900 年

人口约 1200 人，城里的柱宫（Palace of the Columns）有十分华美的南边正面，檐壁上是拉长压低的线条，以及利落的几何图案，都明显呼应玛雅文化普克式建筑的特色；而库埃纳瓦卡（Cuernavaca）附近霍奇卡尔科（Xochicalco）的魁札尔科亚特尔金字塔，上方爬满蠕动弯曲、长有羽毛的蛇身，也可窥见这几种特征。霍奇卡尔科本身是个堡垒城市，由于历经一连串不同部族的占领统治，建筑上反映出玛雅、托尔特克、萨波特克与米斯特克风格的影响。

埃尔塔欣的壁龛金字塔（图 94），壁龛状凹洞的上方运用飞檐，达到绝妙的明暗对比效果。其实，我们与其相信当初筑金字塔的人或许有意以壁龛的结构展现美感，还不如实际地想，他们是以壁龛的框架强化整个金字塔的架构，把填塞塔体中心部分的土牢牢抓住。金字塔上残留的红、蓝、黑颜料的痕迹，证明在前哥伦布时代所建的神庙，大部分都上了一层颜色艳丽的由石灰岩烧成的灰泥，灰泥是涂在用石块或土泥砖砌成的神庙表面上，有些灰泥上面甚至绘上了壁画。

最后，我们必须探讨一下分布在秘鲁境内和上述几个地峡文化的建筑模式迥然不同的印加文化对建筑史的贡献。是否印加这个部族像其他印第安人部族一样，很

图 92　卡斯蒂略金字塔，奇琴伊察，墨西哥，约公元 1000 年

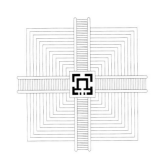

图 93　卡斯蒂略金字塔平面图

可能在最后一次冰河时期，由亚洲跨过白令海峡抵达美洲，只不过在接下来的数千年，他们比起选择在地峡落脚的那些部族，更深入往美洲南方迁徙？我们对迁徙这部分的历史最多只能推测，然而可以十分确定的是，印加人从公元 1000 年左右以库斯科山谷（Cuzco Valley）为定居地，到 1531 年弗朗西斯科·皮萨罗（Francisco Pizarro）率领征服者军队抵达美洲这期间，已发展成为一个大帝国。印加建筑最突显的特色是它的巨石工程，石头建材一层层叠高，每层之间完全不靠砂浆便能紧密砌合。至今，在一度为印加帝国首都的库斯科（Cuzco），从城里几条街道较矮的墙体上，仍可见到这批全世界技艺最精湛的石造工程。拿成群吃草的骆马或站在俯瞰首都的防御堡垒萨克萨瓦曼（Sacsahuaman）三层壁垒底下的人当测量比例的基准，就能说明这种拼图般的巨石工程所用的石材有多么大。这种规模的石造工程在兴建

图 94　壁龛金字塔，埃尔塔欣，墨西哥，约公元 500—600 年

当时，可能是靠滑轮辅加藤索把大型石块吊高，然后让石块前后摆荡，直到摆进其他巨石之间的空位嵌稳为止。

印加帝国在建筑上的成就，不是只有巨石工程。今天，搭火车往安第斯山脉一路攀登而上，到了已经高到列车长需要发氧气供乘客呼吸的地区，就能见到当年印加帝国兴建堡垒和交通网（架在深壑、峡谷之上的道路、桥梁）所留下的痕迹，同时也能看到他们把峡谷峭壁精巧刻成密集的一排排供水设施和农用梯田。这些建设能够完成，要归功于印加帝国的社会纪律森严，加上不折不扣的专制封建统治。在这个社会里，年轻与体健的人民每年受征召为公共建设出力，帝国则以切实推行福利措施来回馈人民提供的服务，如此一来，人民在饥荒、疾病、年老时，都能仰赖国家照顾。

名列建筑史上几个鬼斧神工的建筑成果之一的马丘比丘（Machu Picchu，图95），是一座位于山区的堡垒。印加国王曼科二世（Manco Ⅱ）当年躲避入侵的西班牙人，极可能就以此地当避难所。挖掘出土的工程尚未完成，不过到目前为止，已认辨出其中的房舍、阶梯、庭院、寺庙、谷仓、墓区，甚至为了那些在印加神庙供职的太阳圣女（Virgins of the Sun）而设的见习修道院也清楚可见。构思堡垒结构的印加人，似乎有感大自然雕琢的天险绝非人类寻常的智能可以超越，便全然依照

图 95　马丘比丘，秘鲁，约公元 1500 年

地势，将马丘比丘整座城市塞在两座奇伟无比、云雾缭绕的圆锥状山峰之间不易深入的凹谷地带。在这片纯粹由天然岩石形成的要塞之下，有乌鲁班巴河（Urubamba River）蜿蜒而过。虚与实在此都已无法界定与描述。如鬼影般的屋舍锁在云雾氤氲、山雪皑皑中，给人像是从山壁上长出的错觉，只因为印加人把山壁上的岩石露头用作屋舍墙垣的一部分，从而表现出人—植物—矿物、古与今、生与死、天与地的相互渗透。马丘比丘，不仅是建筑经验撼动人心的极致呈现，更在人与环境和谐交融当中，呈现出一些瞬息即逝的根本真实。

第七章

众神的景观：古希腊建筑

本章对古希腊建筑的探索，把我们的焦点再度带回建筑史主流的欧洲传统上。古希腊建筑属于西欧文明，从美学的观点上来看，是至臻完美的建筑成果，更是随后世界各地出现的许多建筑风格的基础。基于这个背景，我们在此描绘建筑的故事时，要特别详细地抽丝剥茧，研究古希腊建筑风格形成的过程。古希腊建筑的萌芽与发展，是建筑史上最引人入胜的一页，有如希腊人另一项用来表演的创作——戏剧——一般，蕴含了严谨的逻辑以及必然性。

对乘船抵达阿提卡的游客而言，在第一次见到苏尼恩峡角上海神庙（图 96）白色列柱（现址约建于公元前 440 年，并非最早期的建筑物）时，对这片闪耀在绚烂碧海之上的残骸，最强烈的立即印象是：景观是如此雄伟、光是如此绚丽。在景观上，不规则起伏的丘壑，几处有戏剧性变化的地形，杂乱分布的橄榄树丛和泛白的草地，散发着引人幽思、感怀沉郁、深切难忘的气息。在光上，从普卢塔克（Plutarch）到约翰·亨利·纽曼（John Henry Newman），无数的访客都一致赞咏不已，后者就用"独一无二的纯净、弹性、清澈与有益健康"来歌颂此地的光。这样的光，必然对古典柱式的发展有决定性的影响。澄澈明亮的阳光，投射出强烈的阴影效果，使得景观的营造倾向于线条利落深刻的原则，而且当地生产的建材——石灰岩，也能表达这种景观特色。最初，充当建材的石灰岩通常在表面抹上一层大理石灰泥（marble stucco），后来就直接用大理石取代。

在种种得天独厚的条件之下，最完美无瑕的建筑形式诞生了，充分表现出一个成熟出色的国家所具有的意识。建筑形式一如国家意识，是随着岁月演化慢慢成型。希腊在历史上绝大部分的时间，并不是一个统一的国家。一开始，多山的希腊半岛本土和四周星罗棋布的岛屿上有众多城邦，经常敌对冲突，直到雅典城邦的势力如日中天时，所谓的希腊文化（也包括希腊建筑）才有机会达到巅峰。希腊文化的黄金时期，一般称作古希腊时期（Hellenic period，公元前 800—前 323 年）。当时，以城市为单位的城邦是社会结构的基础，新兴的城市一一涌现，雅典在击退进犯的波斯

图 96　海神庙，苏尼恩峡角，希腊，约公元前 440 年 ▷

人后，取得众城邦中的领导霸权地位。公元前 5 世纪，古希腊时期的文明推到极致，哲学、建筑、艺术、文学和戏剧等方面皆成就斐然，是为古典时期（high classical age）。我们即将深度剖析的帕特农神庙，便是这段时期无与伦比的伟大成果。希腊城邦彼此间互相独立的状态，被亚历山大大帝摧毁，他的征伐足迹远及印度。亚历山大大帝于公元前 323 年逝世之后，希腊的历史进入所谓的希腊时期（Hellenistic period），他一手兴建的帝国分裂为由希腊继承者统治的几个王国，埃及的托勒密王朝便是其中之一。这几个王国最后于公元前 30 年被并入罗马帝国的版图。

依据前文叙述的希腊历史，我们知道，现在称为希腊的整个地区，是从克里特岛最先出现文明的曙光，而它的文明又在克诺索斯王宫（图 18）兴建时达到全盛。这就是米诺斯文明（公元前 3000—前 1400 年），其兴建的一些重要建筑物（根本还不用提到建筑本身的结构），就和当时其他城邦的建筑一样，每个细节都相当复杂，简直可以媲美用来囚禁牛头人身怪物弥诺陶洛斯的迷宫。克里特文化在希腊半岛上，由以迈锡尼和梯林斯为据点的文化所承续（公元前 1600—前 1050 年），后者在建筑风格上可能缺乏优雅的气息；但是，特别像迈锡尼堡垒（Fortress of Mycenae）这个例子，堡垒由地势险恶的高处俯瞰阿戈夫（Argive）平原，战争杀伐、令人生畏的气息更胜前者（图 13）。希腊多数城邦尚武的精神，直接延续到亚历山大大帝。亚历山大大帝虽说是哲学家亚里士多德的学生，却以他无与伦比的精力与智能驰骋沙场，成就枭雄之名，他一手摧残的早期璀璨文明遗产不胜枚举。在波斯人眼里，他血腥的胜利正是艺术与有序的文明生活的浩劫。这样的历史背景下，雅典能于公元前 5 世纪在文化上大放异彩，更显出这个城邦的卓然不凡。说到建筑，接下来的故事就要从堡垒转移到市集场所，从城堡转移到广场了。一位希腊哲学家曾经说过，地势高的地方是贵族的据点，地势低的地方是民主的根源地。要说取代了堡垒的是什么，那便是神庙，而雅典的神庙无疑已经达到完美的最极致形式；要说市集场所是如何发展的，那是因为它的建筑物具有社交功能，能吸引大众来交谈、辩论、买卖；要说希腊式建筑有什么统一不变的结构特征，那就是圆柱与楣。

希腊人弃拱圈而不用，虽然他们知道有这类建筑结构的存在，而且若想采用，也有足够的经验去建造；他们反而把心思集中在追求最佳的建筑结构要素，切切实实配合天候和材料，并且完全满足使用建筑物的社会需求。希腊社会使用建筑物的态度——也进而影响到他们看建筑物的角度——并不是把它当成室内房间，而是强调建筑物的外边使用、观看。无论神庙还是广场或市集场所的其他建筑物，都是室外建筑。希腊人将所有巧思与匠工细琢，一律放在建筑物的外表。理由无他，只因为日常大小事，都不在阴暗、出入不便的室内举行；一切神与人的互动都在敞亮的户外展开，徐徐微风拂过纤长的柱廊，恰似曼指轻拨琴弦，一束光线投在爱奥尼克式（Ionic）圆柱上，衬托柱身的澄明无瑕，光与影之间的追逐，在不期然中静止的片刻，几乎成了建筑物上的一条嵌线。

在进一步深入讨论之前，我们先看看希腊的神庙建筑，并且从至今世界各地仍然广泛运用的三大样式中，最早出现的多立克（Doric）式建筑着手。

欣赏多立克式神庙的时候，一旦能在脑中把它的整个结构摊开，可立即辨认出埃及人和波斯人摆在一起的几项原始结构元素。我们可以见到由一束束的芦苇捆成的门柱或屋顶的支撑（roof-supports）如何被舍弃，由刻有凹槽的圆柱取代。圆柱起初是木制的，公元前 600 年之后则以石材为主。圆柱直直插入地里，没有柱础，柱础是到爱奥尼克式样才有的一项改进。摆在撑托屋顶结构的芦苇束上方的扁平木块，也就是柱头（capital），则继续使用。柱头是区分希腊式建筑究竟采用哪种柱式（order）——多立克式、爱奥尼克式还是科林斯式（Corinthian）——第一个要研判的圆柱特征。横跨圆柱之间的木梁（梁与梁在柱头中央衔接），在一段长达 300 年（公元前 7—前 4 世纪）的时间里，由石块形成的额枋（architrave）取代。有时候，柱头宽到足以容纳两列平行的石块，就如我们在雅典广场（Agora，公元前 445 年）的赫菲斯托斯神庙［Temple of Hephaestus，或称为提塞翁（Theseion）神庙］里，走在圆柱之间抬头上望柱顶所见到的结构一样。柱与柱的间距最宽可以到 6 米，也就是说，两柱之间超过这个距离时，必须在中间添加圆柱。额枋的上端是装饰用的檐壁（或称壁缘饰带），由三槽板（triglyph）和间饰板（metope）构成。我们不难分辨出三槽板（字面的意思是三道凹槽），那是表面刻有三道凹沟的凸出石块，它原来是木造屋顶上彼此交叉的木梁的尾端。我们很清楚见到，整个以木材为主的屋顶结构，至此转变成石材。希腊人在这些木梁尾端之间的空间镶上有装饰图案的赤陶板，在以石材营建的神庙里，梁尾间的空间（亦即间饰板）则雕刻着富含寓意的图像。檐口（cornice）是一层窄长外凸的石块，沿着屋顶的边缘，以及填充了宽斜屋檐底下的山形开口（gable）的三角山形墙（pediment）基部陈列开来。檐口和屋檐都具有排除雨水的实用功能。从圆柱的最顶端一路往下到三角山形墙（也就是从横交的屋

图 97 尼西克利斯所建的山门，卫城，雅典，约公元前 437 年

梁形成的额枋，到三槽板和间饰板所组成的檐壁，延伸到檐口）这一大截细部特征，合称为柱顶线盘（entablature）。

木材一直是屋顶的建材，即使在石造的神庙也不例外。木材易燃的特点也清楚说明了为什么有大量的神庙，如今都变成没有屋顶遮蔽的废墟，例如卫城（Acropolis）。虽然如此，并不表示石材搭盖的屋顶没有出现过，在希腊化时期（公元前 323—前 30 年），石屋顶的运用就越来越普遍。赫菲斯托斯神庙的石制天花板设有藻井（就是把石梁与石梁之间的部分凿空，让整个天花板看起来像是许多开口朝下的空盒子拼组而成），以减轻石头下压的巨大重量。埃及希腊化时期的城市亚历山大（Alexandria），绝大多数的屋顶必然都是石造的，因为恺撒（Julius Caesar）当年就拿它来说明自己的军队在夺城的时候，为什么没能大举破坏亚历山大城。

希腊人砌石头时不用砂浆，而是把石头嵌入的槽，铺成两端较中心点稍高的凹面，然后一一把石头摆进适当位置，缝隙以沙填充，形成极细密的接缝，这与后来秘鲁印加人石块堆砌技术十分相似。用来塑造圆柱的短柱鼓（drum），是以中心为木（后来为铁）而外层裹铅的榫钉串接起来的：利用铁箍（以熔铅固定）把造柱用的每截石块连接起来，结构之中又加入铁条做保固，卫城山门（Propylaea，图97）上的额枋，就可见用铁条强化建筑的措施。从公元前525年左右神庙通常用大理石兴建开始，不管是檐壁还是圆柱上的雕饰，立刻大幅增加。雅典附近采石场所出产的莹莹泛光的潘特利克大理石（Pentelic marble），就是卫城里诸多神庙所使用的建材。然而，希腊人对于这种材料还不满意。他们进一步用我们可能觉得俗艳的红、蓝和金色的颜料，涂在建筑物和雕像的细部上。同样，我们也会觉得他们在铜像的眼、唇、乳头上缀满花花绿绿的彩色石头很俗气。

但很不可思议的是，即使在18世纪下半叶以后，希腊已成为当时每个有教养的绅士游历四方开阔见识的教育之旅（Grand Tour）中造访的时髦去处，大家依然公认，希腊的神庙是完全没有色彩的建筑。据说，希腊人对颜色并没有兴趣，而仅仅对外观形式有兴趣。直到今天，我们在本章一开始所描绘的希腊印象：白净的柱廊映在碧海蓝天的背景上，也丝毫不曾改变。事实上，文森特·斯库利（Vincent Scully）这位建筑评论家在他关于古希腊的社会建筑的书里，开头便谈到："白色的形体，着上明亮的颜色"，建筑物本身工整的几何形式，恰好与周遭崎岖的山谷形成强烈对比。他接着说："这些形体，便是希腊众神的庙堂。"

现在，让我们再回到神庙这个主题。公元前5世纪时，神庙建筑所采用的典型设计，并不比迈锡尼族长用的主厅（图8）复杂多少。神庙之中不设炉灶，以置放神像来替代；建筑物正中央那一列用来承托屋顶的柱子，则迁至长方形的建筑物外端，重新排列成柱廊。神庙的入口通常设在建筑物较短的侧边上，依惯例竖立的6根圆柱的中央。入口的门一敞开，上升的旭日就向庙内安奉的神迎面照来。入口的门廊时常还有第二列的6根圆柱屏障在前方，而且为顾及整个建筑体的平衡感，在神庙的另一侧很可能会出现由后方进出与门廊相对应的财库。

我们把讨论的焦点放在前文提过的三种柱式时，就会渐渐看出希腊神庙和其他重要文明所建的庙宇有所不同，比如克诺索斯的王座室、波斯波利斯的大流士皇宫（图 19）以及卡纳克的阿蒙-拉神庙（图 33）。希腊的神庙可以依柱式来分类，"柱式"（order，此单词常指井然有序之意）这个词用得真是妙，因为它不仅用来指称神庙结构的组织，也显示各个结构之间，以及一个结构与整体大结构间圆满的关系与和谐的比例。其实，第一个使用"柱式"这个词汇的，是以建筑为写作题材的罗马作家维特鲁威，取自拉丁文"ordo"，即"阶层"之意；至于希腊文本身，用来形容井然有序的组织的是"cosmos"。最先出现的多立克式和爱奥尼克式这两类柱式，在公元前 7 世纪至公元前 5 世纪间发展起来，爱奥尼克式比起多立克式稍微晚一些。第三类的科林斯式，迟至公元 5 世纪才在希腊出现，从这个阶段起，希腊人和罗马人同时都在柱式的发展上贡献心力，罗马人把爱奥尼克式与科林斯式结合，发明混合（Composite）柱式（图 98）。

图 98　希腊建筑中的柱式：多立克式、爱奥尼克式、科林斯式和混合式

图 99　希拉神庙，帕埃斯图姆，意大利，约公元前 530 年

　　时间最早，风貌也最平实的多立克式神庙，于公元前 700 年至公元前 500 年之间出现在希腊半岛上多立安人（由巴尔干半岛入侵希腊并定居于此的部落）聚集的地区，柱子不设柱础，柱头不加华丽修饰，柱身只刻上凹槽，没有多余的雕琢。南意大利的希腊殖民地帕埃斯图姆（Paestum）年代稍早的希拉神庙（Temple of Hera，公元前 530 年左右，图 99）里矗立的柱子，代表的是早期多立克式柱的浑重、单纯之美；相形之下，多立克式柱发展到晚期（公元前 490 年），风格则有明显转变：细节部分的线条深刻利落，形式简洁沉静，散发出难以言喻的高雅，埃伊纳（Aegina）岛上的阿菲亚神庙（Temple of Aphaia）可为代表。

　　爱奥尼克式神庙通常分布在小亚细亚的岛屿和沿岸地区，此地的居民是当年走避多立安人入侵而到此的希腊人。爱奥尼克式的柱身比较纤细、轻盈，雕刻的图样比较细致，柱头有明显易辨的涡卷饰（volutes），看似牡羊角，也像两端向上卷的卷轴。光看爱奥尼克式柱的整个轮廓，就可察觉它比多立克式的设计要复杂许多。细长的圆柱立在有阶层、布满装饰的柱础上；柱身上垂直的装饰性凹槽，上、下方两端有扇贝形槽收头，凹槽彼此之间有窄平的横纹做间隔；间饰板和三槽板不见了，不过檐壁和山形墙（pediment）的雕饰变得华丽有加。典型的爱奥尼克式建筑中，通向柱座（stylobate，承托整座神庙的底座）的台阶，不像多立克式的设计那么庞大，因此要去庙里朝奉的人爬起来也轻松许多。爱奥尼亚人在尼罗河三角洲有一个通商协议港，由于这层关系，受到埃及式神庙硕大无比的规模的影响，希腊化时期晚期的爱奥尼克式神庙，与古雅典的多立克式（Attic Doric）的神庙相比较，显得十分雄壮。以位于以弗所（Ephesus）的阿特米斯（黛安娜）神庙（Temple of Artemis）为例，其规模宏伟异常，因此安提帕特（Antipater）在公元前1世纪列载世界七大奇迹时，也把它纳入其中。

科林斯式的柱头，造型有如倒置的钟，周围镶满锯齿状的叶子。这种安排，一方面改良了爱奥尼克式角柱常见的柱头只适合从前侧观赏的问题；另一方面，雕饰的部分也可以呈现繁复的对称，崇尚奢华格调的罗马帝国就对这类建筑喜好有加。第一个在建筑物外观用科林斯式柱的，为雅典的利希克拉底斯纪念杯台（Choragic Monument of Lysicrates，公元前335—前334年，图100）。这座纪念性的建筑物是为了展示在酒神祭比赛中赢得的奖杯而设，它细腻地运用科林斯式柱的特色，自有一番迷人的风格。至于在雅典城的另一处，从公元前6世纪暴君统治时期开始修建，直到第一世纪罗马帝国哈德良（Hadrian）皇帝在位时才竣工的奥林匹亚宙斯神庙（Temple of Olympian Zeus），其科林斯柱式的使用更具戏剧性。

图100　利希克拉底斯纪念杯台，雅典，公元前335年—公元前334年

图 101　卡利克拉特设计的妮可·阿波提若思神庙，卫城，雅典，公元前 450—前 424 年左右

如果想一探多立克式和爱奥尼克式这两类最早期古典柱式的风貌，不必出雅典的卫城（图 102、103）就四处都有例子。今天我们只见一阶阶巨型的阶梯，拾级而上便通向坐落卫城的岩石台地，阶梯因运送动物牺牲品往神殿的道路而中断，不过这是罗马时代以后才形成的景致。更早以前，希腊人沿着迎神游行路线的对角线穿过广场，之后顺着蜿蜒小径爬上卫城雄伟的入口——山门。山门的两个向前突出的侧翼，向来自西方的朝圣者张开欢迎的怀抱。在入口右侧，孤悬在棱堡（bastion）上的爱奥尼克式神庙——妮可·阿波提若思

（Nike Apteros，即无翼的胜利女神）神庙（图 101），公元前 450 年左右卡利克拉特（Callicrates）即完成设计，但等到公元前 424 年才动工兴建，是当年建在岩石台地四周的小型神庙中唯一幸存下来的。山门是公元前 437 年左右由尼西克利斯（Mnesicles）所建，外部采用多立克式圆柱，内部采用爱奥尼克式圆柱，为了避免朝圣者在穿越这个入口进入神殿之前，就把崇拜的情绪一倾而空，山门的设计刻意做了恰如其分的收敛。在此处，就可以体验到希腊建筑在空间安排上使用的一个重要原则：无一是直接的，每样均以某个角度的透视呈现。希

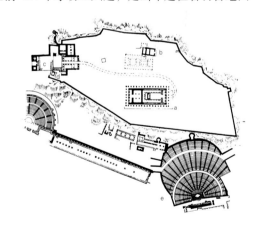

图 102　卫城平面图，上方可见：帕特农神庙（a），雅典王神庙（b），山门（c），妮可·阿波提若思神庙（d），狄奥尼索斯剧场（e）

图 103　卫城，雅典▽

腊的建筑家把一个个本身结构呈现完美对称的建筑物，以不对称、不规则的方式做空间上的相对排列，并且掌握地势上的落差，让建筑物出现阶层式的排列。他们的用意是：如此一来，像每年泛雅典娜节（Panathenaic festival）庆祝活动期间，在最主要的一天举行的迎神游行队伍中，环山朝拜卫城的人，便会在移动之中领略到整群建筑物之间的和谐感，而不是选定一个位置，就地静止不动来个别观赏每一个建筑体。

卫城里早期为供奉护城的神所盖的神庙，全数被波斯人摧毁。不过，在萨拉米斯（Salamis）和普拉提亚（Plataea）战役（公元前480—前479年）告捷后，伯里克利（Pericles）决定把从希腊城邦征收来的军费的一部分，挪为重砌这些神庙的经费。他的举动是历史上记录的第一桩滥用急难经费的例子，最后甚至引发了希腊城邦之间的伯罗奔尼撒战争（Peloponesian Wars），雅典也随后丧失领导霸权。

重建神庙的工程，并没有借助建筑家，而是在雕刻家菲狄亚斯（Phidias）的督视下进行。依当时的情况衡量，启用雕刻家来监工是明智的决定，因为神庙在许多方面就是陈列神的雕像，甚至包括得名次的运动选手的雕像的展示厅，此外，雕刻的艺术在当时也被视为一种上乘的艺术形式。自然而然，为朝圣前来卫城的人，第一眼便看到菲狄亚斯塑的雅典娜铜像，铜像硕大无比，连阳光照在雅典娜戴头盔上所反射的光，都又强又亮到足以让海上航行的水手把它当作定航到雅典的港口比雷埃夫斯（Piraeus）的光源。菲狄亚斯这座巨像，就坐落在之前也是立雅典娜像的旧神庙的墙外。

而今，卫城中已不见菲狄亚斯的大型雅典娜像，于是，进入神圣的内苑（temenos）后，观者的目光立刻被中心右方挺立在岩岗最高点上的帕特农神庙（Parthenon）吸引住。古时候，菲狄亚斯为庇佑雅典城的女神雅典娜所雕的第二座像（这次是以黄金加贵重的宝石为材料）就供在帕特农神庙内。现在我们可以费点力气爬上柱座，直接进到庙身残留的部分参观，不需刻意经过原先设的几道门；可是，公元前5世纪时，由于帕特农神庙背向山门，朝圣者就得沿着庙外围绕一大圈，才到坐落在东侧、朝日出方向设的入口。朝北，先前的帕特农神庙所在处的前方，是小型的王神庙（Erenchtheum，公元前421—前406年），当时，在举行祭祀雅典娜的仪式上，王神庙比帕特农神庙扮演的角色还要重要。王神庙依下倾的山坡而建，庙身由前往后斜降，错落在两层不同高度的平面上，如此一来无法让列柱廊构成完整的连续面。设计者找出一个巧妙的变通之计，将立在坡度开始逐渐下塌那端的爱奥尼克式圆柱加高，弥补两层平面高度差，相对地，旁边正面设的圆柱高度减半。王神庙最独特的结构是它的门廊（图104），以一排身形刚健的仕女形体的女像柱（Caryatids），取代传统圆柱的功能。这几尊十足阳刚的仕女像，因为受污染的严重侵蚀，近几年来以玻璃纤维塑像取代，以防情况进一步恶化，这个措施在学术界中引发不少争议。

图104　王神庙，女像柱门廊，卫城，雅典，公元前421—前406年

　　我们必须对帕特农神庙（图105、106）做更深入的探讨，除了基于它是最著名的希腊建筑这个事实外，更是因为对它进行详细剖析研究时，会发现它完美的外形与比例底下，蕴藏一些数学上的奥秘。帕特农神庙是公元前447年至公元前432年间，在菲狄亚斯的统筹监工下，由伊克提诺斯（Ictinus）和卡利克拉特（Callicrates）建造，依照公元前6世纪之后广泛采用的传统多立克式建筑的比例设计，唯一的例外是，习惯上在东西两侧用的6根圆柱增加到8根。但它迷人与满足视觉享受的魔力在于线条上的细腻和比例上的完美。连在当时，帕特农神庙的雅致，都算是个传奇。

　　19世纪，对帕特农神庙做仔细的丈量时，发现整座建筑的结构上几乎找不到一条直线：每一处表面都经过或凹陷或膨胀隆起或一端逐渐变细的处理。如此一来，目光在观测任何建筑细部的轮廓时，都不受视觉扭曲直线的影响，一切看来协调，没有丝毫突兀的地方。在这段黄金时期出现的希腊建筑物，大多数都对圆柱以收分法（entasis）进行调整，做法是：把圆柱造成越朝上端越尖细，并在柱身由下往上约1/3处的地方稍微向外膨胀，以消除看柱子时柱子由左右两侧逐渐往内弯陷的错觉。圆柱的视觉校正做得最夸张、把膨胀处加得最大的是帕埃斯图姆的希拉神庙。帕特农神庙这种对抗错觉的措施，并不只运用于圆柱。所有有水平线的结构（例如额枋和柱座），也予以相似的视觉校正处理，否则如果以真正笔直的水平线放在结构上，线条会出现往中央点下垂的错觉；同理，角落置放的圆柱，柱身加粗外，和旁边柱

图 105　由伊克提诺斯和卡利克拉特所建造的帕特农神庙，卫城，雅典，约公元前 477—前 432 年

97 子的间距也拉近，才不至于往天空望过去时，看来太纤细不牢固，除此之外，这个位置的圈柱顶端还要稍微内倾，以免给人向外倒的错觉；三槽板之间的距离，越往建筑物前后两方的中央，就越拉大，才可避免在圆柱的正上方出现僵硬的直线的困扰。帕特农神庙在设计上，需要有严谨的测量、精准的计算、炉火纯青的砌石技术与精细无比的理解和反应等条件的配合。希腊人成功地克服这些严格条件的挑战，留下让人欣赏得惊叹连连的旷世巨作。

我们继续留在雅典，从卫城往下俯瞰整座城市一番。当时山下一般的民宅，是挨在庭院四周、没特色又杂乱挤在一起的没有窗户的单间屋，由窄窄、曲曲扭扭的巷

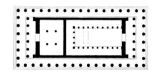

图 106　帕特农神庙平面图

图 107　由波利克列斯所建的剧场，埃皮达鲁斯，希腊，约公元前 350 年 ▷

120 | 建筑的故事

道相通。只有在公众集会用的场所，才有机会见到有意思的建筑物。最令人印象深刻的公共用地，是称为广场（agora）的开放空间，它是正式的市集地，周围则是政府行政和法律仲裁用的会议厅。民主，就在此诞生。雅典实施的民主是有限度的民主，因为不管是女性、被视为雅典经济命脉的奴隶，还是外国人，无论在雅典已经居住或工作多久，一律无权投票、无权当选议会代表，也不许担任公职（其实，要等到罗马式的系统实施时，人民才被赋予比较高程度的平等）。但是，不可否认的是，代议制的民主原则，和伴随而来的影响西方教育和思潮发展的言论自由精神，从此生根苗壮。在此，伯里克利在葬礼上发表他著名的精彩致辞（funeral oration），颂扬希腊文化崇尚民主的特质。在此，在柱廊（stoa，与商店和机关相连的有遮阴的大型步道，是希腊广场最大的特色）的列柱廊底下，诸如苏格拉底、柏拉图、亚里士多德和必然在该处聚会的斯多葛学派（Stoics，该派即以这类建筑结构的名称为名）的哲学家和门徒们，信步其中，为西方世界的哲学理论奠下基础。

柱廊无疑是希腊人一项概念十分简单影响却十分深远的发明，它单纯利用圆柱和楣的原理，把两者串联成多用途的长柱廊。这个规划空间的方法，有效地将许多商店和工作铺收纳在一起，让这些要不然会沦为一堆零散的遮棚和陋舍的建筑显得优雅有序。柱廊为民众提供一个可以坐下来也可以漫步遮阴的空间，民众可以到此高谈阔论，也可以进行以物易物的交易。如果柱廊上方还有一层，上层还可以充当机构和其他用途的空间。柱廊是广场的统一性元素。卫城底下，共两层结构的阿塔罗斯柱廊（Stoa of Attalus，图108），约建于公元前150年；现在所见的阿塔罗斯柱廊由美国考古学院（American School of Archaeology）复原，很准确地重现当年一般柱廊的风貌。其他的柱廊，零星散落在雅典广场的南北两侧。到了希腊时期后期所做的城市规划，广场和柱廊不只本身结构做几何对称，相对的空间排列也相当有序。

其他的重要建筑有会议厅、市政厅、体育馆、体育场和希腊人生活中不可或缺的剧场。雅典的狄奥尼索斯剧场（Theatre of Dionysus），建于公元前6世纪初，位于卫城内南端，所坐落的位置在之前先后为几个木造剧场的用地。最早由土和木材建的座位，直接就依照岩岗（the rock）下层呈现的轮廓，一排排搭上去。公元前498年这些座位崩塌后，用石材取代。在当时的希腊社会，神庙不必顾及普罗大众拜神的需求，剧场却必须做到。剧场是祭酒神狄奥尼索斯大肆疯狂举办庆典的场地，在面积上，就必须大到容得下一座圆形或半圆形的舞台，或合唱队席（orchestra），供参加庆典的合唱和舞蹈的队伍做表演使用；还需一座祭坛，以便在表演开始前进行向酒神奠酒的仪式；还要加上容纳一大群观众坐下来欣赏表演的区域。在此，埃斯库罗斯（Aeschylus）、索福克勒斯（Sophocles）、欧里庇得斯（Euripides）与阿里斯多芬（Aristophanes）几位剧作家上演他们的作品，为西方的戏剧和剧场的先驱。埃皮达鲁斯（Epidauros）的剧场（图107），由建筑家波利克列托斯（Polykleitos）在公元前350年左右所建，规模容得下13000名观众。其传音的效果之好，在圆形的舞台低声讲话，任何

图108　阿塔罗斯柱廊重建后的景观，广场（Agora），雅典

座位都能清楚听到。剧场能享有如此完美的传音效果，一方面是因为把上端的座位搭得比下端的陡，加深了整座剧场所构成的碗状空间的深度；另一方面则靠别出心裁地将舞台造型成大型陶瓷的共鸣器，摆在一排排石造座位底下。希腊时期规划的城市，剧场通常建在城市的中心之外。若非如此，则原本用来营造完美传音效果的碗状结构将与棋盘式的空间排列格格不入；再说，希腊人比较习惯于找寻一片空间，直接利用它的地貌天然的轮廓建圆形剧场。所以，剧场占地的规模必须非常大。

　　另一类重要的建筑是用来举行比赛的体育场。每个体育场至少长度要达到标准长（183米），方便比赛，也位于城墙之外。雅典城公元前331年建的体育场，容纳得下6万名观众。位于伯罗奔尼撒（Peloponnese），从公元前8世纪开始，立下每4年举行一次运动会传统的奥林匹克城的体育场，本身不算宽敞，围着四周堆的土堤，也可供4万人站立观看比赛。在体育场之外，希腊的城市还有为当地年轻人训练用所设的体育馆，在体育馆接受训练，是他们教育基本的一部分，我们可以看到，这种教育的理念，一直到现在都深植在欧美的教育系统中。塞浦路斯的萨拉米斯，可同时见到精彩的剧场和体育馆的例子（体育馆后来经过罗马人的改建）。

　　上述几项重要的建筑，希腊化时期才新造的城市，都一概采用，并且将它们合并成一个整体。这类城市，包括爱奥尼亚族的希腊人把原本建在河口，但如今河流淤

积，迁往地势较高的地区重修的城市；其他的尚有随着亚历山大大帝征服途径在小亚细亚出现的城市。这个时期的城市有共同特点，都遵照米利都（Miletus）城邦的希波达穆斯（Hippodamus）提出的城市规划原则兴建：城市建在卫城底下，内部呈棋盘式的布局，正中央划为广场，大街贯穿整座城，根据人民生活和在商业、宗教、政治活动不同方面的需求各自设立专用的区域。希波达穆斯受伯里克利之邀前往雅典，为雅典建比雷埃夫斯港（the port of Piraeus），港口离卫城约 8 公里，一路用称作"长墙"（long walls）的有墙垣的道路连接雅典。公元前 466 年，希波战争之后，米利都也以类似的城市规划做整顿。普里埃内（Priene，图 109）和贝格曼（Pergamum）是在小亚细亚出现的后古典和希腊化时期城市建筑的例子。这类城市提供了居民过舒适优雅生活的条件：街道宽敞，街面还有铺盖，神庙是大的，剧场、体育馆和市政厅则空间大到足以容下所有有投票权的成年男子一起集会，卫生环境有改善，一些私人的民宅也越来越气派。

图 109　普里埃内，小亚细亚，平面图，大部分建于公元前 350 年左右

在德尔斐（Delphi，图 110），希腊人凝结天（诸神）、地（自然）、人为令人心生崇敬之意的一体的匠心，收到最强的震撼力。德尔斐是古希腊的圣地中最为神圣的一个，其中有供奉阿波罗的神殿，也就是请示神谕的地方。像许许多多成功吸引朝圣者前往的圣地，德尔斐也是朝圣者一心向往的参观地；也像无数受欢迎的圣地，德尔斐当地的民众向基于虔诚信仰前来的旅客，竭其所能榨钱发财的嘴脸，常常是很见不得人的。话说回来，就德尔斐那些很有技巧、不露痕迹（一如我们先前在雅典所见，希腊人虽然在建筑物内部严格要求基本的线轴对称，却从不靠同等的原理来营造景观）建构的景观和建筑给人的总体经验来看，它们是极尽想象力构思出的杰作，每条路径上的每一个转弯、每一个角落，都周详地考虑到如何对朝圣者造成情绪的冲击。

从雅典出发的旅行者，爬过嶙峋的山岭，第一个映入眼帘的建筑物是圜厅（Tholos），这座圆形的神庙存在的目的，是把路过的人的注意力引向帕尔纳索斯（Parnassus）山坡上为祭祀阿波罗所建的圣殿（大部分从 6 世纪开始陆续兴建完成）。圣道（The Sacred Way）由圣殿出发往上坡走，整条路没有一处是笔直的，甚至还往回头绕路经过雅典的财库（第一个完全由大理石建造的多立克式建筑）。这样一路拐过来，弯过去，好让大家看尽一连串精心策划的景致，才抵达阿波罗神庙。散发多立克式建筑特有的庄严宏伟气质的阿波罗神庙，气势磅礴地矗立在超大石块砌成的

图 110　德尔斐，希腊，由剧场（约公元前 150 年）往下望向阿波罗神庙（Temple of Apollo，约公元前 510 年）以及雅典财库（Athenian Treasury，右下方，约公元前 490 年）

单层巨型底座上。然后，继续往上走，来到传音效果绝佳的剧场，在此底下一大片地势险恶的山谷尽收眼底。再爬上更高处时，圣道的一侧有体育场。这座体育场神奇无比，完全实现设计者要达到的目的，而它的神奇就在于其中所有的建筑结构和大自然完美和谐地融为一体。

第八章

能者的权利：古罗马建筑

随着新技术的发明，罗马帝国时期的建筑水准一时登峰造极，在欧洲某些地区，则要等到 17、18 甚至 19 世纪，才出现同等程度的建筑成就。然而，罗马建筑给人的第一印象并非如此，特别是像我们刚刚一直在探讨希腊建筑，已经习惯那完美的比例和不同柱式的应用，便乐于将建筑美学的营造就此交给希腊人，并觉得罗马人只不过沿袭了许多较早的希腊文明在外部建筑上使用的表面装饰。所以，当我们由西向东观赏罗马广场（Forum of Roman，图 112）时，可能以为它直接抄袭希腊式广场。

可是，一旦我们细细审视广场上的一些建筑物，顿时就会明白，这两个民族只是表面上看来相似而已。希腊人一心追求人与宇宙之间的和谐，以抽象的手法沟通意念，在艺术创作上传达和人类最纯净的意念一般精粹的寰宇意识；至于罗马人，可不会浪费时间追求这种纯理想主义。罗马人生性实际，逻辑观念强烈，擅长立法、工程技术和国家管理。他们所追求的和谐关系，不在性灵的层面也不在宗教的范围，而就在他们身边建立的家园以及征伐得来的土地。他们的宗教信仰以家庭为中心，在住家中庭（atrium）或厅堂设神坛，燃灯供奉家神（penates）；除了强调尚武的价值之外，他们最极力颂扬的美德是对祖先父母忠孝和尽责。他们觉得希腊人过于文弱。他们坚信罗马式的生活是唯一正确的准则，这种态度不难从维特鲁威说过的一段话看出。维特鲁威是公元前 1 世纪到公元 1 世纪间恺撒和随后的奥古斯都大帝麾下的军事工程师，也是 15 世纪之前，唯一一部流传下来的建筑法典的作者。

尽管南方的民族智能高超，在策划谋略上也绝对胜人一筹，可是，一旦到需要展现英勇的关键时刻，他们就急急求饶，只因为他们灵魂里的男子气概早被太阳榨得一干二净。至于在天气较冷的国度出生的男子，确实天生比较大胆，面对武器的恐吓亦不退缩，然而，他们遇到状况时反应之迟钝，不经思考、毫无经验就狂乱冲锋陷阵，反而因此自乱阵脚。上天安排天地就是如此巧妙，给所有这些国家极端的民族性。真正诸事完美的疆土，是在皇天正中的下方，四

图 111　加尔桥水道桥，尼姆，法国，公元 14 年 ▷

周为世界和其他国家范围所及的，我罗马民族的所在地。

——《建筑十书·第六书》

罗马这支高傲的民族，起源的传说却浪漫得令人意想不到，其中出现战神马尔斯和一位专司祭祀女灶神的处女之间轰轰烈烈却理法不容地结合，之后两人抛弃的双胞胎儿子被一只母狼救活的情节。如今，为这只母狼竖立的铜像，位于双胞胎之一的罗慕路斯（Romulus）当年建罗马城的所在地——今日罗马的卡皮托利尼山丘（Capitoline Hill）上。据说罗马城是在公元前 753 年所建，罗马人把这一年算成他们纪年的元年，事实上，此城在公元前 600 年之前就出现的部分实在很少，连备受尊崇的母狼铜像也是文艺复兴时期的产物。当时，世界各地的千古大事都在酝酿之中：印度有佛陀宣扬教义；中国有孔子传布儒术；日本有史上第一位皇帝神武天皇登基；巴比伦人囚禁犹太人；波斯人横扫四方称雄，不过还没有遇上希腊人。罗马充其量也只是意大利中部许多乡村规模的小邦之一。然而公元前 509 年，罗马跨出迈向强盛的第一步，驱逐残暴的伊特拉斯坎（Etruscan）王室，宣布成立共和国。随即，这个新的邦国开始显示有系统地扩张的野心，先从邻近的地区着手，公元前 3 世纪时已俨然称霸整个意大利；公元前 3 世纪到公元前 2 世纪，三场普尼克战争（Punic Wars），进一步把北非和西班牙划入版图。到了公元前 1 世纪，罗马兼并了整个希腊文明横跨的地区，奥古斯都大帝建立罗马帝国时（公元前 30 年），几乎世界各地所有有名字的地方都是罗马人的，地中海真正如其名，是罗马人经营的大帝国正中心位置的海域。

罗马人虽然取得武力的胜利，但并不因此强迫被征服的人放弃自己原有的民族意识和风俗。只要同意接受罗马的法律、赋税和兵役，加上不甚严格的宗教信仰，被征服者都可以拥有罗马的公民权，同时保留自己固有的特质。罗马人对种族和宗教的包容，也许比以民主自豪的希腊人还高。在社会阶级上，即使元老院成员以贵族占多数，平民也一直有任公职的权利；此外，随着帝国每次征讨而不断增加的奴隶阶级，虽没有任何参政权利，依旧获准通过一项预备制度的训练而晋身为公民。

怀特海德（A. N. Whitehead）在其著作《教育之目的》（*The Aim of Education*）第五章中提到："罗马帝国的存在，乃受当时全球仅见的伟大科技之赐：道路、桥梁、水道、隧道、排水道、巨型建筑、组织完善的商船队、军事科学、冶金术以及农业。"这意味着政治和贸易的疆界消失了，开始有海外来的货品的供应。这也表示

图 112　罗马广场：由西向东望的景观，罗马，约公元前 27—公元 14 年

家里开始有自来水，去公厕（图 113）的人有时候排成一圈，其中最奢华的类型是使用者坐在海豚雕像之间的大理石马桶座上，或是阅读，或是天南地北地闲谈，像从容的绅士在俱乐部聚会一样。换句话说，有冷热水的公共浴场供人放松身心，有广场作为法律和政治活动的中心，有窄椭圆形的竞技场可以赛战车，有圆形露天竞技剧场可以观赏格斗士互斗或斗兽和基督教徒被狮子活吞的余兴表演，还有供戏剧演出的剧场。但罗马人不像希腊人沉迷于打动情绪的悲剧，他们最喜欢普劳图斯（Plautus）和泰伦斯（Terence）写的笑闹剧与社会喜剧。

　　像罗马人这样的民族所建造的建筑物，反映出以立即使用为目的而美学的追求

图 113　罗马城市公厕，杜卡，突尼斯，公元 3 世纪

在其次的原则，并不令人意外。罗马人十分乐意将艺术形式的探索留给希腊人发挥，需要建造符合大帝国身份、沉稳、优雅、雄伟的建筑物时，便大量采用希腊的形式和风格。这些建筑特质，在连续几代皇帝手下兴建的一系列广场中，展露无遗。广场是应日趋复杂的社会、法律、商业活动的需求而建的设施。奥古斯都大帝（公元前 63—公元 14 年）新建的罗马广场（Forum in Roman），是一连串广场建筑的开端，刻意和零星建筑物附加在其周围的旧罗马广场做对比：他在一大片长方形空地两侧立起列柱廊，以战神庙尽收一端的远景。广场最初设计的灵感虽来自希腊式的广场，罗马人自己的表达手法也很快就出现。建筑物不再用来呼应天然环境，也不再试图和当地的地貌达成不可思议的浑然契合；一种新概念代之而起：以建筑把规划过的空间包围住。新式的广场，重点放在大整体的设计，对个别的神庙相对不特别在意，企图透过令人肃然起敬的建筑结构来彰显帝国的权力。穿过黎巴嫩巴尔贝克（Baalbek）的广场，一系列的几何形体在眼前铺陈开来；至于奥古斯都大帝的罗马广场，周边设计出的景观和远景，都以神庙的正面收景。

106　　罗马的大竞技场（Colosseum），是不折不扣的罗马式建筑。希腊人完全把剧场拿来上演戏剧，罗马人却要有竞技场（circus）和圆形露天竞技剧场（amphitheatre）供比赛与竞技用。许多当时建造的罗马剧场和圆形露天竞技剧场至今仍然矗立在原地。法国南部奥朗日（Orange）的剧场（约公元 50 年，图 114、115），保存得相当完整，只不过舞台的木造雨棚不复存在，雨棚前端有两条大链子，系在后方从有叠涩的柱子升起的高桅杆上。普罗旺斯的阿尔勒（Arles）和尼姆（Nimes）两地的剧场（都建于公元 1 世纪末），现在都还是斗牛表演的场地。奥朗日的剧场很特别，它像希腊剧场一样，至少有一部分是直接顺山坡的地形挖出来。希腊和罗马建筑形式上的基本差异，在此突显出来。希腊人注重建筑外部的原则，在剧场这类建筑上却内外翻转了过来：剧场是以山丘底下天然凹陷的地形而建，不算有外部结构，通常坐落在主要的城

图 114　剧场，奥朗日，法国，约公元 50 年

市的外围。倾斜的座位就嵌在山坡上，而大自然所提供的山丘和海洋，也成为舞台上的演员演出时的最佳背景。

　　大竞技场和上述的建筑处处都不相同，其由韦斯巴芗（Vespasian）、提图斯（Titus）、图密善（Domitian）三位皇帝从公元 72 年至 82 年建造完成，坐落在罗马城正中心，椭圆造型，直接由平地升起。像这样一座圆形露天竞技剧场，建筑的内外部都必须兼顾，甚至上演戏剧时还必须动用人造背景，像现在北非塞卜拉泰（Sabratha）的罗马剧场舞台（约公元 200 年）就是依当年使用的人造背景形式重建。大竞技场的观众席大到容得下 55000 名观众，一直到公元 6 世纪都是专供斗兽的场地。走进竞技场内部往上看，可见共 4 层座位的残迹，朝下顺着昔日竞技场地延伸出去的方向看去，则有蜘蛛网般放射状排列的信道。看到这里，我们会深深觉得，再也找不到比它更复杂的建筑内部设计。每一层楼面，楔形座位之间都设置了有穹隆的信道（这整个结构的细节都经过精密计算），方便观众快速就座和快速离场，如此一来，就算发生大火，观众席也可以轻易地迅速清场。舞台之下，通往笼子和囚禁野兽及犯人区域的

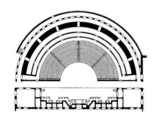

图 115　剧场平面图

图 116　大竞技场，罗马，公元 72—82 年

信道用闸门封闭，机械操作的升降台和斜坡道则用来将表演者带上竞技场地。

　　比起靠着圆柱支撑横楣而架起的长方形神庙，罗马竞技场在结构上显然技术更纯熟，也更复杂。为什么我们会有罗马的圆形露天竞技剧场不过是希腊剧场翻版的印象呢？如果再把注意力拉回大竞技场外面，我们应会立刻察觉被什么地方误导了：大竞技场四层楼面形成的正面，简直像建构希腊各种柱式的演练——地面层是多立克式的，第二层是爱奥尼亚式的，第三层和在最顶层展开的壁柱是科林斯式的。然而，现在我们知道，这些不同柱式的圆柱没有实质的结构功用：撑起整个结构的部分，藏在建筑物的主体里面；至于这些圆柱，只是放在建筑的正面，单纯充当装饰。

　　罗马人大量使用柱式，而且最喜欢极尽华丽奢侈的科林斯式。下面这个故事的真实性已无法考证：据说设计科林斯式柱的人，当年在宴会上看见绕着莨苕叶的高脚杯，由此得到创作的灵感。不过科林斯式柱确实给人酒神节纵饮狂欢气氛的感觉，它的高度比多立克式和爱奥尼亚式高，和位于黎巴嫩巴尔贝克的几座超大型罗马神庙（这些神庙已成废墟）很匹配。巴尔贝克的两座神庙，连比较小的巴克斯神庙（Temple of Bacchus，酒神庙，图117），都比帕特

图 117　巴克斯神庙，巴尔贝克，黎巴嫩，公元 2 世纪

农神庙大。罗马人增设了两种柱式：复合式，混合爱奥尼亚式和科林斯式的特点所成；以及伊特拉斯坎式（Etruscan）或称托斯卡纳式（Tuscan），把多立克式变得比较粗短。不过，罗马建筑的一大特色是使用圆柱但取消它结构性的用途。通常整根圆柱全部或一部分没入墙壁内，这种变化称作嵌墙（engaged）和半嵌墙（semi-engaged）圆柱；有时候圆柱做得平扁，变成方形，称为壁柱（pilaster）。

　　另一种可以清楚看到运用了嵌墙柱的罗马式建筑是凯旋门，通常建在广场的入口，是纪念战役胜利而设的拱门。凯旋门本身要够宽够大，才能让凯旋的军队、队伍前导载满战利品的马车和套着链子的战俘穿过夹道欢呼的群众。这些拱门上刻的碑文，详述一场又一场提图斯、君士坦丁或塞维鲁（Severus）在位时告捷的战役，以及元老院与罗马的人民对他们伟大君主的歌功颂德。因为所刻文字的字体既清晰又美观，所以文艺复兴时期，甚至我们现在，都把它拿来做印刷用的铅字字体。不论凯旋门是单拱的设计，像罗马广场边缘的提图斯凯旋门（Arch of Titus，约公元 81 年），还是采用三重拱的形式（小－高－小），像君士坦丁凯旋门（Arch of Constantine，公元 315 年，图 118），拱门上刻满献词的巨型额枋，看来都如此大无畏，仿佛迈上战场的古罗马军团高举在手中的一面旗帜。

　　既然柱式和古典形式的运用不再需要顾及其结构上的功能，那么其外形装饰上就容许尽情发挥了。庞贝城的室内装饰所采用的仿大理石效果和利用绘画制造出的建筑景象，是百变巴洛克风格的前驱。这些建筑变调当中最迷人的，要算公元 2 世纪建于佩特拉（Petra，由阿拉伯沙漠玫瑰红颜色的岩石凿出来的城市，一度是沙漠

108

图118 君士坦丁凯旋门，罗马，公元 315 年

商队聚集贸易之地）、从岩石凿出的艾尔代尔（修道院）神庙［EI-Deir（Monastery）
Temple］，其上层楼面的正面——断裂的山墙两侧间的微型圆神庙（图 119）。

　　罗马人不像希腊人要靠柱和楣的结构来支撑建筑物，他们把真拱（true arch）发
展成更加有效的支撑结构。真拱其实不是罗马人发明的，最早出现的真拱可追溯到
公元前 2500 年时的埃及，我们现在还可以在底比斯看到约建于公元前 1200 年的拉
美西斯二世陵寝留存下来的真拱。罗马人创造力并不是特别强，他们在这方面比希
腊人逊色多了。不过，或许维特鲁威那种神高气昂的评论也有几分道理：希腊人空
有许多理念，却像怕弄脏手似的，选择不动手实践。罗马人也许对抽象的几何概念
和理论科学的掌握比希腊人差，但他们不在乎拿别人开发的知识去实际应用。因此，
希腊人的机械装置和运用水力的设施，常常只是纸上谈兵的构想，只被希腊人当作
把玩想象力的工具，例如在神庙或神谕殿建造用蒸汽开闭的门，或设计投币操作、
自动贩卖圣水的装置等奇想，就是在这种情境下产生的；相反，罗马人开始把知识
用于实际提升日常生活的品质。

在建筑结构方面，罗马人也是如此。他们很快就把木桁架屋顶结构（timber tied-truss roof construction）发展到极致，希腊人在公元 3 世纪时，还只停留在把这个结构拿来试试玩玩的阶段。罗马人接着把注意力转向真拱，真拱不像有叠涩的拱，两端有石块伸出，在中央相交，而是靠拱上方放射状排开的楔形拱石

图 119　艾尔代尔（修道院）神庙，佩特拉，约旦，公元 2 世纪

之间互相产生的张力撑开拱面。在建造拱的过程中，用拱模充当临时性的鹰架，牢固整个结构。拱模通常是个木造结构，或用土堆的墩。将一系列平行排列的拱之间的空隙填起来，形成一个隧道状的结构，就是筒形拱顶（barrel vault）；两个筒形拱顶呈直角相交，就成为交叉拱顶（groin vault）。

真拱的应用和混凝土技术的进步密不可分。最先是在有火山的锡拉岛（第四次十字军东征以后，更名为桑托里尼）发现火山土有可以和石灰混拌成防水的混凝土的特性，但是，做混凝土的最佳材料，还是那不勒斯附近的港口普提奥利［Puteoli，即今天的波佐利（Pozzuoli）］出产的一种红色火山土——火山灰（pozzolana）。罗马人拌混凝土的骨料有好几种，从任意比例的石头、碎砖块甚至碎陶片，到仔细一层一层砌的砖以及石灰华 / 凝灰岩（tufa）一类的浮石，统称为“caementum”。石灰华特别适合用在要求建材轻盈的地方，如圆顶和任何结构的顶层部分。通常，罗马人偏好把混凝土灌入固定的框模或盒模，不采用我们现在常用的可拆除模板，后者会留下一面暴露在空气中。框模有可能用传统的方形石块砌成，或直接用毛石做模；如果用砖块当材料，砖块不是朝对角线方向倾斜摆放以便形成抓齿让混凝土容易填实，就是用三角形砖块尖端朝内摆。

使用拱加混凝土的结构，让柱子丧失它在建筑中必要的功用，为空间设计揭开崭新的一页。罗马人在结构工程的发明上可谓登峰造极，文艺复兴时期的建筑师若不读维特鲁威写的手册，或直接采用古典的建筑模式，根本没办法成功仿效这时就已经成就的建筑水准。例如哈德良皇帝在公元 120—124 年之间为敬奉诸神而兴建的万

图 120 万神殿，罗马，公元 120 年—124 年

神殿（Pantheon，图 120—122），其圆顶直径达 43.5 米，截至 19 世纪，一直是世界
上最宽的一个。圆顶是把混凝土灌入作为永久性框模的墙面之间而成的，总厚度达 7
米，外墙面为砖，内墙面为大理石。这座神庙和希腊神庙形成鲜明对比，是同时从外
端和内侧都可以好好欣赏的设计。一道均匀漫射的光洒满万神殿的每个角落，让置身
殿里的人得花一些时间才想通：既然里面没有设窗户（从外端看来，整个是实心的结
构），光线一定是由圆顶正中央那个没有镶玻璃的顶眼天窗（oculus）射进来的。万

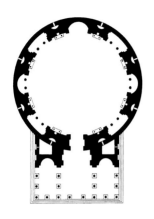

图 121　万神殿平面图

神殿每一处的尺寸都算得毫厘不差。圆顶是一个完美浑圆的半球体，半径与高度等长，开始上升的高度就是神殿结构主体的鼓环（drum）的半径。圆顶上层为了减轻重量，以火山凝灰岩做材料，并且凿空成方格状的藻井，每个藻井本身又削成一层层框形的花纹，不仅达到装饰的效果，在结构上也有实质意义。借开设顶眼天窗减少圆顶顶端的重量，实在是聪明的做法。另外，支撑圆顶所用的结构，也是充满智能的构想。如果我们从万神殿的内部看整栋建筑，圆顶由第二层的结构开始往上拱，但是如果从外面看，外墙上分辨得出三层结构。事

图 122　万神殿内部，帕尼尼（G.P.Panini）所绘，约公元 1734 年

实上，圆顶是嵌在整栋建筑主体的鼓环里面的，鼓环其中一层伸出神殿的外围，形成扶壁。罗马人大量采用扶壁的设计，当时所知道的各种类型的扶壁，万神殿都用上了。入口门廊与神殿内部以科林斯式圆柱相隔，是基于奥古斯都大帝的女婿阿格里帕（Agrippa）在公元前 25 年建的一座小神庙残骸所建。

拱和混凝土的组合对环境造成的影响遍及日常生活各个角落：道路、桥梁、水道桥、港口、剧场、住屋、供水系统、下水道，全都用得上。水通常由埋设在地下的水管输送，如果水管需要露天穿越山谷，就架水道桥，利用拱桥将水引到对面。不论是输水用的拱桥，还是设有道路供交通运输用的拱桥，都是现有的功能性建筑中极美观的设计之一。奥古斯都大帝时代在西班牙塞戈维亚（Segovia）建的水道桥，上面有 128 个 27.5 米高的白色花岗石的拱。法国尼姆的供水系统有 40 公里长，其中一段著名的加尔桥（Pont de Gard，公元 14 年，图 111），采用干砌石（dry-stone masonry）技术兴建，如今依旧是罗马帝国工程技术成就的最佳佐证。

在罗马帝国之前的文明，当然已有卫生的概念。公元前 2000 年建的克诺索斯王宫有赤土做的水管，把水引进同样是赤土做的浴池，厕所下方有流水经过；亚述王

国的萨尔贡二世（公元前721—前705年在位）使用的厕所旁边，有盛水瓮罐供清洗；随后继位的辛那赫里布（公元前704—前681年在位）和帕加马的波利克拉提斯（Polycrates of Pergamum）都曾兴建水道桥。然而，罗马人替整座城市建设了下水道系统。流入台伯河最主要的下水道系统是伊特拉斯坎人在公元前510年所建的马克西玛下水道（Cloaca Maxima），一直到17世纪，它都是欧洲唯一一个主要的下水道。

富裕人家的宅邸（domus）内有水龙头供水，洗澡的热水由火炉上端的热水器经过管子引出来，每家有自己的厕所。取暖的设备主要是烧煤的火盆，走到哪里就移到哪里。如果在气候严寒的地区，像不列颠和高卢，还有乡村的别墅和公共浴场，就需要靠热气炕（hypocaust），也就是把地板用砖砌的柱子架高，底下放置烧慢火的火炉，产生的热气经由做成图案的细洞送到每个房间。

劳动阶级的生活就没法这么奢侈。根据罗马城在公元300年所做的人口普查，劳动阶级住在总计46602栋的街屋（insulae，一种高的廉价公寓）。如果街屋底层就有公共厕所的话，就算相当幸运了；另外，住户必须到街上一个公用的水龙头提水。

图123　卡拉卡拉浴场，罗马，公元212—216年

不过，住街屋的男人过的生活比较特别，有高水平的公共设施弥补住家环境的不便。公共浴场要么免费，要么收费低廉，通常还盖在奢华的建筑物内部。卡拉卡拉皇帝（Emperor Caracalla）在罗马建的公共浴场（公元212—216年，图123），现在已改为歌剧院，四周环绕有花园和体育馆（健身中心），并以下列设施自耀：设有圆顶的圆形建筑里分隔出热水间（calidarium）和温水间（tepidarium），有穹隆并由高侧窗采光，还加上一间冷水浴室

图124　街屋，罗马附近的奥斯蒂亚安提卡，公元2世纪

（frigidarium）。浴场的平面图，如同后来黎巴嫩巴尔贝克的几座广场一样，反映出罗马人在营造大型空间上卓越的技巧，并对文艺复兴时期的建筑影响深远。

　　街屋经常是三四层楼高，一度高达五六层。位于奥斯蒂亚·安提卡（Ostia Antica，罗马的港口）的那些街屋，虽然只剩断壁残垣，还是看得出当时最常见的空间设计，整栋建筑物最底层是设有骑楼的商店。这种高楼层的建筑模式，在文艺复兴时期被设计师拿来替富甲一方的商贾设计比拟宫殿气派的豪宅，至今仍在沿用。跟我们现在的廉价公寓一样，当年街屋的居民是受人剥削压榨的对象，诗人尤维纳（Juvenal）在公元1世纪末所写的讽刺作品中提到房东如何用"粗劣的支架和撑柱"加上"用纸把摇摇欲坠的结构上出现的大裂缝糊起来"，硬把快要倒塌的房子撑住。街屋的居民也很容易遭受祝融之灾，因此尤维纳写道："当浓烟冲上3楼你住的公寓时（你还在睡梦中），住你楼下神勇的邻居，一边大喊拿水救火，一边把这里一件那里一件的家当，搬到安全的地方。如果火势由底楼开始，阁楼的房客会是最后一个被烧焦的。"根据罗马历史学家塔西佗（Tacitus）的记载，公元64年发生大火之后，街屋限高为21米，另外，禁止设共享墙；除建议采用阿尔巴诺丘陵（Alban Hills）出产的防火石材取代原先使用的木材之外，还强迫规定门廊上方改成平屋顶，以便消防

图 125　维蒂府邸，庞贝，公元前 2 世纪

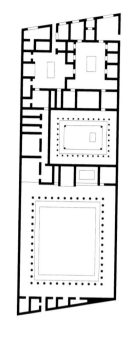

图 126　维蒂府邸平面图

队进入建筑救火。烧得精光的城市重建时，主要的交通干道，例如现在的科索大道（Via del Corso），是清除先前建有建筑物的地方开路，之后再有火灾的紧急状况出现，便可充当防火带。早在公元 6 年那场摧毁城市四分之一的大火发生之后，奥古斯都大帝便成立了一支由军人组成的救火队伍。

　　富人的生活品质，远远超过穷人只求基本的生理舒适和安全措施的水准。公元 79 年，维苏威火山爆发时，把庞贝（图 125、126）这座商业城和旁边近海的赫库兰尼姆（Herculaneum）完完整整地覆盖上一层火山熔岩。刹那间一切静止凝结了：铺石的街道、马赛克墙壁上的喷泉（水一度从狮子口中喷出）、商店和酒馆、有壁画的优雅住宅、细工镶嵌的地板、扇形窗、门和围柱廊上缘的额枋，没有一处幸免。

　　富人在乡村盖别墅，远避罗马的喧嚷。别墅设在自给自足的小面积地产上，主人不在时，通常由一名地主的代理人领一群自由人和奴隶管理经营，整片地产包括耕地、橄榄园、葡萄园、果园、马厩、谷仓和作坊。罗马人的别墅（像中国人的宅院），由马路朝它走近时，毫不起眼，向里面先看见中庭：一个地面有镶嵌图案的庭院，中间有水池（impluvium）用来洗澡或纯粹养金鱼。水池还有个功用，就是收集天井四周双斜的红砖屋顶滴下的雨水，屋顶超出建筑物的边缘些许，以供遮阴。由中庭可通向饭厅（罗马人坐着进食，厅中桌子的三边共摆三张长椅）、书房、图书室、客人房、主人房以及盥洗间。有时候，作正式功能用的房间聚集在中庭四周，而家庭起居处在中庭一侧有两层楼的区域。规模大的宅邸则沿着有希腊式围柱廊的开阔庭院四周延伸，像大部分的别墅都有的正式花园一样，这种庭院设有草坪、喷泉、雕像、月桂树栽成的树篱、缀满玫瑰花和葡萄藤的棚架步道，甚至鸽舍。从小普林尼（Pliny the Younger）为吸引一位朋友前往他那离罗马不远的罗伦亭（Laurentum）的别墅一游而写的信中即可看出，罗马人在设计这些乡间僻静天地的时候投注了多少的心思，又是如何引以为傲。小普林尼的别墅引人入胜之处有：一座四周围绕列柱廊的D字形庭院，一间有折门、四面有窗、三边可以看海景的饭厅，一间有书架的图书室，一间以地炕取暖的冬寝室，一间日光浴室，一段有迷迭香和黄杨围篱的车道，一座栽培桑葚和无花果的花园以及一座紫丁飘香的阳台。

至于生活优裕得像神仙一般的罗马皇帝，他们的宫廷楼宇和园地之锦绣奢华，很自然使我们联想到古中国传奇的盛况。公元305年，戴克里先（Diocletian）皇帝在斯巴拉托［Spalato，即克罗地亚的斯普利特（Split）］为自己建造退位后使用的皇宫。皇宫依一座传说中的堡垒为样本设计，几乎可以算是一座城市，皇宫的一侧有街道联络外界，占地远及有拱廊的正面和海边上的码头，面朝亚得里亚海。哈德良皇帝在提沃利（Tivoli）的别墅（公元118—134年，图127）犹胜一筹，简直已经是个小王国，连绵近11.3公里的花园、亭阁、浴场、剧场和庙宇的遗迹，今日依旧可见。

公共建筑方面，一种富丽堂皇的新式厅堂——大会堂（basilica，音译巴西利卡），于公元前184年首度在波尔恰（Porcia）地区的城市出现，在罗马帝国的统治之下，遍设大会堂供日益复杂的法律和商业活动用。大会堂的建材有时候是石头，有时候是砖块和混凝土，运用砖块加混凝土，让大空间不再挤满圆柱，可满足大型集会的需求。这种形式后来为基督教教堂采用，并成为基督教和拜占庭帝国时代早期教堂建筑的典范。大会堂通常是长方形的，长为宽的两倍，结构可分成主殿（nave），以及利用圆柱与主殿相隔的单边或双边侧廊。屋顶一般是木材搭建，由于主殿比旁边的侧廊高，便由主殿两侧高处的墙上一排高侧窗来采光。大会堂的一端

图 127 哈德良皇帝别墅，提沃利，意大利，公元 118—134 年。照片上可见马利提姆剧场
（Maritime Theatre）的遗迹

是半圆形的环形殿，上面设有法庭席，即主持法庭的执法官的座位，有时候法庭席
设得比地面高。马克森提乌斯皇帝大会堂（Basilica of the Emperor Maxentius，约公
元 306—325 年）由继承马克森提乌斯皇帝王位的君士坦丁大帝完工，我们从现今仅
存的部分仍旧可以领受到，大会堂类似谷仓造型的外观在简朴之中不失雄伟，当年
必定也对罗马人造成莫大的感动（图 128、129）。这个大会堂共有两座环形殿，第
二座是君士坦丁大帝加上去的，砖砌的拱肋之间有混凝土削出的六角形藻井，使屋
顶形成很深的穹隆。

　　大会堂借着新兴的基督教，联结分裂的西罗马帝国与东罗马拜占庭帝国的力量，
让西方发展出的建筑形式能够跨越疆界向东传；此外，基督教文明也即将成为接下

图 128　马克森提乌斯大会堂，罗马，公元 306—325 年

来 10 个世纪建筑创作上主要的灵感来源。君士坦丁大帝本人和他所建造的大会堂，算是这道联结东西的桥梁，因为在公元 337 年过世之前，他一方面已着手兴建罗马的圣彼得教堂，另一方面把帝国首都迁至拜占庭，重新命名为君士坦丁堡（今天的伊斯坦布尔）。

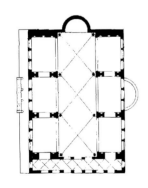

图 129　马克森提乌斯大会堂平面图

第九章

礼拜团体：早期基督教和拜占庭建筑

早期的基督教建筑以大会堂继承了罗马人的传统。接下来的 700 年，长方形廊柱式教堂成为西方教堂的固定类型，直接带动建筑史进入新的一页——仿罗马式建筑。但就像我们前面看到的，大会堂刚开始根本不作宗教建筑之用，而是一座世俗的司法会堂。其实基督徒在最初几世纪根本没有兴建教堂，他们一贫如洗，又必须时时逃避当局迫害，不过原因还不止于此。在非基督教的神庙中，神明和皇帝并列，一同接受信徒朝拜，这种政教合一的装饰和基督教的整个精神是有正面冲突的。早期的信徒对用砖头和砂浆盖的建筑物毫无兴趣，他们关切的是基督再度降临人间的应许，每天都期待着会在街头或市场看见救世主。

从《使徒行传》（*Acts of Apostles*）约可以看出，他们如何在任何可以集体生活的地方一起度过这段等待期。由于信徒大多是普通劳动人民，他们居住的小室通常都在团体中某个成员的工坊楼上，或当地一般的房子里——围绕庭院的一系列房间。对团体的向心力造成了地下墓穴（catacomb）的发展。基督徒相信尸体会复活，所以不采用罗马的火葬习俗；尸体埋葬后往往拿块石板往地下一插，就成了墓碑。他们喜欢葬在自己的教友身边，可能的话，最好葬在使徒的坟墓附近。等墓地满了，他们就挖地下墓穴，墓穴里的通道两旁是一排排安放尸体的壁龛（图 131）。

但这段时期不只基督教的遗迹很少，后罗马（post-Roman）的世俗建筑遗迹也寥寥可数。当帝国漫长的衰落期开始，各种石造结构物，如神庙、道路、桥梁，都无人闻问，年久失修，最后只能被当成采石场。这段时期称为"黑暗时代"（Dark Ages），古罗马帝国在此时瓦解，欧洲遭到日耳曼民族入侵。日耳曼人被统称为蛮族（barbarians），希腊人早就用这个名词来称呼外来人，因为他们的陌生语言在希腊人听来好像"巴-巴-巴"（ba-ba-ba）。盎格鲁人（Angles）、撒克逊人（Saxons）、朱特人（Jutes）、法兰克人（Franks）、匈奴人（Huns）、哥德人（Goths）和汪达尔人（Vandals）渗入罗马帝国各个行省，把远东以外的整个文明世界在种族和文化上重整了一番。

图 130　圣君士坦提娅教堂，罗马，约公元 350 年 ▷

118

图 131　拉蒂纳路旁的地下墓穴，罗马，公元 4 世纪

帝国就和任何大机构一样，腐败是内忧外患共同造成的。在公元 3 世纪，戴克里先皇帝弃罗马而迁都距离拜占庭 80 公里的尼科米底亚（Nicomedia），后来的皇帝又在日耳曼的特里尔（Trier）和米兰建都。公元 402 年，罗马遭遇哥德人侵犯和周围沼泽地的疟疾肆虐，洪诺留（Honorius）皇帝把西罗马帝国的首都迁到拉韦纳（Ravenna），此番迁都也在建筑上留下了影响。

8 年后，哥德人阿拉里克（Alaric）果然入侵罗马，但哥德人最后仍然舍罗马而建都图卢兹（Toulouse）。到了公元 475 年，罗马终于被占领——西罗马帝国崩溃。

公元 285 年，戴克里先为东罗马任命了一位共治皇帝。虽然君士坦丁大帝曾在公元 4 世纪将帝国短暂统一［查士丁尼大帝（Justinian）也在公元 6 世纪达成短暂统一］，但狄奥多西（Theodosius）在公元 395 年驾崩，帝国也正式分裂，领土由狄奥多西的两个儿子瓜分：洪诺留定都罗马，统治西罗马帝国；阿卡狄乌斯（Arcadius）则定都横跨博斯普鲁斯海峡的君士坦丁大帝之城——君士坦丁堡。公元 476 年，西罗马帝国最后一任皇帝罗慕路斯·奥古斯都路斯（Romulus Augustulus）退位，西罗马帝国果真成也罗慕路斯（罗马城创建者），败也罗慕路斯。

英勇捍卫新信仰的基督徒也许被视为腐蚀帝国的内在毒瘤，但在某些方面，新起的教会和古老的帝国似乎在蛮族入侵的数百年间相濡以沫。一旦基督徒了解到基督的启示不仅要说给犹太人听，还要宣扬到全世界，他们就在帝国里找到了一个现成的国际传播媒介。自公元 313 年，君士坦丁大帝宣布基督教为帝国正式的宗教之后，罗马就在教会找到了本身古典传统的庇护所。由于欧洲正在经历巨大的变革，新旧宗教之间自然有一段漫长的摆荡期，纯粹的基督教建筑是后来才慢慢出现的。托斯卡纳（Tuscany）的一个圣水盆上面有前基督教风格的承溜口；即使到了公元 8 世纪，基督教十字架上的凯尔特（Celtic）交织花纹装饰仍多是由异教徒的图案组成的。君士坦丁大帝自认是基督的第 13 个使徒，还把自己的新城君士坦丁堡献给圣母玛利亚，但他照样在战车竞赛场（Hippodrome）竖立了一尊阿波罗雕像（Delphic Apollo），也在新市场兴建了一座诸神之母瑞亚（Rhea）的神庙。

为解决这种纷乱，狄奥多西皇帝在公元 380 年下诏宣布基督教以外的宗教皆为异端，将其神庙关闭或改成基督教堂，或洗劫一空之后盖新教堂。例如罗马的圣莎比娜教堂（Santa Sabina，公元 422—432 年）中殿的科林斯式圆柱就是古代遗物。

基督教已成为法定宗教，越来越多的大会堂充作唱诗班和大型集会等宗教活动的场所。但刚开始时，简朴的基督徒坚持把大会堂当成他们以前的住宅教堂（house-church），作为集体生活之用。大会堂的侧廊用帘子隔开，在此进行讨论和教导新教徒（新教徒受洗之前，是不能参加圣餐仪式的）。既然圣餐原本是集体用餐的一部分，那么大会堂里随处都可以摆放圣餐台：环形殿前面（罗马人以前就把多神教的祭坛放在这里，献祭之后才能进行交易行为），甚至中殿的中央，但不会放在环形殿里面。护民官、估税员和执政官都曾在环形殿主持祭礼，后来环形殿沿墙设置了神职人员的石座椅；如果是大教堂，中央的位子就是主教的宝座。

东罗马较少遭遇蛮族入侵，有比较多的时间和闲情逸致来进行神学的争议及礼拜仪式的变更，神职人员也日渐接收了中殿。有时候，特别是在叙利亚，中殿立起一座以栏杆围绕的半圆形高坛，称为"讲坛"（bema），弥撒刚开始的时候，神职人员就坐在那里。会众被挤到侧廊和盖在侧廊顶上的长廊，为了容纳会众，侧廊变得越来越宽敞，长此以往，终于形成了东罗马特有的十字形教堂。在西罗马，当礼拜仪式形式化之际，旧式的大会堂的平面设计和形状还保留了下来。这个阶段的主要变化在中殿柱廊：一种是采用古典楣梁式的风格，让圆柱顶着一系列楣石，就像教皇西克斯图斯三世（Pope Sixtus Ⅲ）时期古典复兴运动的建筑物——罗马的圣玛利亚教堂（Santa Maria Maggiore，图 132）；另一种是用柱子顶着拱来形成拱廊，就像罗马阿文提诺山（Aventine Hill）的圣莎比娜教堂（图 133），让中殿和侧廊之间

图 132　圣玛利亚教堂，罗马，公元 432—440 年

图133　圣莎比娜教堂，罗马，公元422—430年

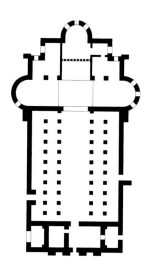

图134　圣诞教堂，伯利恒，重建于公元6世纪，平面图

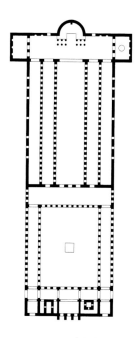

图135　旧圣彼得教堂，罗马，约公元330年，平面图

光线更易流通，互动性也更强。在公元5世纪和6世纪，拉韦纳作为帝国首都的时期，第二种典型成为当地教堂的特色，而且直到12世纪之后，在意大利依然很受欢迎。

属于基督教这个新宗教的第一批建筑物，出现在公元330年之后，当时第一位基督徒皇帝君士坦丁大帝，把首都迁到博斯普鲁斯海峡的旧希腊贸易殖民地拜占庭（Byzantium），在这个全新的城市广建道路、市政设施和一大批教堂。君士坦丁大帝即位后立刻将罗马的拉特兰宫（Imperial Palace of the Lateran）让给罗马教皇，并在旁边兴建拉特拉诺的圣约翰教堂（St John Lateran，约公元313—320年），这座大会堂式的教堂，模仿他担任西罗马共治皇帝时在日耳曼特里尔建造的长方形觐见厅。在圣地，他在伯利恒（Bethlehem）相传是耶稣诞生洞穴的上方，兴建了圣诞教堂（Church of the Nativity，约公元399；公元512年后重建，图134），教堂的中庭，或算是前院，现为停放公车的马槽广场（Manger Square）的一部分。他把教堂尾端惯有的半圆形环形殿改成八角形的礼拜堂，朝圣者可以从地板上的圆孔洞眼看见底下的圣窟。八角形礼拜堂在公元6世纪又改成尾端附带三叶形环形殿的圣殿。教堂大门低矮，若非出于防御目的，就是要避免野兽误闯，现在很可能经过也视而不见。进入教堂，穿过沿路有暗红色科林斯圆柱的幽暗通道，就来到万世巨星呱呱坠地的洞穴。

罗马的第一座圣彼得教堂（St Peter，图135）在公元330年左右建于盖乌斯与尼禄竞技场（Circus of Gaius and Nero）附近的墓地上，122米长的中殿和双侧廊非常宏伟，穿过中殿和侧廊底的拱，就是有史以来第一座翼殿（transept），或称为十字形通道（cross-aisle），翼殿和教堂末端相交，旁边有一座中央环形殿。翼殿这样设计是为了让朝圣者能够瞻仰使徒的坟墓——也就是这段时期典型的神龛（aedicula），是在壁龛前面用两根小柱子顶一块石板构成的。这种平面设计后人继续沿用，特别是都尔（Tours）的加洛林王朝（Carolinigan）和法兰克人的建筑（公元 995 年），以及兰斯（Rheims）的圣雷米教堂（St-Rémi，公元 1000 年），但第一座翼殿特别重要。

这些早期的大会堂式教堂有两个特色：第一，不用罗马人兴建大浴场所发展出来的复杂穹隆技术，可能是为了便宜，这些教堂头回采用薄墙壁（在罗马用砖面混凝土，在其他地方用石材或砖块）和圆柱支撑木屋顶的简单构造；第二，（除了君士坦丁堡，君士坦丁大帝在那里建造了一整座新城市）这种教堂一般都位于市郊，其原因不外乎建筑物多的地区价格高昂，贫穷的基督教团体买不起，再不然就是他们想把教堂盖在圣徒的墓地上，而罗马人的墓地都在城墙外面。我们发现有些教堂正是旧圣彼得教堂那种平面设计，例如罗马城外的圣阿涅丝教堂（Sant' Agnese fuori le Mura，公元 630 年兴建，取代公元 324 年君士坦丁大帝在圣徒坟墓上盖的教堂）和城外的圣保罗教堂（San Paulo fuori le Mura，最佳的早期教堂遗迹之一，比圣莎比娜教堂还华丽），虽然旧圣彼得教堂遭大火焚毁，但后来又在 1823 年照原样重建，所以还看得出它原始的平面设计。我们通常以为教堂正面的双塔设计是仿罗马式教堂的特色，没想到它这么早就出现了：一个公元 400 年左右的古物——象征着圣城耶路撒冷的雕花象牙箱子上，竟然出现了双圆塔，而且在公元 5 世纪后的叙利亚还相当普遍。拉韦纳的公元 6 世纪教堂建筑中的自撑式钟楼（campanile）也是很早就设计出来了。查士丁尼大帝在阿波罗神庙原址上兴建的圣阿波里纳雷教堂（San Apollinare in Classe，约公元 534—549 年，图 136）就拥有一座世界上最古老的圆形钟楼。

大会堂式教堂的外观通常简单朴实，可能是为了让谦卑的告解者调整好心情，迎接在教堂里等着他的天堂愿景。罗马风格的铺路石和柱子的大理石全都是柔和的颜色，墙壁却突然布满了鲜艳的镶嵌图案。加拉·普拉西狄亚的小陵墓（Galla Placidia's Mausoleum，公元 420 年，图 137）里面据说除了她自己之外，还有她丈夫和她哥哥洪诺留皇帝的坟

图 136　圣阿波里纳雷教堂，拉韦纳，约公元 534—549 年

图 137　加拉·普拉西狄亚的陵墓，拉韦纳，公元 420 年

墓。墓中蓝色镶嵌画出自拜占庭工匠之手，形状配合拱形结构的线条，加上从雪花石膏窗户透进来的金色光辉，让陵墓有一种深沉的神圣之感。查士丁尼在位期间（公元527—565 年）进行的大型建筑计划，缔造了拉韦纳最出色的镶嵌画。

拜占庭镶嵌画的反光和折射之所以这么强，是因为每块镶嵌砖都涂有一层薄薄的金箔或有色釉料，最后还覆上一层玻璃膜。镶嵌画最早出现在用砖块和灰泥盖的大会堂式教堂里，但建筑物结构的棱角无可避免地经常破坏镶嵌画的设计，不过这种墙面覆盖层后来在拱圈和圆顶的拜占庭结构中得到完全的解放。现在镶嵌画的形状和建筑结构一致，图案可以无拘无束地从地板往墙壁上伸展，随着拱圈起起落落，最后在中央的圆顶汇集，这里通常是一幅巨大的耶稣像，脸色苍白，眼神哀伤而动人，表情充满力量，无言地宣扬着东正教神秘主义的训诫：不要说话，明白我就是神。

在早期的基督教大会堂出现之后，到拜占庭的圆顶教堂时代开始之前，出现了衔接这两种建筑的第三种教堂——向心式教堂。这种建筑物刚开始是陵墓或圣陵，后来才供洗礼和安放圣徒遗物用。公元 4 世纪末，耶路撒冷圣墓教堂（Holy Sepulchre）的圣墓上盖了一栋圆形建筑物；罗马的圣彼得教堂虽然是长方形大会堂式教堂，但当初要盖的其实是圣墓而非教堂，所以重点都放在坟墓上，也因此原本是没有祭坛的，祭坛的位置纳入史上的第一座翼殿，为瞻仰圣徒之墓的朝圣者提供了流通的空间。这时候的人也开始发现，脱胎自罗马古典陵墓或多角形觐见厅［如罗马的智慧女神神庙（Temple of Minerva Medica）或戴克里先在斯普利特皇宫里的圆形大厅］的圆形或八角形设计，非常适合从事围绕圣物进行的集会。不管是正方形、长方形或圆形的教堂，这种向心式的平面设计从外观就看得出来，因为教堂中央部分的屋顶是凸起的，不是做成木架金字塔就是圆顶。君士坦丁大帝之妹君士坦提娅（Constantia）在罗马的陵墓［约公元 350 年，公元 1256 年改为圣君士坦提娅教堂（Santa Costanza）］就是有一条侧廊环绕的圆形建筑物，陵墓中央部分靠内侧有一圈支柱来支撑顶上的砖造圆顶，这一圈支柱其实在圆形里构成了一个十二角形（图 130、138）。

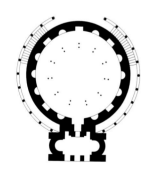

图 138　圣君士坦提娅教堂，罗马，约公元 350 年，平面图

君士坦丁大帝在君士坦丁堡的圣使徒教堂（Church of the Holy Apostles）如今已不复存在，但它在各方面来说都代表了下一个阶段的建筑发展：大会堂和向心式圣陵的融合。由于君士坦丁大帝自认为是耶稣的第 13 个门徒，他的陵寝就立于教堂中央，周围环绕着象征另外 12 个门徒的 12 根圆柱。教堂里不止一个中殿，而有 4 座雄伟

中殿宛如十字架从中央向外突出。叙利亚北部的圣西蒙教堂（公元480—490年）也有类似的平面设计，在8个拱形成的八角形中央是一个柱子般的隐修室，特立独行的圣西蒙修行者（Saint Simeon Stylites）在里面蹲坐了30年。四座教堂各有一个中殿和两条侧廊，以八角形为中心呈十字形向外放射（图139）。整个圣所建筑群（包含有门廊的僧院）坐落在供应石材的几个采石场和朝圣出入口之间，有一条圣道从出入口通往一个由客栈和女修道院组成的朝圣之城。

在东罗马帝国（此时版图包括希腊、巴尔干半岛、安纳托利亚、叙利亚和埃及），四臂等长的希腊式十字形平面，后来成为教堂设计的标准模式。这在神学上是说得通的，因为东正教非常重视十字架，壁画同样坚守教阶制度：最下面是圣徒，再上去是圣母玛利亚，最上面的圆顶画的是圣父、圣子、圣灵三位一体，或是上帝。这种平面设计很适合东正教的礼拜。东正教的礼拜不需要一大块诗歌坛和教友区，大多由教士在一面隔屏后面主持，隔屏上钉着圣画，在教堂幽暗神秘的空间里，教友就着圣画前面的烛光各自礼拜。不过，这种十字架的四臂从正方形、圆形或八角形的中心区向外突出的圣陵式平面，并不是唯一的模式；有许多教堂把整个十字形包含在一个正方形或长方形的平面当中，或让十字架的四臂成为四叶形的环形殿，包含在一个正

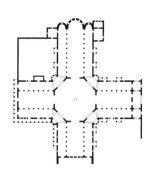

图139　圣西蒙修行者的修道院和朝圣教堂，叙利亚，公元480—490年，平面图

图140　圣维塔莱教堂，拉韦纳，公元540—548年

方形、圆形或八角形里面。这种正方形包十字形的设计在建筑结构上发挥了相当的效用，因为十字中心顶上很可能出现圆顶，从十字中心往外突出的有座前廊（exedrae）有支撑的作用。

拜占庭圆顶的突破之处，就是在正方形建筑物上架设圆顶。过去罗马大浴场和万神殿的厚重环形墙壁上都架上了圆顶，连波斯的正方形圣徒坟墓顶上都有圆顶，不过因为这些建筑物和顶上的圆顶跨度都很小，只需在正方形的 4 个角分别架上斜向衔接直角两边的石梁，构成一个八角形，就可以把圆顶放上去。这种办法撑不住厚重的

图 141　圣弗斯卡教堂：圆顶内部的内角拱，托尔切洛岛，公元 11 世纪

圆顶，所以常常改成金字塔状的木屋顶，例如安塔基亚（Antioch Kaoussie）的圣比伯拉斯殉道者纪念堂（Martyrion of St Byblas，约公元 379 年）。拉韦纳的圣维塔莱教堂（San Vitale，约公元 540—548 年，图 140）用轻盈的陶壶组合成圆顶的结构，这种绝无仅有的做法避开了重量的难题。萨珊王朝时代的波斯出了个不知名的天才，他灵机一动，把转角的石梁改成了拱，称为内角拱（squinch）。历史上最早架设内角拱圆顶的是菲鲁扎巴德（Firuzabad）一座公元 3 世纪的宫殿。公元 11 世纪在托尔切洛岛（Torcello）兴建的圣弗斯卡教堂（Santa Fosca），用两层相叠的内角拱，让垂直的墙壁越往上越向内斜，好在墙壁上架设支撑圆顶的鼓形环（图 141）。

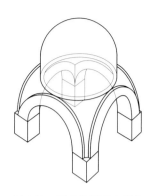

图 142　用三角穹隆支撑的圆顶

不过内角拱并没有解决问题，尤其像十字形教堂，支撑圆顶的不是四面厚实的墙壁，而是 4 个通向十字四臂的拱门。又大又重的圆顶不只会压垮支撑的柱子，还会把柱子往外侧挤压。解决之道就在"三角穹隆"，或称为弧三角法（pendentive，图 142），这个方法得自用砖块一层层砌出半球形圆顶的基本技术。每个半球形都以两个支承拱的接角处为起点，但在和拱顶齐高处中断，所形成的 4 个三角形曲面（弧三角）在柱子和拱构成的华盖顶端连成一个圆圈。圆顶就架设在这个圆圈上，把重量往

图 143　圣索菲亚大教堂内部，伊斯坦布尔，公元 532—562 年

下推回厚实的角柱。现在圆顶大小可随意变化，有时候还像圣索菲亚大教堂（Hagia Sophia）那样，开满一整圈窗子。

这项发明的效用实在无法用言语形容。只要把罗马人最杰出的圆顶建筑万神殿和拜占庭巨作圣索菲亚大教堂（查士丁尼大帝为了取代君士坦丁大帝所建但公元 532 年毁于地震的教堂而兴建，图 143—145）的内部相比，就能看出三角穹隆的成效。照亮万神殿内部，分布均匀的光线，环形墙壁，坚固、流畅、轮廓分明的装饰线条，壁龛上方精确的三角形额枋——全都经过精密的数学计算，证明这是一个把已知的世界以惊人的效率整理组织完成的帝国才能达到的成就。在结构上，它采取稳扎稳打的做法，采用了罗马建筑中的每一种扶壁。相形之下，圣索菲亚大教堂则展现出开创建筑新结构所不可或缺的冒险能力。这座伟大的建筑物令我们赞叹之处，不是统计数字能说清楚的：它是正方形的平面，有一座中殿和两条长侧廊；中央的浅圆顶（几乎和万神殿一样大，只比伦敦的圣保罗大教堂略小）有 40 条砖砌肋筋，架设在用厚重角柱支撑的 4 个拱上；圆顶两侧各有一个直径相同的半圆顶支撑，每个半圆顶又各有 3 个附属的小圆顶扶持。建筑外观朴素，但公元 1453 年君士坦丁堡被土耳其人占领

图 144　圣索菲亚大教堂

之后，教堂改为清真寺，在 4 个角落增建火箭般的宣礼塔——这座大教堂让人产生一种渺小如草芥的感觉，相较之下，上述细节都无关紧要了。

只有划时代的结构才能完成如此令人震撼的建筑物。在兴建过程中必须不时进行修改，有一段时间，建筑师特拉勒斯的安提莫斯（Anathemios of Tralles）和米利都的伊西多尔（Isidore of Miletus）还双双向查士丁尼大帝表明他们对这个圆顶能架得起来表示怀疑。不知道是凭着对信仰的勇气还是对建筑的眼光，查士丁尼大帝叫他们继续盖到 4 座拱相接，可以相互支撑再说。圆顶到底是架起来了。当时的历史学家普罗科皮乌斯（Procopius）曾谈起这些构件如何"以了不起的技术在半空中组装起来，各自漂浮着，只靠在紧邻的构件上，使建筑物产生一种空前绝后、卓然出众的和谐性"。在落成典礼的布道中，主张沉默的保罗（Paul the Silentiary）说圆顶仿佛是"用金链子从天堂悬吊下来的"。至于查士丁尼大帝，他在看到这件杰作时宣告说："所罗门啊，我已经胜过你了！"万神殿因为光线的关系，环形墙内所能涵盖的面积有其限制和规定，而圣索菲亚大教堂悬浮的浅圆顶下方，从环绕着鼓形环的 40 扇窗户射入的光线，加上从环形殿的窗户穿过拱门以及从侧廊上方的窗户流泻进来的光，3 种光源融合在一起，教堂内几乎每个角落都很明亮。罗马人隐藏在混凝土墙壁和穹隆结构里的拱，被拜占庭建筑师暴露出来，衔接环形殿、圆顶或半圆顶，让人感觉建筑师已经打通空间本身，而不是把一片片可用空间用墙壁和屋顶分隔包围起来。

圣索菲亚大教堂现已改成博物馆，虽然通往长廊的墙壁上铺的纹理大理石在美国拜占庭学会（Byzantine Institute of America）的修复下有了可观的效果，但控制教堂的土耳其人用石灰水涂掉了伊斯兰教禁止的人像，在圆顶画下他们的库法（Kufic）字母经文，让昔日的绚烂失色不少，不过教堂光辉犹在。这里的圆柱也和拉韦纳一样顶着垫状柱

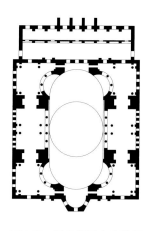

图 145　圣索菲亚大教堂平面图

图 146　圣维塔莱教堂的拜占庭柱头，拉韦纳

图 147　修道院教堂，达夫尼，希腊，约公元 1080 年

头（cushion-shaped capital），常雕有透雕的精致叶形花纹（图 146）。

这件拜占庭建筑极品堪称空前绝后。但它所树立的风格又有了一番更为简朴的新面貌——光线比较不足，烛光照亮镶嵌画和圣像的镀金部分，使教堂内显得更加幽暗深邃——从南方的西西里岛开始［切法卢（Cefalu，公元 1131 年）、王室山（Monreale，公元 1190 年）和巴勒莫（Palermo，公元 1170—1185 年）都有著名的镶嵌画］传遍意大利、土耳其、保加利亚、亚美尼亚（Armenia），然后向北传入因蒙古入侵而与拜占庭隔绝的俄罗斯。迟至公元 1714 年，俄罗斯人终于在基日岛（Khizi Island）的基督变容教堂（Church of Transfiguration）建立起自己独特的风格。

每个地区都发展出自己的特色。希腊和巴尔干半岛最具代表性的是达夫尼（Daphni，图 147）和俄西俄斯罗卡斯（Hosios Loukas）的修道院，不同的部分各有自己的波形瓦屋顶，从外观就可以看出修道院的十字形平面。在斯巴达平原的小镇密斯特拉（Mistra），沿着小山丘绵延而下的一座座 14 世纪教堂呈现出拜占庭建筑全盛时代末期的风格。希腊东北部地势极为陡峭的阿索斯山（Mount Athos）有 20 座极其精致的修道院（图 148），1000 年来禁止雌性进入，人畜皆然。希腊在这段时期只是拜占庭帝国微不足道的偏远省，雅典 13 世

图 148　修道院，阿索斯山，希腊

图 149　圣马可大教堂，威尼斯，公元 11 世纪

纪的小主教大教堂（Little Metropolitan）是全球最小的大教堂：长 10.7 米，宽 7.6 米，也是一件小巧玲珑的拜占庭建筑瑰宝。

公元 5 世纪，难民为了躲避蛮族而横越亚得里亚潟湖区（Adriatic lagoons），建立了威尼斯，成为拜占庭帝国的一部分，以后 500 年，威尼斯一直是拜占庭帝国的属地。到了公元 9 世纪，几位威尼斯商人从亚历山大城运回福音传道者圣马可（St Mark the Evangelist）的尸体，并修建了一座圣陵，后来在 11 世纪改建为现在的圣马可大教堂（St Mark's Cathedral，图 149、150）。这位希腊建筑师的希腊式十字形五圆顶教堂脱胎自君士坦丁大帝在君士坦丁堡的圣使徒教堂，不过后者已经不复存在了。虽然在外观上添加了亮晶晶的装饰，包括从君士坦丁堡抢来的古铜马、哥德式的卷叶纹浮雕或小尖塔和半圆壁上的弧形宗教镶嵌画，它依然保持了圣索菲亚大教堂的些许魔力。教堂正面由 3 层半圆形构成：一楼是 5 道宏伟的门，深深嵌入正面的双层小柱之间；楼上 5 个半圆形的山墙上是弧形壁画，每个山墙上都有一个古怪的桃尖形窗头线饰（ogee eyebrow，以凹凸曲线构成的线脚），显示出威尼斯和东罗马帝国的密

127

图 150　圣马可大教堂，威尼斯，内部

图 151　托尔达特建造的大教堂，阿尼，亚美尼亚，公元 1001—1015 年

切关系；在屋顶方面，其造型在包铅圆顶的蒜头形尖顶饰中得到了呼应。至于教堂内部，则是从头到尾铺了一层闪闪发光的黄金镶嵌。

　　拜占庭时代是幼发拉底河东边高原上的亚美尼亚最辉煌的时期。如今蔓草丛生的首都阿尼［Ani，今名凯马赫（Kemah），土耳其东部］曾经以拥有 1000 座教堂而闻名。当地的建筑师声名远播，公元 989 年，圣索菲亚大教堂的圆顶在地震中损毁，修复工程委托的就是亚美尼亚建筑师托尔达特（Trdat），他后来还盖了阿尼大教堂（Ani Cathedral，图 151）。公元 301 年，亚美尼亚率先把基督教定为国教。教堂墙壁上朴实的《圣经》故事雕刻图案，以及架在圆顶上的圆锥形柱帽，都颇富童趣，仿佛早期的基督教壁画。

　　而俄罗斯对拜占庭风格的独特贡献则是先向外膨胀再往内弯曲的洋葱形圆顶（onion dome）。拜占庭建筑风格的流传北至诺夫哥罗德（Novgorod）而止，此地冬季下雪时，浅圆顶容易被雪的重量压垮，而洋葱形圆顶好像就是诺夫哥罗德在 12 世

图 152　圣巴锡尔大教堂，莫斯科红场，公元 1550—1560 年

纪发展出来的。公元 988 年，基辅（Kiev）的弗拉基米尔大公（Prince Vladimir）定基督教为国教，其后所兴建的早期木造教堂都已毁损破败。基辅的圣索非亚教堂（Santa Sophia，公元 1018—1037 年）是第一座石造教堂，原本有一座代表基督的大圆顶和 12 个代表门徒的小圆顶，但 17—18 世纪期间增建了不少精心设计的侧廊和圆顶，现在已经很难看出它的原始造型了。

　　莫斯科红场（Red Square）的圣巴锡尔大教堂（St Basil's Cathedral，公元 1550—1560 年）外观鲜艳活泼，和红场的庄严气氛格格不入，恐怖伊凡（Ivan the Terrible）兴建这座教堂以感谢上帝赐予他胜利。教堂中央的塔楼以凸起的扇形窗头线做边饰，夹在一堆较小的圆顶中间，这些圆顶初建时想必独树一帜，不过由于在 17 世纪铺上了彩色瓦面，如今呈现出一种马戏场才会看到的夸张的东方风味。

129

第十章

修道会与避难所：仿罗马式建筑

130   19 世纪的评论家最先确认这个十一二世纪在西欧达到巅峰的建筑风格，并且为它命名，因为它的结构基础源自古罗马建筑，于是称它为仿罗马式。虽然仿罗马式建筑如同早期的基督教建筑，也采用怪异的古典柱式，这并不表示当年的建造者有心采用这类古典建筑的元素。即使在刻意启用类古典式（quasi-classical）建筑细节的地区（通常指意大利），我们也能看出，仿罗马式建筑呈现的独特风格，既不像最原始的古典时期特征，也不像振兴古典的文艺复兴时期的建筑特征。这一点，可以由以下的例子得到印证：位于佛罗伦萨，大会堂式的山上的圣米尼亚托教堂（San Miniato al Monte，公元 1018—1062 年，图 154）的科林斯式圆柱；比萨的大教堂（公元 1063—1272 年，图 156），其西正面有一层又一层精致的连拱廊，组成一个小型的神庙末端。不过，真正让人把仿罗马式建筑和"罗马"联想在一起的，在于它把厚实坚固的基础加在罗马拱顶上。这种建筑手法出于安全上的考虑，每种类型的建筑，不论城堡、教堂，还是修道院，都同时充当要塞和堡垒。事实上，这段时期的所有建筑都具有半防御性的功能。

    仿罗马式建筑最不平常的一点在于，不管是世俗还是宗教用的建筑，似乎都能从这两者无法清楚界定的创作灵感中撷取其中的庄严。当我们想到仿罗马式建筑是欧洲在历经 700 年的动乱之后首次出现稳定、有一致性的建筑规划时，它那类似堡垒结构的特色也就不足为奇了。在第一个千禧年来临的前几个世纪间，当年在黑暗时代四处掠夺城市、摧毁文明的蛮族，也历经了一些转变。他们不仅择地方定居，还通过部族首领与教会的合作，逐渐形成一种新的秩序——中世纪的基督教世界（medieval Christendom）。

    蛮族当中最早建立起这种新秩序的是法兰克人，公元 751 年时，教皇撒迦利亚（Pope Zacharias）首肯他们推选不平（Pepin）为法兰克国王。随后继位的查理曼借着统一西法兰克王国，让"帝国"这个兼容不同民族的政治实体概念再度崛起。他为人精明有谋略，尽管连自己的名字都不太会写，却把学识渊博的修士阿尔昆（Alcuin）

图 153 亚琛大教堂，公元 792—805 年 ▷

图154　山上的圣米尼亚托教堂内部，佛罗伦萨，公元1018—1062年

从约克大教堂（英格兰）的学校带过海来，在都尔设办一所以古典文化培育法兰克王国新生代统治者的学校，古典文化在当时透过圣奥古斯汀（St Augustine）和波爱修斯（Boethius）等基督教徒的著作留存下来。教皇于公元800年的圣诞节，为查理曼加冕成为皇帝。十一二世纪的吟游诗人还编了《功德歌》（Chansons de geste），到处歌颂查理曼大帝的事迹。有些人甚至希望将他列为圣徒。加洛林式建筑（Carolingian）最佳的例子，当属位于亚琛（Aachen，古代地名为 Aix-la-Chapelle）的查理曼大教堂（Charlemagne's Cathedral，公元792—805年，图153），或称亚琛大教堂，是查理曼大帝比照拉韦纳的圣维塔莱教堂所兴建，做自己日后埋葬之地。它属于向心式陵墓——圣陵类型的教堂，外观呈十六边的多角形，内部支撑圆顶的轻型圆柱构成八角形。至于其他的礼拜堂、侧廊和一座哥德式诗歌坛，都是日后增建。不过焦点在陵墓本身，上方有这一段志述："此地为尊奉基督教正统信仰之伟大皇帝查理曼之坟茔，一生风光拓展法兰克王国之疆土，并予以47年富庶繁荣之统治。于公元814年谢世，享年七十有余。"

一度被视为野蛮人的几个民族对新世纪的贡献，从此时的新文化中处处可见。法兰克人、伦巴第人（Lombard）以及西哥特人（Visigoth）所采用的装饰技巧——黄金打造的宽条饰带镶上大型宝石，在中世纪教堂内的摆设上都可见到，如十字架、圣杯、圣骨箱、圣龛的门等。华丽之中带有几许野蛮味道的装饰，在奥弗涅（Auvergne）孔克（Conques）的朝圣者教堂，装着10世纪圣拂以（Ste Foy）遗骸的圣骨箱上，有具体的表现。箱内奉祀着这位年轻殉教者的遗骸，她拒绝把自己的贞节交给荒淫的异教皇帝；可笑的是，为荣耀她而用来装饰箱面的黄金面具，却是依一位5世纪皇帝的面容铸成，那是教皇卜尼法斯（Pope Boniface）赠送给该教堂的礼物。

图 155　达兰姆大教堂中殿，公元 1110—1153 年

图 156　大教堂、洗礼堂与斜塔，比萨，公元 1063—1272 年 ▽

一支后起的蛮族——古斯堪的纳维亚人（Norsemen），对此时逐渐成形的文化贡献卓越，在建筑方面亦然。从查理曼统治时期开始，杀人不眨眼的维京船队便沿着欧洲的海岸线一路杀掠，据我们现在所知，他们甚至横越大西洋到达北美。古斯堪的纳维亚人把他们利用天然弯曲的树干做成船首的技术，在建筑上转型成叉柱式（cruck）结构——一种在英格兰和北欧可见到的木材柱梁加屋顶结构的组合。在他们长期定居的所有地区：公元 911 年于诺曼底，1066 年于英格兰，还有南意大利与西西里岛，他们都成功营建出诺曼式风格（Norman style），成为仿罗马式建筑中独树一帜又影响深远的一种形式，从主要建于 12 世纪的达兰姆大教堂内部（图 155），可领略到它臻至完美的表现。

同时，由于未受欧洲的大混战波及，凯尔特人所占据的边陲地带自成一股强势而蓬勃发展的文化。爱尔兰于 5 世纪被罗马帝国占领而改信基督教，但此时基督教的信仰反而必须由爱尔兰经过不列颠本岛传回欧陆。自爱尔兰传出的有石刻十字架、教堂和中心有照明装置的福音书［例如凯尔斯书（Book of Kells）］上可见的交错装饰花纹；此外，当然还包括著名的传教士：科伦巴（Columba）、艾当（Aidan）、阿尔昆（Alcuin）、卜尼法斯（Boniface）。小型盎格鲁-撒克逊式的圣罗伦斯教堂（Church of St Lawrence，图 157），位于威尔特郡（Wiltshire）亚芬河上的布拉德福德（Bradford-upon-Avon）是阿尔弗雷德［Alfred，英格兰韦塞克斯（Wessex）王朝国王］大败丹麦人之后文化复兴时期的产物，其中精美的方石结构或许只是把罗马的砌石技术再拿来发挥，但依然充分反映出在征服者威廉由诺曼底抵达英格兰之前，在当地已有 600 年历史的基督教传统。

信奉伊斯兰教的撒拉逊人（Saracenic）也留下他们的影响。伊斯兰教由东方气势万钧地涌来，横扫欧洲，在查理曼的祖父查尔斯·马特尔（Charles Martel）统治时，最远已经深入法国中部，这股洪水般的侵袭力，在公元 732 年普瓦捷战役（Battle

133

图 157　圣罗伦斯教堂，亚芬河上的布拉德福德，威尔特郡，公元 10—11 世纪

of Poitiers）受挫之后才被绊住。即使到第一次十字军东征时（公元 1096 年），摩尔人（Moors）依旧占有西班牙南部，其实一直到 1492 年，格拉纳达王国（Kingdom of Granada）都是个伊斯兰教国家。我们可以在摩尔人兴建的首都看见伊斯兰教势力的影响，其中有塞哥维亚（Segovia）的回廊和西西里岛上结合了诺曼风格的切法卢大教堂（公元 1131—1148 年）。

西罗马帝国版图所及的地区：法兰西、日耳曼、意大利、英格兰加上西班牙北部，渐渐拥有比较明确的身份。教会的存在，提供了实施新制度的出发点。统一和控制社会的系统是由诺曼人发展出来的，这一点清楚表现在他们的主要建筑形式上。诺曼人操控社会的系统就是封建制度，一套建立在相互义务关系上的阶级体系，人民对于保障他们安全的主人，有义务以劳力服务回报。如果修道院是教会势力的写照，相对地，城堡则是封建制度的写照。

封建制度在许多方面都相当严酷，居社会阶级最底层的农奴，生活固然贫苦，但其主人的生活也没有富裕和精致太多。主奴双方可能一样都不识字，因为当时只有教士有研读书籍的特权。劳役人口住在用柴枝或泥巴墙（wattle and daub）搭的小屋，136
泥巴墙是把细木条编成篮子状，再覆盖一层牲畜粪便加马毛的混合物，最后刷上石灰水或灰泥完工的结构。主人起居的大厅，是领主宅邸和城堡的前身，也相当简陋：一个大房间，中央摆火炉取暖，上端有装了百叶板的排烟孔，四周的墙上装设供人睡觉的长板凳。仆人就跟狗一起围着火堆睡在地上。

随着日常生活渐趋文明，情况才有转变。烟囱开始建在城堡外围的墙上。接着有楼梯从大厅外通向上层主人一家的起居区域，稍后还规划出厨房和仆人的厢房。照明设备非常原始，这也许算是件好事，因为在 13 世纪肥皂开始慢慢普及以前，大家看起来都不太干净。供水不足加上卫生设备不佳，使得当时的人没有卫生习惯可言。乡镇的情况尤其糟糕。在 11 世纪以前，罗马所有的引水道已停止使用。尤里安皇帝当年为巴黎所建的引水道，在 9 世纪时遭古斯堪的纳维亚人摧毁。要等到向来紧挨泉水溪流而建的修道院能把净水引进、污水排出，再加上希腊与阿拉伯的医药书典从东方带回，卫生品质这个事关重大的问题才得到实际的处理。

想了解仿罗马式的建筑，还必须了解以下两个现象。第一个现象是对朝圣的狂热。贸易路线早已大开，但是真正让人群在上面热络来往的，是对于宗教召唤的热烈感应。这一点，赤裸裸地表现在四处充斥的异象、神迹、传奇、圣徒和圣物上，其中圣物裹在浓浓的迷信之中，又有金子打的、宝石镶的布珍藏起来，每一件都意义非凡。宗教狂热也促使当时的交通量激增：僧侣和修道士，朝圣者和十字军，同在基督教世界的枢纽大道上往来。仿罗马式建筑随着朝圣的交通传播开来，其中宽敞的中殿和广阔的翼殿，为平日的崇拜仪式和列队趋近神龛的教众提供足够的空间。地方性的朝圣活动（就如乔叟生动描绘的坎特伯雷朝圣故事一般），是不同社会阶层的人彼此接触的好机会，再说，当时的圣徒是教徒心目中的英雄，到坎特伯雷朝观贝克特（Becket）的圣龛或到孔克朝观圣拂的圣龛，亲眼看到圣徒的遗物，那种跟得上时尚和兴奋的感觉，自然可以和今天我们这个时代的歌迷参加偶像现场演唱会的激动相比。有些人朝圣的行程远达罗马或耶路撒冷。从阿拉伯人被逐出巴斯克（Basque）地区之后，位于圣地亚哥德孔波斯特拉（Santiago de Compostela，西班牙西北）的使徒詹姆斯的圣龛（图 158）就日益受欢迎，成为新的朝圣热门地。有鉴于此，克禄尼的本笃会（Cluniac Benedictines）特别规划出几条构成扇形的路径，由圣但尼（St-Denis）、维泽莱（Vezelay）、勒皮（Le Puy）和阿尔勒（Arles）出发，走对角线穿越法兰西。

图 158　圣詹姆斯朝圣者教堂，圣地亚哥德孔波斯特拉，西班牙，公元 1078—1122 年，平面图

　　另一个现象是十字军东征。东征缘于国王、贵族以及他们的家臣在教皇与主教声声催促下，急欲从土耳其人手中夺回失陷的圣地。有些十字军出征长达 10 年之久，随身从东方带回来的不只是走过耶稣足迹所至之地的壮烈情怀，更有许多的故事：阳光亮花花地射在偃月刀和铠甲上，蜜饯散发出刺鼻的气味，希腊的科学文献由阿拉伯文记载流传下来，并记载下撒拉逊人的装饰花纹以及围攻技巧。这群十字军的坟墓设在许多教堂内最尊荣的位置，坟上放有他们骄傲地双腿交叉平躺的雕像，以示他们曾为了维护上帝的荣耀而奋斗冒险。医院骑士（Knights Hospitallers）和圣殿骑士（Knights Templar），是特地创立来抵挡撒拉逊人玷污圣地的两个骑士团。他们身后所留下的不只壮丽的教堂、修道院和招待圣者的旅栈，还有像位于叙利亚的骑士堡（Krak des Chevaliers，约公元 1142—1220 年，图 159、160）这类不寻常的雄伟城堡，当时有人把骑士堡形容成"卡在撒拉逊人喉咙中的一根骨头"。

　　基督教信仰传播的主要据点建筑是修道院。发明修道院组织的则是修道会。无论圣本笃（St Benedict）——5 世纪末在苏比亚科（Subiaco）一处岩洞建立第一个修士团；还是克莱尔沃的圣伯纳德（St Bernard of Clairvaux，公元 1090—1153 年）——熙笃修道会（Cistercians）的苦行者，据说当年由于怕打断上帝所启发的思绪而不见

图 159　骑士堡，叙利亚，约公元 1142—1220 年

图 160　骑士堡平面图

落日；或是圣方济各（St Francis，公元 1181—？）——要他手下四处游走的修士在野地和同修弟兄席地与鸟兽合寝，他们都不能算是有心赞助艺术的人士。然而，随着他们的修道会传播得越广，财富越雄厚，欧洲到处都见修道院教堂平地而起。本笃会主持克禄尼修道院（Abbey of Cluny，这所新落成的修道院教堂，是当时基督教世界规模最大的一所）的修院长（Abbot Hugh of Cluny，公元 1024—1109 年），执掌的修道院多达几百间。公元 910 年，阿基坦的威廉（William of Aquitaine）以"提供圣彼得教皇和其继位者所用"的名义，设立克禄尼修道院，这表示在朝圣路径上，绝大多数结构类似修院长主持的修道院的教堂，都是由教会出面负责兴建。克禄尼渐渐势力庞大，公元 1309 年之后尤其如此，当时教皇移驾至阿维尼翁（Avignon），克禄

尼修道院在仿罗马式建筑中扮演的角色，一如圣但尼的叙热院长教堂（Abbot Suger's church）在哥特式建筑中担任的角色一般重要。

修道院通常就坐落在城门之外，自成一个小型的社区，有自己的商店，负担起提供工作、医疗照顾、教育、客栈甚至让逃犯避难的重大社会功能。修道院同时是培育人才的人力供应中心。熙笃修道会这个最大的农业修道会，推动了当时的农业改良，在谷物生产、羊群养殖、干砌石墙（dry-stone walling）技术、水轮、土地排水方面颇有成就。所有的修道院都设有作坊，以便石工、雕刻工、木工、机工摸索，并将灵感、实验与建筑技巧在仿罗马式建筑上开花结果。

目前所知最早的大修道院平面图，绘于公元820年，属于瑞士本笃会的圣高尔修道院（Abbey of St Gall，图161）。图上清楚显示出，当时在经济、农业及工业各方面都扮演重要角色的庞杂宗教组织的建筑物，规模是何等宏大与复杂。从教堂和其他相关的建筑可以得知基督教教会主宰时局的地位。大约从公元1000年起，教会权力大增，到了公元1500年，生活每个层面都受其影响。当时一位名叫拉乌尔·格拉贝（Raoul Glaber）的修士写道："就在公元1000年后不久，所有信奉基督教的人都被一股一定要比别人做得更光彩绝伦的强烈欲望蛊惑。仿佛是这个世界要痛快地把过去一概甩掉，到处都在给自己添一大片白色教堂。"就像是5月盛开的雏菊，白色石头或漆上石灰水盖成的教堂，布满了基督教世界的绿野，

图161 圣高尔修道院平面图，瑞士，艾金哈特（Eginhart）修士所绘，公元820年

图162 大圣母院西侧，普瓦捷，法国，公元1130—1148年

这实在是出于人们在庆祝耶稣降世，或者应该说是升天后的第一个千禧年时，发现世界末日终究未如预言所示就此来临而感到欣喜若狂的反应。

典型的修道院教堂在平面上呈十字形，遵照礼拜仪式的传统，圣坛坐落在日出的东方，正门设在西方，与当时凡事都必须依附象征意义的风气相呼应。东端有时候在地窖（crypt）之上设圣坛，如果是供朝圣者瞻仰的教堂，圣坛背后还会有步廊（ambulatory）加上尽头的礼拜堂（chapel）所组成的圆室（chevet），至于上端以半圆锥状的顶盖层层堆高的屋顶，可在建筑外观适当地突显圣坛所在位置。同样的结构模式，在修道院式的教堂也很明显，设有地窖或圆室的礼拜堂，为每天执行弥撒仪式的众多教士提供足够的空间。有些教堂在南北两翼殿于中央交会处，立一座塔，不过日耳曼式的结构，又发展出另一个翼殿，例如希尔德斯海姆（Hildesheim）的圣米迦勒教堂（St Michael's，公元1001—1033年）。宽阔的西侧正面，或称作西楼（Westwerk），常常有双塔醒目地矗立在上方（图164）。

勃艮第地区教堂的西侧正面，惯以大型凹陷的入口作为装饰，并且从山墙面上的耶稣像一路到正门口上方的整片正面都刻满人像，这个特点现被归为仿罗马式建筑的典型特征。此类教堂有普瓦捷（Poitiers）的大圣母院（Notre-Damela Grande，公元1130—1148年，图162）。奥登大教堂（Autun Cathedral，图163）山墙面上有"吉斯勒贝尔谨制"（Gislebertus hoc fecit）这样的署名，我们因而知道上面的雕刻出自谁的手笔。它所描绘的景象是耶稣执行最后的审判，脚下的壁缘饰带上挤满了受罚的人；至于旁边的圆柱上，刻有天使将沉睡在半圆形织毯下的东方三博士唤醒的一幕。

石头是最常见的建材，不过，许多意大利的教堂刻意遵照当地习俗，把砖块覆上大理石饰面，例如佛罗伦萨的山上的圣米尼亚托教堂。我们可以靠着一栋建筑物（无论大教堂还是城堡）中大型及连续整面的纯粹石造结构，来界定它是不是仿罗马式建筑——教堂采用的是方石，城堡用毛石，上面会有石匠留下的字样，说明自己学艺渊源的职

图163　吉斯勒贝尔所制的沉睡东方三博士（Three Magi Sleeping）雕像，奥登大教堂，法国，约公元1130—1140年

图 164　沃尔姆斯大教堂，德国，约公元 1016 年。图中可见西环形殿的双塔

业会所或作坊名称。这个现象证明石造工程技术受当时社会的重视。不论是以原材表现还是雕刻过的石造结构，都开有狭长的缝隙作为窗户孔，这个特征使仿罗马式建筑带有类似堡垒的风格。这一点刚好与中世纪下半叶的哥特式建筑形成两极的对比，12 世纪以后出现的新式建筑结构，采用了几乎全是玻璃的墙面。

仿罗马式教堂最经典的特色或许在于那半圆形的造型，圆顶的拱圈和由此延伸而成的筒形拱顶都有半圆形，借自古罗马的筒形拱顶，成为这个时期的主体结构。筒形拱顶可以采用简单、三维空间的结构，甚至可做装饰用，在圆滑柱子的一段、一侧

有半圆形礼拜堂鼓出的圆室、半圆锥状顶盖堆高的屋顶中，都运用得上。

在阿基坦（Aquitaine），半圆形这种几何造型出现在有圆顶的教堂，圆顶是架在方形的开间之上的，这可能是受东方影响而产生的一种混体合璧的结构。以建筑外观而言，在一截截壁柱带（pilaster strip）和虚连拱（blind arcade）交错成的装饰上，可以见到半圆形的结构，这种装饰性建筑最先出现在伦巴第，因此有时就称为伦巴第饰带（Lombard band），它既有装饰功能，又是一种扶壁形式。就算是城堡，圆塔

看起来也像从角落鼓出来，正如礼拜堂从圆室侧边鼓出来的情形；再者，这种半圆形设计有结构上的优点：圆塔不仅便于形成交叉射击的火网，圆滑的角落也使墙垣不易摧毁。

半圆形的基调，在筒形拱顶——仿罗马式建筑结构的基础——所形成的圆弧中，发展得最淋漓尽致。图卢兹的圣塞尔南教堂（St-Sernin，图 165），建于公元1080—1100 年之间，是往圣地亚哥德孔波斯特拉的路途中幸存下来的一座朝圣者教堂，它由隧道状拱顶构成的中殿，是筒形拱顶最绝美的呈现。然而，筒形拱顶十分沉重。需要大面的墙和扶壁支撑；由两个拱顶直角正交叉构成的交叉拱顶则更加笨重。接近 11 世纪末，伦巴第实验的成果带动肋筋拱顶（ribbed vault）的普遍使用。每条石肋事先经过计算，然后像伞骨一般建成辐条状，用来勾勒和强调交叉拱线（groin），至于拱线之间的空隙则被填实。这类拱顶可能是由东方传入勃艮第的，波斯帝国的王宫内就已经有它的存在。以奥登大教堂（公元 1120—1132 年）为例，可能是以本笃会在公元 1066—1071 年间建于卡西诺山（Monte Cassino）的修道院为样本，当年兴建这座修道院的工人来自阿玛菲（Amalfi）——和巴格达曾有贸易往来的城市。由于肋筋拱顶最好是建在正方形的平面上，中殿和侧廊被横隔拱（diaphragm arches）切割成一段一段正方形的区间。每个区间上方都有交叉拱顶撑起的屋顶。中殿上方的拱圈特别高，方便有两个开间的侧廊设置交叉拱顶。从中殿往下走时，甚至不需要抬头往屋顶看，就能认出有交叉拱顶的结构，因为侧廊的连拱廊改用柱子和厚重石墩柱的设计，以支撑上部结构下压的重量。

到了这个时期将结束前，交叉拱顶这个演化出来的结构，在建筑物的构造上就很清楚，完全不像早期罗马建筑，把砖块砌成的拱圈和拱顶都藏在结构内部，变成混凝土墙的一部分。或许，拱顶上相交的圆弧有如母亲的怀抱，深深吸引了当时饱尝动乱折磨而渴求安全的人心。不管就性灵还是实质的层面，教堂真正让人觉得平安。

城堡也明显有相同的结构特征。城堡中的望楼（watchful tower）由一整片纯粹充当防御工事的圆形核堡（keep）突出，看来极富侵略性与防卫性，清楚揭示它存在的目的。然而，在封建社会，城堡不仅具备军事上的功能，也扮演行政上的角色，成为地方政府所在。

公元 1066—1189 年，诺曼人建了近 1200 座城堡。最初的城堡是土岗加上城廓（motte and bailey）。土岗就是一座土堆，有时候是天然的山丘，更常是人工堆造的，

图 165　圣塞尔南教堂，图卢兹，法国，公元 1080—1100 年

四周环绕一道干沟或注水的壕沟。土岗上方视可利用的空间大小而定，设置木材搭造
的结构，从守望亭到木造的住所都有可能。城廓围绕在土岗坡底四周，以木桥和土岗
连接，范围宽广，由壁垒和土堤提供防御。城廓用作游行的空间和储藏区，其中包括
仆役的住处、马厩，如果规模够大，甚至还有军械库。诺曼人对城堡进行的改良，在
于把立在土岗上脆弱的木造屋，改为坚实的石造核堡。最早出现的核堡是长方形的，

图 166　罗切斯特城堡，肯特郡，英国，约公元 1130 年

地面楼层为储藏区，上方楼层设有公共厅，厅旁有卧室。公元 1125 年之后，核堡改为圆塔，卧室移到主厅上方。随后出现的城堡，有圆形或八角形的核堡，内部空间的规划复杂许多。有些遗迹，像公元 1130 年左右建于肯特郡（Kent）的罗切斯特城堡（Rochester Castle，图 166），其核堡中的重要建设——由上往下供水的柱体井（well-shaft），依旧清晰可辨。

图 167　塔屋，圣吉米尼亚诺，意大利

　　意大利城邦国家的封建家族，住屋建成塔状，塔基打造得十分扎实，上方延伸的几个楼层都有单套的房间，塔顶有时候加有警钟。托斯卡纳的小城圣吉米尼亚诺（San Gimignano）随处可见的尖塔顶，就是昭告世人它加有这种吓阻装置（图 167）。博洛尼亚（Bologna）一度有多达 40 座塔耸立，其中留存下来的两座：近 98 米高的阿西内利塔（Gli Asinelli）和加利森达塔（La Garisenda），都朝一个危险的角度倾斜，程度只比著名的比萨斜塔小一点。这两座塔会出现倾斜的现象，应该是地基不够牢固所致。地基打得不足，是这时期的建筑相当常见的缺陷，或许这也说明为什么英国几座仿罗马式的大教堂，仅有诺里奇（Norwich）大教堂南北翼中央交叉处上端的塔完整留存下来。虽然如此，这些塔还是在它们的年代尽职地提供了人们需要的保护。再说，博洛尼亚的塔既然从公元 1119 年就已经开始倾斜，至今没有倒塌，其实也算相当难得的稳固。

城堡的兴建，意味着城镇最后将随之发展起来，而且通常像城堡一样，在四周加有护墙。现存的城墙大部分建于公元 1000—1300 年。城堡和教堂的塔高高超出一片优美多变的屋顶，造成这种现象是由于房屋的正面（比较高级的有连拱廊）没有对齐，错落在随着地形自然起伏而忽上忽下的街道上。这似乎显得建造者没有什么空间规划的概念，但话说回来，在彰显护城圣者恩典的游行队伍中表现巧思，比起为城镇空间规划大费周章，更能让市民感到骄傲。不过，城堡一如修道院，成为渐渐成形的社会的中心，这一点我们在哥特式建筑最璀璨的时期将清楚见证到。此刻，我们必须探讨一下，仿罗马式建筑在欧洲发展的同时，在东方开花结果的伊斯兰建筑。

第十一章

沙漠中绽放的花朵：伊斯兰建筑

公元 1096 年后的 200 年间，欧洲的基督教骑士或多或少持续地组成十字军与穆斯林争战，就是为了保有圣地巴勒斯坦和君士坦丁堡——基督曾在巴勒斯坦居住，君士坦丁大帝则在君士坦丁堡建立第一个基督教帝国。然而，今天到那里去，令人印象深刻的建筑却是穆斯林留下来的。而且那里全是外来人口，因为伊斯兰教起源于游牧的阿拉伯人，他们住在沙漠的黑色帐篷里，在宗教热情驱使他们去征服世界之前，对于建筑的要求并不多。追溯伊斯兰建筑的故事，耶路撒冷是最适合作为开始的地方。

从公元 688 年至 692 年间建造至今，这座称为"岩石圆顶"（Dome of the Rock，图 169）的黄金色小圆顶（cupola）建筑，高耸于耶路撒冷的西侧城墙和整个城市淡黄棕色的开阔景观之上，吸引了无数朝圣者的注意，不论他们是犹太教徒、穆斯林或基督徒，也不论他们是从哪里来到这座山丘。就在旁边下来几步，位于同一轴线上的艾尔·阿克萨（El Aksa）清真寺（图 170），同样是建造岩石圆顶的伊本·马利克（Ibn el Malik）之子哈里发阿尔瓦利德 ① 于公元 710 年所建，并经历了多次改建，现在有银制的圆顶。这些是现存最古老的伊斯兰建筑中的两栋，坐落在一个光溜溜的白色台基上，深绿色树丛围绕四周，台基的一面是古城（Old City）拥塞的住宅和隧道似的市集，另一面则是橄榄山（Mount of Olives）高起的台地。这个白色台基实际上是被弄平的摩利亚山（Mount Moriah）顶端，当初亚伯拉罕（Abraham）带着儿子以撒（Isaac）来此祭神。它也以庙山（Temple Mount）著称，因为以色列国王所罗门（Solomon）的庙宇就建在山岗的一侧。

伊斯兰建筑最典型的特征，既不是它们没有遮蔽的地点，也不是它们的建筑风格，而是其倾向于隐藏在高墙后面以及将注意力集中在室内的安排上。但是伊斯兰建筑在早期的发展阶段表现出一种传统性。岩石圆顶如今作为清真寺，原先却是座

① Caliph al Walid，哈里发为旧时穆斯林统治者的称号。——译者注

图 168 萨迈拉大清真寺的螺旋形宣礼塔，萨迈拉，伊拉克，约公元 848 年开始建造▷

图 169　岩石圆顶，耶路撒冷，公元 688—692 年

神庙。祈祷神殿，对犹太人或穆斯林来说都十分神圣。它围着一个中空的岩石而建，据说大约公元 639 年穆罕默德（Muhammad）就是在此升天。从结构上来看是拜占庭式，其八角形的平面是依据圣墓教堂的圣墓神龛而来（这座圣墓神龛早已坐落在这座古城，距离不远），双圈的柱列提供了一个外围的步廊，类似那些奠基于罗马建筑的拜占庭陵墓和神龛，例如位于罗马的圣君士坦提娅教堂。步廊上方是个浅斜顶，但从外面看不出来，因为它是采用将墙往上完全延伸出一个女儿墙（parapet）的手法而达成的，同时提供一个连续的表面以利装饰。这种手法后来在波斯式通道的处理上发展到极致。其装饰原为玻璃镶嵌图案，但从 16 世纪开始到现在是蓝色和金色陶砖，也采用陶砖装饰的鼓状带鼓环，它由具有古风的柱子构成的一个连拱廊支撑，位于其上的是双层木造圆顶，圆顶外表最初包覆着镀金的铅片，现在用的则是电镀的铝片。从古老的遗迹收集来的柱子并不太合适，它们被楔置在像是临时代用的块状基础和柱头之间。这只能解释成伊斯兰式的突发奇想或一种循环使用的正面态度了，因为位于西班牙科尔多瓦（Cordoba）的大清真寺（Great Mosque，约建于公元 785 年，图 172），也有许多古典柱子以同样方式被锯开再塞进定位。尖拱是伊斯兰建筑中重复使用的一个主题，它的早期例子是在屏幕墙上发现的。

图170　阿克萨清真寺，耶路撒冷，公元710年

　　艾尔·阿克萨清真寺尽管经过多次重建，仍然看得出基督教的风格；然而，它的气氛却是清真寺特有的。这是继麦加和麦地那（Medina）之后，伊斯兰教最神圣的寺院，比下列两座建筑物更易亲近：位于麦地那的先知清真寺（Prophet's Mosque）及位于麦加的主要伊斯兰教神龛——卡巴神龛（Ka'aba，图171）禁止非伊斯兰教徒进入。卡巴神龛是一座奇怪的立方体建筑，保存着伊斯兰教创教之前即已崇拜的黑色圣石。阿克萨清真寺由一个铺地毯的长形祈祷大厅和连拱廊构成，拥有典型的木造斜撑梁，这些斜撑梁于柱头的高度横切过拱廊一个个拱圈的底部。它同时有拱廊与之交叉，以便祈祷者可以跪在地板上，面向"麦加朝向"（qibla）的墙。

　　大马士革（Damascus），另一个伊斯兰教中心城市，其大清真寺（图173）是保存最完整、最早期的清真寺，保存了其他一些属于清真寺发展阶段的典型特征。公元706年，哈里发阿尔瓦利德接管了一处最初属于希腊化文化的圣区院落，内有一座神庙及后来增加的一座基督教教堂，最后这圣区被作为信众的清真寺。这位哈里发利用现有的几座方塔改为最早的一座宣礼塔（minaret）。同时，寺院窗格上镂空的石头图案，展现了后来成为伊斯兰建筑标准的几何形细部，因为在8世纪之后伊斯兰教即禁止使用肖像形装饰（当时犹太人也已经被禁止雕刻偶像）。

图 171　卡巴神龛，麦加，约公元 608 年

不管从任何标准来看，这三座清真寺都是令人印象深刻的。然而在查理曼于罗马加冕为帝的前一个半世纪里，当西方的早期基督教的大会堂式建筑仍未受到挑战时，在东方究竟是什么赋予人们灵感而建造了这种类型的建筑物呢？那是先知穆罕默德给的灵感，他大约公元 570 年生于麦加，当时的麦加是骆驼商队必经城市。他以押韵散文写下的启示，改编成了《古兰经》（Qur'an，又作 Koran），这是伊斯兰教徒发自内心学习并且每天吟诵的经典。《古兰经》和晚期增加的另外两部圣书——《圣训》（Hadith，记载穆罕默德的言论）、《律法》（Law，由前两部经典抽离出来的）——构成了那些散布四处的贝都因（Bedouin）部落在阿拉伯沙漠沿着地中海远至法国的圣战浪潮中团结一致的基础。

直到公元 732 年，查理·马特[①]才在靠近普瓦捷的穆萨拉巴塔耶（Moussais-la-Bataille）阻止了阿拉伯部落入侵欧洲的行动。可用于衡量阿拉伯人的成就的是，他们开始在突尼斯的凯鲁万（Kairouan）建造大清真寺（图 174、175），距离麦加约 3200 公里，时间约在公元 670 年，也就是穆罕默德死后不到 40 年。这座建筑物在公元 836 年重建，但是其宣礼塔的基座是现存最古老的伊斯兰教构造物。

伊斯兰教徒的生活是如此简单、实际和完整，经过了这么多个世纪仍然没有失去吸引力。伊斯兰教基本教义仅仅一项：世界只有一个神——安拉（Allah），穆罕默德则是传递讯息的人；另有一个基本要求：顺从阿拉至高无上的意愿。"伊斯兰"（Islam）意指"臣服"，而"伊斯兰教徒"（muslim）则是指"一个服从的人"。这个实际的要求表现在日常生活方式中，包含了每日要做 5 次祈祷、斋戒、付税金以资助穷人、一生中至少有一次前往麦加的朝圣之旅。

---

① Charles Martel，法兰克人，墨洛温王朝最后几代国王的宫相，后成为加洛林王朝的领袖。——译者注

图 172　大清真寺内部，科尔多瓦，西班牙，约公元 785 年

　　伊斯兰建筑物把这种每日的生活模式神圣化，领导阶层的重要性得到贝都因信徒欣然接受，他们从经验中得知需要一个领导人，保护他们免受牧羊人谋杀邻居并夺取其畜群以倍增财富的威胁。这类在安拉真主之下的领导者是哈里发，哈里发担任了同于穆罕默德的职务。清真寺中有三个主事者：宣礼人（muezzin，音译穆安津），召唤信徒们祈祷；海推布（khatib），从一个称为"敏拜尔"（minbar）的讲道坛布道并领导整个祈祷仪式的进行，"敏拜尔"常常是清真寺中唯一的一件摆设；伊玛目（imam），有酬劳的职务，代表哈里发。他们并非神职人员，这表示清真寺里没有

图173　大清真寺，大马士革，公元706—715年

献祭的仪式，因此也没有"圣殿"（sanctuary）这样的地方，所有参拜者拥有均等的权利来祈祷。

伊斯兰建筑不可避免地发展出地区性的差异，它们融合了叙利亚、波斯和撒马尔罕（Samarkand）的韵味，也融合了麦加和麦地那的风格。但其中没有任何一个地方的建筑可单独说明伊斯兰建筑的特色。关键在于：伊斯兰教是一个强而有力的社会，完全没有"伟大"建筑物的传统。正因如此，伊斯兰建筑的发展如同其宗教仪式一样，是直接从信徒的日常生活而来的，它是一种绿洲建筑。这个独特之处不只清真寺（特别是7—11世纪发展起来的星期五信众清真寺）和伊斯兰学苑（madresa，始于10世纪之前的神学院）有，还表现在宫殿、奢华的宅邸和位于贸易或朝圣路线上的托钵僧旅社。这些建筑物全都由一个防御敌人、小偷和遮阳的高墙复合体构成，有遮阳的连拱廊和厅堂环绕在四周，内有水源，可能是喷泉、水池或水井，或是今天某些例子中的大贮水池，通常位于中庭中央。

在这些干枯的土地上，

图174　大清真寺，可见室内的斜撑梁，凯鲁万，突尼斯，约公元670年

图 175　大清真寺，凯鲁万

图 176　波斯花园地毯，约公元 1700 年，藏于伦敦维多利亚及亚伯特博物馆

居民最关心的是水，而且这样的关心很快以祈祷前的净身仪式表现在伊斯兰教徒的日常生活中。在游牧民族的帐篷底下，"内"跟"外"之间并没有刻意区别，从清真寺和宫殿建筑与庭园间可能有的相互映照中看得出这一点：室内的地毯或户外的水流、花圃的对称安排，彼此重复着。中东的地毯上也看到这种设计，地毯上"生命之河"流经花架、花圃和水池之间（图176）。类似的安排也出现在克什米尔达尔湖（Lake Dal）的夏利玛庭院（Shalimar Gardens，公元 1605—1627 年，图 177）的轴线和对称中：它在三个不同的水平面以优美的水渠和水池联系着彼此，并且作为此花园的视觉焦点，水边有黑色大理石凉亭，其周围有许多喷泉。

　　早期的宫殿周围树立着高墙，从外面看上去像堡垒，从内部结构来看，则像一

图 177　夏利玛庭院，达尔湖，克什米尔，公元
1605—1627 年

连串设置在公园或花园中的简单亭阁。室内陈设也许是富丽奢华的，有丝质的挂帘和金银工艺品，但是就建筑而言，只比贝都因帐篷精致一点罢了。14 世纪西班牙格拉纳达（Granada）的阿罕布拉宫（Palace of Alhambra）予人梦幻洞穴的印象，使人惊奇又迷惑，精细的回纹浮雕和钟乳石使我们忘了它的平面规划相当简单，只是以精巧的院落串联起来的一系列亭阁单元（图 178、179）。即使在更复杂的建筑物中（例如中国和日本的例子），房间和区域也很少专门为了吃饭睡觉等特定的机能设计，比较可能依季节来区分——如冬天的区域、夏天的区域。

　　主要建筑物位于城市，在城市的中心区里，清真寺和宫殿都隔离在墙的后面，这是为了自我防卫，也意味着远离尘世。相同的道理，清真寺内的祈祷大厅也配置在远离入口的地方。

　　到目前为止，没有一个地方像底格里斯河畔的神秘城市巴格达一样，是以同样的防御原理规划的。它是哈隆·阿尔·拉希德（Haroun al Raschid）和《天方夜谭》（Arabian Nights）提到的城市，距离巴比伦和泰西封（Ctesiphon）几个昔日帝国的宏伟首府遗址不远。

　　哈里发曼苏尔（Mansur）在 8 世纪是这样规划这个城市的：他的宫殿和一些行政部门位于一个大的开放空间的中央，周围环绕着 3 圈同心圆的围墙，外缘周长有 6.5 公里。城市本身位于最内圈和中间围墙之间，由两条交叉的道路分割成 4 个部分，外围 4 扇正向的大门各以它们通往的省市命名，而且入口是弯曲的，这是仿自十字军的一种手法。军队营房从大门沿着道路排列，介于中间和外圈围墙之间的圈形地带保持空旷，以便哈里发能够动员军队防御外来的侵略，也防止内部的叛乱。

　　伊斯法罕（Isfahan）是英国伊丽莎白女王一世同时代的沙赫阿拔斯（Shah Abbas，沙赫又译"沙阿""沙"，伊朗国王旧称）的王城，此城展现了类似的防御规划，终极于一个大的开放空间，即"广场"（maidan），它曾是皇家马球场，旁边

150

有两座清真寺、宫殿和皇家客栈。从广场到国王清真寺（Masjid-i-Shah，图180、182）的入口，要穿过一个大的穹隆门厅（iwan），即拱形的通道，此通道由半圆顶支持，圆顶没入不寻常、平坦的正立面，正面并有两座33.5米高的宣礼塔。这个穹隆门厅通往一个内院，那里有一个相对应的穹隆门厅通往清真寺，而且它必然设置成45度角，这是为了使清真寺有正确的朝向。越过这个内院，清真寺的巨大圆顶就耸立在眼前，圆顶安置在一个有开洞窗的鼓状带之上，形状如巧妙的球茎，有孔雀、翠鸟和翡翠色的彩陶图案点缀在白底上，如同夜晚南方天空的礼赞。

图178　阿罕布拉宫狮子厅，格拉纳达，西班牙，公元1370—1380年

　　国王清真寺是一座皇家的清真寺。所有的清真寺都有其某些必要的特征，环绕在中庭三面的若非梁和木柱支撑的平屋顶，就是坐落在连拱廊上的和缓斜屋顶。这些连拱廊既是骆驼的厩棚也是人们遮阳和睡觉的地方——清真寺许多功能并不是只有宗教性质。由于社区行政和社区律法是伊斯兰教传统的一部分，相关执事者永久隶属清真寺，而且律法的问题在那里裁决，贵重物品也储存在那里。他们非常关心通风问题，因此产生了这个敞开的连拱廊，甚至当连拱廊被包围在沿着内部或中庭的"麦加朝向"设置的祈祷厅里时，这些拱廊仍然保持一贯的高耸以增加凉爽的感觉。

　　从最直接的实用性发展出的经典清真寺形式，充分表现在公元848年建于伊拉克萨迈拉（Samarra）的大清真寺（图168）平面上。这座前所未有的大型清真寺，由烧制砖构筑而成，以圆塔作为加强的扶壁，外面有一道围墙［称作"基亚达"（ziyada）］，面积超过10公顷。位于开罗的伊本·图伦清真寺（Ibn Tulun Mosque，公元876—879年，图181）也有类似的平面。任何清真寺的中庭必定有水的供给，通常是一座位于中央的喷水池，供饮用以及净身（已变成祈祷前的必要仪式）。中庭入口的墙被巨大的穹隆门厅穿过，可能两侧各有宣礼塔或只有一个宣礼塔位于中央，

151

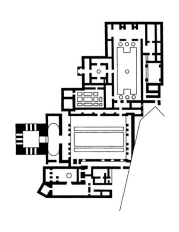

图179　阿罕布拉宫平面图

图 180　国王清真寺，伊斯法罕，伊朗，公元 1612—1613 年

图 181　伊本·图伦清真寺，开罗，公元 876—879 年，平面图

依各地区的模式而定。具有遮阳功能的连拱廊（有时候是两个）深入、典型地环绕在内部入口墙和中庭两个邻接的墙周围。在伊本·图伦清真寺，以枣椰树构成连拱廊的屋顶，这是一种古美索不达米亚常用的技法。但是沿着这个中庭对面的墙，也就是麦加朝向墙，是一个神圣的祈祷区，那里可能有四五排甚至六排的连拱廊。当伊斯兰教传布到较冷的地区时，这些安置麦加朝向墙面的连拱廊上方覆盖着屋顶，形成围闭的清真寺。

　　一些庭院、一座宣礼塔、一座喷水池或净身池、一些拱廊和麦加朝向墙，连同麦加朝向壁龛（mihrab，麦加朝向墙面中央凹入的壁龛）一起构成了清真寺重要的特征。麦加朝向壁龛的功能在于指出麦加的方向，让信徒知道祈祷时要面对着哪里，但最初是以一支矛插在沙中来指示的。然而，这种壁龛在一开始就成为一种特色，而且是不惜花费并装饰得最美丽的地方。公元 707 年，替麦地那的穆罕默德清真寺（Prophet's House Mosque）进行更新工程的埃及劳工当中，有一些科普特（Coptic）基督徒或许习惯在边墙处建造环形殿，就决定在这个清真寺也加上一个。至少，那是一个一般举得出的理由，也说明了为什么这个麦加朝向壁龛有一个大型的外形。从这里，伊玛目可以在祈祷者看得到他的情形下带领祈祷，他自己也可以环视跪在任何地方的信众。在叙利亚，一些具有东西向长轴线的基督教教堂被改成早期的清真寺，对那里而言，麦加位在南方，这建立了起一道长边墙的麦加朝向类型，而它也是信徒在俯跪祈祷时面对的地方。这个类型导致伊斯兰教传遍整个世界时，出现了许多朝南定位的麦加朝向，例如突尼斯凯鲁万的大清真寺，这是完全错误的，但是在那一地区却有许多这种不正确的例子。麦加朝向壁龛位于南方，意味着必须从北面长墙的中间进入清真寺，而这使得强调麦加朝向壁龛变得必要。一般的做法是在麦加朝向壁龛对面的祈祷区中采用另一组连拱廊，与麦加朝向成直角，所以在东西向的建筑物中，这些连拱廊是从清真寺宽边的一侧跨到另一侧的，位于中间的连拱廊可能比其他的要高一些，也可能短一点，因为有一个圆顶在麦加朝向壁龛对面的祈祷区中央上方，作为进一步的强调——室外空间和室内一样，因为在外面可以看到升高的屋顶。这类圆顶出现在凯鲁万建于公元 836 年的阿格拉比清真寺中（Aghlabid Mosque），以及土耳其塞尔柱（Seljuk）王朝一些多圆顶的清真寺中。有一些地毯铺于地面，有一个称为"敏拜尔"的讲道坛设在麦加朝向壁龛的右边，有时候有一个针对特殊的祈祷者（如哈里发或女人）设置的围栏，通常这些就是清真寺里稀少的摆设的全部了。

据说当祈祷时间到了，穆罕默德在他麦地那的庭园中，会让一个门徒爬到墙上呼唤其他人。就像麦加朝向壁龛可能是侧面环形殿的改写版，大马士革的基督教堂尖塔可能也带来了另一个伊斯兰建筑的组成元素：宣礼塔。第一座为特定目的而建造的宣礼塔，据记录建于公元 670 年，是在凯鲁万的大清真寺里发现的，这座清真寺有 16 条侧廊和一个开放的庭园。顺便一提，在那里我们同时发现了最早使用的奢华的琉璃砖，后来成为伊斯兰建筑的标志。美索不达米亚和北非的清真寺通常只有一座单独的宣礼塔，设在中庭的入口；双宣礼塔是塞尔柱时期和后塞尔柱的波斯（post-Seljuk Persia）的典型，但在土耳其一般都是单独的宣礼塔，偏离中心而位于中庭和

图 182　国王清真寺：贴壁砖的内部，伊斯法罕，伊朗，公元 1612—1638 年

祈祷厅之间。某些哈里发为了表现他们的伟大思想，则建造 4 个甚至 6 个围绕着祈祷厅的宣礼塔。位于麦加的卡巴神龛更不寻常，因为它有 7 座宣礼塔。

　　宣礼塔可能是圆柱形或尖端渐细的，除了某些涂以竹篮编织形状、几何形状和书法般的图案之外，看起来通常像工厂的烟囱。有些宣礼塔用回纹浮雕装饰；有些成阶梯状像灯塔，或许以开罗特有的方法——一个敞开的亭子——在顶端做结束；有些是独立坐落的，因而表现出其起源的特质。位于底格里斯河边一度是都城的萨迈拉的大清真寺（图 168），其北端的宣礼塔有一层层向上盘旋的坡道，使人联想到距离不远的早期亚述的庙塔，这斜坡是如此广阔，哈里发甚至可以骑马直上离地 45.5 米高的亭子。4 个矗立在方形复合体四角的纤细针状物，是土耳其伊斯坦布尔的奥斯曼

154

（Ottoman）建筑物的标志，特别是那些由土耳其最优秀的（而且是唯一出名的）早期建筑师柯卡·锡南（Koca Sinan，公元 1489—1578 或 1588 年）设计的建筑物，例如位于伊斯坦布尔的苏莱曼尼耶清真寺（Suleymaniye Mosque，公元 1551—1558 年，图 183）。其中一些建筑物的宣礼塔高耸在清真寺或伊斯兰学苑的穹隆门厅正立面两侧，样子像号角（奥斯曼几个统治者在 13 世纪时赶走了土耳其塞尔柱王朝，建立起一直到 1918 年都还存在的庞大的奥斯曼帝国）。

伊斯兰学苑是最后一个我们应该看的中庭形式的建筑，它是一个在 10 世纪发展起来的神学院，尤其在安纳托利亚的塞尔柱土耳其地区，因为土耳其人是虔诚的传道者。伊斯兰学苑附属于清真寺或宫殿，并且是一座延伸的复合建筑的一部分，通常以环绕着中庭的一系列小房间的形式呈现。世界上的第一所大学很有可能是附属于公元 971 年建于开罗的艾尔阿夏尔清真寺（EI-Ashair Mosque）。有一些很棒的实例是 13、14 世纪期间建于马木留克王朝（Bahri Mamelukes）统治下的埃及，通常是以已经用过的砖来建造，但是在安纳托利亚，这类建筑展现出土耳其从叙利亚学来的上乘的方石石工传统技术。有时候创立者的坟墓也设在里面，例如开罗的苏丹·哈桑（Sultan Hassan，公元 1356—1362 年）伊斯兰学苑。

要进到伊斯兰学苑的中庭，需要穿过 4 个具有拱顶的厅室（即穹隆门厅），这些庞大门道的一系列退缩、尖头的拱圈上有许多雕刻，有时候以半圆顶做成穹隆。12 世纪的时候，为强调主要的入口通道，人们将它做得更大，并在它的周围以一个垂直的方形板围住，称为"皮什达克"（pishtaq），成为镶嵌流行的蓝、绿、金色马赛克砖片的极佳底面，这种做法源自波斯和美索不达米亚。皮什达克的最佳范例可能是伊朗亚兹德（Yazd）的星期五清真寺（Jami Mosque，公元 1324—1364 年，图 184）。亚兹德是沙漠中的城市，但拥有自己的水源，这使得构筑一个城市甚至种植帖木儿（Tamerlane 或 Timur the Lame）的丝绸贸易所需的桑树都成为可能。这一片经过土耳其部落和蒙古人侵略而荒废的土地，在 13—14 世纪时从土耳其的征服者帖木儿和他儿子的手中复苏。

伊斯兰建筑最妙的部分在于那极度简明的配置和结构，竟产生各式各样的形体和装饰，其中许多部分都携带着未来的结构发展的种子。举例来说，清真寺的连拱廊一开始不过是为了提供采光及凉棚式屋顶的支撑，这一点使其创造者得以自由发明出多样化的拱圈形式：尖的、阶梯状的、圆形、马蹄形、三叶形、荷叶边形、葱

图 183 柯卡·锡南：苏莱曼尼耶清真寺，伊斯坦布尔，公元 1551—1558 年

形，或者像颠倒的船龙骨形，或双边层级形（double-tiered）——例如西班牙科尔多瓦那种具有色彩斑驳的楔形拱石的拱圈。有鉴于圆形拱圈是单中心点（因为在半圆形上，从中心点到顶的高或到侧面的宽都是一样的半径），上述这些设计较复杂的拱圈可能有 2 个甚或 3 个中心。

象征性的雕像塑像被禁止的情形，或许促进了形体的研究，并开发了一个丰富多样的范围，包括源于十字军的坚固耐用的城垛建造、从书法发展出来的复杂但精美的交织阿拉伯图纹等。这种神奇部分源自形体和图案可以在不同用途或媒介之间互换的自由度（图 185）：否则，还有其他地方是把墨水笔法或草写笔迹转化成砖石图纹的吗？后来伊斯兰教扩展到较冷的区域，如安纳托利亚高原，在那里，塞尔柱人必须放弃开放庭院的清真寺，改用围闭式的建筑物，但是有一个实验——连拱廊借由

图 184　星期五清真寺，亚兹德，伊朗，公元 1324—1364 年

图185　伊图米叙苏丹之墓（Tomb of the Sultan Iltumish）：呈装饰性的砖细工，库瓦特·厄尔·伊斯兰（Quwwat-ul-Islam）清真寺，德里，印度，公元1230年

亭阁形式的帮助而继续沿用，它们不需要支撑上方楼层的重量。

这些伊斯兰教国家在结构的发展上是绝不落后的，我们可以看到波斯人最初如何在拜占庭建筑的内角拱研究上遥遥领先，它支撑着一个砖造圆顶的屋顶，并且是三角穹隆（或称弧三角法）的先驱。内角拱最初用在角落，但11世纪以后，它的用途扩大了，覆盖在整个壁龛、嵌壁式入口或大厅式亭子上面，不再被当作支撑圆顶或拱顶的方法来使用。无数的极小的内角拱在伊斯兰建筑中常常是装饰性的趣味所在，它们被层层重叠地拼接，像菠萝的鳞状表皮或冷杉球果，直到一个带着小巧钟乳石的神奇洞穴（称为"muqurnas"）创生。在格拉纳达的阿罕布拉宫的狮子厅和审判厅，我们可以看到条板、灰泥和抹灰装饰所构成的"muqurnas"如何转化成精雕细镂，看起来像是窗框上的霜花。在西西里岛，在切法卢，在巴勒莫的皇家宫殿（Royal Palace），我们可以看到这些伊斯兰图样持续了整个中世纪。

构造物和流畅的装饰一起出现在屋顶的轮廓中。坟墓，对伊斯兰建筑有重要的贡献，它使得小尺度的圆顶形体成为可能，此外也常常显露出地方性根源。圆顶安置在重要的地方，像入口上面或在麦加朝向壁龛之前的一些开间上面。有时候在波斯和美索不达米亚，清真寺、伊斯兰学苑或宫殿的每一个开间都有自己的圆顶。奥斯曼人在土耳其埃迪尔内（Edirne）的塞利米耶清真寺（Selimiye Mosque，公元1569—1575年）和伊斯坦布尔的蓝色清真寺（Blue Mosque，公元1606—1616年，图186）中，使劲地要让中心圆顶之外的所有次要圆顶能够一览无遗。当伊斯兰教随着蒙古征服者在1526年来到印度，他们也采纳了波斯文化背景的圆顶，但是看起来和波斯或

图 186　蓝色清真寺：递升排列的圆顶，伊斯坦布尔，公元 1606—1616 年

图 187　泰姬玛哈陵，阿格拉，印度，公元 1630—1653 年

奥斯曼的圆顶有稍微不同。在印度，坟墓复合体的圆顶显示出一种沉静、脱离现实的美，尽管它们在轮廓上更像球根状。最好的例子是位于阿格拉的泰姬玛哈陵（Taj Mahal，公元 1630—1653 年，图 187），这座美丽的大理石宫殿，是沙贾汗（Shah Jahan）为了纪念他的妻子而建的。整个建筑设置在傍河的花园正中，位于 4 座岗哨似的宣礼塔之间，整体组合有一种寂静、令人屏息的完美，中心的亭阁是由 4 座八角形的塔支撑着。正立面有一个巨大敞开的穹隆门厅升高两层楼到鼓状带和飘浮其上的圆顶位置，这是依据位于德里较早期的胡马雍之墓（Tomb of Humayun，公元 1565—1566 年）而设计的。

图 188　古尔艾米尔陵墓，撒马尔罕，公元 1404 年

　　然而，伊朗有时候会建造一种带有圆锥形帽盖、古怪的高墓塔，看起来颇像上等的农场谷仓，例如公元 1006—1007 年建于贡巴德卡武斯（Gunbad-i-Qabus）的墓塔。撒马尔罕（今乌兹别克斯坦境内），是一座位于丝路上的城市，并且曾经是伊斯兰教阿拔斯王朝（Abbasid，公元 750—1258 年）的首府。帖木儿在这儿留给我们一件异国情调的遗产：包括了一座墓城和美丽动人的古尔艾米尔（Gur-i-mir）陵墓（建于公元 1404 年，图 188）。它的蓝绿色圆顶状似无花果，并具有特殊的圆模雕刻装饰（gadrooned）的棱线，矗立于群飞的鸽子之间，往上直指淡紫色的傍晚天空。这座专制君主的陵墓带给观看者许多平静感觉，是由于建造者对于底部结构、鼓状带和圆顶的比例关系是依据严谨的美学标准而确定，那是完美的 3∶2∶2 的关系。

　　毫无疑问，许多伊斯兰建筑是强烈的阳光效果所激发的灵感，阳光照射在形体、雕刻的和灰泥铸造的浮雕上，强调出凹陷、中空、阴影、刀锋般的边缘和凸出的地方，而使得它们展现出更加绝妙惊人的华丽。

第十二章

光的形而上学：中世纪风格与哥特式建筑

在建筑的发展史上，有时会出现某个人、地、物，可视为建筑发展的里程碑，标示这样一种风格就是从这里开始的。从中世纪前半期过渡到后半期，也就是从仿罗马式风格渐渐转为哥特式风格（Gothic）时，出现了这么一个里程碑。其人是本笃会修道院长叙热（Suger），其地是巴黎近郊的圣德尼修道院教堂（Abbey Church of St-Denis），时间是公元 1144 年，而这个重大的里程碑就是新的诗歌坛的落成（图 190、191）。当时的木造屋顶常因室外的雷电和室内的烛火引发大火而被烧毁，诗歌坛就是在被大火烧毁之后重建的。

叙热院长所属的修道会长期以来一直控制仿罗马式教堂的兴建。叙热在政教两界都举足轻重，是国王和教堂的顾问，也是知名的神学家和高级行政官员。在重建圣德尼修道院教堂之前，他仔细整理了修道院的土地，确保在施工期间有稳定的收入，还把他对重建圣德尼教堂的想法和目标记下来。

叙热写了一本《圣德尼教堂落成》的小册子和一本《行政管理报告》，都是描述哥特式建筑起源的珍贵文字。他的论点是"愚钝的心灵透过物质来了解真理"，凭他的聪明才智，他知道如何利用肋筋拱顶（rib vault）在各种层次吸引愚钝的心灵。他能建出高耸的拱，将人类的精神升到天堂；还能把墙壁改成彩绘玻璃，用图画故事让信徒了解信仰的教义和渊源。在沙特尔大教堂（Chartres Cathedral），走在三叶拱廊，沐浴在从先知的长袍闪耀出来的鲜红和海绿色的火光中，就会知道叙热的追随者如何实现他的愿望。教堂就是人类在尘世里的天堂。

教堂的祝圣礼拜式在这个时期系统化（哥特式精神充满了制度），赞美诗作者在一间教堂的祝圣礼拜式中说："这是上帝之家和天堂之门。"叙热掌握了时代的精神，当时的人不再像中世纪早期那样执迷于生命的灰暗面、原罪、罪恶和死亡，他们追求的是一个成功镇压阿尔比派（Albigensian）异教徒并在十字军东征中取得传奇性胜利，从而意气风发的教会。现在他们认为上帝的世界充满了美和平安，一般人可以欢欣享受。自然景物大量出现在诗歌坛、大门、顶盖和集会堂中，到处可见藤蔓、树

图 189　荆冠礼拜堂（圣礼拜堂），巴黎，公元 1242—1248 年 ▷

图 190　圣德尼修道院教堂，诗歌坛，巴黎，公元 1144 年

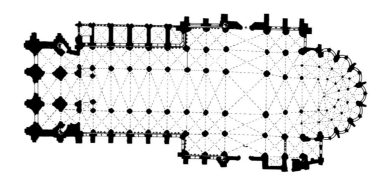

图 191　圣德尼修道院教堂平面图

叶、动物和花鸟。一个新的托钵修道会的创始人圣方济各到处鼓励兄弟姊妹——男人、女人、动物和禽鸟——赞美上帝，主宰天地万物的永恒的主。

法国人把这种转化成石材的新美感称之为"顶尖的风格"（le style ogival），也知道这种造型源自东方。但是这种新风格以"哥特式"或"野蛮式"这种蔑称流传下来，这个称号是 16 世纪的艺术史学家乔治·瓦萨里（Giorgio Vasari）所起。参加圣德尼修道院教堂落成礼拜的教友都是高官显贵，包括法王路易七世及皇后，从法国各地和远道从坎特伯雷来的 17 位大主教和主教，他们可不觉得这种风格有什么野蛮的。高耸的薄肋拱顶和墙壁，闪耀着上帝永恒的光芒，显然使他们大为欣赏。返乡之后，不管是毁于大火或因年久失修而倒塌，他们似乎立即抓住机会兴建哥特式建筑。圣德尼修道院教堂落成后的 25 年内，每位参加落成仪式的主教教区里都盖了一座高耸参天的哥特式大教堂。

这种新建筑风格在实际上有下列优点：在礼拜仪式方面，保留了基本的十字形平面设计，有东端的祭坛、往中殿行进的空间和举行私人礼拜的侧礼拜堂（side chapel）。在结构方面，它不再需要厚重的石材，却可以建造更高更多样化的拱顶。这样一来，墙壁所空出来的空间就可以用雕塑、绘画和玻璃彩绘来教育无知的信徒。这样创造出来的建筑综合体有统一的结构和细节装饰，同时能启发对真理的认知。

但我们所认定的哥特式建筑特色没有一样是新的，不管是尖拱、尖窗、交叉拱顶、飞扶壁或正面的双塔，都是旧有的建筑构件。那么，在圣德尼修道院教堂之后兴建的大教堂结合这些构件的方式，有哪些是哥特式的基本特质？哥特式建筑首先运用了尖拱带来的自由发挥空间。在仿罗马式的半圆拱当中，距离中心点的高度和宽

图 192　兰斯大教堂，公元 1211—1481 年

度（即同一个圆的半径）是相等的。不过尖拱因为有几种不同的曲率，使得即使宽度
不同，仍能维持原本的高度，因此拱廊可以有几根柱子靠得近，而拱顶仍然等高。此
外，高和宽都不一样的柱子与高和宽都不同的拱顶成直角相接，这样低矮的侧廊就能
连接较高的翼殿，翼殿再连接更高、更宽的中殿。建筑师还看出了尖拱赋予的另一个
可能性。他们了解只要有一路从教堂东端延伸到西向立面的主要结构构件，就能把主
要的重力从屋顶传到侧廊，再经由飞扶壁传到地面。于是，外墙可以不必再做支撑结
构体，而可以当作窗格处理，尽量镶上玻璃。这样一来大教堂就成了一盏玻璃灯笼。

　　尖拱和相关的结构可以与十字形平面搭配使用。在法国的大教堂，教堂东端的
圆室中嵌进一间间侧礼拜堂，围绕着诗歌坛后面的教堂东端。平面仍旧是开放式设
计，中殿和翼殿可以视需要增加，而位于祭坛后面，吟咏每日祈祷仪式的修士合唱
席，还有修士举行私人每日礼拜的圆室或侧礼拜堂，都可以扩建。

哥特式整体设计的基础已经和仿罗马式建筑有了极大的不同，原因在于：建筑师不用继续在一系列立方体的空间单元顶上组合建筑结构。现在建筑物内涵的空间可加宽或变窄，最重要的是可以往上增建。拱顶不再把沉重的重量压在边墙巨大的榫肩上，而像伞骨一样把重量经由横向或斜向跨过每个开间的拱圈传下去。不久前，人们还以为肋筋承载了所有的重量，然后透过扶壁转到地面上。不过第二次世界大战时，建筑物在肋筋毁了以后，填充部分（就像鸭掌的蹼）仍然屹立不摇，显示支持整个建筑

图 193　沙特尔大教堂，飞扶壁，公元 1194—1221 年

结构的是一种精确的均衡，并把负重和推力分配到整座建筑物上。维拉德·德·汉尼考特（Villard de Honnecourt）33 页的羊皮纸草图本（可能是作为他石瓦铺的资料簿）制作于 13 世纪，是中世纪建筑方法的丰富资料来源。里面画了壮观的兰斯大教堂（Rheims Cathedral，1211—1481 年，图 192）剖面图，从 5 世纪开始，法国历代的国王都在兰斯加冕。从剖面图不难看出重量配置的问题有多么复杂，经常一面施工一面修改。有些在建筑地点留下的工作纲领也对当时的建筑方法提供了进一步的线索。我们在约克（York）和韦尔斯（Wells）发现了可重复使用的石膏描图板，

图 194　布尔日大教堂，公元 1190—1275 年

石匠师傅在上面画出建筑物的平面图和图解让学徒看着做。威斯敏斯特教堂（Westminster Abbey）在进行修缮时也在肋筋和拱顶的交叉点上发现了等高的浮雕石（boss stone），标示肋筋线条相交的位置。

令人惊讶的是我们认为纯属装饰的东西经常在

图 195　韦尔斯大教堂，西向正面，公元 1215—1239 年

进一步的研究之后，发现竟然是建筑物重量的精确平衡中不可或缺的一环。举例来说，外扶壁顶端的小尖塔就不只是钉状的装饰，而有抵抗中殿墙壁推力的功能。

　　哥特式的双重屋顶——外面是木头，下面是石造拱顶——也不是一时兴起的点子而已。在 18 世纪富兰克林（Benjamin Franklin）发明避雷针之前，高耸的建筑物常遭雷电击毁。当外层屋顶被雷电击中起火，内层石拱顶仍能保护教堂。不过在下雨天，两者的角色就互换过来，木制的屋顶保护了下层较浅的拱顶。屋顶也提供了空间，容纳把拱顶的石材拉到定位的升降装置。所以英国、德国和奥地利末期的哥特式教堂在拱顶越做越复杂时，屋顶也变得越来越陡峭，维也纳的圣史蒂芬大教堂（St Stephen's Cathedral）即是一例。有些中世纪大教堂到现在仍然把升降装置放在两层屋顶之间。

　　哥特式的建筑师渐渐掌握可以减少多少墙壁、拱或扶壁，而不会破坏结构的功能。沙特尔大教堂（图 193）在 12 世纪原本有美观朴素的阶梯式扶壁，到了 1500 年已经改成细工透雕的山墙和扶壁，就像旺多姆（Vendome）的圣三一教堂（La Trinite，

图 196 米兰大教堂，意大利，公元 1385—1485 年

1450—1500年）和鲁昂（Rouen）的圣马克卢教堂（St Maclou，1436—1520年）。对建筑结构的信心日益增加之际，早期的桑斯大教堂（Sens Cathedral，1145年）那种较为厚实的墙壁，也变得越来越空虚。沙特尔大教堂在厚重的墙壁中还能开出一条三叶拱廊；布尔日大教堂（Bourges Cathedral，1190—1275年）独特的角锥形中殿两边各有两条高度递减的侧廊（图194），但大教堂里面完全没有墙壁阻隔；圣路易（St Louis）在巴黎盖的荆冠礼拜堂［Chapel of the Holy Thorn，通常称为圣礼拜堂（La Sainte-Chapelle），图189］，教堂里厚重的墙壁几乎完全改成彩绘玻璃。支撑玻璃的石造直棂（mullion）非常细长，在彩绘玻璃的炫目光彩下几乎看不出来。这位1242年的最佳建筑师其实已经把叙热的范例发挥到极致。叙热把圣德尼教堂诗歌坛后面的环形殿上层以玻璃包围，这位建筑师再加以延伸，让整间礼拜堂从上到下都镶满玻璃，使这栋建筑物像切割宝石雕出来的圣物箱一样闪闪发光。

厚实墙壁逐渐减少，代表玻璃渐渐取而代之。早期的哥特式窗户是库唐斯（Coutances，1220—1291年）教堂那种简单的尖拱窗（lancet），以及沙特尔大教堂

图 197　布尔戈斯大教堂，星形高窗，西班牙，公元 1220—1260 年

和阿西西（Assisi）的圣方济各大会堂（Basilica of St Francis，1226—1253 年）那种石板镂空式窗格（plate tracery），只是在墙面上简单凿出一个几何图形。公元 1201 年，条饰窗格（bar tracery）发明了，便不再把墙壁的石材表面凿出某种形状的孔，而是把玻璃镶入细长的窗架——石造直棂和窗棂被当成雕刻品，刻出纤细的花样。由于彩绘玻璃在日光的照耀下抢走了所有的注意力，从教堂内部无法完全欣赏这些窗格的美。不过在教堂外面，这些雕花窗格以线条和雕像所构成的完整精致花样就十分醒目，可以布满整个教堂正面，比如兰斯大教堂或史特拉斯堡大教堂（Strasbourg Cathedral，1245—1275 年）等法国哥特式教堂；或是像萨默塞特（Somerset）的韦尔斯大教堂（Wells Cathedral，1215—1239 年）那种典型的英国风格，把正面做得像一面木雕屏风。韦尔斯大教堂 46 米宽的正面有满满 400 尊雕像，让各个组成元素合而为一。在中世纪，这些雕像全部上漆并镀金，确实令人啧啧称奇，不过却让现在要保存正面的大教堂建筑师头痛不已。

　　早期的基本窗形是两个尖拱窗的尖端夹一个圆圈，全部包在一个尖顶的窗框里，后来就像逐渐生长、吐出藤蔓的植物，渐渐突破了外包形状的限制。圆圈强劲地射出花瓣或射线，因此这个时期的法国哥特式窗户被称为三叶草（Rayonnant）。在英国，三叶草及树叶的图形和几何图形一起发展，因此英国同时期的窗户式样称为装饰式样（Decorated）。13 世纪末叶，英国成为潮流的领导者，英国哥特式窗户发展到极致的标志，就是格洛斯特大教堂（Gloucester Cathedral，1337—1377年）东端庄严尊贵的垂直式（Perpendicular）窗户。不过在这种典型的英国超然严谨风格的窗户出现之前，装饰风格已经随着曲线花窗格（Curvilinear）变得更为繁复华丽，当然这主要是英国透过贸易和十字军东征与东方接触频繁的结果，形成一种精彩多变的花样，以艾

图 198　基督修道院教堂西端，托马尔，葡萄牙，1510—1514 年

利（Ely）的仕女礼拜堂（Lady Chapel，1321 年）的 S 形花式窗格和座位上的雕花出檐最具代表性（这是一座会堂，和大教堂风格不同）。即使是风格纯粹的垂直式窗户，在垂直的长方形窗格内，所有的线条都笔直流畅地向上发展，但伊斯法罕那种拱形壁龛（pishtaq）的痕迹仍然显而易见。

石匠师傅把哥特式风格带到全欧洲，北至挪威，南到西班牙，这些石匠因为工作的关系游走四方，到了 14 世纪，他们自称为自由石匠［不过有些历史学家认为这个名词应该代表他们有能力处理自由石（freestone），即纹理细密、适合雕刻的石灰石或砂岩］。布拉格在黑死病侵袭之际得以幸免，波西米亚（Bohemia）的查理七世（Charles VII）便抓住这个机会聘请来自阿维尼翁的阿拉斯的马修（Mathew of Arras），以及格蒙德（Gmund）著名石匠世家的成员彼得·帕勒（Peter Parler）来为他建新的大教堂（1344—1396 年）。桑斯的威廉（William of Sens）建造了坎特伯雷大教堂（Canterbury Cathedral，1174—1184 年）；博纳伊的艾提安（Etienne of Bonneuil）从巴黎应聘到瑞典的乌普萨拉（Uppsala）；米兰大教堂（Milan Cathedral，1385—1485年，图 196）也延请了一群来自巴黎和德国的外国专家效力。

在这样的交流下，流畅的英国曲线花窗格流传了欧陆，并在 14—16 世纪转化成各国不同的形式。西班牙演化出的花样依照当时流行的银饰称为仿银饰风格

165

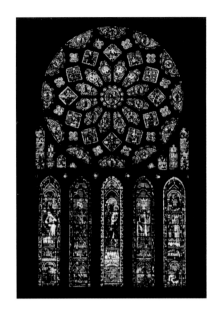

图 199　沙特尔大教堂，公元 1194—1221 年，北边玫瑰窗

（Plateresque），如布尔戈斯大教堂（Burgos Cathedral，1220—1260 年，图 197）。葡萄牙的花样称为曼努埃尔式（Manueline，图 198），其中经常出现打结的绳索和镶嵌的海洋象征，颇具航海风味，这是因为葡萄牙人和英国人一样在全球各地探险。曲线花窗格到了法国已是开到荼靡，例如鲁昂的教堂华丽的火焰式风格（Flamboyant）——回旋并吞卷窗户的窗花格，就像被秋风吹起的树叶，又像篝火的火焰。玫瑰窗（rose window，图 199）是哥特式建筑最壮观的建筑图式之一，其图样多年来从车轮变成玫瑰花，再从玫瑰花变成火焰。

拱顶的发展显然经过了反复不断的试验。早期的拱顶由两条在浮雕石相交的对角配箍肋筋（hooped diagonal ribs）分割成 4 个部分。到了 12 世纪，桑斯大教堂肋筋的数量增加到 3 条箍，也就把拱顶分成 6 个部分。和拱顶的发展息息相关的就是高度问题，要塑造出法国式哥特建筑中特有的垂直性，高度是一个重要因素。一般认为在高度和宽度的比例上，每个石匠根据经验都有自己的估算方式，不过也只记载了粗略的比例。如果把兰斯大教堂显示重量、扶壁和屋顶位置的剖面图和沙特尔大教堂的内部相比较，我们就可以了解拱顶的建造受到哪些因素的支配。

沙特尔大教堂（图 193、199—201）是早期法国哥特式建筑的典范。基本形状在 1194 年到 1221 年的 27 年间兴建完成，亦即除了塔楼以外的部分已经完工。两座塔楼兴建的时间相隔几百年，简单的八角形南尖塔建于 13 世纪初，较精致的北尖塔兴建于 1507 年左右，值得注意的是两座塔楼本来就要建得不一样的。然而沙特尔大教堂不只是塔楼具有哥特式的标准风格。哥特式大教堂和典型的仿罗马式教堂不同，后者由重要的修道院出资兴建，前者却属于城镇所有。镇民兴建大教堂不只为了和邻近城镇较劲，争相荣耀上帝，也为了争取城镇的面子。和圣德尼教堂一样，许多的劳力工作都由教区居民自己动手，农民一车车拉着采石场采来的石头，商人和工匠丢下工作到城门口迎接，然后拉到大教堂工地。

在建筑结构上，沙特尔大教堂是典型的三层楼设计，在中殿的两侧各有一条连拱廊，即一排拱圈，由墩柱（pier）支撑；中层的连拱廊通常很低矮，经常还有一条绕行教堂内侧的走道，称为三叶拱廊或厢廊（triforium）；上层镶满玻璃的连拱廊，或称为高窗（celestory）。图 200 显示两个重要光源：一是从侧廊透过中殿拱廊渗透进来，二是从高窗照进来。三叶拱廊在侧廊屋顶空间内侧，和室外完全隔绝。有些教堂在三叶拱廊开窗口，让阳光透进来，有些教堂甚至还设计了第四层长廊，不过很快就退出流行了。

图 200　沙特尔大教堂内部，显示中殿拱廊、三叶拱廊通道和高窗

　　窗户之间的飞扶壁与拱顶的墩柱相接。这些墩柱都比仿罗马式典型的平滑厚重圆柱要细长，但在某些较早期的大教堂，例如拉翁大教堂（Laon Cathedral，1160—1230 年）和巴黎圣母院（Notre-Dame，1163—1250 年），连拱廊仍然是由一根根单一的圆柱构成，至少到柱头和拱圈的起点为止都是如此，柱头以上才出现像一捆细枝的典型哥特式群柱。不过自从 13 世纪布尔日大教堂动工以后，群柱就成为哥特式建筑的特色。在沙特尔大教堂、鲁昂大教堂、斯瓦松（Soissons）大教堂、兰斯大教堂、亚眠（Amiens）大教堂（图 202）、都尔（Tours）大教堂、斯特拉斯堡（Strasbourg）大教堂、奥塞尔（Auxerre）大教堂、科隆（Cologne）大教堂、托莱多（Toledo）大教堂和巴塞罗那（Barcelona）大教堂，以及英国的许多大教堂，群柱都像喷泉一样，丝毫不受拘束地从地板向上往屋顶拱顶喷发。这种风格在布里斯托大教堂（Bristol Cathedral，1300—1311 年）诗歌坛（图 203）发展到极致，甚至没有柱头来中断这种向上冲涌的气势。

　　群柱要往上冲到多高才不会冲过头？这一点必须从经验中学习。博韦大教堂（Beauvais Cathedral，据说这里的主教犯了傲慢之罪）就曾招致灾祸：双侧廊的诗歌坛［可能是蒙特勒伊的尤迪斯（Eudes de Montreuil）于 1200 年所建，这位石匠师傅

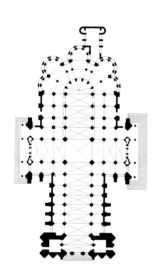

图 201　沙特尔大教堂平面图

图 202　亚眠大教堂，公元 1220—1270 年

曾伴随圣路易参加十字军东征〕和高耸的拱顶都显得野心勃勃。果不其然，屋顶、祭坛和塔楼相继倒塌。但即使如此，重建之后的教堂将近 48 米高，仍是最高的哥特式拱顶。

不过高达 38 米的兰斯大教堂却没有冒犯天怒。在教堂里柱基有齐肩高，更显得柱子高可参天，于是人站在侧廊里，还用不着柱子向上伸展，就显得异常渺小。布尔日大教堂独特的角锥形状，加上高度递减的双侧廊，让教堂看起来没那么高；非得走进内侧侧廊往上看，看到侧廊像中殿一样有自己的连拱廊、三叶拱廊和高窗，才会发现侧廊的拱顶和许多大教堂中殿的拱顶一样高。

正如圣托马斯·阿奎纳（St Thomas Aquinas）所言，一切都必须朝向上帝，所以群柱把人的目光指引到两个方向。一是指向教堂东端圣坛上的耶稣基督；二是引领人们向上仰望天堂的圣父，就像在细长桦树的树丛中，人们会自然而然地抬头凝视树叶之间洒下来的阳光。德国与意大利托钵修士的传教堂如谷仓般简朴，布伦瑞克大教堂（Brunswick Cathedral，1469 年）等晚期哥特式教堂则恰成对比，原本如细长小树丛的教堂，变成了茂密的热带森林，浓密的群柱如卷须般向上盘旋直至星形锯齿状的柱头，柱头再冲入棕榈叶状的拱顶中——还漆上明亮的颜色。

有几个国家特别强调教堂外观的垂直性。德国和波希米亚对塔楼情有独钟，其中最高的是乌尔姆大教堂（Ulm Minster）的高耸尖塔，由恩辛格（Ulrich Ensinger）在 14 世纪末叶设计，然而直到 1890 年才完成。

但柱子和拱顶的发展动力来自英国。法国的古典哥特时期在 1300 年左右告终，在火焰式风格（Flamboyant）成为主流之前有一段空窗期。在 14 世纪前半叶（即黑死病猖獗之前，黑死病在 1348—1349 年造成欧洲约 1/4 人口死亡），英国特别富裕。这期间出现的窗户、拱顶和屋顶的风格，后来对欧洲有重大影响。

英国哥特式建筑刚开始发展时非常简陋，当时熙笃修道会在此扎根，建立牧羊业和毛织业，后来成为英国中世纪的大财源，也是透过羊毛商会会员的关系，而有许多国际接触的机会。达勒姆大教堂（Durham Cathedral，1093—1133 年）早就尝试兴建尖顶拱廊和

图 203　布里斯托大教堂，诗歌坛，公元 1300—1311 年

圆顶的仿罗马式建筑。不过法国经典的哥特式大教堂设计［坎特伯雷大教堂、林肯大教堂（Lincoln Cathedral，1185 年之后重建）、威斯敏斯特教堂的亨利七世礼拜堂（Henry VII Chapel，兴建时间较晚，但刻意模仿法国风格，图 204）］，是由坎特伯雷大教堂的礼拜堂所延揽的法国建筑师引进英国的。威廉（William）的家乡桑斯当时正在兴建一座大教堂，他说服教堂的教士，把 1174 年大火之后摇摇欲坠的诺曼式建筑遗迹清除，重新盖一座教堂，因此在从鹰架摔下来受伤，被迫交棒给另外一位建筑师之前，威廉在坎特伯雷所盖的大教堂和桑斯那座大教堂十分类似。

但不管法式风格如何流行，当地的传统（可从诺曼人仿罗马式风格追溯到亚芬河畔的布拉德福德，盎格鲁-撒克逊风格的圣劳伦斯教堂，图 157）仍然屹立不摇。也正是这种较粗野的传统让英国的哥特式建筑有了自己原始的特色——诗歌坛的后殿是方形而非圆室（这直接延续了撒克逊的平面设计），中殿长得离谱，就像林肯大教堂，有时还出现双重翼殿。法国式平面着重收敛性，每样东西都统一在一个整体的轮廓中，相当节省空间；对照之下，英国大教堂最大的特色就是空间不集中，将建筑物各个组成单位以不规则的图形散置。看看索尔兹伯里大教堂（Salisbury Cathedral，1220—1266 年，图 205）平面上各种形状的结构物，并记得这些建筑都必须加上屋顶，就不难了解为何屋顶和拱顶建筑的实验性做法都源自英国了。

图 204　威斯敏斯特教堂，亨利七世礼拜堂，伦敦，
公元 1503—1519 年

还有一个因素也促使英国的建筑师不断实验新的屋顶建筑法。英国一直是个航海国家，而且可以尽量从当时仍然腹地甚广的森林里取用木材——土地通常归教会所有。我们很容易就能看出教堂的拱顶多么像倒悬的船只龙骨。此时英国各个村落纷纷兴建教堂，其中许多都依照最高标准建造。从征服者威廉征服英国，到 19 世纪哥特式风格复兴（Gothic Revival），这期间至少兴建了 1000 座教区教堂。

除了使用当地种类繁多的建材——各式各样的石材、砖块、燧石和磁砖，教堂的屋顶和轮廓

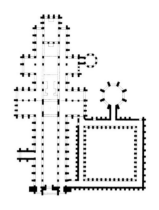

图 205　索尔兹伯里大教堂，
公元 1220—1266 年，平面图

也是很有趣的特色，塔楼和尖塔的样式繁多，不胜枚举，而且通常做成钟楼，特别是沿海地区要敲钟来警告居民入侵者要来了。教堂内部把木材运用得很好，不仅雕刻或画着耶稣受难十字架的圣坛隔屏（rood screen）用的是木材，最重要的是屋顶也以木材建造。

这些木构屋顶包括人字形桁架屋顶（trussed-rafter roof）、系梁屋顶（tie-beam roof）、维梁式屋顶（collar-braced roof）和椽尾梁屋顶（hammer-beam roof），将为哥特末期许多宏伟世俗建筑物提供重要的天花板，在石雕装饰已经失去功能上的意义之时，展现出结构和美学是无法分离的。在剑桥郡（Cambridgeshire）的马奇（March）这种村落，偶尔会看到椽尾梁的天使屋顶（angel roof），椽尾梁架构把屋顶梁的重量透过支柱传到向外悬挑的椽尾梁，光是天使飞翔的美景就让人惊叹不已（图 206）。

当这些木材的技术转移到石材上，拱顶肋筋增加的数量远超过结构上的需要，因此创造出一种装饰雕花网，可和当时正在发展的复杂花式窗格雕饰相比拟。这些额外支柱都有可爱的名字：从墙面支撑穹肋（wall shafts）呈扇形展开，和屋脊衔接，

169

形成棕榈树形状的肋筋叫"居间肋拱"（tierceron），出现在埃克塞特大教堂（Eexter Cathedral，1235—1240年）；而肋筋之间的装饰性小支柱叫作"拱顶副肋"（lierne），如艾利长老住宅（Ely Presbytery，1335年）的屋顶。此后英国大教堂的肋筋大量增加，欧陆国家也迅速采用并进一步发展，特别是德国、波希米亚和西班牙，后来甚至出现

图 206　圣温德利达教堂，天使屋顶，马奇，剑桥郡，公元 15 世纪

在原本简朴的宽阔哥特式教堂（widehall-church），侧廊与中殿同高，如德国的传扬教堂（Hallenkirchen），这种教堂建筑很受托钵修士欢迎，因为可以聚集大批教友来传道。还有在骨架拱顶（skeleton vault）中，一般的结构肋筋本身有另一系列独立拱顶支撑，这在林肯的圣物匣礼拜堂（Easter Sepulchre Chapel）具体而微地呈现出来。星状肋拱顶（star vault）最吓人的例子恐怕在德国。德国石匠把这种复杂的拱顶传到西班牙，并在布尔戈斯大教堂（1220—1260年，图197）的星形高窗发挥到最高点。网状拱顶（net vault）的结构肋筋被中断，形成菱形或三角形，产生了另一种发展。英国则出现了美丽的扇形拱顶（fan vault），这也是剑桥大学国王学院礼拜堂（King's College Chapel，1446—1515年）和威斯敏斯特教堂的亨利七世礼拜堂（1503—1519年）主要美感所在。这种英国特有的风格一直很受欢迎，并与延长的垂悬中心浮雕装饰一起顺利发展到詹姆斯一世时代（Jacobean period，1603—1625年）。

　　哥特式建筑物不可能对世俗建筑毫无影响，只是到将近14世纪末才出现，比它对大教堂的影响晚了几个世纪。14世纪的前半叶，生活太过艰苦，无暇顾及美学事宜，世纪初农作物连年歉收造成大饥荒，让民众无法抵抗传染病（据说阿维尼翁有一回3天内就死了1400人），导致1348—1350年黑死病肆虐。一份教会的调查表明估计共有4000万人丧生，约占欧洲总人口四分之一。不过在此之后，不管是因为天气好转还是因为已经没有那么多张嘴要吃饭，总之生活情况改善了，民众开始对知识产生兴趣，后来形成文艺复兴时代个人风格、学术和商业的蓬勃发展。

　　城堡是哥特式世俗建筑最主要的典范，这是时代变迁的自然结果。火药（1327—

1340 年间传入欧洲）成为战争武器之后，城堡经历了几个阶段的演变。靠十字军的专门技术所建的巨大防御工事遭淘汰，保留堡垒装饰的城堡代之而起，但这些城堡的防御装置从未经过检验；后来的城堡留下这些防御装置大多只是为了维持风格；最后发展出英国有壕沟防御的庄园（manor-house）。如此演变下来，终于出现了文艺复兴时期的宫殿建筑（palace）。

城镇也随着贸易的增加而发展起来。前面提过，重要的哥特式大教堂属于城镇或城市所有，就像重要的仿罗马式修道院过去属于乡村所有一样。现在又发展出另一种重要建筑——教区教堂（parish church）。在繁荣的新气氛中，居民人数难得超过 5000~10000 范围的城镇获准经营市场，于是出现了市场所在地，通常在大教堂或教区教堂附近。英国的城镇有市场办公室，公告传报员在这里宣布新消息。许多有葱形肋筋和拱顶的市场办公室保存了下来，就像索尔兹伯里（Salisbury）八角形的家禽市场（Poultry Cross）。

贸易日渐增长，其他建筑物也在市场周围出现，如市政厅、工艺会馆、商人会馆以及贸易交易所，其中有些建筑物的高塔显示世俗世界正在日常生活中和教会竞争。西班牙瓦伦西亚（Valencia）的丝绸市场（Silk Market，1202—1304 年）有一座高拱顶和螺旋形的支柱；伊普尔（Ypres）正面长达 134 米的纺织会馆（Cloth Hall，图 207）历时百年才完工，虽毁于 1915 年，但因为深受民众喜爱而重建；萨福克（Suffolk）拉文纳姆（Lavenham）由木材骨架建造的行会会馆（Guildhall）建于 1529年羊毛业景气时；约克郡的商人投资会馆（Merchant Adventures' Hall）是相当精致美丽的木建筑，同类建筑物难以望其项背；羊毛输入国组成的汉撒联盟（Hanseatic League）的繁荣港口，例如汉堡（Hamburg），需要船泊场、码头、海关和仓库；富有商人为自己兴建美丽的住宅；除了客栈，也出现了像伦敦环球剧场（Globe Theatre）这种著名戏院，莎士比亚的戏剧就在这里上演。

有些宗教组织兴建的建筑物是为了从事慈善事业，例如救济院和医院；或教育事业，例如大教堂学校。但新成立的大学逐渐脱离教堂而独立。博洛尼亚（Bologna）的法学院隶属一所 11 世纪成立的古老大学，这所学校和萨勒诺（Salerno）的医学院都不附属于教堂。据说牛津大学（Oxford University）的成立就是一次政教冲突的结果：当时亨利二世（Henry II）不满贝克特大主教（St Thomas Becket）躲开他藏匿到法国，便决定不让英国学生就读巴黎的大学。大学的建筑脱胎自修道院建筑，如礼

图 207　纺织会馆，伊普尔，比利时，公元 1202—1304 年

拜堂、当作餐厅的厅堂、图书馆等，学生漫步读书的方庭就像修道院中修士散步祈祷 172
的回廊。通往院士书房兼卧室的楼梯盖在庭院的角落。这些德高望重的学术环境里的澡堂，就算到了今天，可能还是像 14 世纪一样，远远安排在后巷里。

有些后来成为有钱人寓所的豪宅是在教会的赞助下兴建的，原本是作为主教（教会里的君王）的住宅。这些住宅可能非常宏伟，就像教皇在大分裂时期（Gret Schism，1378—1417 年）驻阿维尼翁的教皇宫殿（1316—1364 年）。包围在一座 14 世纪的防御城市里的教皇宫殿，和其他城堡有个共同的特色：它们不像一般建筑，倒像个防御城池。1240 年的艾格莫尔特（Aigues-Mortes）就是如此，这个棋盘式城镇的厚重城墙周围约有 150 座塔楼；神圣罗马帝国的腓特烈二世（Frederick Ⅱ）13 世纪初在意大利巴里（Bari）的山堡（Castel del Monte）也是一座防御城池。

图 208　卡尔卡松城，法国，建于公元 13 世纪，公元 19 世纪修复

法国西南部的卡尔卡松（Carcassonne，图208）是一座有城墙围绕的城池，显示出对称的防御工事逐渐成为主流。在西西里岛的罗马遗迹之间长大的腓特烈二世（1212—1250年在位），沿袭古罗马堡垒风格，建立了对称布置的防御工事，例如他在普拉托（Prato）的城堡（1237—1248年）。原始的卢浮宫［Louvre，菲利普二世（Philip Ⅱ）在13世纪兴

图209　博马里斯堡，威尔士，公元1283—1323年

建，以壕沟围绕，中央核垒还有小尖塔］、法国其他城堡、德国莱茵河以北的城堡，也都是对称格局。这些城堡都以水作为屏障——海洋、河流或壕沟——城墙在水边陡峭高耸，往城内倾斜而下，圆弧的城角是为了阻止敌人企图挖地道或用火药炸开城角。这个时期的城堡遗迹保存最好的例子应该是在英国，像13世纪的爱德华一世（Edward Ⅰ）为了敉平凯尔特人的叛乱在威尔士兴建的完美的城堡：康威堡（Conwy Castle）、卡那封堡（Caernarfon Castle）、彭布罗克堡（Pembroke Castle）、哈勒赫堡（Harlech Castle）和博马里斯堡（Beaumaris Castle）。博马里斯堡（图209）有双重城墙和外壕沟，两个大城门各有两大两小4座塔楼，1座面对内陆，另外3座面海，也是一个对称且组织严谨的防御性堡垒。这是爱德华一世兴建的最后一座城堡，由圣乔治的詹姆斯（James of St George，威尔士国王工程官）监督建造。早期诺曼式风格的伦敦塔（Tower of London，1076—1078年）虽有部分后来经过改建和重建，仍具有类似的统一和连贯性。

　　当时住宅的布置相当复杂，城堡各个侧翼或塔楼提供宿舍给因工作关系必须住在城堡里的人居住。在约克郡文斯利代尔谷（Wensleydale）的博尔顿城堡（Castle Bolton，曾经囚禁苏格兰玛丽女王）这种大城堡中，从壁炉还是装在墙壁上以及各套房间彼此的关系，可以看出这个时期城堡中住宅的面貌。

　　如果整座城堡只属于一家人，标准的布局就是一个中央大厅，是家中成员和仆

人起居的空间，另外还有卧室、角落的储藏室或洗手间、厨房、一间礼拜堂，有时有一间私用室，都分布在大厅周围两层或一层楼的空间里。从什罗普郡（Shropshire）壕沟围绕的美丽的斯托克赛堡（Stokesay Castle，图 210）就可以看出这种简单却充分利用空间的布局。这座建于 13 世纪末的城堡，如今沉睡在鸭群、墙头花和紫罗兰之间，完全嗅不出一丝战争气息。大厅被后人当作谷仓使用而保存下来。

英国的城堡渐渐发展成庄园，首先出现的是 L 字形的大厅和塔楼；接着发展成 T 字形，两层楼高的住房和大厅成直角；最后在 T 字形的另一边加了第二个侧翼，形成 H 字形，如此一来，主人家和仆人分居两个侧翼，相互间只能经由大厅交流。这种具有防卫功能的交错式入口在英国历久不衰。

图 210　斯托克赛堡，什罗普郡，公元 1285—1305 年

　　有钱人在乡下和城镇用钱为自己创造了一种文明的生活，从装饰得美轮美奂、精致高雅的房子，可以看出这是哪一国的哥特式风格。商人雅克·克尔（Jacques Coeur）在布尔日的法国哥特式住宅（图 212）就是个例证：有盛饰的外观、细工雕花的阳台、雕刻得像小窗户似的壁炉、绅士淑女的雕像往前倾和对面的邻居聊天，以及 15 世纪和 16 世纪的彩绘玻璃窗户背景中惯见的小尖塔和顶盖。和这些细部相同的设计也出现在晚期哥特式大教堂的外观或家具上。这种哥特式细部还在法国流行了好一段时间，在富豪宅院或庄园中和文艺复兴式的细部及布置融合在一起。哥特式风格在建筑史上展现了最光辉的荣耀，法国是诸国之中对哥特式风格最为恋栈的一个。

　　英国风格的哥特式细节装饰从宗教建筑转移到世俗建筑，从类似前述布尔日住宅的一栋大宅邸就能看出——这是羊毛商人威廉·格瑞佛（William Grevel）的住宅（图 211），位于格洛斯特郡（Gloucestershire）奇平卡姆登（Chipping Campden），1401 年他就在这里过世。临街正面的弓形窗（bow window）有独特垂直式窗格，细长石材直棂贯穿两层楼高的窗户。1521 年多塞特（Dorset）佛德（Forde）的修道院长宅邸就是这种风格的精心展现。

图 211　威廉·格瑞佛的住宅，奇平卡姆登，格洛斯特郡，公元 14 世纪末

图 212 雅克·克尔的住宅，布尔日，法国，公元 1442—1453 年

　　不过最宏伟的是威尼斯的商人住宅，大运河（Grand Canal）旁的豪华宫殿中最壮观的就是总督府（Doge's Palace，图 213）。精致的双排连拱廊，以及上层精心构图的玫瑰色和白色大理石，将简单的建筑物衬托得十分出色，提醒世人：威尼斯是个和东方来往频繁的商业中心。

175　　带有独特国家风格的哥特式建筑设计自然也出现在市政厅，这也是地方城镇的面子在世俗建筑上的首要表现。德国和低地国家热衷于市政厅的兴建，以独特的陡斜屋顶来表现他们商业上的成就，屋顶上经常嵌进屋顶窗（dormer window）再加上狭窄的装饰塔。佩德（Jan van Pede）1525 年至 1530 年在奥德纳尔德（Oudenaarde）建设的市政厅（图 214）堪称一件伟大的艺术品。一楼的拱廊、两排哥特式的窗户、花边状的矮护墙（parapet）、陡斜的屋顶和中央突出的钟楼，在比例和装饰上都完

图 213　总督府，威尼斯，公元 1309—1424 年

图 214　佩德所建的市政厅，奥德纳尔德，比利时，公元 1525—1530 年

全和谐。比较失败的是头重脚轻的 14 世纪突兀钟塔——看起来不只像个肿胀的拇指，还连续包了好几层绷带——就在 15 世纪兴建的布尔日市政厅上面。意大利锡耶纳（Siena）的市政厅（Palazzo Pubblico，1298 年，图 215）罕见的砖石弧形正面和细长的钟楼也有类似的对比；一年后兴建的佛罗伦萨旧宫（Palazzo Vecchio）像监狱一样难看，屋顶卡了一个宛如火把的笨重钟塔，原本可能是想模仿佛罗伦萨大教堂（Florence Cathedral）美丽的条纹钟楼，可惜徒劳无功。

　　哥特式的建筑风格在佛罗伦萨转变为文艺复兴风格，这里是文艺复兴的发源地。建筑的故事的下一章就要从这里开始。

图 215　市政厅，锡耶纳，意大利，公元 1298 年

第十三章
人类完美的尺度：意大利的文艺复兴建筑

建筑发展的时期从来不是壁垒分明的。建筑风格的发展经常互相重叠，在 15 世纪 20 年代，盖米兰大教堂（不但是意大利最伟大的哥特式大教堂，也有人认为是意大利唯一真正的哥特式大教堂）的石匠可能会到 240 公里以外的佛罗伦萨，参与兴建一座设计风格完全不同的大教堂。后者就是佛罗伦萨大教堂（百花圣母院）的圆顶（1420—1434 年，图 216），而该教堂的建筑师是金匠出身的布鲁内莱斯基（Filippo Brunelleschi，1377—1446 年），当时他正在开创新的设计和品位。

以前当然出现过圆顶，就像古罗马的万神殿（图 120）。不过这种圆顶不一样。布鲁内莱斯基把圆顶放在八角形鼓型环上，而且不使用任何三角穹隆。他发明出一种复杂的木造形式，在其内外各包上一层八格式圆顶（eight-panelled dome）砖石壳。另一个不同点是这种圆顶在关键点上用一系列加强支撑力的链条把砖石肋筋系在一起，也就是用铁链固定木箍筋或石箍筋。顶端的小圆顶由砖石制造，发挥类似镇纸的效果，把相当尖的圆顶压在一起，防止它散开。

圆顶当然不是布鲁内莱斯基对新建筑风格唯一或最创新的贡献。他在 1421 年完成的育英医院（Foundling Hospital，图 217）简单祥和，修长的科林斯列柱顶着圆顶拱构成优雅连拱廊，每个拱的中心点和三角楣饰正上方是朴素的长方形窗户，这也是开文艺复兴建筑风格之先的建筑物。至于他为帕齐家族（Pazzi family）在圣十字教堂（Santa Croce）的圣方济托钵修士修道院里面盖的礼拜堂（1429—1461 年，图 218、219），不但完美，也成为文艺复兴风格建筑物的教科书。

首先，要从凉廊一座高耸拱门进入的帕齐礼拜堂（Pazzi Chapel）有创新的造型——看不到中殿和侧廊，而是一个顶着圆顶的正方形建筑体，不过这个圆顶使用了三角穹隆，圆顶下方圆圈的圆心就是礼拜堂的中心点，建筑物从每个方向看过去都很完整。除此之外，尺寸也都很精确：圆顶下面的正方形高坛占教堂总宽度的一半。墙壁、拱和地板上深色调的装饰性带饰显示了比例，这种墙面的精确处理塑造出教堂的气氛。布鲁内莱斯基两座重要的教堂——圣洛伦佐教堂（San Lorenzo，1421—?）

图 216　从观景台看佛罗伦萨，可见大教堂的圆顶，公元 1420—1434 年，布鲁内莱斯基设计兴建▷

图 217　布鲁内莱斯基：育英医院的庭院，佛罗伦萨，公元 1421 年

和圣灵教堂（Santo Spirito，1436—1482 年，图 220）是大会堂式平面，不过设计也同样精准，圆顶位于交会区（crossing）上方。

　　这种建筑风格成为欧洲的主流，尔后向外流传，在全球许多地方流行了几百年，到今天还有这种建筑物。什么原因促使建筑物从哥特式风格转变成文艺复兴风格？一方面，哥特式建筑已是强弩之末——每一种建筑风格迟早有一天都会变不出新花样；另一方面，社会发生重大变迁，会花钱请建筑师盖房子的那个圈子变化更大。

　　火药改变了战争的性质和国家之间的关系。罗盘的发明和造船新技术的发展让欧洲人得以涉足中国、东印度群岛、印度和美洲。不再受到教会排斥的银行业开

图218 布鲁内莱斯基：圣十字教堂的帕齐礼拜堂，佛罗伦萨，公元1429—1461年

始在社会上担任举足轻重的角色。贸易和金融业为佛罗伦萨带来了大笔财富。封建时代的世袭贵族被新的富商阶级取代，例如美第奇家族（the Medici）、斯特罗齐家族（the Strozzi）、鲁切拉伊家族（the Rucellai）、皮蒂家族（the Pitti），这些家族的商业王国遍布全欧。富商和他们赞助的艺术家成为文艺复兴的新博学之士。弗朗切斯卡（Piero della Francesca）为乌尔比诺公爵费代里戈·达·蒙泰费尔特罗（Duke of Urbino，Federigo da Montefeltro）画了一幅著名的侧面肖像，画中的蜥蜴眼和鹰钩鼻丑化了这位知名的艺术赞助者。公爵统治意大利北方一个多山的小王国，为人有原则、富有绅士风度和慈悲心肠。他是一位杰出的军人，不过和阿尔贝蒂（Leon Battista Alberti）同时代的劳拉纳（Luciano Laurana，1420或1425—1479年）为他盖的乌尔比诺宫（Palace of Urbino，约1454—？，正面）确实代表了他个性中艺术化的一面。城堡俯瞰波状起伏的山顶村落。学者、哲学家、音乐家和艺术家常在大厅和庭院（有一个庭院周围环绕着模仿育婴医院的凉廊，还有一个庭院可通往公爵和公爵夫人寝殿的秘密花园）聚集、谈话和创作。公爵本人在各方面都很有学养。他收集了

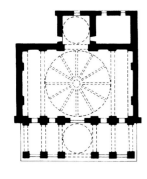

图219 帕齐礼拜堂平面图

图 220 布鲁内莱斯基：圣灵教堂，佛罗伦萨，公元 1436—1482 年

意大利最好的藏书，现在是梵蒂冈图书馆（Vatican Library）的一部分，据说雇了 30~40 名抄写员，花了 14 年誊写伟大的古典和现代典籍。

学者接触到这些古典书籍之后，开启了新人生观，从而形成了新的建筑观。国际贸易加强了思想的流通，一群被称为人文主义者（Humanists）的人文学（语法学、修辞学、历史和哲学）教师在思想的传播上扮演了关键角色。透过印刷术的发展，典籍得以流传。中国很早就发明了印刷术，不过欧洲人古登堡（Gutenberg）在 1450 年发明了铅活字印刷，大大刺激了思想的流通。第一本印刷的《圣经》在 1456 年出版，随后建筑书籍也一一问世。

1415 年，教皇秘书布拉乔利尼（G. F. Poggio Bracciolini）根据在瑞士圣高尔教堂发现的手抄本，制作成维特鲁威文稿的缮写本。在 1487 年，维特鲁威是作品最早印刷问世的作家之一。这种新的传播媒介造成重大的影响。在维特鲁威的影响下，复古风格的建筑理论学家如阿尔贝蒂、塞利奥（Sebastiano Serlio）、乔治（Francesco di Giorgio）、帕拉迪奥（Andrea Palladio）、维尼奥拉（Giacomo da Vignola）、罗马诺（Giulio Romano），都纷纷撰写论文。不管技术多么高超，这些人已经不再是石匠师傅，而是学者。建筑不再是石匠铺里代代相传的传统手艺，而是一种艺术理念。建筑师不只把房子盖起来，他们还遵循一套理论。

建筑师有好几项崭新的发现可资运用。1425 年左右，佛罗伦萨的画家发现了透视法（也可能是布鲁内莱斯基自己发现的），一种新的空间关系概念成为可能。此外，另一项发现使得过去的经验突然有了统一性，同时也开启了新的意义。根据毕达哥拉斯（Pythagoras）的理论，和声的音程和物理尺寸的数字成精确的比例。这完全符合文艺复兴时期的思维模式。如果和声比例和数学比例一模一样，不但有比例的法则，音乐和建筑有数学上的关联，大自然也呈现出一种美妙的统一性。如此一来，建筑物可以在度量衡上反映出大自然和上帝的基本法则。一栋比例完美的建筑物就成了上帝的启示，以及神格在人类身上的反映。

把这些理论统合实行的建筑师是阿尔贝蒂（1404—1472年）。他本身就是理想的文艺复兴人，精通骑术和田径运动，据说可以双腿合拢跳到一个人那么高。他作画、写剧本、创作音乐、写过绘画方面的论文，后来出版的一本书，还成为文艺复兴的必读书本。他的《论建筑》（De reaedificatoria）在1440年动笔，1485年出版，是第一本付梓的建筑书籍。他在书中解释以数字的和谐为基础的美学理论，并以阿基米德的几何学作为运用基本形的权威依据——把正方形、立方体、圆形和球体这些几何图形加倍或减半，设计出理想的比例。他还提出了文艺复兴时期建筑上最重要的论述：建筑物的美来自各部分比例的合理整合，稍微增加或减少都会破坏整体的和谐。

阿尔贝蒂还有另外一种特质，对文艺复兴的建筑影响深远，也是文艺复兴的特色，那就是对个人才华和力量的关注。就像中世纪教会的说法，人当然是"依照上帝的形象所创造的"；不过现在的重点已经改变：人类本身有了新的尊严。古典文学、几何学、天文学、物理学、解剖学和地理学等知识显示人类具有如神的能力。人文主义者重新唤起了古希腊哲人普罗塔哥拉（Protagoras）的格言"人是衡量万物的标准"。阿尔贝蒂结合理想的形式，制定出创造完美教堂的条件，他相信这是为上帝创造一个实质的形象。这个理想的形式包含一张人的脸孔。维特鲁威在《建筑十卷》第三卷中提到建筑物应该反映人体的比例，达·芬奇（Leonardo da Vinci）以理想形状（正方形和圆形）表现人体比例著名的绘图，就是把这个概念发扬光大；乔治的图解明白地把人体比例和当时的建筑连在一起——把中殿加长的向心式希腊十字形教堂平面重叠在一个人体上（图221）。

文艺复兴时期某些代表性建筑正是出自阿尔贝蒂的手笔。他为佛罗伦萨的新圣母堂（Santa Maria Novella）增建了一个比例精确的正面（1456—1470年），也是极有名的建筑立面。为了让中殿和较低矮的侧廊连在一起，又不牺牲这种新风格独特的水平设计，他设计出巨大的漩涡形装饰，成为后辈建筑师的建筑语言之一。他在曼图亚（Mantua）设计的圣安德烈亚教堂（Sant' Andrea，1472—1495年，图222）正面，几乎脱胎自凯旋门。这里出现了古罗马的"ABA"母题，其后上百栋文艺复兴建筑物的外观也都出现了这个母题：低拱－高拱－低拱，壁柱－窗户－壁柱，角楼－

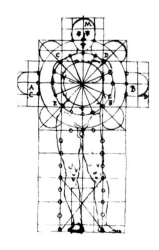

图221 弗朗切斯科·迪·乔治：人体重叠在集中式十字形教堂平面图

图 222　阿尔贝蒂：圣安德烈亚教堂，曼图亚，公元 1472—1494 年

圆顶－角楼。设计鲁切拉伊宫
（Palazzo Rucellai，1446—1457
年，图223）时，他模仿罗马
大竞技场，在不同楼层采用不
同的柱式——多立克、爱奥尼
克、科林斯，比例都经过仔细
计算。维特鲁威认为某些柱式
适合某种建筑物，这种观点在
文艺复兴时期再度盛行：多立
克柱适合阳刚的建筑物，如法
庭和纪念男性圣徒的教堂；爱
奥尼克柱适合哲学家、学者和
纪念已婚女圣徒的教堂；科林
斯柱则适合纪念童贞玛利亚和
少女圣徒的教堂。

图223　阿尔贝蒂：鲁切拉伊宫，佛罗伦萨，公元
1446—1457年

　　在佛罗伦萨的众多宫殿中，
只有鲁切拉伊宫树立了新建筑风格。其他宫殿的临街正面通常都不太好看，较低的楼
层用的是毛石，称为"粗石造"（rusticattion），指的就是乡土气息，因为这些石材表
面没有磨平，刻意保持粗削的模样，好像直接从采石场运过来的似的。阿尔贝蒂在顶
端设计了一个突出的檐口，遮住了屋顶。这成为文艺复兴建筑的另一项特色，让宫殿
呈现一个集中的四方形轮廓。佛罗伦萨最大的皮蒂宫（Palazzo Pitti，1458—1466年），
设计师不详，一楼的每扇窗户都包在一个粗面石拱当中，颇具特色。如果文艺复兴宫
殿的外观令人敬而远之，一旦进入庭院，感觉就完全不同了：大富人家有礼、好客、
优雅的生活，让人忽略了建筑物监狱般的外观（图224）。

　　佛罗伦萨是意大利三大城中率先孕育新风格的城市，其次是罗马，接下来是威
尼斯。从公元1500年开始的这段时期，艺术在教皇的赞助下发展到巅峰，世称文艺
复兴盛期（High Renaissance）。罗马的建筑在刚开始发展时和佛罗伦萨颇为相似。在
文艺复兴时期的宫殿中，建筑师不知其详的坎榭列利亚宫（Cancelleria）于1486年
动工，1498年落成，是教皇西克斯图斯四世（Pope Sixtus Ⅳ）之侄里亚里奥红衣主

图 224　阿尔贝蒂：威尼斯宫庭院，罗马，公元 1455 年之后

教（Cardinal Riario）的寓所，它代表了建筑业的中心已从佛罗伦萨移到罗马。比例完美的法尔内塞宫（Palazzo Farnese）显然是以坎榭列利亚宫的元素为设计方针。法尔内塞宫在 1541 年由小圣加洛（Antonio da Sangallo the Younger）着手兴建，最后由米开朗基罗（Michelangelo）完工。筒形拱顶的走道从大门口直通庭院，大门两侧是两排相似的窗户，一楼是笔直的檐口，二楼窗户上方的山墙饰交错运用了三角形和圆头弧形。

罗马文艺复兴盛期初年最重要的建筑师是布拉曼特（Donato Bramante，1444—1514 年），他在乌尔比诺（Urbino）附近长大后成为一名画家，在米兰待过一阵子，认识了达·芬奇，1499 年米兰被法王路易十二（Louis XII）占领后来到罗马。他在米兰的作品已经显示出阿尔贝蒂的影响，不过真正让他在建筑史上举足轻重的，是他生命最后 12 年所设计的充满古代精神的作品。

布拉曼特在 1502 年盖的小圣堂（Tempietto，图 225）最亦步亦趋遵循阿尔贝蒂定下的纯粹古典主义原则，小圣堂位于贾尼科洛山（Janiculum Hill）蒙托里奥的圣彼得修道院（San Pietro in Montorio）里，相传是圣彼得殉道的地点。这座小型建筑物刻意模仿古罗马的灶神庙，独立坐落在庭院，一层层阶梯上升至一个圆形基座，其形式是一个由多立克列柱围绕的鼓形环，以一圈栏杆饰边，鼓形环借着栏杆升高，上面冠以一个圆顶——可说是最灿烂的建筑瑰宝。室内布局完全依照古典原则，用高窗来展现蓝天，可是其他方面乏善可陈。小圣堂从外观开始设计，具有文艺复兴盛期建筑独特的密致特质，在室内的塑造方面，则缺乏后来的风格所具有的那种空间和光线设计。但这栋建筑并不沉重，也不像宫殿那样既高傲又令人畏惧。抬高的基座上的宽敞柱廊和围绕二楼的镂空栏杆所呈现的魅力，优雅和精致，堪称一栋完美的建筑物。

小圣堂的比例极为和谐，增一分则太多，减一分则太少，然而布拉曼特了不起的地方就在于他原始的设计概念其实是极具弹性的，所以这栋建筑在全球各地被

图 225　布拉曼特：小圣堂，蒙托里奥的圣彼得修道院，罗马，公元 1502 年

成功地复制。包括吉布斯（Gibbs）在牛津的拉德克里夫图书馆（Radcliffe Camera，1739—1749 年），霍克斯摩尔（Hawksmoor）在约克郡霍华德堡（Castle Howard）设计的陵墓、罗马圣彼得教堂（St Peter's）和雷恩（Wren）在伦敦设计的圣保罗大教堂（图 277）的圆顶、巴黎的圣热纳维耶芙教堂（St-Geneviève，即万神殿，图 289），甚至还有华盛顿的国会大厦（Capitol，图 312）。

圣彼得教堂（图 227）可说象征了文艺复兴时期罗马的精神浮华和世俗强权。公元 330 年，原始的大会堂式教堂兴建于尼禄圆形露天广场（Circus of Nero）所在地，也就是圣彼得殉道的地方，旁边的方尖碑是从尼罗河上游运来的，从公元 41 年就矗立在此，比尼禄盖圆形露天广场的时间还早。25.5 米高的方尖碑必须如期搬运，这项庞大的工程在丰塔纳（Domenico Fontana，1543—1607 年）的领导下耗时 6 个月完成。

教堂的兴建工程也旷日费时。不但平面设计一改再改，在结构理论上又争议不休。从 1506 年奠下基石起，到一个世纪后的 1626 年才完工。文艺复兴盛期的建筑师几乎都参与了这项工程，包括布拉曼特（工程开始时他已高龄 60 岁）、拉斐尔（Raphael）、佩鲁齐（Baldssare Peruzzi）、小圣加洛、米开朗基罗、维尼奥拉、德拉波塔（Giacomo della Porta，约 1537—1602 年）、丰塔纳和马代尔诺（Carlo Maderno，1556—1629 年）。

布拉曼特的原始设计（他很可能已经和达·芬奇讨论过，达·芬奇的素描簿上有一幅大教堂设计图，是一个有 5 个圆顶的希腊式十字形平面）是把一个希腊式十字形平面和一个用 4 根巨大角柱支撑中央半圆顶的正方形平面叠在一起（图 226）。两个对称的翼殿各有一个超出正方形的环形殿，可以在十字四臂交叉形成的四角各容纳一间希腊式十字形的侧边礼拜堂，每间顶上都有一个小圆顶，正方形的四角各有一座塔楼。布拉曼特尝试用罗马混凝土来制造巨大的墩柱和壮观的拱——比当时任何一个墩柱和拱都大得多。拉斐尔接手之后没有什么重大贡献。圣加洛（Giuliano da Sangallo，1445—1516 年）让建筑工程往前迈进一步（图 226），他强化了柱子，又建了中殿拱顶和支撑圆顶的三角穹隆，还把圆顶的设计从古典的半球形改成了用具肋筋的弧形，比布拉曼特的原始设计高出 9 米。

不过最后由德拉波塔和丰塔纳完工的圆顶，事实上是 72 岁的米开朗基罗设计的，他是画家、艺术家和军事工程师，晚年才摇身一变成为建筑师。他回到佛罗伦萨，

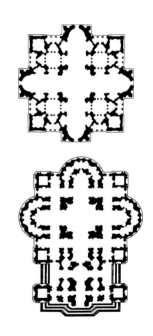

图 226　圣彼得教堂平面图，罗马，布拉曼特和圣加洛设计

图 227　布拉曼特和米开朗基罗等人：圣彼得教堂，罗马，公元 1626 年落成

从布鲁内莱斯基的圆顶寻找灵感。他设计的结构和佛罗伦萨的圆顶很类似：有内外两层，内层几乎全为砖材，支撑这个多瓣式弧形体的构件是用 3 条铁链系在一起的肋筋。

　　米开朗基罗的贡献是什么呢？凭着雕塑家对三维空间的洞察力，他回避了当时建筑对比例的热衷，开启了新的尺度和空间概念——后来巴洛克（Baroque）建筑风格就在这两方面做新尝试。布鲁内莱斯基在佛罗伦萨设计的圣洛伦佐教堂（最后经其他建筑师略微修饰之后才大功告成），后来由米开朗基罗增建了一间礼拜堂，是美第奇家族的墓室（1519—？，图 229）。毕竟他是透过雕塑才转向建筑的，所以在礼拜堂周围布置了代表日与夜、黎明与黄昏的雕像。不过他几年后为圣洛伦佐教堂旁边的洛伦佐图书馆（Laurentian Library，1524 年，图 228）所做的设计，才充分显现了他的才能和创意。这次的任务是在一条狭长侧翼里设计一间图书馆，而且要和楼下的玄关相通。他并不打算再创文艺复兴的平衡比例，而且恰好相反，他故意夸大两个构件之间的差异，让高耸狭窄的建筑物里冒出一个狭长低矮的房间。我们以后就会知道，有一种在文艺复兴末期广受欢迎的矫饰主义（Mannerism）手法，就是利用线脚和装饰线条来强调透视效果，把房间、院子或街道弄得像隧道一样。瓦萨里（Vasari）在佛罗伦萨乌菲兹美术馆（Uffizi，1560—1580 年）设计的庭院就巧妙地使用了这种手法，让访客经由 "ABA" 式的入口到远处的阿尔诺河（Arno）。米开朗基罗又刻意创造出阅览室不可或缺的充足光源和宁静气氛，成为后来许多大学图书馆的典范。前室（anteroom）有三重阶梯，墙面一分为二，上半段是柱子，下半段是托座，这种柱子不具支撑作用，纯粹用来分辨楼层，是颇具创意的做法。

米开朗基罗的另一个特色就是巨柱式（gaint order）——贯穿两三层楼，有时甚至和整个立面等高的圆柱，这种设计后来被帕拉迪奥和其他建筑师广泛采用。这种巨柱式在罗马卡比托利欧山（Capitolino）周围的宫殿最为明显，米开朗基罗在 1539 年

图 228　米开朗基罗：洛伦佐图书馆阶梯，圣洛伦佐教堂，佛罗伦萨，公元 1524 年

图 229 米开朗基罗：美第奇礼拜堂，圣洛伦佐教堂，佛罗伦萨，公元 1519 年

着手重塑这些宫殿。在一批极为残破的宫殿整顿完成之后，此地成为罗马最引人入胜的景点之一。在传说中罗慕路斯和雷穆斯（Remus）被发现的地方，也就是罗慕路斯建城的地点，米开朗基罗设计了一个宽而不陡的坡道阶梯，沿着阶梯往上走，经过两侧罗马守护者卡斯托（Castor）和波利克斯（Pollux）的古雕像，便抵达一个梯形的广场。一个泛起涟漪的椭圆形水池里，有颗白石星星向周围的铺路石放射出宇宙射线——这是文艺复兴建筑第一次出现椭圆形。在位于广场最高点的元老宫（Palazzo del Senatore，1600 年竣工）和左右两侧排列整齐的大楼，巨大的柱式和壁柱将好几层楼稳固在一起。

米开朗基罗对于古典母题的创意运用缔造了文艺复兴新时期的矫饰主义。这种 16 世纪末期的风格刻意嘲弄古典原则，珊索维诺（Jacopo Sansovino，1486—1570 年）、佩鲁齐（1481—1536 年）和塞利奥（1475—1554 年）都是代表性人物。最伟大的矫饰主义建筑师罗马诺（1492—1546 年），是拉斐尔的学生，也是第一位生长在罗马的文艺复兴艺术家，对古典原则运用自如，不比任何人逊色。事实上，他一方面

图 230　罗马诺：泰府庭院装饰细节，矫饰主义的集合的圆柱和垂下的楔形石，曼图亚，公元
1525—1534 年

绞尽脑汁打破规则，一方面又尽力加以维持，曼图亚的大教堂（1545—1547 年）就
是一个好例子。矫饰主义运用古典细部装饰的处理方法，是行家之间的一种玩笑。贡
扎加二世公爵（Duke Federico Gonzaga Ⅱ）在曼图亚的泰府（Palazzo del Tè，1525—
1534 年，图 230）就是罗马诺的作品。他让庭院的额枋垂下几块楔形石，他很清楚
这不会影响建筑物的安全性，只是想让外行人人瞠目结舌。他把这种手法在曼图亚
公爵府（Palazzo Ducale）的卡瓦拉里萨庭院（Cortile della Cavallerizza，1538—1539
年）发挥到无以复加的地步，中庭斑斑点点的粗石连拱廊和让人眼花缭乱的圆柱，活
像拼命要挣脱裹尸布的木乃伊。

　　比较严肃的矫饰主义建筑物是罗马的马西莫圆柱府邸（Palazzo Massimo alle
Colonne，图 231），这是佩鲁齐在 1532 年动工兴建的。它有一个前所未见的弧形正
面。中间插进一个不规则的门廊，从正中央进去是退缩的前门，入口两侧由内往外各
是一对圆柱、一块空间、一根圆柱。一楼的一排窗户并不特殊，不过最上面两排窗户
是从建筑正面凿出的水平长方形，感觉好像框在石头相框里，下排的石框有羊皮纸那

图 231　佩鲁齐：马西莫圆柱府邸，罗马，公元 1532—?

种漩涡形曲线。庭院内部不但比正面出色许多，还有一种很奇怪的时髦模样。庭院的一边是由两根托斯坎式（Tuscan）柱子组合而成的凉廊，巨柱的位置安排得宜，可以看到一个宽敞的大厅，后面是往前门的通道，左边还有到楼上的楼梯。楼上的阳台重复了凉廊的设计，透过阳台的柱子可以窥见一片藻井天花板和后面的门口。整个建筑正面出乎意料地大胆和不规则，这已经超越了矫饰主义内行之间的玩笑，而呈现出米开朗基罗作品中的那种追求崭新、宽广的创作的动力。

　　另一位矫饰主义建筑大师是维尼奥拉（1507—1573 年），他为耶稣会设计的耶稣会教堂（Il Gesù，1568—1584 年，图 232、233）成为后来许多教堂的典范。虽

图 232　维尼奥拉和德拉波塔：耶稣会教堂，罗马，公元 1568—1584 年

然西向正面由德拉波塔完成，但仍是根据维尼奥拉的原始设计进行。他在卡普拉罗拉
（Caprarola）设计的五角的法尔内塞宫（Palazzo Farnese，1547—1549 年）结合了许
多极富创意的特色，例如中央内院旁的圆形开放式楼梯、露台和椭圆形的成对阶梯、
花园和壕沟，使他这个作品被列为此时期最有想象力也最壮观的建筑物。

　　文艺复兴建筑的第三个中心是威尼斯及其周围一带。此地的建筑大师是帕拉迪
奥（Andrea Palladio，1508—1580 年），一位讲究精确的古典主义者。他在维琴察
附近设计兴建的卡普拉别墅（圆顶别墅，1565—1569 年，图 234、235）是一栋对
称的建筑物，严守阿尔贝蒂的规则和精神，创造了一个世俗活动的理想地点。他控

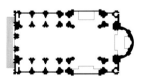

图 233　耶稣会教堂平面图

图 234 帕拉迪奥：圆顶别墅，维琴察，公元 1565—1569 年

制了这些古典原则，而不是被原则控制，仿佛他从维特鲁威的规则和古代典范中提炼出古典主义的精华，再把这纯粹无色的精酿举到光亮处。他的建筑物以优雅见长，有钻石的特性——冰冷，同时闪闪发光。除了威尼斯的两所教堂之外，他的作品都在维琴察附近，而且都是世俗建筑，这反映出世俗建筑物的重要性首度超越了宗教建筑，也是 16 世纪以后的建筑物和过去不同的特色。帕拉迪奥的设计对其他国家有重大影响，特别是 18 世纪英国乔治王时代的建筑师杰斐逊（Thomas Jefferson）与其他的美国和俄国的建筑师，无疑是受他 1570 年的建筑学论文《建筑四书》(*I quattro libri dell' architettura*) 指导。我们大可视他为古典风格的象征，因为他展现出文艺复兴时期建筑物最重要的两个特质：精确性和集中式平面设计。不过他仿佛不费吹灰之力就达到这种效果，这也使他的作品有了一种在严谨正式的古典建筑中已经消失的人性色彩。

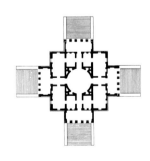

图 235 圆顶别墅平面图

看看圆顶别墅的平面设计，是在一个升高的正方形里面安置一个覆以圆顶的圆

形房间，由房屋四面一模一样的楼梯进入，我们可以猜得出住起来不怎么舒服。我们将会看到杰斐逊在蒙蒂塞洛（Monticello）那栋房子里（图 309），是如何处理这个问题。舒适可能在讲究对称的前提下牺牲了，不过外观的美丽和尊贵，以及周围乡村景致的宜人，却是毋庸置疑。

帕拉迪奥借着维琴察的巴西利卡（Palazzo della Ragione）为欧洲创造了一个个最流行的建筑母题——帕拉迪奥母题，一扇中央的拱形窗或开口两侧各有一扇平顶窗。接下来的几百年，这成为大型宅邸使用最广、效果也最好的特色。在帕拉迪奥设计的许多其他别墅中，他把规则的平面加以延伸，把外房和景观包括在内，从而带动了18 世纪的园林运动（landscaping movement）。很少有一个建筑师即使作品集中在相当小的地区，仍然对建筑物及其周围环境造成了全球性的影响。

帕拉迪奥在威尼斯的两座教堂是圣乔治马焦雷教堂（San Giorgio Maggiore，1565—1610 年）和救世主教堂（Il Redentore，1577—1592 年，图 236）。后者在朱代卡运河（Giudecca Canal）边，是威尼斯政府为了对瘟疫的结束表示感恩而建，由于教堂纪念的是救世主，每年 7 月的救世主节，便在灯火通明的船河上空放烟火庆祝。这栋坚固而醒目的建筑物有一个圆顶，夹在两座小尖塔之间，底下的独特西向正面由一系列神庙正面交叉而成。这种构图兼用了巨柱式和小柱式，极富创意，超越了矫饰主义，可说是独一无二的。

图 236　帕拉迪奥：救世主教堂，威尼斯，公元 1577—1592 年

第十四章
跨越阿尔卑斯山脉：文艺复兴的流传

190 　　意大利的文艺复兴风格过了很久才跨越阿尔卑斯山脉，等山脉以北各国接触到这种风格时，16 世纪矫饰主义的挑战和 17 世纪巴洛克风格的戏剧性已在意大利开创了新天地。欧洲其他国家在此时间大多全心发展自己特有的哥特式风格；民族主义正在萌芽。1519 年，英国的亨利八世（Henry Ⅷ）、西班牙的哈布斯堡查理五世（Habsburg Charles Ⅴ，领土包括意大利的不少土地和德国的公国）还有法国的弗朗索瓦一世（François Ⅰ），这三个帝王都要争取神圣罗马帝国皇帝的头衔。亨利八世的女儿伊丽莎白（Elizabeth）不但让英国成为欧洲的强国，还派海盗骑士（Pirate Knights）横越大西洋开拓新大陆，把影响力扩张到欧洲以外。曾在菲利普二世（Philip Ⅱ）统治下短暂统一的西班牙和葡萄牙，也一心将疆域扩展到美洲。至于法国，黎塞留（Richelieu）、马萨林（Mazarin）和科尔贝（Colbert）等历任首相建立了君主专制政体，所以后来路易十四（1643—1715 年在位）可以自称"太阳王"（Le Roi Soleil），他说："国家，我就是国家"（L'étatc'estmoi）。

　　这些都影响了建筑的演变。在路易十四之前，弗朗索瓦一世把首都从充满狩猎小屋和贵族悠闲生活的卢瓦尔河谷迁到了中心巩固而政治敏感度又高的巴黎。国王的宫廷成为法国的行政中心，不只管理法律和商业事务，也负责艺术和基础建设——公路和人工渠道，甚至林业。这也改变了建筑师的地位：17 世纪 60 年代进行卢浮宫新侧翼工程的佩罗（Claude Perrault，1613—1688 年）正式成为公务人员。英国也让建筑师有了正式身份。国王一直有御用石匠，但 1615 年琼斯（Inigo Jones）被任命为皇家勘察员（Royal Surveyor）。

　　从 16 世纪到 18 世纪，阻碍意大利建筑风格北传的不只是民族主义，还有宗教的问题。对笃信新教的北方各国而言，后来的意大利文艺复兴风格所展现出来的天主教气质毫无吸引力，有时候甚至让人反感。此时的欧洲正饱受宗教冲突和战争的蹂躏。

　　这些国家的建筑发展其实就是这样。矫饰主义的意大利建筑师也许玩打破规则玩得不亦乐乎，过了阿尔卑斯山，情况就完全两样。因为这些人不仅不知道什么是古

图 237　弗朗索瓦一世长廊，枫丹白露宫，法国，普里马蒂乔等人在公元 1530 年负责装潢▷

图 238　香博堡，法国，公元 1519—1547 年

192典规则，也不知道有什么规则要打破。渐渐地，文艺复兴风格的细部、图案和结构缓缓渗透过来，先传到法国，然后遍及全欧。有时候被吸收采纳，但常常只是照样仿制，硬生生加在基调为哥特式风格的建筑物上。

　　弗朗索瓦一世在卢瓦尔河畔的香博堡（Château de Chambord，1519—1547 年，图238、239）即是一例。乍看之下，平面的对称性以文艺复兴的角度来说似乎完美无缺。在一个长方形里内含一个正方形，只是这个正方形并不在正中央。这座城堡和意大利的宫殿建筑一样，三个侧翼围住庭院的三侧，只能从正面的中央大门进入内院。可是在香博堡，入口立面有三分之二只算是隔屏，只有中央建筑主体才是这家人实际上的生活空间。看得出来，这基本上是英国哥特式核堡的平面：核堡就是中央建筑主体，庭院即是城郭，但完全融合在文艺复兴式的对称设计中；我们只有从空中鸟瞰或看平面图时，发现庭院角落和中央建筑主体四角都有角塔，才能完全看出它的英国哥特式风格。

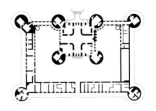

图 239　香博堡平面图

图 240 香博堡双楼梯

除了对称性之外，我们还可以找出什么其他文艺复兴的元素？沿着一楼是一条连拱廊，上面是一排排水平的窗户。不过在意大利式的宫殿，每层楼的窗户可能都不一样，也许是柱式不同，或是有一排每扇窗户的两侧都有双柱或对柱，第二排可能只在窗间壁上有一根壁柱；这座城堡的窗户完全一样，且经过精心布局，在正面由下而上形成一条条垂直的条纹，和水平的间隔同样显眼。那么屋顶呢？这里的屋顶没有被矮护墙遮住，反而出现陡峭的北向斜坡屋顶，以老虎窗点缀其中。在角落的塔楼上，特别是中央建筑主体顶上，有许多山墙、烟囱、灯形顶塔和尖叶式塔顶（crown）等文艺复兴式的细部。但意大利的天际线会允许林林总总的形状彼此用力地推挤吗？这感觉就像菜市场的人群，简直可以听到嘈杂的人声。尽管科尔托纳（Domenico da Cortona，参与本案的众多建筑师中，只有他的姓名流传下来）尽力用复杂的意大利装饰来掩饰，屋顶仍然充满中世纪和法国的风味。

而工程技术的小奇迹——复式螺旋楼梯（图 240），又有什么意义？这是一个独立的石头笼子，位于中央建筑主体中希腊式十字形走廊的交会区。楼梯往上穿过椭圆体的筒形拱顶天花板，直达屋顶上的中央顶塔。若说支撑的墩柱和哥特式扶壁有类似之处，这种精巧的设计（进出的人可能不会在同一座楼梯上看到对方）只可能出自文艺复兴的机关巧计。事实上达·芬奇就画过一幅这种楼梯的草图。

到法国谋生的几位意大利艺术家当中，只有达·芬奇被弗朗索瓦一世征召入宫。1519 年，他在距离香博堡 40 公里的地方逝世，城堡也在这一年开始动工。查理五世和法王弗朗索瓦一世在意大利开战是达·芬奇迁居法国的原因之一，弗朗索瓦一世的赞助也是一大诱因，因为法国国王的手笔仅次于教廷。著作影响欧洲的矫饰主义建

图 241　布洛瓦堡西北翼，法国，公元 1515—1524 年

图 242　德洛尔姆：圣艾提安杜蒙教堂的圣坛屏，巴黎，公元 1545 年

筑师塞利奥在 1540 年入宫，直到辞世为止都待在法国宫廷。他在 1546 年设计了昂西勒弗朗城堡（Château at Ancy-le-Franc），布局类似香博堡，只有高而陡峭的屋顶才流露纯正的法式风味，连老虎窗都舍弃不用［法国人非常重视屋顶，有一种屋顶甚至以发明人建筑师弗朗索瓦·芒萨尔（François Mansart，1598—1666 年）的名字命名，叫作"mansard 屋顶"（双重斜面的屋顶），这种双重斜面四边形屋顶里面还可以再塞进一排一般挑高的房间］。

　　1532 年，画家普里马蒂乔（Francesco Primaticcio，1504—1570 年）来到法国，他是罗马诺的朋友，两人一同设计兴建泰府。枫丹白露宫（Château of Fontainebleau）里生气蓬勃的弗朗索瓦一世长廊（Galerie François Ⅰ，图 237）即他的手笔。窄带折叠的装饰图案（strapwork，以细灰泥做成卷曲皮革状）也正是在这里首度问世，后来成为阿尔卑斯山以北的文艺复兴风格建筑物流行也最典型的母题，尤其在低地国家和西班牙。

　　弗朗索瓦一世是文艺复兴形式最重要的赞助者。卢瓦尔河一带的宫殿、香博堡、

图243 奥特海因里希堡，海德堡，德国，公元 1556—1559 年

布洛瓦堡（Château de Blois）、枫丹白露宫，还有迁都巴黎之后的卢浮宫，这些宫殿的文艺复兴建筑有不少由他委任兴建。中产资本家勒依耶家族（Bohiers family）委托建造了雪侬梭堡（Châteaux de Chenonceaux，1515—1523 年，图 244）和阿泽勒丽多（Azay-le-Rideau，1518—1527 年）。雪侬梭堡原本只是一座沿袭哥特式核堡的简单中央建筑主体，直到德洛尔姆（Philibert de l' Orme，1514—1570 年）在亨利二世（Henri II）的情妇黛安娜（Diane de Poitiers）命令下，于 1556 年至 1559 年增建了一座引人入胜的白石五段桥，后来让·比朗（Jean Bullant，1576—1577 年）在桥上增建三层楼高的大廊（Grande Galerie），在碧绿的涟漪中孤芳自赏。在路易十二于 1498 年即动工兴建的布洛瓦堡，最受瞩目的无疑是充满文艺复兴母题的西北翼（弗朗索瓦一世增建）和后来芒萨尔负责的西南翼（1635—1639 年）。西北翼以一条沿花园正面的连拱式长廊来强调其水平性。堡内一座八角塔楼里，又有精致的开放式螺旋楼梯（图 241）。

但文艺复兴的概念之所以渗透到其他欧洲国家，不是光靠艺术家的来来去去。有些概念以书面形式呈现在意大利大量出版的图册中。由于大多数阿尔卑斯山以北的建

图244 雪侬梭堡，卢瓦尔河，法国，公元 1515—1523 年。桥由德洛尔姆建造，公元 1556—1559 年；大廊由比朗兴建，公元 1576—1577 年

图 245　佩罗：卢浮宫正东面，巴黎，公元 1665 年

筑师既没见过古迹，也没见过文艺复兴的复古建筑，因此非常依赖这样的书籍。他们对复兴古典的意义一知半解，往往把这些图册当作摸彩箱，随意撷取其中概念加以运用。有时候眼光独到的建筑师还会把南辕北辙的元素加以结合，产生非凡的效果。

德洛尔姆凭着图册和几次短暂造访意大利的经验，就发挥出卓越的创造力。1545年他在巴黎圣艾提安杜蒙教堂（Church of St-Etienne du Mont）盖了一面令人叹为观止的圣坛屏（jubé，图 242），屏上有一个眺台（balcony），横跨保持原状的哥特式中殿。眺台可经由两侧突出的弧形楼梯抵达。圣坛屏确实有令人屏气凝神的魅力，这个能涵括整体的设计概念源于文艺复兴的自由风格，不过仔细一看就会发现，屏上的细工透雕花纹仍然承袭自哥特式建筑。

但不是每个阿尔卑斯山以北的建筑师都有德洛尔姆的才气。许多建筑师完全不管结构、比例和尺度，移植柱式使其脱离原有涵构，结果常常只经营出文艺复兴风格的皮毛。即使后来有抽离建筑基本原理，专门介绍装饰的图册开始流传（多在低地国家和德国），情况也没有改善。荷兰的弗洛里斯（Cornelius Floris，1514—1575 年）和弗里斯（Vredemande Vries，1527—1606 年）就出过这种图册。德国的第特尔林（Wendel Dietterlin）也在 1593 年出过这种书，据说他后来发疯了。第特尔林要在平坦墙面上设计扭曲缠绕的人像，宛如荷兰画家博斯（Bosch）笔下变幻无常的幻影，其效果就像海德堡（Heidelberg Castle）的奥特海因里希堡（Ottheinrichsbau，1556—1559 年，图 243），如同印度庙宇的山门，挤满了痛苦不堪的人像。

从书本学习建筑风格还有一个缺点，也就是图案毕竟是二维空间的东西。我们必须谨记，这时候许多建筑师还是半路出家的。普里马蒂乔的本行是画家；琼斯是假面具设计师；后来为卢浮宫（图 245）增建西翼的佩罗其实是个医生。真正伟大的作品体现在建筑物里外的关系，但这不是轻而易举就能做到的，毕竟不是每一位建筑师都有三维空间的思维。有些建筑物的正面是从书上抄下来的，不管运用得多么有创意，仍然保有扁平的外观，看起来非常死板。佩罗把卢浮宫正面高挑的一楼当作台基，在上面盖一条对柱构成的二楼凉廊，这虽然是空前壮举，可惜还是无法让卢浮宫摆脱平板味。

幸好出现了一个怪杰，让这段时期的建筑绽放光芒。奥格斯堡（Augsburg）的城市建筑师霍尔（Elias Holl，1573—1646 年）在 1600 年左右从威尼斯访问归来，也迷上了矫饰主义。和他同时代的坎彭（Jacob van Campen，1595—1657 年）在阿姆斯特丹盖的一座市政厅（Town Hall，1648—1665 年）相当庄严古典，足堪改为一座皇宫。不过就像弗洛里斯的安特卫普（Antwerp）市政厅一样，霍尔在他的奥格斯堡市政厅（1615—1620 年）大胆纳入一间贯穿顶楼的会议室；除此之外，他还在两侧布置窗户，把墙壁漆成白色，让会议室内充满阳光。他在奥格斯堡设计的兵工厂（Arsenal，1602—1607 年，图 246）更具创意。他以大师级的手法保留了德国房屋高窄的特色，传统上这种房屋的山墙都是面对马路的。不过兵工厂骄傲地直盯着你，虽然窗户两侧的窗框以极度矫饰的手法扭曲，山墙的三角楣饰中间缺了一块，代之以一个古怪至极的球茎状装饰。

一方面盲目地采用建筑母题，一方面又认真地想兴建古典风格的建筑物，两者之间的冲突在其他国家也曾出现。在西班

图 246 霍尔：兵工厂，奥格斯堡，德国，公元 1602—1607 年

图 247 萨拉曼卡大学正面大门，西班牙，公元 1514—1529 年

牙，平滑墙面上的浅浮雕那种精致细密的仿银器装饰风格（Plateresque），是从伊莎贝拉女王（Queen Isabella）的哥特式风格直接承袭过来的，只是把各种建筑母题进一步混合。我们在托马尔的修道院外观上看到的航海景象的表面装饰，重复出现在萨拉曼卡大学（1514—1529 年，图 247）古典的大门上，只不过多了用窄带折叠成的装饰和其他设计，当时这所大学已经培育了不少人文主义者。

宗教情感最单调的表现就出现在西班牙，这种建筑物的根源并不是改革派的清教，而是反改革的天主教（还有菲利普二世情感的枯竭）。教宗庇护五世（Pope Pius V）极度禁欲，一心一意要整顿放纵的文艺复兴罗马教会。这种忏悔精神感染了皇帝查理五世，他在 1555 年宣布退位，从此在修道院度过余生。他儿子菲利普二世遵循父亲的建筑风格，避免采用意大利发展出来的复杂设计，并在 1562 年开始兴建一座以礼拜堂为中心，内含一间修道院和一所大学的宫殿。这里容不下矫饰主义的行家笑话，也不允许一丝轻松或玩乐的意味。

这座宫殿因为建在距离马德里 48 公里外一片地形起伏的荒凉平原中的矿渣堆上，所以称为埃斯科里亚尔宫（Escorial，西班牙语意为矿渣，图 248）。它和乌尔比诺的一座宫殿一样鸟瞰周围的村落，但做法大不相同。作为台基的荒凉岩屋有一排排的高窗，初看觉得这里可能是座监狱。高耸严峻的围墙内是一群对称的庭院和房舍，中央是一座有三角楣饰的古典柱廊，显示出圆顶礼拜堂的位置。宫殿模仿所罗门王的神庙，这座礼拜堂就像是神殿中的至圣所。建筑师赫雷拉（Juan de Herrera，约 1530—1597 年）在原始设计师托雷多（Juan Baustista de Toledo，卒于 1567 年）之后接手，从史料中菲利普二世给赫雷拉的指示来看，他是刻意做出这副单调沉闷的外观。菲利普二世要求“设计简单，整体严谨，高贵而不傲慢，宏伟而不俗丽”。

197

在欧洲工商业兴盛的区域，富裕的中产阶级住宅正在兴起，建筑师必须设计较小的华厦。这显示了当时社会和经济情势的变迁。中世纪的建筑物绝大多数属于教会，现在世俗建筑物开始增加。文艺复兴时期，天主教国家的新建筑，不论大小，有半数为宗教用途，另一半是世俗建筑。新教地区重视

图 248 拖雷多和赫雷拉：埃斯科里亚尔宫，西班牙，公元 1562—1582 年

商业，世俗建筑远超过宗教建筑，原因之一是哥特时期已经盖了许多教堂，没有增加的必要。

英国在这段时间，紧密而大小适中的房屋如雨后春笋般出现，通常是富商巨贾的住宅。赫里福德郡（Herefordshire）威布里（Weobley）砖木混合结构的木屋，和盛产羊毛的格洛斯特郡（Gloucestershire）科兹沃尔德（Cotswolds）的石屋，都是很好的例子。都铎王朝（Tudor）和詹姆斯一世时代，E 字形和 H 字形的平面已经加宽了。"H"的中央部分被填满，形成一种独特的住宅类型，与其说是受到哥特式建筑或文艺复兴建筑的影响，不如说是出于本身的需要。在威尔特郡（Wiltshire）的朗里特（Longleat），由罗伯特·史密森（Robert Smythson）担任石匠所盖的伊丽莎白式住宅（1572—?）奠定了这种英国式建筑独特的风格，微微突出的凸窗在宽敞的正面形成纵向的条纹，再用细长的水平带状装饰分隔一排排的直棂窗户，强调水平的感觉。在重视尽量采光的国家，自然会将玻璃制造的技术融入新设计中。威尼斯人在 15 世纪重新发现了罗马帝国时代的透明玻璃，再由吹玻璃的工人于 16 世纪传到英国。16 世纪和 17 世纪，窗户越来越大，甚至史密森盖的另外一栋房子被说成："哈维克府（Hardwick Hall）的玻璃比墙壁还多。"同是史密森盖的诺庭汉郡（Nottinghamshire）的沃拉顿府（Wollaton Hall，1580—1588 年，图 249）也是如此。

凸窗（bay windows）和陡然向外突出的凸肚窗（oriel windows）很受欢迎。大

198

图 249　史密森：沃拉顿府，诺庭汉郡，公元 1580—1588 年

概是英国比其他国家更注重女性同胞和她们的舒适感，所以在窗户和嵌入的窗座椅（女士坐着做女红的地方）方面破费心思。和房屋长度等长的二楼长廊也是英式房屋的另一个特色，天气恶劣时，女士就可以在此散步。17 世纪，有棋盘式窗棂，可上下开关的框格窗（sash window）从荷兰传入英国。这个名称源自荷兰语"sas"（水道）和法语"chassis"（框架）。这种窗户全世界普遍采用，由长方形和正方形一上一下组合而成，后来成为英国乔治王时代的连栋街屋特有的纵向效果。

　　烟囱连接着以华丽的壁炉面饰遮盖的巨大火炉，在英国一直具有重要地位。都铎时代的房屋还讲究多彩多姿的天际线：螺旋形、山形、成群和单一高耸的大烟囱、小尖塔、雉堞（crenellation，城墙顶端的短墙）及荷兰式山墙等不一而足，而且在英国流行多年。此时英国国内建筑不断发展，这类细部装饰不但决定了建筑物的平面，也成为房屋风格的主调。

　　举例来说，楼梯就很能表现出各个时代的建筑风格。中世纪的楼梯差不多只是个围起来的梯子，或是城堡里面那些关在尖塔里面的石制螺旋状阶梯。16 世纪的西班牙开始尝试新形态的楼梯，共有三种类型：围绕着楼梯井（通常是长方形）盘旋上升的楼梯；最下面一阶分成左右两翼的 T 字形楼梯［这种楼梯可以根据楼梯的造型、角度和眺台，做各式各样的变化，如卡普拉罗拉的法尔内塞宫和薛洛（Diego de Siloe）1524 年在布尔戈斯大教堂建造的多拉达楼梯（Escalera Dorada，图 250）］；围

图 250　薛洛：布尔戈斯大教堂的多拉达楼梯，西班牙，公元 1524 年

绕着长方形楼梯井，每一阶都对折回来和下面一阶的楼梯平行，这种楼梯最早出现在埃斯科里亚尔宫建筑群。后来帕拉迪奥又加上第四种楼梯：一端固定在墙上，下面用一个拱支撑的独立楼梯，这种楼梯充分发挥在街景上，最吸引人的就是横跨威尼斯运河的楼梯桥。

第一种楼梯就设在门厅里，围绕着开放式的楼梯井盘旋上升，由上方的小圆顶或天窗采光照明，从 1666 年伦敦大火到 20 世纪，这成为英国连栋式街屋的典型。这些房子高而窄，刚开始每层楼只有几间房间，在安妮女王统治时代，有时候只有前后两间房间。到了 18 世纪，在乔治王时代的高级地区，尤其是伦敦、爱丁堡和都柏林，起居室都设在二楼。餐厅和起居室用折叠门相连，所以产生了"退回"（withdrawing）、"客室"（drawing-room）这样的词，指的是饭后退席的地方。房屋的临街正门在地下室和仆人出入口上方的阶梯顶端。地下室后面的围墙内有一个笔直的带状花园。

法国的连栋式街屋称为"hôtels"，在楼层数和房屋设计方面都比较有弹性。邻街立面的正门有管理员看守，通常可以直通庭院，庭院周围有服务性侧翼（service wings）、马厩，稍后有马车房（图 251）。庭院后面有一个正式的围墙花园。后来的发展是让住房横跨服务性庭院（service courtyard）后面，其中包括俯瞰后花园的沙龙和展示间。一些早期的连栋式街屋设计比较朴素，就像亨利四世（Henry IV）在 1605—1612 年兴建的孚日广场 [Place de Vosges，1800 年以前称皇家广场（Place Royale）]。这些安静、实用的砖造屋有石造的窗边和屋角，以及双重斜面四边形屋顶上的老虎窗，沿着亨利四世新造的新桥（Pont Neuf）兴建。新桥连接塞纳河诸岛，是巴黎第一座没有盖房子的桥。布鲁塞尔的大广场（Grand' Place）建于 1695 年围城之后，周围都是行会会馆。这是最后一座中世纪法兰德斯城镇的标准公共广场，也是典型的低地国家文艺复兴建筑风格，把哥特式装饰细节和支撑有栏杆阳台的柱廊、简朴的壁柱和三角形的山墙端混在一起，有些后来还加了一堆罐子和贝壳装饰。

荷兰在 17 世纪出现了成熟的文艺复兴式大规模连栋街屋。像阿姆斯特丹的王子河（Prinsengracht）边的住屋，形状高而窄，山墙端面向街道或运河。但这些房子并非千篇一律。狭窄的正面显示每层楼没有几个房间。荷兰和英国不同，在运河的限制下，中世纪陡峭狭窄的封闭式楼梯一直沿用到 20 世纪。如此一来窗户一定要大，才能用绳子把家具吊到楼上房间里。王子街是贵族最喜欢流连的街道，绅士街

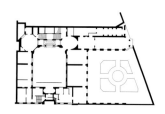

图 251 路易斯·勒沃：朗勃特连栋屋，巴黎，公元 1639—1644 年，平面图

图 252　阿姆斯特丹河畔的房屋

（Heerengracht）最投绅士所好，但许多较简陋的街道上，弧形山墙构成的波状天际线也颇具魅力（图 252）。有些房子室内的地板是黑白磁砖组成的图案，此外还有光源和阴影形成的鲜明对比，弗美尔（Vermeer）和霍赫（Pieter de Hooch）的画中都保留了这些特色。欧洲其他地方同样有丰富多样的天际线，到捷克去，在泰尔奇（Telc）古老的摩拉维亚（Moravia）城镇里也找得到。

荷兰出现了另一种极具北方特色的文艺复兴建筑典范——小宫殿，井然有序、结构紧密，仍不失尊贵和优雅。海牙（The Hague）的莫瑞泰斯小宫殿（Mauritshuis，即今莫瑞泰斯皇家美术馆，图 253）就是如此。这是一座小型湖滨宫殿，1633—1635年由坎彭兴建完成，各个房间以中央楼梯为中心对称分布，巨大的壁柱使宫殿的外观有种自然祥和的庄严之感。这些建筑的灵感自然来自帕拉迪奥。不过荷兰人发现了让房子兼具庄严和居家舒适的尺度。这种帕拉迪奥式的建筑物非常完整而沉静，符合阿尔贝蒂的原则：各部分的比例必须和谐，增一分则太多，减一分则太少。

在英国琼斯（1573—1652 年）的作品中，这样的特质和影响是非常明显的，他40 岁那年旅游欧洲时发现了帕拉迪奥，而且非常着迷，甚至拼命模仿偶像的签名，

图 253 坎彭：莫瑞泰斯小宫殿，海牙，荷兰，公元 1633—1635 年

把手上的帕拉迪奥著作《建筑四书》的扉页都写满了。在对建筑产生兴趣之前，琼斯是个出色的设计师，为国王詹姆斯一世及其朝臣喜爱的神话假面剧设计服装和舞台效果。可能这时候他已经受够了（做设计师），但不论如何，他对新发现的建筑这门新艺术非常看重。被任命为皇家调查员之后，他回到意大利潜心研究。对于格林尼治（Greenwich）的皇后宅邸（Queen's House）、白厅（Whitehall）的国宴厅（Banqueting House）和威尔特郡（Wiltshire）的威尔顿宅（Wilton House），他在构思平面设计和建筑立面时，都采取帕拉迪奥比例和设计统一的原则。这三栋建筑都采用了立方体。他写道："外部的装饰应该单纯、比例符合规则、阳刚而不矫揉造作。"

图 254 琼斯和韦伯：皇后宅邸，格林尼治，伦敦，公元 1616—1662 年

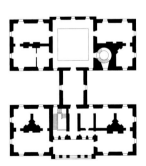

图 255 皇后宅邸原始平面图

皇后宅邸（1616—1635 年）是第一栋意大利风格的英国别墅，在安妮皇后（Queen Anne of Denmark）一时心血来潮之下而兴建。别墅原本分成两翼，各由三个立方体构成，由一座跨越伦敦往多佛尔之主要道路的桥连接。琼斯过世后，他的徒弟韦伯（John Web）于 1662 年再增建两座桥状物，让整栋建筑物成为一个立方体；后来道路的路线经过更改，在原本的马路上兴建长条式平顶柱廊，把两翼连接起来（图 254、255）。房间的比例完美，框架式郁金香楼梯的熟铁栏杆是一朵朵摇曳的郁金香，以令人屏息的弧度盘旋上升，精致得就像贝壳上的螺纹。白厅的国宴厅（1619—1622 年，图 256）建于被大火烧毁的旧国宴厅原址。从古典外墙上一排排爱奥尼克式和复合式的列柱看起来，这是一栋两层楼高的建筑物。但里面是一个巨大的双立方体房间（double cube room），二楼有一个长廊，还有鲁本斯（Rubens）所画的华丽天花板。从上排窗户往外伸出的平台，是为了处决查理一世（Charles I）而兴建的。

内战时期，琼斯被反对查理一世的议会党人短暂囚禁了一阵子，获释后和韦伯

图 256　琼斯：国宴厅，白厅，伦敦，公元 1619—1622 年

一同重建毁于 1647 年大火的威尔顿宅。这里有两间大厅，一间是单一立方体（single cube），一间是双立方体，后者用白色和金色的室内装饰来突显一系列凡·戴克（Anthony Van Dyck）所画的肖像（图 257）。双立方体需要极高的高度，为了消除这种过高的感觉，琼斯运用所谓的凹圆天花（coved ceiling），以一个曲度颇大的天花板和墙壁连接。天花板色彩绚丽，还画了一串串金箔的水果垂饰。

文艺复兴建筑丰富多彩的灵感到了 17 世纪，成为更加华丽壮观的建筑风格——巴洛克。

图 257　琼斯：威尔顿宅双立体房间，威尔特郡，约公元 1647 年

第十五章
形状与空间的戏剧：巴洛克与洛可可

202
文艺复兴的复古运动在意大利维持了 200 年，对建筑构件采取严格、理性的处理虽然正是这种风格的精神所在，可到了文艺复兴的后半期却越来越让人受不了：人们开始觉得它机械化、无聊或限制重重，对理想完美均衡的追求显得不再有意义。

新一代的罗马建筑师继承米开朗基罗的遗绪，丢弃古代艺术风格，投入一种突破既定的界限和传统的新艺术。有些人认为这种奔放的风格品味低俗，说巴洛克风格（Baroque）是文艺复兴艺术的衰落。只要看西班牙发展出来的极端样式，也就是粉刷匠家族丘里格拉（Churriguera）的作品，就知道这句话是什么意思了。格拉纳达（Granada）拉科鲁尼亚修道院（La Cartuja）的圣器室（1727—1764 年，图 259）就是这种华丽风格最丰富的展现，多得不能再多的白色灰泥装饰线条就像一系列小褶重复折叠三四次。其他人对巴洛克的反应正符合这些艺术家的期望：他们对这些艺术家想要传达的戏剧性和刺激性非常投入，被这种艺术充满感染力的生气深深吸引。对这些抱着欢迎态度的人来说，巴洛克时期不是一种过度放纵的低俗展现，而是文艺复兴的光荣成就。

就艺术上而言，巴洛克是非常华丽的绘画、雕塑、室内设计和音乐风格。文艺复兴并未特别专注于音乐，但巴洛克诸国却是音乐方面的先锋。最早回响蒙特威尔第（Monteverdi）和维瓦尔第（Vivaldi）弥撒曲的是意大利教堂里的弧形墙；德国和奥地利的王宫沙龙里，白色和金色灰泥装饰的墙壁之间的金脚椅上以及布满纷乱图案、垂着鲜艳红色和蓝色帷幔的天花板下，则飘出海顿（Hayden）、莫扎特（Mozart）和巴赫（Bach）的室内乐。大概也就是在这个时候，音乐要适合演奏空间的创作程序出现逆转，人们开始研究建筑物的声响学。房间要建造得能提供音乐需要的交混回响时间。这段时期剧场再度兴起，16 世纪末发源于意大利的歌剧以大众艺术的姿态开始盛行，并流传到全欧洲。

这种华丽奔放的建筑源自罗马，起初仅见于意大利、西班牙、奥地利、匈牙利和天主教德国。巴洛克直到末期，即 18 世纪初的几十年，才在法国兴盛起来，形成

图 258　埃吉德·奎林·阿萨姆：圣约翰内波穆克教堂，慕尼黑，公元 1733—1746 年 ▷

204

图 259　拉科鲁尼亚修道院，格拉纳达，西班牙，公元 1727—1764 年

一种优雅的室内设计风格，称为洛可可（Rococo）。另一方面，神圣罗马帝国部分区域，包括德国南部、奥地利和匈牙利，出现了最鲜艳也最华丽的巴洛克建筑，如雷根斯堡（Regensburg）附近罗尔（Rohr）的修道院教堂（1717—1722年）、奥托博伊伦（Ottobeuren）的修道院教堂（1748—1767年）、德国费贞菲里根（Vierzehnheiligen，又译作"菲尔岑海利根"）的朝圣教堂。几个德国省份和奥地利的福拉尔贝格州（Vorarlberg）成为建筑工匠、雕塑家和粉刷工匠的摇篮。俄罗斯和斯堪的纳维亚也有装饰奢华的巴洛克式宫殿，如小泰辛（Nicodemus Tessin the Younger，1654—1728年）在斯德哥尔摩设计兴建的皇宫（1690—1754年）。巴洛克发源国的共同点是在宗教改革之后仍继续信仰天主教。

率先倡导反宗教改革运动的耶稣会士规划传教活动就像筹划军事行动一样仔细，当时他们招募了几个巴洛克运动的领袖。在《人文主义的建筑艺术》（*The Architecture of Humanism*）一书中，斯科特（Geoffrey Scott）表示这是出自耶稣会士有意识的（也是高明的）心理洞察力，刻意用巴洛克奔放的风格来征召"人类最戏剧性的才华为宗教服务"。

巴洛克无疑非常"戏剧化"，凡巴洛克建筑不同于文艺复兴建筑之处，都可以用这个词一语概括。据说布鲁内莱斯基的目的是取悦别人，布拉曼特是为了展现高贵风

图 260　希尔德布兰特：贝尔佛第宫，维也纳，公元 1720—1724 年

格，但两人都非常在意他们的设计正确与否。我们通常以第几个 B 来记忆文艺复兴各个时期的创始人，而第三个 B 和第四个 B，也就是贝尼尼（Gian Lorenzo Bernini，1598—1680 年）和博罗米尼（Francesco Borromini，1599—1667 年），完全不在意这种事。巴洛克并不好为人师，也没有断定成品是否符合标准的道德欲望，它的目的只是用情感淹没我们而已。

巴洛克建筑师抛弃了对称和均衡，转而尝试新鲜有活力的量体。这一点从希尔德布兰特（Lucas von Hildebrandt，1668—1745 年）在维也纳为欧根亲王（Prince Eugene of Savoy）兴建的贝尔佛第宫（Belvedere，图 260）就可看出。贝尔佛第宫有个宽敞开阔的窗形立面，旁边有低圆顶塔楼，阶梯式屋顶也相当戏剧化，这些都由巨大的三拱大门和巨大的弧形三角楣饰形成的中央建筑主体统合在一起，结构对称，但没有任何浮夸的规律性。其他许多地方也看得到类似的量体，所有细节往中心点聚合。尤瓦拉（Filippo Juvarra，1678—1736 年）在都灵（Turin）设计兴建的史都比尼吉宫（Stupinigi，1729—1733 年）虽只是狩猎别墅，却有个三层楼高的舞会厅。珀佩尔曼

图 261　珀佩尔曼：茨温格尔宫，德累斯顿，公元 1711—1722 年

（Matthaeus Pöppelmann，1662—1738 年）在德累斯顿（Dresden）设计的茨温格尔宫（Zwinger，1711—1722 年，图 261），上层为宽敞的观景楼，顶塔装饰富丽，别墅的疯狂欢乐活动显示出兴建这栋建筑物的奢华目的——作为柑橘园、戏院、画廊和大广场的背景之用，萨克森（Saxony）的强人奥古斯都（Augustus the Strong）在广场和朝臣一起进行中世纪式的运动、比武和节庆。

那是巴洛克第一次争取创作自由的作品。第二次便抛弃了正方形和圆形的固定形状，改用旋转而灵活的形状：S 形或波浪状的建筑正面，还有以椭圆形为基础的平面。天主教会对巴洛克有明显的影响，因为 1545 年宣告反宗教改革的特伦特会议（Council of Trent）便宣称正方形和圆形的异教徒色彩太重，不适合基督教会。这方面最好的例子就是博罗米尼设计的第一座教堂——罗马的四喷泉圣卡罗教堂（San Carlo alle Quattro Fontane，图 262、263），这间教堂小巧精致，正面于 1677 年完工。虽然塞在一块很狭小的地方，其平面和波浪起伏的正面都成为未来巴洛克式教堂实验的典范。

巴洛克第三个突破性的特色是设计极度戏剧化，包括创造幻象。巴洛克建筑经常出现立体感强烈而逼真的效果，约克郡哈伍德宅邸（Harewood House）的帷幕上方就有红漆木头雕刻的窗帘垂饰。在德比郡（Derbyshire）查茨沃斯庄园（Chatsworth），仿佛悬在音乐室门后一条丝带上的小提琴，在半掩的门后面显得极为逼真。

雕塑家贝尼尼在罗马胜利的圣玛利亚教堂（Santa Maria della Vittoria）柯纳洛礼拜堂（Cornaro Chapel）里的雕像《圣特蕾莎的欣喜》（*Ecstasy of St Theresa*，1646 年，图 264）摆明了贝尼尼是在搬演一出小戏，虽然圣特蕾莎的中心人像写实得令人震慑。他还在雕像旁边刻了剧场包厢，柯纳洛家族的人坐在里面看戏。

我们来看看几个巴洛克效果的实际运用。两位创始人贝尼尼和博罗米尼建立了这种风格，但他们的作品煽动性太强，无法广为流传，倒是丰塔纳（Carlo Fontana，1638—1714 年）倡导的温和巴洛克风格以"晚期国际巴洛克"之名传遍欧洲。各国建筑师来到罗马跟着丰塔纳学习。他教出两位杰出的奥地利建筑师：设计贝尔佛第宫的希尔德布兰特，还有与他一同兴建教堂和宫殿的埃尔拉赫（Johann Bernhardt Fischer von Erlach，1656—1723 年）；此外还有尤瓦拉——他的作品大多在都灵一带，以及苏格兰人吉布斯（James Gibbs）。另一个重要人物是尤瓦拉的前辈瓜里尼（Guarino Guarini，1624—1683 年），他和尤瓦拉一样是神职人员——事实上是哲学

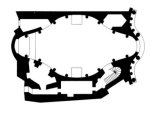

图 262 四喷泉圣卡罗教堂
平面图

图 263 博罗米尼：四喷泉圣卡罗教堂，罗马，公元 1638—1677 年

图 264 贝尼尼：《圣特蕾莎的欣喜》，柯纳罗礼拜堂，胜利的圣玛利亚教堂，罗马，公元 1646 年▷

图 265　瓜里尼：圣洛伦佐教堂圆顶内部，
都灵，公元 1668—1687 年

和数学教授，后来投身领域建筑，在都灵设计出极具影响力的圣洛伦佐教堂（San Lorenzo，1668—1687 年，图 265）和圣裹尸布礼拜堂（Chapel of the Holy Shroud，1667—1690 年），礼拜堂收藏了一张引人争议不休的著名亚麻布，据说上面印有耶稣身上的伤痕。

贝尼尼继承米开朗基罗，大张旗鼓地开启了巴洛克建筑风格，首先在圣彼得教堂圆顶正下方造了一个富丽的华盖，华盖下面正是圣彼得的坟墓，其次在圣彼得的木制宝座周围创造出天堂荣光乍现的幻象，最后兴建了环抱大教堂前面广场的椭圆双列柱。

除了都参与过圣彼得教堂工程之外，贝尼尼和米开朗基罗还有更多共同点：他起初从事雕塑创作，早年是个神童，和米开朗基罗一样活到八十几岁。他还像范布勒（Sir John Vanbrugh）一样，把才艺延伸到剧场，撰写话剧和歌剧。其实这个时代的建筑师普遍都有这种背景，他们原本所从事的若非雕塑工作，就是剧场或军事工程。英国随笔作家伊夫林（John Evelyn）曾描述他 1644 年在罗马看了一出喜剧性歌剧，是贝尼尼"画布景、刻雕像、发明工具、作曲、写剧本和建剧院"。

高高盖在圣彼得坟墓上方的铜制华盖（1624—1633 年）有 4 根螺旋形柱子，脱胎自旧圣彼得教堂，一般认为这种柱子源自耶路撒冷的神殿（Temple）。盖顶周围梦幻似的扇形篷也是铜制的，有中世纪将军帐篷的味道，专家认为这是最卓越的铸铜手艺。由于铜的需求量很大，使得材料不足，结果教宗乌尔班八世（Pope Urban Ⅷ）一声令下，把万神殿门厅里的铜镶板拆了下来。在华盖上方的墙壁里，贝尼尼把传说中的圣彼得宝座打造得如幻似真，世称彼得之椅（Cathedra Petri，1657—1666 年）。

贝尼尼一件更纯粹的建筑作品，或至少是一件建筑和平面规划的作品，超越了上述两件作品混合建筑、雕塑、绘画和制造幻象的技巧，因为环抱圣彼得教堂广场的柱廊（1656—1671 年，图 266），其魅力有一半来自柱廊和环境的关系。为了配合马代尔诺（Carlo Maderna）建的教堂主立面，柱廊盖得并不高，在日中时分可遮阳，同时具有深刻的象征意义，仿佛母教会的手臂环抱保护着广场上的信徒。而且根据贝尼

图 266　圣彼得教堂，罗马，1506—1626 年；贝尼尼的双柱廊，公元 1656—1671 年

尼的摘要，柱廊也让信徒的视线往阶梯或梵蒂冈宫（Vatican Palace）的窗户和阳台集中，教宗就在那里为信徒赐福。

　　身兼雕塑家和石匠的博罗米尼和贝尼尼非常不同，他 1614 年来到罗马，跟随马代尔诺和贝尼尼学艺。68 岁那年自杀身亡。他的教堂设计复杂诡谲，无论门外汉或行家，若不苦心研究则难以理解，特别是建于 1638 年的四喷泉圣卡罗教堂，这可能反映了他迷宫般错综复杂又执迷不改的心灵。他死后 200 年还被人当作疯子，19 世纪的艺术史学家之所以选用"巴洛克"这个名词（意为畸形，特指奇形怪状的珍珠），可能就是因为 18 世纪和 19 世纪的人都觉得博罗米尼与他变化多端的建筑是畸形的。

　　博罗米尼玩弄形状的把戏令人眼花缭乱。虽然必须在面积狭小、形状怪异的建地上盖房子，但似乎丝毫未碍他丰富的想象力，无疑也使他的追随者充满信心，就像慕尼黑的科斯马斯·达米安·阿萨姆（Cosmas Damian Asam，1686—1739 年）和埃吉德·奎林·阿萨姆（Egid Quirin Asam，1692—1750年）两兄弟。后者就决定在紧临自宅一块9米宽的土地上盖一座小小的圣约翰·内波穆克教堂（St John Nepomuk，1733—1746年，图258）。教堂内部到处都是螺旋状的楼台和柱子，热情闪耀着金色、深咖啡色和红色。博罗米尼设计的圣伊沃·德拉·萨皮恩札教堂（San Ivo della Sapienza）是罗马一座大学教堂，于1642年动工，盖在一座有拱廊的庭院尾端，庭院的地面上还有一个星星图案。但他这座智慧教堂的平面参考智者所罗门王的圣殿，不因地点上的困难而逊色。教堂的平面是将两个三角形结合而形成的一颗大卫王之星（Star of David），星星的尖端由半圆形和半八角形相互交错。面对庭院的建筑立面是个凹面，教堂上顶着一个陡峭的波纹状六瓣小圆屋顶，圆屋顶上有个举着真理之火的螺旋状顶塔。这个设计后来影响了瓜里尼在都灵的圣裹尸布礼拜堂。

　　总而言之，椭圆形是巴洛克的经典形状。当然，以前的建筑也用过椭圆形。塞利奥1547年在著作《建筑》（L'Architettura）第五卷中就制定了使用椭圆形的原则，维尼奥拉在罗马的圣安娜教堂（Sant' Anna dei Palafrenieri，1565—1576年）也用了一个纵向的椭圆形。现在椭圆形可以东西纵向运用或横向运用；可以设计好几个椭圆形；也可以一分为二，然后背对背相接，让教堂正面呈现凹形弧线。贝尼尼在奎里纳雷的圣安德烈教堂（Sant' Andrea al Quirinale，1658—1670年）就是横向的椭圆形设计，称为椭圆万神殿。拉伊纳尔迪（Carlo Rainaldi，1611—1691年）在纳沃纳广场（Piazza Navona）的圣阿涅丝教堂（Sant' Agnese，1652—1666年，教堂正面为博罗米尼的手笔）的诗歌坛和入口两端增加了两个像环形殿一样的礼拜堂，把正方形当中夹八角形的平面变成东西向的椭圆形。世俗建筑也是椭圆形的，例如居维利埃（François Cuvilliés，1695—1768年）在慕尼黑宁芬堡宫（Schloss Nymphenburg）花园设计的小洛可可式亚玛连堡阁（Amalienburg Pavillion），弗朗索瓦·芒萨尔在巴黎附近迈松拉斐特（Maisons-Laffitte）设计的城堡侧翼也有椭圆形的房间，勒沃（Louis Le Vau，1612—1670年）建造的沃勒维孔特堡（Château de Vaux-le-Vicomte）也有一个覆以圆顶的中央椭圆形沙龙。

　　圣卡罗教堂基本上是椭圆形平面，博罗米尼把椭圆形的4个象限往内扭曲，形成波浪状墙壁，然后在檐口架设半圆拱，让墙壁和椭圆形连成一气，上面还有一个藻井圆顶。丁岑霍费尔（Johann Dientzenhofer，1663—1726年）在巴伐利亚的班兹（Banz）设计的修道院教堂（1710—1718年，图269），平面就是一连串交错的椭圆形。圣安德烈教堂和圣卡罗教堂都有椭圆形圆顶，连建筑物结构中的楼梯也都出现这种形式。在巴洛克末期的 1732 年，诺伊曼（Balthasar Neumann，1687—1726 年）在德国南部布鲁赫萨尔（Bruchsal）的主教馆（Episcopal Palace）里建造的壮观楼梯，就让人有从一个个台基盘旋上升的感觉。

同样由诺伊曼设计的费贞菲里根朝圣教堂（Vierzehnheiligen Pilgrimage Church，1743—1772 年，图 267、268）可算最复杂的巴洛克式教堂。从外面看起来很普通：一个希腊式十字形教堂，有加长的中殿和侧廊，翼殿是多角形的侧礼拜堂，祭坛在东端，正面是双塔。走到教堂里面，陡斜的拱顶周围涌入和流泻的光影、在长廊或灰泥中的巴洛克建筑和装饰形状、白底上浓重的金色、彩绘天花板的深重色彩，无一不令访客叹为观止。教堂没有侧廊，让各个变化多端的空间互相贯穿；也没有圆顶，中殿的主体是一个纵向的中央大椭圆形，其中的祭坛像流光之海中的一座岛屿。仔细审视教堂的平面，就会看到中殿处在两个较小的椭圆形之间，一个椭圆形是诗歌坛，另一个是教堂入口，中殿还稍稍往外凸出到立面上，形成波浪状的墙界线。翼殿里的礼拜堂是半圆形的。从柱子和侧墙的凹弧线可以看出在祭坛和入口区之间另外两个横向椭圆形的位置。

巴洛克建筑的结构也同样复杂，而且非常先进。看过费贞菲里根朝圣教堂之后，再回头去看文艺复兴早期的建筑物，就会觉得那些结构太简单——几乎是单纯。例如鲁切拉伊宫就是由四面实心墙壁撑着一个浅浅的单坡屋顶（pent roof）——这大概是最原始的结构了。为求实用，粗石造、壁柱、檐口、窗框上的雕刻都刻在旁边。相比之下，巴洛克建筑师对结构显得信心十足。他们其实非常精于计算。其中不少人是工程师；诺伊曼和瓜里尼是著名的数学家；伦敦圣保罗大教堂的建筑师雷恩（Sir Christopher Wren，1632—1723 年）被视为科学天才，同时也是伦敦大学和牛津大学的天文学教授，以及皇家学会（Royal Society）的创始会员。他们准备充分利用过去的结构知识和专业技术，不带有任何美学或道德上的偏见。所以贝尼尼仿效古罗马人，把圣安德烈教堂的实心墙刻成神龛；瓜里尼在圣洛伦佐教堂和圣裹尸布礼拜堂把肋筋依照垂曲线编织成网状来支撑尖塔和圆顶，凭借的就是他对哥特式拱顶建筑的认识，再沿用西班牙摩尔式拱顶的细部装饰加油添醋一番。我们还发现在雷恩旗下与范布勒共事的吉布斯和霍克斯摩尔（Nicholas Hawksmoor，1661—1736 年）在古典风格的教堂顶上盖哥特式尖塔。弧形的侧翼和主体、漩涡形的拱顶：其实巴洛克已将砖

图 267　诺伊曼：费贞菲里根朝圣教堂，德国，公元 1743—1772 年

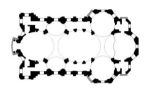

图 268　费贞菲里根朝圣教堂平面图

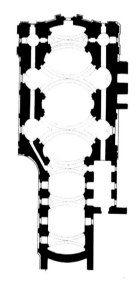

图 269　丁岑霍费尔：班兹修道院，德国，公元 1710—1718 年，平面图

石结构发挥得淋漓尽致。要到 19 世纪发现新建材并追求新设计之后，建筑结构才会有进一步的发展。

巴洛克建筑师一方面在结构上大胆实验，一方面也尽力打破不同媒介之间的界限。建筑和绘画在天花板壁画上交会，壁画天花板借着意大利人所谓由下往上（sotto in su）的方法让屋顶通往天堂。这些典型的巴洛克效果在教堂和宫殿都很普遍，其中最著名的包括耶稣会教堂和齐默尔曼（Zimmermann）兄弟在施瓦本（Swabia）史坦豪森（Steinhausen）设计的朝圣教堂（1728—1731 年）。朝圣教堂的天花板壁画中，以透视法所画的人物多彩多姿，在虚拱上来来去去，框住了应该通往天国的屋顶。贝尼尼设计的圣安德烈教堂里，祭坛后面的壁画主题为圣徒殉道，而圣徒灵魂荣登天国的雕像将这个主题向上提升至教堂圆顶——天堂的象征。圆顶有裸体像的双腿在檐口上摆动，叽叽喳喳的普智小天使像鸽子一样到处栖息。在诺伊曼、希尔德布兰特等建筑师为维尔茨堡亲王-主教（Prince-Bishop of Würzburg）所建的官邸中（1719—1744 年），运用雕塑来加强屋顶通向天堂的幻象。在这里，楼梯随着它流线型的栏杆往天花板迅速上升（图 270），提埃波罗（Tiepolo）在天花板上画了四大洲——许多小提琴弓，旋动的斗篷，羽毛头饰，骑着鳄鱼、鸵鸟和骆驼的女孩。镀金边框无法把画的内容包含在内，人物涌出了舞台般的圆形剧场。一位骑士的腿垂在边缘，一只猎狼犬和一个小胖兵仿佛快要往外掉到下面的壁架上。这样不但把幻象和现实融合起来，雕像和建筑也相互贯通。贝尔佛第宫的花园也看到类似的创意，柱子的形状就是仿真健壮的巨人用双肩举重的姿态。

在这些幻象中，材料也变了样子：木头经过雕刻绘画，看起来就像布料；镀金制造的黄色光芒由隐匿的光源发出，一道道照在圣特蕾莎人像和彼得之椅上；罗马特雷维喷泉（Trevi Fountain，1732—1737 年，图 271）的石雕泡沫与流水更是栩栩如生。走过一条条偏僻窄巷后乍然看见喷泉，的确令人震撼。这座出于贝尼尼的构想，再由两位建筑师和两位雕塑家完成的纪念碑——纪念人定胜天的精神——倚在一个封闭小广场一边的建筑物旁。古典雕像和翻腾散落的岩石结合得完美无缺，再从岩石之间窜出野海马与真正的水花和泡沫，孰真孰假早已无法分辨。万维泰利（Luigi Vanvitelli，1700—1773 年）为西班牙国王查理三世（Charles III）在卡塞塔（Caserta）兴建的皇宫（Palazzo Reale）庭园中也有类似的雕刻。描绘黛安娜（Diana）和阿克提安（Action）传说的两座雕像中，其中一座捕捉了阿克提安变身为鹿的一刹那：阿克

图 270　诺伊曼和希尔德布兰特等人：主教官邸的楼梯，维尔茨堡，德国，公元 1719—
1744 年

图 271　贝尼尼：特雷维喷泉，罗马，公元 1732—1737 年

提安在大瀑布基座上，流着口水的猎犬从池边越过岩石扑来，使他陷入绝境。万维泰利之子卡罗（Carlo）在父亲辞世之后用了几位雕塑家完成了这件景观作品。

罗马有两项教宗委建的重大工程都在追求这种效果。其一是纳沃纳广场，如今已被视为巴洛克建筑博物馆，广场中包含拉伊纳尔迪的圣阿涅丝教堂（教堂立面出自博罗米尼的手笔）、两座贝尼尼设计的喷泉，潘菲利宅邸（Pamphili Family Palace）中还有一座科尔托纳（Cortona）绘画的长廊。最著名的四河喷泉（Fontana dei Quattro Fiumi，1648—1651 年）刻画了多瑙河、普拉塔河（Plata）、尼罗河和恒河，就和维尔茨堡的天花板一样，表现出当时的人对于探险者和殖民者打开其门户而对东西方开放的诸国抱有极大兴趣。另一件重要的城市规划工程是人民广场（Piazza del Popolo，1662—1679 年）。这是一件高度自觉的城市建筑工程，还在两座立面和圆顶都如出一辙的教堂之间竖立一座方尖碑。事实上这两座教堂的建地宽度不同。拉伊纳尔迪必须在室内做精巧的布局，让外观产生相称的效果。

在维尔茨堡和布鲁赫萨尔，我们已经见识过巴洛克建筑师多么喜欢用一阶阶楼梯来制造效果。贝尼尼的雷吉亚梯（Scala Regia，1663—1666 年）是早期的作品，也是最著名的楼梯。就像许多巴洛克顶级作品一样，这次他也面临了一项挑战——设计出一座沿圣彼得教堂正面和柱廊通往梵蒂冈宫，又不会让正面和柱廊失色的高雅楼梯。此外，他能利用的空间并不多。他的解决之道是建一条信道，从柱廊通往大教堂的加利利门廊（Galilee Porch）的出口。这里有一座君士坦丁大帝骑着一匹白马的雄伟雕像，这样一来我们在到达楼梯之前就不会注意到有个不大自然的转弯。沿着连拱廊发展的大型楼梯陡然上升，然后越来越窄，变成一条矫饰主义的高贵隧道井。

像罗马这种山城很早就思考用楼梯在户外制造景观效果的可能性。桑蒂斯（Francesco de' Santis，约 1693—1731 年）创造了一件杰作——罗马的西班牙阶梯（Spanish Steps，1723—1725 年，图 272）。出人意表的曲线、阶梯和栏杆的线条（如今是花卉和纪念品的销售区）蜿蜒经过济慈（Keats）辞世的住宅，到达阶梯顶端，就是如贵妇般迎接访客的 16 世纪的山上的圣三一教堂（Trinità dei Monti，立面出自马代尔诺）。

图 272　桑蒂斯：西班牙阶梯，罗马，公元 1723—1725 年

葡萄牙也有把阶梯和教堂结合的做法。山上的善良耶稣教堂（Bom Jesus do Monte）是座双塔教堂，位于布拉加（Braga）附近，1723—1744年依照十字架祈祷点［Stations of the Cross，耶稣当年从彼拉多的总督府（Pilate's Hall）到他钉上十字架的受难路上的分段点］配置，在转角处有喷泉和方尖碑的Z字形楼梯连接了纪念14个祈祷点的礼拜堂，直到抵达楼梯顶端的教堂为止（图273）。

有时候是地点的选择突显了建筑物。尤瓦拉不但为大会堂式的苏派加教堂（Superga，1717—1731年，图274）设计了圣彼得教堂那种圆顶，还让它坐落在一座山丘上，居高临下俯瞰都灵。威尼斯的安康圣母教堂（Santa Maria della Salute，1630—1687年，图275）由隆盖纳（Baldassare Longhena，1598—1683年）设计兴建，有纹章的三角楣饰和墙壁的下半部重叠。由于位于大运河入口，白色的教堂看起来仿佛从大海升起，如同红瓦屋顶之间的乳白色海浪。

但最佳建筑地点可能是奥地利南部梅尔克（Melk）的本笃会修道院（Benedictine Monastery，1702—1714年，图276），普兰陶尔（Jacob Prandtauer，1660—1725年）将修道院建在俯瞰多瑙河的悬崖上。在棕绿色的河流和露出河面的灰绿色岩石之上，

图273　山上的善良耶稣教堂入口阶梯，布拉加附近，葡萄牙，公元1723—1744年

图 274　尤瓦拉：苏派加长形教堂，都灵，公元 1717—
1731 年

独立教堂正面的双塔、圆顶和灰绿色的屋顶，从周围修道院的红瓦屋顶之间升起。

这种欧陆风格在英国演出的变奏留在本章最后部分说明，因为这些英国建筑独树一帜，和欧洲同时期的建筑风格不一，其中最大的因素应该是英国信仰新教，和其他巴洛克大行其道的国家不同。因此英国国教的教堂是开阔的大厅，这段时期新教的教堂呈现出较冷硬的轮廓，和以曲线为主的巴洛克大异其趣。雷恩最伟大的作品伦敦圣保罗大教堂（St Paul Cathedral，1675—1710 年，图 277），清新、冷静、密集的细长列柱围绕高耸宁静的圆顶——比较像布拉曼特的小圣堂，而不像圣彼得教堂，因此乍看之下应归于文艺复兴而非巴洛克风格，但进一步研究之后就知道并非如此。在世俗宫殿型的侧边立面上，漩涡形的正面取代了翼殿；突出的西向立面两侧是有博罗米尼之风的双塔。进入教堂内部，先看到黑白棋盘式的瓷砖、环绕圆顶而结构大胆的耳语廊（Whispering Gallery），然后看到掏空成巨大壁龛的墩柱呈对角布局来支撑宽度等于中殿加上侧廊的圆顶，就能了解巴洛克式量体的大胆放肆风格。1666 年 9 月，延烧四昼夜的大火烧毁了伦敦的五分之四，后来在 51 座教堂的重建工程中，雷恩对眼前庞大的任务采取了勇于冒险、变化万千的折中做法，把哥特式和文艺复兴式的细部与结构结合起来。

如果雷恩的建筑还有前代遗风，范布勒（Sir John Vanbrugh，1664—1726 年）则没有这种疑虑。支撑巴洛克式建筑压倒性重量的巨大力量，以及约克郡霍华德堡（Castle Howard）和牛津郡布莱尼姆宫（Blenheim Palace，1705—1724 年）高耸垂直的柱子、窗户和尖塔的炫耀神气，这些都是公认的巴洛克建筑特征。范布勒在雷恩旗下和霍克斯摩尔短暂合作一阵子之后，1699 年就得到他的第一件工程——为卡莱尔伯爵（Earl of Carlisle）兴建霍华德堡。没有科班训练但信心满怀的他，投身建筑界是有吹

图 275　隆盖纳：安康圣母教堂，威尼斯，公元 1630—1687 年

图 276　普兰陶尔：本笃会修道院，梅尔克，奥地利，公元 1702—1714 年

图 277　雷恩：圣保罗大教堂，伦敦，公元 1675—1710 年

图 278　范布勒爵士：霍华德堡，约克郡，公元 1699—?

嘘的成分，但他之前从事的工作虚张声势的情况更严重：他原本是陆军上尉，但在法国以间谍罪被捕，关在巴士底监狱，后来还成为著名的复辟时代（Restoration）剧作家。小说家沃波尔（Walpole）认为他加诸古典形式的一股强大活力具有"崇高"的特质。从霍华德堡（图 278）耸立在有三角楣饰的南向立面之上的巍峨圆顶、空间多变且有乍明乍暗的幽深凹孔的著名大厅（Great Hall）、架着拱顶的狭窄古董走廊 (Antique Passage)，都看得出这种特质。对"城堡气氛"的独特敏锐度让范布勒引以自豪，布莱尼姆宫证明了此言不假。这座宫殿为了纪念西班牙王位继承战争的胜利而取名布莱尼姆，举国在感激之余，兴建这座宅第献给战胜的将军马尔伯勒公爵（Duke of Marlborough）。它的气度和庞大的尺度让人想起凡尔赛宫。但若不从雷恩旗下找来霍克斯摩尔担任助手，范布勒肯定无法完成。从霍华德堡庭园里的陵墓（Mausoleum，1729 年）就看得出霍克斯摩尔非池中物，这件作品灵感主要来自布拉曼特的小圣堂，几位批评家还视之为英国最美丽的建筑物。

　　法国巴洛克的最后一个时期称为洛可可，这是一种优雅、轻快的装饰风格，为了配合巴黎人的品位而发明。洛可可风格出现在古典主义者朱尔斯-阿杜安·芒萨尔（Jules-Hardouin Mansart，1646—1708 年）放下凡尔赛宫镜厅（Galerie des Glaces）的工作，转而为路易十四的长孙 13 岁的未婚妻兴建的动物园堡（Château de la Ménagerie）负责设计工作的时候。国王认为原本设计的装饰对一个孩子来说太过阴郁，画家华托（Watteau）的老师安德朗（Claude Andran）于是发展出一种轻快细致的阿拉伯式图案和金属细丝工艺，来描绘猎犬、少女、鸟、花环、丝带、植物叶子和卷须。接着在 1699 年，在装修国王位于马利（Marly）的寓所时，勒波特（Pierre Lepautre）把阿拉伯式图案应用在镜子和窗框上。洛可可风格就此产生。到了 1701 年，洛可可已经出现在勒沃和朱尔斯-阿杜安·芒萨尔为路易十四建的凡尔赛宫（1655—1682 年）。

洛可可这个名称来自 "rocaille" 这个词，意思是岩石和贝壳，暗示了这种装饰的自然造型：枝叶造型，海洋造型——贝壳、海浪、珊瑚、海草、浪花和泡沫、漩涡，C 造型和 S 造型。法国的洛可可精致而优美，打造出优雅的空间来进行时髦而私密的活动，像舞蹈、室内乐、礼仪、写信、谈话和引诱异性。支撑这种装饰的建筑变得比较简单。房间以长方形居多，四角通常切成圆弧形，漆成象牙白或粉色调，没有柱子或壁柱，只有最简单的装饰线条，以免抢了墙壁上金色阿拉伯图案的风采。"法式窗"（French Window）这个名词就在此时出现，形容一种时髦纤细的落地窗。大厅已经利用镜子来加强明亮效果，就像路易十四凡尔赛宫的镜厅（1678—1684 年，图279），这是一个天花板上有华丽绘画的筒形拱顶厅堂，一侧有 17 扇窗户的拱廊呼应另一侧有 17 面镜子的拱廊。1695 年，埃拉克（Erlach）在号称"维也纳凡尔赛宫"，亦即为了和路易十四攀比而兴建的丽泉宫（Schönbrunn Palace）打造了比镜厅更加细致，甚至可以说是脆弱的大廊（Great Gallery）。壁炉上方通常挂着深色玻璃镶的镜子，墙壁上用规则或不规则形状的镜子装饰，镜框是用镀金的细枝和嫩叶制成——细长、纤细、尾端常隐约蔓延成开的 S 形或 C 形，完全不对称。

到了 1735 年，勃夫杭（Germain Boffrand）在巴黎为年长的苏比亲王（Prince de Soubise）的年轻新娘在他的连栋式街屋里建亲王夫人沙龙（Salon de la Princess，图280），此时正是法国洛可可的巅峰期。在南锡（Nancy）的跑马场广场（Place de la Carrière），洛可可甚至延伸到城镇规划上。南锡为法国王后被罢黜波兰王的父亲（Stanislas Leczinsky）所建的古堡已遭破坏，不过建于 1720 年之后，以开阔的拱圈构成的弧形连拱廊仍可证实波兰王对洛可可的喜爱。拱廊把彼此相互开放的空间做出引人入胜的划分，还构成一个椭圆形的庭院、一座凯旋门和美丽的锻铁门。

在这之前一段时间，巴伐利

图 279　朱尔斯-阿杜安·芒萨尔：镜厅，凡尔赛宫，公元 1678—1684 年

图 280　勃夫杭：亲王夫人沙龙，苏比连栋式街屋，巴黎，公元 1735—1739 年

图 281　居维利埃：亚玛连堡阁，宁芬堡宫，慕尼黑，公元 1734—1739 年

亚的选帝侯依曼纽尔（Elector Max Emmanuel）发现宫廷矮人居维利埃有建筑方面的
天分，便在 1720 年送他到巴黎学习 4 年。他在慕尼黑官邸（Munich Residenz）工作
了 4 年，于 1734 年到 1739 年期间建造了亚玛连堡阁（图 281），这是慕尼黑郊外宁
芬堡宫庭园里 4 座洛可可馆阁中最著名的一座。这座别具一格的欢乐阁，外观虽然让
人以为平滑简单，却有着迷人的细部装饰，例如通往船首形三角楣饰下方突出的弧形
阳台的一阶半球状台阶、塑造成凹弧的角落和优雅耸立的弓形三角楣饰。室内是一间
圆形中央大厅，直径约 12 米，配合弧形的正面而弯曲，大厅两侧备有卫浴设备、卧
室和军械室。这间粉刷成如创世第一天清晨般淡蓝色的厅堂，布满了椭圆顶的镜子，
镜子和门窗交错排列并稍稍倾斜，以加强种种装饰所呈现的夏日轻快感。墙壁上装饰
着银灰泥做的青绿薄纱窗、乐器、羊角和贝壳，蝴蝶从洒满阳光的群叶中飞起，青草
在屋顶檐口周围摇曳，鸟儿正振翅飞上青天。

第十六章

优雅的代言人：浪漫古典主义建筑

18 世纪中叶，巴洛克和洛可可骤然结束。按照惯例，一段失去效能和实用性的艺术时期总会苟延残喘几十年，像这样乍然终止是很奇怪的。由于当时取得政权的帝国较为老成持重，欧洲也就回归了比较老成持重的古典建筑。

会发生这个现象有几个原因。首先是欧洲的氛围从 18 世纪初开始逐渐改变，这种改变在 1789 年法国大革命到达巅峰，似乎使建筑师和业主企图在建筑物中寻找超越巴洛克建筑的永久性和权威感；另一个原因是巴洛克原本就只在几个国家生根，如今政权更迭，法国和信仰新教的德国所偏好的建筑风格开始兴盛。但巴洛克过时的关键因素是社会有种新的狂热，这表现在当时的时髦品位里。

这股新的时髦品位首先表现在英格兰和苏格兰。两地的建筑师率先回归古典主义，但不是一开始就回归希腊或罗马的古典风格（这到后来才发生），而是回归帕拉迪奥对古典主义较温和的诠释。1715—1717 年，苏格兰建筑师科伦·坎贝尔（Colen Campbell，1676—1729 年）出版了《英国的维特鲁威》（*Vitruvius Britannicus*），书中介绍了一百多件房屋的雕刻，还盛赞帕拉迪奥和琼斯。

坎贝尔借着兴建诺福克郡（Norfolk）的霍顿宅邸（Houghton Hall，1722—1726 年）来实践自己的理论，这栋琼斯风格的房子是首相罗伯特·沃波尔（Robert Walpole）的宅邸，屋内有个宏伟的 12 米双立方体房间。他在肯特的梅里沃思（Mereworth）兴建的一栋别墅（1723 年）刻意模仿帕拉迪奥的圆顶别墅（图 235），有一个圆形中央大厅，但没有帕拉迪奥在两侧对称的楼梯。1725 年伯灵顿伯爵（Lord Burlington）经由威廉·肯特（William Kent，1685—1748 年）协助，在伦敦附近替自己兴建的别墅奇西克之屋（Chiswick House，图 282、283）同样脱胎自圆顶别墅。

靠乔治一世（George I）即位而掌权的维新党政客——第三代伯灵顿伯爵理查德·波伊尔（Richard Boyle，1694—1753 年），是业余建筑师，还结交了一群师法帕拉迪奥的建筑师，如坎贝尔、青年画家威廉·肯特（两人于伯爵在罗马读书时结识）和诗人亚历山大·波普（Alexander Pope）之流。英国讲究品位之人皆以伯爵马首是

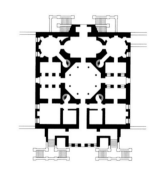

图 282　奇西克之屋一楼平面图

图 283　伯灵顿伯爵和威廉·肯特：奇西克之屋，伦敦，公元 1725 年▷

图 284　查尔斯·卡梅隆：冬宫的卡梅隆长廊，普希金，俄罗斯，公元 1787 年

瞻，直至他 1753 年辞世为止。帕拉迪奥式的建筑风格流传到俄国的普希金（Pushkin），冬宫（Tsarskoe Selo）原为意大利人拉斯特雷利（Bartolomeo Rastrelli，1700—1771 年）所建，后来苏格兰人查尔斯·卡梅隆（Charles Cameron，1746—1812 年）增建了一个侧翼：一条面对花园的爱奥尼克式柱廊（图 284）。另外一个苏格兰人詹姆斯·吉布斯（James Gibbs，1682—1754 年）是拥护斯图亚特王室的天主教徒，曾在罗马一边接受神职人员教育，一边跟着丰塔纳学习巴洛克建筑，照理他应该和伯灵顿的维新党派唱反调才是。但连吉布斯设计的伦敦教堂都不怎么巴洛克，例如结合了古典门柱廊和一座尖塔的田野圣马丁教堂（St Martin-in-the-Fields，1721—1726 年，图 285）；剑桥大学议事堂（Senate House，Cambridge University）深远、冷静、高贵的对称设计，更显示他是雷恩的最佳接班人。吉布斯的风格在海外大受欢迎，足以显示他和帕拉迪奥的优雅相得益彰——美国大量模仿帕拉迪奥的风格；澳大利亚犯下伪造罪的建筑师（现在澳大利亚把他印在钞票上以表尊崇）法兰西斯·格林威（Francis Greenway）1824 年在悉尼设计的圣詹姆斯教堂（St James's Church，图 314）也是一例。

这段时期英国发生农业革命，使得乡村景观完全改变。在这股风潮中，最重要的人物就是莱斯特伯爵（Earl of Leicester）托马斯·科克（Thomas Coke），1734 年伯灵顿和肯特为他在诺福克盖了侯克汉宅邸（Holkham Hall，图 286）。宅邸表面砌的是当地生产的黄砖，不过在科克的要求下，刻意模仿古代罗马砖。宅邸中央是长方形建筑主体，以一座帕拉迪奥式门廊面对鹿苑。主屋两侧，前后共有四座较小的长方形建筑物，以短而低矮的隐藏式信道和主屋连接。这个平面设计代表了帕拉迪奥服务性侧翼的有效延伸，只是重复运用以求同时朝向前面和后面。但大厅的空间设计算是巴洛克风格。这栋宅邸已作为展示科克的古董收藏之用，大厅有两层楼高，沿着内侧是一个宛如教堂环形殿的展览室。通往展览室的楼梯由一条红地毯从中划开，样子就像一条丝绒裙或尚未张开的孔雀屏。模仿罗马命运女神庙（Temple of Fortuna Virilis）的白底棕纹的德比郡雪花石膏柱子，从展览室的平面上升，支撑一个独特的天花板，由于天花板呈现凹圆的半杯状，或多或少反映了楼梯的奇特造型。

这种新的优雅风格不限于贵族式大宅邸。老约翰·伍德（John Wood the elder，1704—1754年）和小约翰·伍德（John Wood the younger，1728—1781年）这两位帕拉迪奥式大宅的建筑师发现了一种方法，把帕拉迪奥式建筑的简单精致移植到街道上。伍德父子在巴斯（Bath）打造出来的街道精彩至极，非任何后继者所能比拟，罗伯特·亚当（Robert Adam，1728—1792年）设计的爱丁堡夏洛特广

221

图285　詹姆斯·吉布斯：田野圣马丁教堂，伦敦，公元1721—1726年

场（Charlotte Square，1791—1807年）统一宫殿立面也难以媲美。金白色巴斯石（Bath stone）的临街立面设计成一个连续的帕拉迪奥式建筑正面，一座三角楣饰将女王广场（Queen Square，1729—1736年）北面的中央部突显出来。更精彩的是从椭圆弧形的皇家新月楼（Royal Crescent，1767—1775年）陡直伸向树木边缘的一大片广袤草地。

伍德父子采用何种巧妙手法设计这种新颖优雅立面？只要把一根帕拉迪奥式壁柱和一排巴斯的连栋房屋立面相互比较，并留意前者的比例和水平强调如何转换到后者身上即可发现。其做法是将壁柱往左右两边延伸形成街道，因此壁柱底座就成了一楼（有时以粗石砌成）；壁柱柱身或以柱廊的方式重复下去，或以二楼高窄的窗户来延续其垂直性；在檐口线条上，额枋和壁缘饰带是一致的，檐口上方可能有三角楣饰或阁楼。

伯灵顿学派的成员是结合建筑和自然环境的重要开拓者，这后来成为浪漫主义运动的一部分。18世纪英国园林运动（Landscape Movement）的兴起，全拜威

图 286　伯灵顿伯爵和威廉·肯特：侯克汉宅邸，诺福克，公元 1734 年

廉·肯特所赐——"人工操控的大自然景观"。照首相之子霍勒斯·沃波尔（Horace Walpole）的说法："肯特跳过篱笆，发现大自然是一座公园。"

这个新的认知完全颠覆了法国巴洛克建筑的内外关系。看看法国的著名花园，安德烈·勒·诺特（André Le Nôtre，1613—1700 年）为沃勒维孔特堡（Vaux-le-Vicomte，图 287）和凡尔赛宫所做的设计，就知道这些花园是用多么严谨的几何设计控制着——修剪整齐的矮树篱画出花坛的轮廓、长长的林荫大道通向几何图形构成的一片片水面、斜斜的小径通往喷泉或灌木林。但凡尔赛宫和沃勒维孔特堡内部热情洋溢，还有华丽的彩绘拱顶和雕花檐口。18 世纪的英国庄园则完全相反，室内宁静安详，而室外的大自然可起可伏，小径、流水和湖泊可曲可直，树木恣意生长。

图 287　沃勒维孔特堡，法国，公元 1657 年，花园由安德烈·勒·诺特设计

追随肯特的查尔斯·布里奇曼（Charles Bridgeman，卒于 1738 年）带动了英国另一波园林艺术的重大改革。这种方法让整个园林景观中凡目光所及之处都成为庄园的一部分：他把分隔花园和周围牧地的篱笆弃之不用，代之以称为"隐篱"的凹陷沟渠，不但能把牛隔离在外，从露台和客厅的窗户也看不到。最著名的园艺家是兰斯洛特·布朗（Lancelot Brown，1716—1783 年），绰号"潜力布朗"（Capability Brown），因为他整天满脑子想着一块地的"潜力"。他是植树行家，他集中和分散树群的独特艺术，现在已成为英国园林景观的特色。布朗设计的园林无与伦比，有一位地主就说他希望比布朗早死，因为他想在布朗修缮之前看到天堂的原貌。

以桥梁、神殿和岩洞等令人喜爱的建筑特色来装饰花园，这样的画境运动（Picturesque Movement）让房屋和花园间的互动更进一步。苏格兰建筑师罗伯特·亚当在白金汉（Buckingham）的斯托（Stowe）改建了一栋房子（1771—?），现为一所公立学校。布里奇曼为这栋宅邸设计的花园堪称建筑宝藏，园中的古典神殿和桥梁出自名家手笔——范布勒、吉布斯、肯特和潜力布朗。甚至还有一座桥梁模仿威尔顿宅中由罗杰·莫里斯（Roger Morris）设计的帕拉迪奥式桥梁，架在一系列优美的拱形桥墩上。18 世纪 20 年代坎贝尔为银行家亨利·霍尔（Henry Hoare）在威尔特郡的斯托海德（Stourhead）设计了一栋帕拉迪奥式房屋。当亨利和儿子迈克尔后来决定建造相配的花园（图 288）时，他们在村庄西边的河谷建坝阻水，并且从古罗马诗人维吉尔（Virgil）的《埃涅阿斯纪》（*Aeneid*）获得灵感，把河谷设计成人生之旅的寓言。漫步三角形湖畔，穿过茂密的矮树丛和浮在水面的荷花，经过湿冷的绿色岩洞和精致的神殿，从粉红、蓝色

图 288　亨利和理查德·霍尔：斯托海德的花园，威尔特郡，18 世纪 20 年代

和淡紫色的绣球花丛间走过，跨过水中有弧形倒影的桥梁，对访客而言，这条充满田园风味的河道毋宁说是象征着通往幸福乐土之路。

　　艺术和文学两方面的研究让这个田园奇景有了一层新的且更严肃的意义。第一份相关研究的作者是考古学和建筑学业余爱好者洛吉耶牧师（Abb Laugier，1713—1769年）。在寻找权威典籍的过程中，他重新审视原始小屋的基本设计，包含直立的柱子、横梁和斜坡式屋顶，也就是希腊神庙的起源。他在 1753 年出版的《建筑论文》（*Essai sur l'architecture*）中主张，理想的建筑应该是：朴素的墙壁，无需壁柱、三角楣饰、额外的阁楼、圆顶或任何一种装饰来突显。把洛吉耶的理论付诸实行的第一人是苏夫洛（Jacques Germain Soufflot，1713—1780年），他 1755 年在巴黎兴建的圣热纳维耶芙教堂于法国大革命期间转为世俗建筑，改称万神殿（Panthéon，图 289）。不过他确实模仿圣保罗大教堂，设计了一个圆顶，但完全靠柱子支撑，除了 4 个角落之外，皆以平顶的柱顶线盘接合；4 个角落则借用哥特式建筑结构，用了 4 根三角形墩柱，

图 289　苏夫洛：万神殿，巴黎，公元 1755—1792 年

与圆柱相对。他原本想让光线自由穿透建筑物，但法国大革命期间把窗子填满，使苏夫洛事与愿违。

洛吉耶牧师的论文出版 5 年后，尤里安·大卫·勒罗伊（Julien David Le Roy）出版了《最美丽的希腊古迹》（*Ruines des plus beaux monuments de la Grèce*）。1750 年，英国哲学家沙夫茨伯里（Lord Shaftesbury）说服詹姆斯·斯图尔特（James Stuart）和尼古拉斯·瑞维特（Nicholas Revett）造访希腊，两人在 1762 年出版了《雅典的古迹》（*The Antiquities of Athens*）第一卷，浅显易懂又具学术性，让勒罗伊的作品成为明日黄花。1764 年，温克尔曼（J. J. Winckelmann）在德国出版了他的古代艺术史书籍。温克尔曼从没去过希腊，但他的《反思》（*Reflections*）一书开宗明义就表达了他拥护的是什么："日渐流传到全世界的优质品味，最初即孕育于希腊的天空下"。他觉得建筑师应该努力发扬希腊人的特色——高贵的简朴、宁静的庄严和精确的轮廓。

换句话说，这是个只能用文学和艺术词汇来说明的建筑运动。除了这些著作，当时走红的画家和雕刻家可能也发挥了相当的影响力，他们喜欢将建筑（通常具有古迹或废墟的风格）和大自然的雄伟景致相结合。当时到欧洲旅游是青年绅士教育的一部分，他们买了许多克劳德·洛兰（Claude Lorrain）和萨尔瓦多·罗萨（Salvator Rosa）的画作当纪念品带回家。就像文艺复兴初期尝试新建筑手法的建筑师受惠于大批史料书籍，此时也有大量的书籍、论文、草图、画作和雕版品，于 18 世纪 50 年代和 60 年代在法、德、英、意等国广为流传。在不断变迁的政治、社会和情绪氛围中，这些作品多少也加速了巴洛克的死亡。另一个关键因素是考古学开始盛行（这时候还算不上是一种科学），特别是先后对罗马和希腊古迹的勘探，让这些古迹首度展现在欧洲人眼前。

简而言之，到了 18 世纪下半叶，受帕拉迪奥和琼斯影响而盛极一时的古典建筑，已由更严谨更具学术性的新古典主义取代。罗伯特·亚当就是英国独领风骚的建筑师。

亚当 18 世纪 50 年代到欧洲旅行，在罗马结识了著名的铜版画家乔凡尼·巴蒂斯塔·皮拉内西（Giovanni Battista Piranese，1720—1778 年）。皮拉内西作品中古罗马遗迹和监狱惨状的戏剧化场景，传达出一种对欧洲人思维的塑造有重要影响的罗马形象，和亚当的交情也为他的作品增加了价值，因为亚当的设计图中出现崎岖艰险的景致。亚当对斯巴拉托（Spalato）戴克里先的王宫做了详细研究，并在 1764 年付梓。

和皮拉内西在罗马住了一段时日之后，他回到英国为一系列庄园进行室内设计（有时运用古典希腊和伊特拉斯坎风格图式），并在伦敦和爱丁堡的新城（New Town）设计出最优秀的 18 世纪连栋式房屋。他也是非常成功的室内设备和家具供货商。

亚当的伟大发明是他独特的伊特拉斯坎风格装饰（脱胎自斯巴拉托的戴克里先王宫）。他和兄弟詹姆斯合作建立的室内装饰语汇产生极大的影响力。18 世纪 70 年代之后，亚当设计的住宅几乎每一栋都有伊特拉斯坎风格的房间。粉色背景衬托的白色浅浮雕人像、壶和花环（威治伍德把他在斯塔福德郡的工厂村命名为伊特拉斯坎，所生产的陶器就是采用这种纹饰），具体而微地代表了亚当产量丰富的家具、墙壁线脚、壁炉面饰、门口上方的扇形窗及最美丽的精致浮雕天花板上所用的丰富装潢，通常中心是一个雏菊形状，每个角落都有扇状的花环网。

他的罗马式房间颜色较深，饰以镀金和大理石的柱子以及黑色、深绿色和赤褐色的地板，而且有非常阳刚的细部装饰，就像他用巨柱隔开环形殿和浅壁龛的手法。伦敦的塞雍宅邸（Syon House，1762—1769 年，图 290）是一栋重建的詹姆斯一世时代的房屋，环绕休息室墙壁的大理石柱是从台伯河挖出来的罗马遗迹，柱顶是一个有金色希腊人像的装饰檐口。

到了 18 世纪末和 19 世纪初，爱丁堡已经成为建筑工业的聚集点，专注生产最纯粹的希腊复古风格建筑（Greek Revival），赢得“北方的雅典”的称号。帕特农神殿有一部分建在王子街（Princes Street）街角旁的卡尔顿丘陵（Calton Hill）上，成为国家的代表性建筑。1825—1829 年，托马斯·汉密尔顿（Thomas Hamilton，1784—1858 年）盖了完美无缺的希腊式皇家中学（Royal High School，现在只要苏格兰获得权力转移，就会成为苏格兰议会大楼），使他的名声更上一层楼。亚历山大·汤姆森（Alexander Thomson，1817—1875 年）在格拉斯哥（Glasgow）的各间教堂是彻底的希腊复古风格，使他得到“希腊汤姆森”的别号。

英国其他地方也有许多希腊复古建筑。罗伯特·斯默克（Robert Smirke，1780—1867 年）设计的大英博物馆（British Museum，1823—1847 年，图 291）、詹姆斯·甘顿（James Gandon，1743—1823 年）在都柏林设计的海关（Custom House，1781—1791 年）、威廉·威尔金斯（William Wilkins，1778—1839 年）在伦敦特拉法尔加广场（Trafalgar Square）设计的国家艺廊（National Gallery，1833—1838 年）、德西默斯·波顿（Decimus Burton，1800—1881 年）设计的海德公园角落（Hyde Park Corner，

图 290 罗伯特 · 亚当：塞雍宅邸，门厅，伦敦，公元 1762—1769 年

图 291　罗伯特·斯默克：大英博物馆，伦敦，公元 1823—1847 年

1825 年）三重爱奥尼克式拱道，这些都是罗伯特·亚当和威廉·钱伯斯（William Chambers）带动的希腊复古运动的一部分，两人从 1760 年起并列为乔治三世工事建筑师（Architects of the Works to George Ⅲ）。钱伯斯是当时最著名的学者，伦敦斯特兰德（Strand）的萨默塞特宅邸（Somerset House，1776—1786 年）庭院四边的新帕拉迪奥式外观，使他树立了英格兰政府建筑物的新古典风格。

　　但这种纯粹的风格无法长久。建筑师需要更多的乐趣和自由。连钱伯斯都无法控制自己对废墟和废物建筑（follies）那份浪漫的执迷。为威尔士亲王腓特烈（Frederick）在罗马设计一座陵墓时，他仔细画了两张图，一张画建筑物完工的样子，另一张是建筑物变成废墟的样子，时光的冲刷更增加了它的美。他出版过一本讨论中国建筑的书（1757 年），他在邱园（Kew Gardens）里建的宝塔（1761 年），是当时画境运动风潮期间建于各个花园里的古典神庙、罗马剧场、清真寺、摩尔式的阿罕布拉宫殿（Moorish Alhambras）和哥特式大教堂当中，唯一留下来的洛可可式想象力产物。

　　约翰·纳什（John Nash，1752—1835 年）则打算把自己丰富的机智和幽默感投注于古老的风格上。他把庄园的画境移植到城市，设计出伦敦摄政公园（Regent's

226

图 292　约翰·纳什：坎伯兰连栋屋，摄政公园，伦敦，公元 1826—1827 年

Park）周围的新古典连栋屋（1812 年动工，图 292），连续的建筑正面令人眼睛一亮，不输给伍德父子在巴斯以及亚当、威廉·普雷菲尔（William Playfair，1790—1857 年）和其他人在爱丁堡新城所盖的连栋式房屋。他还计划在公园周围设计幽僻但充分利用公园景致的独立式别墅，为花园城市的先声。他在德文（Devon）盖哥特式建筑，在什罗普郡（Shropshire）盖意大利式建筑，还在布里斯托（Bristol）附近的布莱斯哈姆雷特（Blaise Hamlet）盖古老的英国式茅屋。1815—1821 年，他把布莱顿（Brighton）一栋帕拉迪奥式行宫改建成中国-印度式的风格，这座行宫原是亨利·霍兰（Henry Holland，1745—1806 年）在 18 世纪80 年代为摄政王设计兴建的。纳什以摩尔风格连拱廊装饰大门正面的古典对称设计，并以活泼亮丽的青铜圆顶和尖塔创造出一道天际线。室内房间俗丽的风格和精致的手工分庭抗礼（图 293），集各国风格之大成，这种猎奇式的设计还延伸到大厨房里，成了棕榈树状的柱子——用新建材铸铁（cast iron）制成。

　　18 世纪晚期的建筑风格可分别描述为画境风格、新古典主义，或本章的标题——浪漫古典主义——也就是两者的结合，但以浪漫风格结束。皮拉内西的铜版画中的怀古和画境的风潮使得夸张的废墟流行起来，就像常春藤覆盖的塔楼——那些荷包比脑袋大的人真的盖起这种废墟来了。其中一个骇人的例子就是威尔特郡的方特丘修道院（Fonthill Abbey），是和亚当兄弟打对台的詹姆斯·怀亚特（James Wyatt，1747—1813 年）在 1796 年为威廉·贝克福德（William Beckford）设计兴建的。这是一座伪装成中世纪修道院的贵族宅邸，平面略呈十字形，长形的侧翼显然是教堂各个修道区所在地，其中有一部分是废墟。多角形的哥特式高塔在 1807 年果然随着假废墟倾倒了，剩下的建筑体也积极随高塔而去。但早在方特丘修道院兴建之前，霍勒斯·沃波尔就大力提倡新哥特式（neo-Gothic）的庄园风格，把中塞克斯郡

图 293　约翰·纳什：行宫宴会厅，布莱顿，公元 1815—1821 年

（Middlesex）特威克纳姆（Twickenham）的草莓山（Strawberry Hill，1748—1777 年，图 294）改成哥特式建筑，并加以扩建。显然他全心投入他所谓精致哥特式室内细部装饰"稀奇的古怪感觉"中，就像他的霍尔班卧室（Holbein chamber）。

建筑发展的模式经常是一个国家在一个特定时间点确立下来。这一回显然是英国的天下，但我们必须看看欧陆在此时又有何发展。和肯特同时代的法国人安格-雅克·加布里埃尔（Ange-Jacques Gabriel，1698—1782 年）继承父职，在 1742 年成为御用总建筑师。他是个一以贯之的人，始终维持纯粹的古典对称和沉静。他的继任者理查德·米克（Richard Mique，1728—1794 年）就非如此，后者在凡尔赛宫的小提亚侬宫（Le Petit Trianon）花园中的建筑，代表英国浪漫主义入侵而产生了法国人所谓的废物建筑（folies）。那是一座讨喜的爱神庙（Temple of Love，1778 年，图 295），隐藏在垂挂的枝叶间，是希腊、罗马和英国影响下的产物。米克还建了一座人工农村，称为"小村落"（Le Hameau），个性反复无常的玛丽·安托瓦内特皇后（Marie Antoinette）喜欢在这里扮作乡村少女，以挤羊奶作乐。米克只是 1725—1750 年间出生的多产的建筑师其中之一而已，比他更有名的还有克劳德-尼古拉斯·勒杜（Claude-Nicolas Ledoux，1736—1806 年）和艾蒂安·路易斯·布莱（Etienne Louis

图 294　贺瑞斯·沃波尔：草莓山，特威克纳姆，伦敦，公元 1748—1777 年

Boullée，1736—1799 年），他们两人的作品都华丽无比。布莱的作品大多只看到设计图，他最令人难忘的设计是天文学家牛顿（Issac Newton）的纪念碑，把一颗巨大的球体嵌进一个双环底座中，这显示了他运用巨大几何图形的意图。

勒杜则有若干作品保存了下来，他兴建了围绕巴黎一圈的45 间通行税征收处（toll house），各有不同的平面和建筑立面，但基本上都是古典风格。在留下来的 4 件作品中，最杰出的应该是维雷特城门（La Barrière de la

图 295　理查德·米克：爱神庙，小提亚侬宫，凡尔赛宫，公元 1778 年

Villette，1785—1789 年）。身为国王的御用建筑师，勒杜差点被送上断头台，所设计的许多通行税征收处也被毁于法国大革命期间。革命发生之前，18 世纪 70 年代末期他在贝桑松（Besançon）盖了一座希腊复古式剧院。但他最有趣的一件作品是一个盐场的化学工人城，也是早期工业建筑的范例。该盐场（La Saline de Chaux）位于贝桑松附近卢河（Loue）边的阿尔克-塞南（Arc-et-Senans），1775 年动工，如今已经所剩无几。其入口是一排粗糙、坚固的多立克式圆柱，没有柱基，矮矮胖胖地杵在地上，圆柱后面是一个有圆形壁槽的浪漫岩洞，壁槽中刻有倒出石水的石壶。

勒杜的圆柱反映出当时对早期希腊圆柱的真实面貌的争议。这期间新古典主义的两个特色是长长的柱廊和巨大的古典圆柱，其大小比例应该和古希腊时代相同。后来发现真正的多立克柱式其实相当矮胖，让古典主义者和古物爱好者吃惊不已，最吓人的还是这些圆柱没有底座。至于一向被当作希腊多立克圆柱的那种较为高耸细长的柱子，有槽纹的其实是罗马多立克圆柱，没有槽纹的则是更古老的罗马柱式——托斯坎多立克圆柱（Tuscan Doric）。这些纯粹主义者不像我们知道的早期的希腊神庙装潢得鲜艳亮丽，这无疑是件好事。新古典建筑物几乎都没什么色彩。

图 296　卡尔·申克尔：旧博物馆，柏林，公元 1823—1830 年

　　最杰出的极端新古典风格建筑（可清楚看出柱廊和古圆柱的运用）出现在德国。1800 年 28 岁因肺病英年早逝的弗里德里希·吉里（Friedrich Gilly）只留下了设计图，但他为腓特烈大帝（Frederick the Great）纪念堂所做的设计尊贵而卓越；他在柏林设计的一座国家剧院虽然不能算正式的古典主义风格，却更有创意，令我们不禁遗憾他在短暂的生命中还把时光浪费在普鲁士中世纪骑士城堡的研究上。吉里的徒弟卡尔·弗里德里希·申克尔（Karl Friedrich Schinkel，1781—1841 年）多才多艺，横跨若干风格和时代。他也有浪漫的一面：作为一名画家和舞台设计师，他在 1815 年为莫扎特（Mozart）的歌剧《魔笛》（The Magic Flute）创作了夜之女王令人难忘的新埃及风格宫殿。1803 年他只身前往巴黎和意大利，向勒杜和布伊学习，把跟吉里学来的古典风格做进一步发展。但他不只会回首过去，也很有兴趣了解工业革命的新产物——工厂与工厂里的机器，以及使用的新材料——铸铁、混凝纸、锌。申克尔最著名的两栋建筑物——柏林的皇家剧院（Schauspielhaus，1819—1821 年）和旧博物馆（Altes Museum，1823—1830 年，图 296），都是纯粹的希腊式风格。但他的作品不是只有冷冰冰的精确性而已，旧博物馆长长的矮柱廊也有其迷人之处。

　　但我们必须承认，就和在英国一样，作品反映古典复兴风格的建筑师同样能表现浪漫特质。加布里埃尔在凡尔赛宫的花园所建的小提亚侬宫（1762—1768 年，图 297）就是最早期的完美（也极具浪漫风味）新古典建筑之一。这是一栋以白石灰石和淡玫瑰色大理石盖的立体小宫殿，有一条横跨正面的长拱廊，原本是为路易

229

图 297　加布里埃尔：小提亚侬宫，凡尔赛宫，公元 1762—1768 年

十五兴建，后来又改建给玛丽皇后使用。加布里埃尔的工作寿命相当长，足够让他完成两件具有都市风格的设计，因为这两件作品前后相隔了 20 年，前者是波尔多（Bordeaux）的交易所广场（Place de la Bourse），后者是巴黎的协和广场（Place de la Concorde），两者都是以卢浮宫的柱廊为本。交易所广场〔前皇家广场（Place Royale）〕是他在 1731—1755 年之间兴建的，有爱奥尼克式圆柱和高高的法式屋顶；而协和广场（1753—1765 年）则恰成对比，有两个古典复兴建筑最典型的特色：巨大的科林斯圆柱和长长的栏杆。

　　这个时代在许多方面来说都具有浓厚的文学性，这段时期的哲学作家和知识分子深深影响了正在改造世界的艺术运动与重大政治运动，就像法国大革命和美洲殖民地的独立运动。也许这段时期如此迷人，在于它把理性主义和严谨的古典主义与奇想、优雅以及对大自然和美的崇拜结合起来，正因为如此，"浪漫古典主义"这个卷标才贴得恰到好处。

第十七章
从开疆拓土到落地生根：美洲与新世界

在前面讨论过的千百年中，欧洲一直专注于本身灿烂耀眼、生气蓬勃的发展。但考古发掘、旅游、勘探和传教工作都有助于未知领域的开拓。在这个更宽广的世界，也诞生了一个个建筑的故事。

这里说的不只是那些在旅程中稍稍涉猎异国建筑细节的欧洲旅客，就像现在的艺术家可以到非洲、墨西哥或安第斯山度个假，撷取异国的民间艺术，用这些新主题和新色彩来丰富自己的作品。这种互动当然是有的。早期南美洲和西班牙与葡萄牙的来往，使得美洲印第安的建筑细节在 1500 年之后传入欧洲建筑，对西班牙和葡萄牙的仿银器装饰风格和西班牙巴洛克风格（Churrigueresque）都有明显的影响。在 18 世纪和 19 世纪，欧洲的浪漫派之间又吹起中国风。在建筑方面，这种风潮表现在大花园、宝塔和桥梁里的废物建筑中——其实都不是很正式的东西。室内随处可见当时蔚然成风的中国式华丽复杂图案（chinoiserie），墙面、家具和瓷器都采用这种精致装饰，其图式撷取自中国工艺品（什么朝代都有）。这种风格的应用显然和亚当的伊特拉斯坎风格的希腊女神一样精巧俗丽。每栋贵族宅邸都要备一间中国式房间来赶赶时髦。

这种互动顶多只能算微不足道的抄袭罢了。在欧洲人建立的殖民地或因传教而被纳入某个欧洲国家的领土和管辖范围的地方，又是另一番光景。英国人建立了北美东海岸的殖民地，法国人则开发了加拿大以及佛罗里达和路易斯安那的一部分。南美洲则正由西班牙和葡萄牙进行开发，佛罗里达也有西班牙的殖民地。西班牙的传教士原本大多来自圣方济各修会，后来又加入多明我会和耶稣会。这些传教士横跨南美洲，往加州的西海岸前进，最后跨越大陆抵达新墨西哥州，留下山墙上有钟楼的美丽白色土砖教堂。教会建筑以庭院为中心，庭院里有花园、教友墓地和供应村落用水的水泉或水井。恩惠修道会（Mercedarian Order）1630 年在基多（Quito）兴建的修道院（图 299），有两层楼高的凉廊围绕庭院，表现出比较精致的形式。但并非所有殖民者都往西行，英国人、荷兰人和葡萄牙人就到印度和印度尼西亚殖民、

图 298　杰斐逊、桑顿和拉特罗布：弗吉尼亚大学，夏洛茨维尔，弗吉尼亚州，公元 1817—1826 年 ▷

图 299　恩惠修道院，基多，厄瓜多尔，公元 1630 年

传教和开发；此时澳大利亚还乏人问津。

殖民地最早采用的建筑风格是把母国在殖民时期的建筑加以简化。后来为了因应天候状况、当地方便取得的建材、当地工匠技术等现实因素，一点一滴修改，如此产生的建筑物也有了当地风土独有的特征。巴西的艺术非常原始，也没有石造建筑的传统，因此建筑风格大多是从葡萄牙直接引进的。在墨西哥等其他地区，印第安原住民的土砖建筑传统就占了上风。

在新墨西哥州的圣菲［Santa Fe，是西班牙帝国边境的殖民地，圣菲古道的终点，所谓"古道"（Trail）指的是铁路兴建之前，从密苏里通往南部和西部的商业信道］，建筑物的高度仍有严格管制。距离大广场不远的总督府（Governor's Palace，1610—1614 年，图 300）如今已看不出有什么比周围其他建筑物古老或巍峨的地方。住宅、政府建筑和教堂大多采用印第安土砖，门窗做成建材惯用的弧形，木椽屋顶常用当地一种叫假紫荆（paloverde）的细长树木组成。总督府是长而低矮的单层建筑，有一条等长的木造凉廊，附近保留区的印第安人会在凉廊下摊开地毯、编篮和首饰，向观光客兜售。而新奥尔良的棋盘式设计和路易斯安那州潮湿城镇的列柱长廊就和圣菲截然不同，充满了独特的法国风味，1750 年潘特康勃行政区（Pointe Coupee Parish）的巴尔朗（Parlange）即是一例。

但墨西哥和秘鲁的教堂还存留一些早期殖民建筑，首度结合了殖民者和原住民双方的传统和才能。除了格言"为了基督和黄金"（这是模仿文艺复兴时期一个佛罗伦萨商人在记账单上写着"为了上帝和营利"）之外，西班牙征服者还带来巴洛克风格的华丽装饰。由于印第安人的石工、雕刻和金属工艺技术都远胜过征服他们的西班牙人，因此一旦开始用当地劳工兴建教堂，除了巴洛克，又出现从阿兹特克人和印加人的手工和图式演变而来的装饰。

巴亚巴斯（Jerónimo de Balbás，约 1680—1748 年）在墨西哥城盖的三王礼拜

图 300　总督府，圣菲，新墨西哥州，公元 1610—1614 年

堂（Chapel of the Three Kings，1718—1737 年）以及大教堂以后增建的圣礼礼拜堂（Sagrario），动用了比任何西班牙大教堂都富丽堂皇的西班牙巴洛克装饰，用上的大量金彩更让人叹为观止。大幅使用的一种典型美洲建筑细节——"epstipite"，或称为"凹凸不平的壁柱"（broken pilaster），使线脚呈现出更深刻的锯齿状（图 301）。这里本来是一座简陋的结构物，是征服者为了让当地人遗忘曾经耸立在此的阿兹特克神庙而兴建的。后来取代这座简陋结构物的大教堂则在 1563 年开始动工，历经数位建筑师才完成。达米安·奥尔蒂斯（José Damián Ortiz）在 1786 年为大教堂增建了新古典主义风格的西向正面，正面的双塔用淡黄褐色的石灰石建造，到了 19 世纪，曼纽尔·托尔萨（Manuel Tolsá，1757—1816 年）又添建圆顶和顶塔。在墨西哥，萨卡特卡斯（Zacatecas）的大教堂（1729—1752 年）也有类似的西班牙巴洛克式细部，看起来就像正面和塔楼上爬满了地衣和各种植物。

　　巴西海岸上的巴伊亚（Bahia，今萨尔瓦多）的圣方济各教堂在 1701 年动工，年代比墨西哥的两座大教堂晚，但镀金的木材和灰泥仍然具有阿兹特克/巴洛克的特色（图 302）。在秘鲁，古印加城市库斯科的 17 世纪大教堂就别有风情，其西班牙建筑

233

图 301　主教大教堂的祭坛和后壁，墨西哥城，公元 1563—?

元素来自菲利普二世的埃斯科里亚尔宫那种严谨的古典主义，但西向正面那些高高耸入半圆形山墙的修长柱子却展现了不同的流畅感。库斯科另一座耶稣会教堂（1651—?）也是同样的原理，原始构想可能来自罗马的耶稣会教堂，但后来增加了双钟楼，钟楼上是小圆顶（和欧洲的设计截然不同），每个圆顶各有 4 个小角塔。

美洲最早的大教堂是墨西哥城附近特拉斯卡拉（Tlaxcala）的圣方济各教堂，据说是征服墨西哥的西班牙人科尔特斯（Cortez）奠基，约在 1521 年兴建，横梁用的是当地的西洋松木。多米尼加共和国的圣多明各（Santo Domingo）有一座晚期西班牙哥特式风格的建筑物（图 303），建于 1521—1541 年，西向正面属于仿银器装饰风格。圣多明各这座大教堂即将完工的同时，墨西哥城正在兴建另一座教堂——圣阿古斯丁·阿克曼（San Agustin Acolman），把哥特和摩尔风格的细部装饰移植到基调为西班牙仿银器装饰风格的建筑上，在耀眼的阳光下，印第安工匠雕刻出来的装饰极为突出。在秘鲁、利马（Lima）的大教堂清楚显示出地形适应上的困难。完成于 16 世纪中叶的第一批拱顶用的是石材，这是欧洲人在家乡会选用的建材。经历第一次可怕的地震之后，他们尝试采用砖块。到了 18 世纪，他们终于向大自然屈服，使用内填芦苇和灰泥的木造拱顶——万一将来有突发状况，也可以换新的。

到了 18 世纪，巴洛克在欧洲过时了，但南美巴洛克早已找到充满自信的独立风格，把朴素和灿烂的美感相结合，展现在两座差异颇大的教堂中，一座是墨西哥奥科特兰（Ocotlán）的圣礼礼拜堂，一座是巴西欧鲁普雷图（Ouro Preto）的阿西斯圣方济各教堂（São Francisco de Assis）。两者有共同始祖：圣地亚哥德孔波斯特拉大教堂在 1738 年增建的正面，但它们创造出非常不一样的塔楼，改变了山墙和装饰，

234

图 302　圣方济各教堂主祭坛，巴伊亚（萨尔瓦多），巴西，公元 1701—？

产生相当不同的比例和轮廓。

　　奥科特兰的圣礼礼拜堂（图 304）是一座建于 1745 年的朝圣教堂，位于印第安人看到圣母显灵的地点，高耸的教堂横贯一座空旷的广场，背后衬托着灿烂的墨西哥天空，两侧是一排排摩尔风味的建筑物：一边是一座两层楼的连拱廊，细长的柱子顶着宽阔的圆头拱；另一边是一条拱道，通往一个像清真寺拱形壁龛的长方形正面。两座塔楼当中的西向正面是一整片深浮雕的圆顶雕花灰泥护墙板。塔楼下半部是素烧红砖所建，刻满朴素的鱼鳞图案，但红砖上方突然变成头重脚轻的双层白色透雕尖塔。室内丰富的雕花则出自当地雕刻师弗朗西斯科·米格尔（Francisco Miguel）的手笔。

　　设计欧鲁普雷图的圣方济各教堂（图 305）的是第一代黑白混血儿，安东尼奥·弗朗西斯科·利斯博阿（Antonio Francisco Lisboa，约 1738—1814 年），他的外号"Aleijadinho"较为人所知，意为"小残废"。1766 年，他开始在金矿区（Minas Gerais）兴建这座与众不同的白色教堂，楣石和檐口成强烈对比，比例、入口处两旁的修长柱子到波浪形的檐口颇有博罗米尼之风，但两座圆形塔楼和双翼展开的独特山墙都是空前的设计。他还沿着田野的康格斯教堂（Conghas do Campo church，1800

图 303　圣多明各大教堂，多米尼加共和国，公元 1521—1541 年

图 304　圣礼礼拜堂，奥科特兰，墨西哥，公元 1745 年

年）大门楼梯雕了一系列实物大小、栩栩如生的雕像，类似布拉加的山上的善良耶稣教堂（图 273）。

　　见识过调和了农村纯真气质的华丽巴洛克之后，再看到北美洲东岸的早期殖民者住宅竟然如此简朴，免不了大吃一惊。最早登陆南美洲的欧洲人是征服者，而第一批到新英格兰各州殖民的却是追求信仰自由、一心想摆脱贫穷和恐惧的朝圣者。他们散布在美国和加拿大各地的谷仓非常美丽，以橡木和茅草或白杨木瓦盖的原始结构体，透露这些人来自欧洲不同的地方。殖民者设计出一种独特的构架房屋（frame house）——轻便型骨架（balloon frame），只要通力合作，一个拓荒聚落的人很容易就可以把房子盖好。做法就是把建筑物两侧的格状构架平放在地上钉装好，再用绳子拉到定位，然后钉到已经打进地下的转角支柱上。日后落地生根、生活富裕的殖民者开始兴建过去英国乔治王时代风格的建筑物——不过是木造的，因为美洲很难找到石材或石灰。16 世纪的瑞典殖民者也带来了建造木屋的技术，到了 1649 年，第一家锯木场已经在运作了。最早期的房屋有木构架和瓦屋顶，并覆以护墙板，例如 1683 年一位不知名的建筑师在马萨诸塞州托普斯菲尔德（Topsfield）建造的帕尔森卡彭宅邸（Parson Capen House）。二楼的外挑楼层从一楼顶上突出来，这是英国伊丽莎白和詹姆斯一世时代构架房屋的典型做法。另一方面，窗户不像乔治王时期的砖屋或石屋那样开在壁凹里，而是像配好的木材一样与墙壁齐平。马萨诸塞州和康涅狄格州还留下一些这段时期的房屋：剑桥的朗费罗宅邸（Longfellow House，1759 年，图 306）代表了时间较晚但更为优雅的设计。那时的房屋已经有凉廊或回廊，或热天时在室外闲坐的阳台。早期房屋有挡风板、小块的含铅窗玻璃和中央的烟囱，壁炉装在楼下的分隔砖墙中，可以让墙壁两侧的房间暖和起来，在冬天发挥极大的用处。而现在的住宅比较舒适，连夏季的休闲时光也照顾到了。

图 305　利斯博阿：阿西斯的圣方济各教堂，欧鲁普雷图，巴西，公元 1766—?

235

图 306　朗费罗宅邸，剑桥，马萨诸塞州，公元 1759 年

　　像塞勒姆（Salem）、楠塔基特（Nantucket）和查尔斯顿（Charleston）这种早期的城镇，还保有旧时的林荫大道，有阳台的住宅夹道坐落，可惜不太清楚这些建筑师是谁。典型缓坡屋顶的顶部通常是平坦的，周围还装设木造栏杆以形成平台，叫作"船长的走道"（captain's walk）。修长的木柱构成宏伟的双层帕拉迪奥式列柱廊，加上林荫大道，往往成为这类大宅邸的特征，就像弗吉尼亚州，詹姆斯河畔（James River）烟草种植园主的宅院——雪莉农场（Shirley Plantation，1723—1770年，图 307）。在一个地大物博的国度，这类大宅院常常坐拥大片绿地。乔治·华盛顿（George Washington）位于弗吉尼亚州弗农山（Mount Vernon）的乔治王时代风格木造房屋（1757—1787 年），也有类似的遮阴长廊。弗吉尼亚州普遍使用砖块，有时候也像费城的芒特普莱森特（Mount Pleasant，1761 年），把碎石墙壁涂上灰泥、加上刻痕，让房子看起来像石造的，屋角则由砖块砌成。

　　弗吉尼亚州第二首府威廉斯堡（Williamsburg）有北美洲最早期的文艺复兴建筑，就是现在受到全面保护和修复的威廉与玛莉学院（College of William and Mary,

图 307 雪莉农场，弗吉尼亚州，公元 1723—1770 年

1695—1702 年，图 308），雷恩担任英国皇家勘察员时，可能画过这所学院的草图。学院的建筑物呈马蹄形分布，教室居中，两翼是礼拜堂和餐厅。那时早期殖民者勤俭造屋的时代已成过去。例如威廉·伯德（William Byrd）就进口英国的室内配件，在弗吉尼亚州的查尔斯市郡（Charles City County）兴建他典雅宽敞的砖造住宅韦斯多佛尔（Westover，1730—1734 年）。舞会厅和宽敞的花园让人想起威廉斯堡总督府（Govemor's Palace，1706—1720 年）的高级社交生活。

　　古典主义借着托玛斯·杰斐逊（Thomas Jefferson，1743—1826 年）传入美国，他后来起草《独立宣言》，并当选美国总统。杰斐逊曾在凡尔赛担任大使，当时法国正流行从英国延续而来的帕拉迪奥风。回美国的杰斐逊已受到了巴黎、帕拉迪奥和古罗马遗迹的启发，尤其是 18 世纪 80 年代在尼姆看到的古迹。1770 年，他已经在弗吉尼亚州夏洛茨维尔（Charlottesville）附近的蒙蒂塞洛（Monticello），为自己盖了一栋模仿圆顶别墅的帕拉迪奥式别墅。到了 1796 年，他又运用自己的巴黎经验加以重建（图 309）。别墅有他在巴黎的连栋式街屋里看到的八角窗和不规则形状的房间。

图 308　威廉与玛莉学院，威廉斯堡，弗吉尼亚州，公元 1695—1702 年

采光极佳的别墅坐落在小丘上，和蓝脊山（Blue Ridge Mountain）遥遥相对，后来杰斐逊又在这里兴建弗吉尼亚大学（University of Virginia）。别墅实际上比乍看之下的感觉要大，有许多住房，包括地下酒窖和马厩。这里收藏了许多古怪的发明，如一下子就藏起来的送菜用升降机、开百叶窗的小机件、可以从两间房间进入的床，证明了此人的聪明才智。

　　1817—1826 年，在威廉·桑顿（William Thornton，1759—1828 年）和本杰明·拉特罗布（Benjamin Latrobe，1764—1820 年）协助下，杰斐逊在夏洛茨维尔筹建"学院村"（academical villiage，即弗吉尼亚大学）。这里就像一座活博物馆，有各种规模和风格的古典建筑（图 298、310）。学院村最高点是一座模仿万神殿的图书馆。在一片片悠闲的斜坡草地两侧是充作教室和教职员办公室的建筑物。这种平面设计成为美国大学校园的典型模式。草地周围是芳香的灌木花园，分隔了主要方庭和原本盖给早期学生的奴仆居住的房舍。学院村的宏伟只稍逊于皮埃尔·查尔斯·勒凡特（Pierre Charles L'Enfant，1754—1825 年）在波多马克河岸（Potomac）规划的典雅首

图 309　杰斐逊：蒙蒂塞洛，夏洛茨维尔，弗吉尼亚州，公元 1770—1796 年

都——华盛顿特区。棋盘式设计的草地广场（Mall）上点缀着不少美国历史纪念碑，以对角线跨过草地的林荫大道指向哪个州，就取哪个州的名字。帕拉迪奥风格的白宫（White House，1792—1829 年）由爱尔兰人詹姆斯·霍本（James Hoban，1764—1820 年）设计，再由拉特罗布增建门廊，巍峨耸立在草地广场边，有一种恰如其分的严谨和良好教养的气质，虽然无法俯瞰华盛顿特区，却反映了首都的优雅风范。

教堂和市政会议厅位于中央广场，周围的街道呈罗马式棋盘状分布，这种已经相当普遍的城镇规划源自法国和爱尔兰，而非英国。这段时期的美国教堂，如波士顿的基督堂（Christchurch，1723 年）或查尔斯顿的圣迈克尔教堂（St Michael's），都深受雷恩的都市教堂和吉布斯的影响，尤其这些教堂常把古典神庙的列柱廊和倾向哥德式的尖塔合而为一，更显示其影响之深。拉特罗布在巴尔的摩（Baltimore）的天主教大教堂（Catholic Cathedral，1805—1818 年，图 311）把他学到的法国和英国古典风格加以调整，创造出美国第一座藻井圆顶之下的宽敞拱顶室内空间。

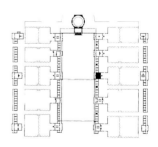

图 310　杰斐逊、桑顿和拉特罗布：弗吉尼亚大学，夏洛茨维尔，弗吉尼亚州，公元 1817—1826 年，平面图

图 311　拉特罗布：天主教大教堂，巴尔的摩，公元 1805—1818 年

图 312　桑顿、拉特罗布和沃尔特：国会大厦，华盛顿特区，公元 1793—1867 年

古典主义是随着杰斐逊传入美国的，彼时这个新国家凭着丰沛的原创力跻身建筑殿堂，也预示了美国将在未来 200 年的建筑史上扮演举足轻重的角色。首先展现这股原创力的就是宏伟的政府、商业和金融建筑，而古典主义早在这些大型建筑物中大放异彩。拉特罗布的费城银行（Bank of Philadelphia，1832—1834 年）就是这样一个例子。接着号称"美国的威廉·威尔金斯"（William Wilkins of America）的威廉·斯特里克兰（William Strickland，1787—1854 年）不受棘手的街角地址影响，在 1823—1824 年间完成他了不起的希腊复古风格作品——费城股票交易大楼（Philadelphia Merchants' Exchange），他用有柱廊的环形殿增添崇高的尊贵感，并仿照雅典的利希克拉底斯纪念杯台（图 100），以极为简洁的方式在建筑物顶上盖一个简单的小神殿顶塔，而不是圆顶。1793 年，桑顿这位英国建筑师兼业余爱好者，以帕特农神庙的基本构造，着手兴建华盛顿特区的国会大厦（Capitol）。不过使得国会大厦举世闻名，成为 19 世纪代表性建筑物的是托马斯·尤斯蒂克·沃尔特（Thomas Ustick Walter，1804—1888 年）设计的三重冠圆顶（triple-tiara dome，图 312），以铸铁制造，于 1867 年完工。

全球各地开始用铸铁制作精巧的花边状阳台和栏杆，后来成为墨尔本和悉尼郊区的特色（图 313）。波纹铁屋顶本来就是澳大利亚住宅建筑的特色，用铸铁制作阳台和栏杆自然更是高明的做法，因为非常适合当地夏天的气候。由于各州把窄立面建筑的街区削价卖给殖民者，使澳大利亚的典型社区成了一排狭窄的单层箱形房屋，常常在后面加盖，阳台屋顶也是波纹铁打造的，看屋主出得起多少钱，能做多少阳台就尽量做。乔治王时代风格或古典风格的建筑物地方色彩较淡，又比较装模作样，品质一般比不上北美洲的同类建筑。

拉克伦·麦夸里（Lachlan Macquarie）州长亲自委建，州长副手约翰·沃茨中尉（Lieutenant John Watts）和来自英国约克郡的犯人建筑师法兰西斯·格林威（Francis Greenway，1777—1837 年）合作，自 1815 年起在新南威尔士州（New South Wales）兴建的公共建筑物品质是没有问题的。其中包括悉尼的圣詹姆斯教堂（St James's Church，1824 年，图 314），有格林威一贯的精细

图 313　帕克维尔，墨尔本，澳大利亚

图 314　格林威：圣詹姆斯教堂，悉尼，澳大利亚，公元 1824 年

砖造结构和包铜的尖塔。刚开始盖的是法庭，后来英国内政部的专员取消在另一块地上兴建大教堂的计划，这位艰苦卓绝的建筑师又被迫重新设计，改成教堂。

塔斯马尼亚（Tasmania）有一些澳大利亚最古老的建筑物，包括霍巴特（Hobart）几栋美丽的乔治王时代风格的房屋，类似萨塞克斯（Sussex）布莱顿的连栋式街屋，还坐拥海景。柏斯（Perth）因为属于地中海气候，产生了许多维多利亚式的意大利文艺复兴风格的房屋。大教堂大道（Cathedral Avenue）的土地开发部大楼（Lands Department Building，1895—1896 年）和所有权办公处大楼（Titles Office Building）都出自乔治·坦普尔-普尔（George Temple-Poole，1856—1934 年）之手，在宽敞阴凉的方格屋檐下，平滑的鲜艳红砖和一排排白色的柱廊式阳台合而为一。

18 世纪和 19 世纪，除了澳大利亚各州的首府之外，在其他地方也出现许多新帕拉迪奥式或新古典风格的商业和政府建筑物。整个大英帝国，从西印度群岛到马来西亚，都盖起了沉重的帕拉迪奥式或罗马多立克式的建筑物，一看就知道是政府单位，其中的代表作除了詹姆斯·怀亚特的侄子查尔斯·怀亚特上尉（Captain Charles

图 315　查尔斯·怀亚特：总督府，加尔各答，印度，公元 1799—1802 年

Wyatt，1758—1819 年）在加尔各答（Calcutta）设计的总督府（Government House，1799—1802 年，图 315），还有类似加尔各答和金奈那些仿吉布斯风格的教堂，经常也是军人兼建筑师设计的。

第十八章

铸铁建筑大师的伟大成就：风格的探寻

19 世纪初，对于典雅年代的建筑所产生的明显自信在前一个世纪已经消失。1789 年法国大革命带来的动荡不安，也还没平息下来，因此一个截然不同的社会形态开始成形了。拿破仑战争（1803—1815 年）结束不久，实际上是从 19 世纪 20 年代开始，种种改变开始明显起来。

这是一个不确定的年代，也是中产阶级这个强大的新社会势力崛起的年代。中产阶级是法国大革命及革命余波中的真正胜利者。决定工作和休闲的权力在他们手中，不再属于 18 世纪的那种伟大的贵族地主，更不属于劳动阶级（据说这场革命以其名义发起）。所以 19 世纪时兴的是符合中产阶级理想的建筑。

还有一个革命运动和法国大革命同样具有影响力，那就是孕育于英国、大约在 1750—1850 年间发生的工业革命。这个名称从 19 世纪才开始出现，然而它并不是以革命战争的形态呈现，只是物品的制造方法的改变罢了。

工业革命是从自然资源的开发利用开始，特别是水资源和煤炭。在英国获得成功之后，便以一种无情的威力传播到整个世界。城市人口剧增，都市和城镇的数量及规模以倍数增长，新的城市型社会因而产生，对于新建筑物的需求从未如此之大。我们即将看到，这些建筑中有许多是史无前例的，那些设计是为了满足改变中的社会的需要及渴求。

对于追求潮流的建筑师而言，最主要并且常常被提及的问题，就是找到适合这变迁年代的建筑风格。人们继承了前一世纪对于古典风格的了解和经验，所以对于它的形式语汇十分清楚。最重要的是，古典和新古典建筑代表了权威，而他们需要权威以供遵循。可以与古典系统匹敌的是哥特式建筑，以艺术和文学为主的浪漫主义运动（Romantic movement）发现，哥特建筑的那种高耸而渐细的造型，为想象力和神秘感提供了适当的背景。此外还有许多其他的风格，如：文艺复兴、巴洛克、中国式、阿拉伯式和那些每年被发现的式样，但是古典式和哥特式才是风格战争（Battle of the Styles）的主要竞争者。哥特复兴式（Revived Gothic）尤其历经了成长和成熟的阶

图 316　帕克斯顿：水晶宫，伦敦，公元 1851 年，内部 ▷

段，从肤浅的奇想到更加深入基础的了解，再到个人的自由表现。然而，没有人比多产作家兼评论家约翰·拉斯金（John Ruskin，1819—1900 年）具有更大、更持久的影响力。其著作《建筑学的七盏明灯》（*The Seven Lamps of Architecture*，1849 年）在鉴赏力由来的评论上，可能比其他任何一本书更有影响力。该书除了是他个人可观的学术成就外，还提供了思维上的依据，使民众感觉到他们可以从坏的当中区别出好的，并且认清什么是对的、什么是错的。

在这个风格的困局中，最适当、最优美的实例是英国立法机构所在——国会大厦（Houses of Parliament）。1834 年的一场大火几乎完全摧毁了威斯敏斯特宫（Palace of Westminster），只剩大会堂（Great Hall）幸存。1836 年，建造上、下两议院新大楼的设计竞赛图案由巴里（Charles Barry，1795—1860 年）拔得头筹。巴里精通古典风格，他在伦敦帕尔摩（Pall Mall）街所建的旅人俱乐部（Traveller's Club，1827 年）和改革俱乐部（Reform Club，1837 年），是中产阶级政治势力崛起的象征。两座建筑物都是以他意大利风格式的手法所建，建筑立面极具影响力，连同其各式各样的改写版，在 19 世纪中叶传遍全英国的公共建筑、商业建筑和住宅开发案。改革俱乐部的

内部有个装设玻璃的大型中庭，为 19 世纪后期纪念性建筑的规划中常见的中央大厅的原型。由于巴里一向关心现代工业产品，所以他为著名的主厨索耶（Alexis Soyer）设置了一个非常先进的蒸汽厨房。

巴里兴建国会大厦（图 317）碰上的问题，是政府决定这个新建筑在形式上必须能代表英国最兴盛时期（即伊丽莎白女王或詹姆斯国王时期）。这就需要更广博的晚期哥特建筑知识，巴里于此却有不足。他已经创作出合理的古典式平面，很容易就可以在上面安排古典式立面。为了做成哥特风格，他吸收了最棒的哥特式建筑权威——普金（A. W. N. Pugin，1812—1852 年）——成为新工作伙伴。普金运用石头、黄铜、灰泥、纸和玻璃等材料，以惊人的活力设计出立面、细部和室内。下议院在第二次世界大战期间遭到轰炸，不过已经修复，而上议院则保持着完好的壮丽外观，为哥特风格的适应性和丰富性做见证。

除了国会大厦外，普金还设计了数百间小教堂、5 间大教堂和许多大型住宅，撰写并出版了许多重要的关于哥特式建筑和家具的作品。他拖垮了 3 个妻子、无数承包商，最后自己 40 岁时死于精神病。普金的影响深远，因为他为这世界提供了哥特式建筑的语汇。更重要的是，他发表了两个他相信建筑所应仰赖的原则：一是一栋建

图 317　巴里和普金：国会大厦，伦敦，公元 1836—1851 年

图 318　普金：圣吉尔斯礼拜堂，奇德尔，斯塔福德郡，公元 1841—1846 年

筑物应该具备方便性、构造性和适当性的特征；二是装饰不应只是单纯的装饰，还要能表现建筑物基本的结构所在。他在哥特式建筑中发现了这些特性。而既然基督教精神，特别是天主教义是通往救赎的道路，所以哥特式或尖顶式建筑具有终极的权威性。在他设计的许多教堂中，变化最小的是位于斯塔福德（Staffordshire）奇德尔（Cheadle）的圣吉尔斯礼拜堂（St Giles，1841—1846年，图318），它仍然呈现出往日所精心设计的色彩和室内陈设。

普金是哥特复兴式建筑带头的理论家，也是个多产的设计者，但视普金为指导者的斯科特（George Gilbert Scott，1811—1878年）创造了更多建筑物，他在死前不久，受维多利亚女王封为爵士。他设计了许多不同种类的建筑物。这故事的明显插曲，是他在伦敦设计的圣潘克瑞斯车站和饭店（St Pancras Station and Hotel，1865年）——车站的正面和饭店虽是斯科特设计的哥特式样，后面高大宽阔的火车棚却出自工程师巴洛（W. H. Barlow，1812—1892年）之手，这个新工艺技术的作品和哥特式样充满了戏剧性的对比。

奇怪的是，虽然普金与追随他的建筑师憎恶并强烈地抗拒工业界，但工业界最终还是引领了19世纪末"艺术和工艺运动"（Arts and Crafts Movement）的发生。他的原则——庄严、简朴和对机能的强调——都使人可能与"工业革命"联系在一起。现在我们必须转向讨论那场革命的影响。

工业革命的发生是那些伟大的工程师和测量员的成果。特尔福德（Thomas Telford）在世纪交替之际和新世纪的前几十年中，建筑了许多桥梁、道路、运河和教堂；斯蒂芬森（Stephensons）父子建筑了许多桥梁和铁路；布鲁内尔（Brunel）则建筑了许多桥梁、道路、铁路和船。这些工业的建筑物、人造物提供了适用于建筑领域的知识和经验，而且在当时是以空前的速度成长。例如位于利物浦（Liverpool），由哈特利（Jesse Hartley，1780—1860年）设计，艾伯特亲

图319 布罗德里克：利兹市政厅，公元1853年

王（Prince Albert）在 1845 年启用的艾伯特码头（Albert Dock）。这是个广阔的仓库计划，占地 7 英亩（约 2.8 公顷），码头的铁骨架建筑物有砖造墙壁和铸铁制的多立克式大柱子——此为工业建筑的杰作。在奔宁山脉的另一边，青年建筑师布罗德里克（Cuthbert Brodrick，1822—1905 年）在 1853 年赢得利兹市政厅（Leeds Town Hall）的图案竞赛，为这个富裕的新兴工业城市创造了非常值得市民骄傲的象征（图319）。这栋建筑物从它大型的四方形平面和巨人般的科林斯柱式散发出自信，充满法国韵味的巴洛克式塔楼则居高临下俯视一切。几年后，他创造了另一个作为象征的标志——位于斯卡伯勒（Scarborough）的豪华大饭店（Grand Hotel，1863—1867年），正如其名所示，它是当时最富丽堂皇的饭店，坐落在临海的山崖边缘，极为壮观。它是中产阶级的梦，以砖和赤陶建造，有独创性的屋顶轮廓线条和凸出的塔楼，整体设计十分出色，并使用最新技术制造的服务设施。

挑选这些建筑物出来谈论，除了因为它们的价值，也因为它们代表了人们对于建筑物的需求——那些以前没有过的，或曾经出现，但只是建筑史中的小角色的建筑。随着财富和人口的增加，为新兴富人设计乡村别墅和为新兴都市人口建造城市教堂的任务，带给那些设计民宅和教会建筑的建筑师大量的工作机会。但是 19 世纪

图 320　达比（Abraham Darby）：铁桥，科尔布鲁克代尔，什罗普郡（Shropshire），公元 1777 年

的主要建筑不完全是这些俱乐部、公家建筑、市政厅、饭店等，还有一大批其他建筑物，如银行、办公大楼、图书馆、博物馆、画廊、展览用建筑物、商店、长廊商场、法院、监狱、医院、学校、学院和那些更明显的工业时代的产物：火车站、码头、桥梁、高架桥、工厂和仓库。此外，我们也应该看看其他国家的这些建筑舞台新星。

以上所述是其中一个主要变迁，另一个则是工业革命本身所带来的建造技术的转变，这个转变是从新的人造建筑材料、新的结构技术和新的技术设备中产生的。把这些结合在一起，产生了可通用于许多新建筑类型的构造系统。

铁制结构的首例是一座以戏剧性的尺度跨过塞文河（Severn）的铁桥（图320），1777年建于英格兰的科尔布鲁克代尔（Coalbrookdale）。几年之内，铁广泛地运用到柱子和骨架上，与空心黏土砖地板，为磨坊提供了耐火构造。19世纪初，那个系统发展成完美的内部柱梁骨架。这种柱梁系统一开始就是构筑的基本方法，而现在又重新发挥它的作用。

铁构造超越石造建筑的优点是它比较经济，以及不需大体积就有同样的结构强度，因此更多的时尚建筑采用这种构造系统，如教堂、具有顶盖中庭的大型住宅、俱乐部、公共建筑。1839年，法国沙特尔大教堂石造拱顶上面的屋顶由全新的铸铁屋顶取代。几年后，新威斯敏斯特宫（New Palace of Westminster）的屋顶也用铁来建造。1850年以后，铁的使用率一度减少，主要是因为建筑师对于其他材料的偏爱和拉斯金建筑思维的支配。但是对于大多数具有传统功能的普通建筑物，如桥梁、火车站、温室、有顶盖的集中市场、商店和办公大楼等，铁仍然是主要的选择。

一开始出现的是铁——铸铁、熟铁（对抗张力更有弹性且坚固，于1785年申请专利），然后是钢铁。钢铁是1856年因为贝塞麦炼钢法（Bessemer process）的发明而产生，适合最夸张的、大尺度的设计。过去几个世纪常用的其他材料，也有了新的生命或新的特色：平板玻璃（plate-glass）于19世纪40年代开始大量制造，伴随着关税和税金的增加，更确定了它在19世纪50年代开始被广泛使用；至此，仍以手工制造的砖，开始机械化生产，并出现新的类型和多样的形状、图案和色彩。所以传统的工艺也开始改变，而这有时令建筑师和评论家感到沮丧，拉斯金就是如此。

建筑构件及其他房屋组件的预制生产导致了工艺技术的改变，建筑现场的施工也随之机械化。于是，需要比古老的手工业作坊更大的组织才能应付施工上的需求，大型的建筑承包商应运而生。工业上的需要带动了暖气、通风及卫生等新技术设备的

图 321　帕克斯顿：水晶宫，伦敦，公元 1851 年

发展，而这些设备也开始用在家居建筑上。中央供热系统从罗马时代以来就不再被使用，直到 19 世纪早期，又以蒸汽式暖气系统的形式重现。冷热水供应系统和污水系统在 19 世纪下半叶起迅速发展。煤气照明系统于 1809 年在伦敦出现，并带来了新的生活层面——都市的夜生活。1801 年，伏特（Volta）为拿破仑做了由一组电池产生电力的示范；到了 19 世纪 80 年代，电灯开始供应给那些买得起并准备承担使用风险的人。在 19 世纪最后几十年，电梯、电话和机械通风系统也陆陆续续出现。然而许多人可能对于改变的速度和规模感到遗憾或害怕，在这 100 年来所产生的是一个崭新层面的可能性，因此也带给设计师新的审美观和新的挑战。他们应该如何面对这改变？如何在这变革的环境背景中表现出建筑的品质？

246

英国有一栋建筑最能同时把上述的新发现一起表现出来，是当时最具影响力的一项创造。它影响了当时整个世界的建筑，有无数的人前来参观。这栋建筑就是伦敦的水晶宫（Crystal Palace，图 316、321），原为 1851 年在英国举行的世界博览会（Great Exhibition）而建，它的一切都是其时代的象征及未来的前兆。水晶宫并不是建筑师设计的，而是园艺家帕克斯顿（Joseph Paxton，1801—1865 年）的智能结晶。他将他在德比郡的查茨沃斯为德文郡公爵（Duke of Devonshire's）的乡村大庄园建造温室时所学到的技术，运用到解决大空间的问题上。水晶宫由预制构件所造，轻巧而透明，以铁架和玻璃支撑围绕着空间。其外形是革命性创举，具有"非固定"的特点。它完全可以再盖得更大或更小、更长或更宽。总之它具有不寻常的风格。水晶宫的建造依赖铁路运输和现场熟练的装配，所以能在 9 个月内完成，并且可以拆解下来再重新组装，例如它 1852 年就迁到锡德纳姆（Sydenham）重组，直到 1936 年毁于大火前一直坐落在那里。

图 322　沃特豪斯：自然史博物馆，伦敦，公元 1868—1880 年

图 323　艾利斯：凸窗律师事务所，利物浦，公元 1864 年

图 324　克尔：熊木住宅，伯克郡，公元 1865—1868 年，平面图

　　英国因为大量的建筑，有好些年看起来就像一个庞大的建筑基地，这种情形在乡镇和城市尤其明显，所以只能择要介绍一些代表性建筑物。其中，有意识地跟随某种风格，如仿罗马式或哥特式，选用其一种形式或衍生形式而产生的建筑物，包括：沃特豪斯（Alfred Waterhouse，1830—1905 年）设计的伦敦自然史博物馆（Natural History Museum，1868—1880 年，图 322），装饰着画有生动的动物图案的黄色、蓝色陶砖；斯特里特（G. E. Street，1824—1881 年）设计的伦敦法院（Law Courts，1874—1882 年），为英国哥特复兴式的绝响，也是建筑师的绝笔——他死于过劳；爱丁堡的皇家医院（Royal Infirmary，1872—1879 年）由布莱斯（David Bryce，1803—1876 年）设计，他是一位非常成功的苏格兰籍建筑师，爱丁堡有许多引人注目的建筑物是他的功劳。在那个传统中，最具原创性的建筑师是巴特菲尔德（William Butterfield，1814—1900 年），他在伦敦玛格丽特街（Margaret Street，1847—1859 年）设计的万圣堂（All Saints），在当代被视为普金的原则最完整的范例，这些原则曾被普金运用于英格兰圣公会（Church of England）的高教会派（High Church）。万圣堂的牧师住宅和大厅成一簇群环绕在小庭院周围，有高大的尖塔，崇高的中殿，并且四处充满精心巧妙的设计，如屋顶的桁架系统、高度装饰的面板以及建筑材料本身色泽的直率表现。它表现出的不妥协性属于维多利亚式建筑的特色。哥特式不再着眼于复兴上，而变成了个人表现的媒介。艾利斯（Peter Ellis，1804—1884 年）于 1864 年建于利物浦的凸窗律师事务所（Oriel Chambers，图 323），其构造方式和作为办公室的机能设计上都极具独创性，构造上使用轻巧的铁骨架和石造墩

247

柱，并且利落地使用平板玻璃窗来创造出有趣的韵律——整个建筑均配置了与楼层等高的浅凸窗。

19世纪的建筑中还有另一个基本的特色，不过只能透过一个平面图来欣赏。位于伯克郡（Berkshire）的熊木住宅（Bear Wood，1865—1868年）是克尔（Robert Kerr）为《泰晤士报》的拥有者设计的，克尔也是《绅士住宅》（*The Gentleman's House*）一书的作者，该书是19世纪家居设计的模板。实际上熊木住宅作为一个住宅而言是失败的，它的外观也是，不值得多加说明。但是它的规划（图324）表现出维多利亚建筑设计最巧妙的部分。先进的工艺技术用于配管系统、煤气照明、中央暖气系统和耐火构造上。这个平面规划算得上精心杰作，例如在多样的房室之间形成错综复杂的动线，以及每一种机能和每一个空间之间都是清楚、独立的，甚至专为单身者设计的楼梯也不例外。

平面规划上的卓越表现，在法国加尼叶（Charles Garnier，1825—1898年）设计的巴黎歌剧院（Opéra，1861—1875年，图325、326）上甚至更富戏剧性。在风格的呈现上，巴黎歌剧院可谓奢华的历史主义的一大成功，内外都有令人惊叹的色彩表现，以及巴洛克式造型和雕像。它的平面更是精选之作，大部分的人在阅读平面图上都有困难，不过这一个绝对值得研究，因为其每一个机能和空间、每一个角落和细部都显露出建筑师的思维运作。19世纪，法国成为纪念性建筑规划的龙头，这种情形一直持续到今天。

19世纪的法国建筑除了平面规划之外，还有两个面向要强调，这两方面显示出建筑师和工程师已经开始解决各式各样的问题。首先，对其他欧洲国家产生影响的，就如巴黎歌剧院的表现，是建筑的多色彩理论。这个理论的代言人是一个表现平平的建筑师——希托夫（J. I. Hittorff，1792—1867年），他将他的信念建立在关于古希腊建筑的发现上。1823年，他在塞利纳斯（Selinus）和亚格里琴托（Agrigentum）发现了证据，显示古典希腊建筑具有强烈甚至通俗的色彩。在19世纪20年代和30年代，对

图325 加尼叶：歌剧院，巴黎，公元1861—1875年

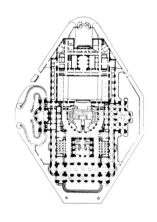

图326 歌剧院平面图

此有激烈的讨论，因为它毕竟威胁到了新古典纯净的传统表现手法。但是希托夫并不只是出于对考古学的好奇才对色彩感兴趣的，他其实需要借由古代遗物的影响力，来支持他对新建筑艺术的提案。在英国，琼斯（Owen Jones，1806—1889 年）满腔热情地开始采用这个理论，并且将明艳的色彩运用到水晶宫的室内空间。在哥本哈根，宾德斯伯（Gottlieb Bindesbøll，1800—1856 年）于 1839 年设计了一个博物馆（图 327），有古典的造型和浓艳的三原色。如果帕特农神庙的确曾有色彩鲜艳的外表和镀金的柱子，那么新建筑应该也能够呈现类似的光辉。

法国 19 世纪建筑的第二个面向是构造方式的开发。作家兼建筑师维奥莱·勒·杜克（Eugène Viollet-le-Duc，1814—1879 年）在他大量且深具影响力的建筑学出版物中［包括《建筑对话录》（*Entretiens sur l'architecture*，1872 年）］，就说明了哥特式建筑的原理如何透过结构技术来加以诠释及发展。而在包含平面和外观整体的构造物上达成最有效运用的建筑师是拉布鲁斯特（Henri Labrouste，1801—1875 年），以巴黎

图 327　宾德斯伯：托尔瓦森（Thorvaldsen）博物馆，哥本哈根，公元 1839 年

图328 埃菲尔：埃菲尔铁塔，公元 1887—1889 年

的圣热纳维耶芙图书馆（Bibliothèque Sainte-Geneviève，1843—1850年，图329）以及国家图书馆（Bibliothèque Nationale，1862—1868）的阅览室为例，尽管外观不算有趣，却有明亮生动的室内空间，细长的圆铁柱支撑着浅拱圈和雅致的圆顶，以及其内部所创造出的空间，都是金属建筑的伟大成就。他分析了现代化、供大众使用的图书馆的需求后，运用新工艺技术，营造出既精巧又典雅的空间。

如果说拉布鲁斯特创造了一些最美好的室内空间，那么，工程师埃菲尔（Gustave Eiffel，1832—1923年）则为巴黎带来最引人注目、最值得参观的不朽作品——埃菲尔铁塔（Eiffel Tower，1887—1889年，图328）。埃菲尔设计过许多桥梁（自由女神像的骨架也是他设计的），是位罕见的优秀工程师。这座铁塔是1889年巴黎世界博览会的地标，并且持续好几年都是世界上最高的构造物。主结构构件强而有力，与相当错综复杂的金属网似的次构件交织在一起，表现出优美、经济的特性，如同对未来世界的预言。不管在当时有多少不满之声和批评，埃菲尔铁塔都是工程界对于后来的构造物及装饰技术所示范的一种空间的可能性。

在德国和奥地利，对于式样的热衷、对于结

图329 拉布鲁斯特：圣热纳维耶芙图书馆，巴黎，公元 1843—1850 年

图 330　里德尔（Eduard Riedel）和多尔曼（Georg van Dollmann）：新天鹅堡，巴伐利亚，德国，公元 1868—1886 年

构及空间所表现出的冒险精神，同样四处可见。在奥地利，距离奥匈帝国瓦解前不久的鼎盛期，古典的式样似乎是最相称的。有一些杰出的哥特式教堂，如费斯特尔（Heinrich von Ferstel，1823—1883 年）设计兴建于维也纳的还愿教堂（Votivkirche，1856—1879 年）。更加祥和宁静及古典的建筑是国会大楼（Parliament Building，1873—1883 年），由汉森（Theophilus Hansen，1813—1891 年）设计，是一个长形对称的建筑物，外形是具有完美正确性的希腊式样。但是城市剧院（Burgtheater）轮廓更为鲜明，沿着环形大道（Ringstrasse）形成弧形正面，这条道路环绕维也纳的中心区，是早期运用环形道路规划的例子之一。此剧院由森佩尔（Gottfried Semper，1803—1879 年）设计，建于 1874 年到 1888 年，是富于想象力的古典风格绝妙的巨作。

　　德国当时在俾斯麦（Bismarck）统治下势力强大，建筑师处于蓬勃的发展时期，但他们似乎在顽强的古典风格和鲁莽的幻想之中摇摆不定。位于慕尼黑的古画廊

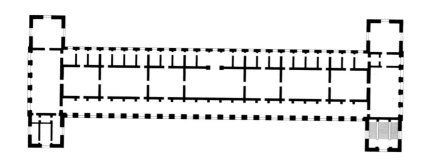

图 331　克伦泽：古画廊，慕尼黑，公元 1826—1836 年，平面图

（Alte Pinakothek，1826—1836 年）是这个世纪最大的画廊之一，克伦泽（Leo von Klenze，1784—1864 年）创作的平面（图 331）影响了全欧洲此类建筑物的设计。它在风格上是属于文艺复兴盛期，但是就如同法国的建筑范例一样，是这个平面使它在历史上举足轻重。由 25 开间组成的广大面宽，分割成 3 个平行的横列，中间一列是有顶光的陈列室，在入口这一面的凉廊形成通往那些陈列室的纵向信道。

巴伐利亚富有且疯狂的路德维希二世（Ludwig Ⅱ）激励（或应说逼迫）他的建筑师进入幻想的殿堂，逃避这工业化的世界。他建造了 3 座有名的宫殿，这些宫殿的花费最后使他一贫如洗。林德霍夫宫（Linderhof，1874—1878 年）是洛可可式的幻想；海伦齐姆斯宫（Herrenchiemsee，1878—1886 年）唤回凡尔赛宫的荣耀；新天鹅堡（Neuschwanstein，1868—1886 年，图 330）是浪漫主义中最完美的一笔，建筑在山中的幻想般的城堡，完全饰以瓦格纳图例（Wagnerian legends）的装饰物。

欧洲的其他国家同样展现了带有国家及地区色彩的多样性。普拉尔特（Joseph Poelaert，1817—1879 年）设计的布鲁塞尔法院（Palais de Justice，1866—1883 年）是新巴洛克风格。位于阿姆斯特丹的荷兰国家博物馆（Rijksmuseum，1877—1885 年）由奎伊柏斯（Petrus Cuijpers，1827—1901 年）设计，是自由的文艺复兴风格，
内部有个以玻璃和铁建造的广大庭院。在米兰，曼哥尼（Giuseppe Mengoni，1829—1877 年）创造的维多利奥·伊曼纽美术馆（Galleria Vittorio Emanuele，1863—1867 年）里，有个新式附顶盖徒步街的最佳范例（图 332），十字形平面十分巨大，十字的交会点是个直径 39 米、高 30 米的八角形中心空间。这个提供了购物及社交等活动的华丽昂贵的遮蔽场所，由英国出资建造并提供技术建议。在这整个时期最成功的奇特作品是在罗马的维多利奥·伊曼纽二世纪念馆，由萨科尼（Giuseppe Sacconi，

图 332　曼哥尼：维多利奥·伊曼纽美术馆，米兰，公元 1863—1867 年

1854—1901 年）设计，建筑时间从 1885 年到 1911 年，它高耸于威尼斯广场（Piazza Venezia），向下俯瞰柯索路（Corso），即使是大众为了表达对国家创立者的敬意，它看起来仍然是令人震惊的。

19 世纪建筑的主题建立于欧洲，然而到了世纪末，欧洲似乎已经精疲力竭，在等待彻底失败的来临。所以建筑的故事转移到美国，这个国家在当时具有丰富的自然资源，是经济实力的中心。在 19 世纪的大部分时间里，美国、澳大利亚和新西兰对于那些使欧洲着迷的式样和新的机能一直表现出关心。

当时美国在历史式样上突出的建筑物包括：宾州费城的美术学院（Academy of the Fine Arts，1871—1876 年，图 334），它由弗尼斯（Frank Furness，1839—1912 年）设计，是富于想象、色彩丰富、创新的哥特式建筑；麦金姆（McKim）、米德（Mead）和怀特（White）设计的波士顿公共图书馆（Public Library，1887—1895 年，图 333），则是 16 世纪意大利文学艺术（Cinquecento）的尝试，有令人赞叹的优雅和精致的工艺技术表现；就像英国一样，国家的骄傲和自信，最主要的展示在于政府建筑——华盛顿的国会大厦（图 312），中间有门廊的部分在 18 世纪末和 19 世纪初就已经构筑

图 333　麦金姆、米德和怀特：公共图书馆，波士顿，公元 1887—1895 年

图 334　弗尼斯：宾州美术学院，费城，公元 1871—1876 年

了，而沃尔特从 1851—1867 年将它扩建得更为巨大，事实上，他创造了一个在戏剧性尺度上崭新的统一复合体。国会大厦最杰出的建筑特征是巨大的中心圆顶，高 63 米，直径 28.6 米，圆顶外壳是以铸铁打造的。

　　大量的新建筑物在 19 世纪改变了所有的建筑景观，显示出一种大幅变化的品位。这个接近百年的建筑实验，将在这个世纪的转折点达到高潮。现在，我们就要将注意力转向这个发生在美国的高潮。

第十九章
崭新的光景：世纪的转折点

　　本章要谈的是 1880 年到 1920 年的建筑，虽是比较短的一段时间，在建筑史中却是相当特殊并具有激励作用的。这段时期见证了理论和口号的公式化、若干非凡杰作的创造以及建筑物的新类型，而这些都会改变城镇和都市形貌。

　　这是一个令人兴奋到几乎歇斯底里的年代。在美国和欧洲，城市增加，复杂的工业技术以令人惊愕的速度发展。音乐及视觉艺术和过去一样充满活力。在欧洲，几乎每个人看起来都像在等待大风暴的到来。果然，随着第一次世界大战（1914—1918 年）爆发，剧烈的动荡产生了。这是一个充满忧虑和恐惧的年代。如果说弥漫在欧洲的是紧张不安的刺激，那么充斥在美国的则是自我信心的成长。当一个富有的国家意识到自己的财力几乎可以购买世界上的任何东西时，这逐渐增加的自信心是压抑不住的。

　　19 世纪 80 年代和 90 年代，在美国（特别是在芝加哥）正进行建筑的革命，对后来以"芝加哥学派"（Chicago School）闻名的建筑艺术的成长有重要影响的是理查森（Henry Hobson Richardson，1838—1886 年），他曾经在巴黎为拉布鲁斯特工作，南北战争结束后回到美国。由于赢得了 1866 年的一场设计竞赛，他才开始自己开业。他发展出一套非常属于个人深度表现的式样，芝加哥的马歇尔·菲尔德批发商店（Marshall Field Warehouse，1885—1887 年，图 335）是众所皆知的案例，甚至成为芝加哥新一代建筑师的样板。不过使人了解到他设计师本领的作品的，是位于马萨诸塞州昆西的克莱恩图书馆（Crane Library，1880—1883 年，图 336），他所受的仿罗马式建筑的训练在图书馆立面上表露无遗，但其设计不是墨守成规的，他以非常熟练的技巧将量体和线条结合，并且以一种个人的方式表现出具有深度的细部设计。

　　理查森在美国有很好的声望。1871 年的大火灾使得芝加哥学派声名大噪。这场大火穿越河流并摧毁了市中心的许多建筑物，其中包括一些不耐火的铸铁建筑。这件事给芝加哥的建筑师提供了一个机会和挑战，使他们可以在极自然的情况下提出免除了历史式样的建筑方案。这么做也为现代建筑运动（modern movement）提供了

图 335　理查森：马歇尔·菲尔德批发商店，芝加哥，公元 1885—1887 年 ▷

图336 理查森：克莱恩图书馆，昆西，马萨诸塞州，公元1880—1883年

发展的舞台。

摩天大楼（skyscraper）的出现，是这场运动中的一大关键。而一般公认的第一栋摩天大楼是芝加哥的家庭保险大楼（Home Insurance Building）。这栋大楼是由詹尼男爵（William le Baron Jenney，1832—1907年）设计，建于1883年至1885年。为了耐火，他将金属骨架构筑在砖石构造里面，但他没办法完全放弃在外观上使用传统的细部装修手法，也还不能掌握住在这种新类型建筑物上运用新造型的挑战。在19世纪90年代，也就是大火发生的几年后，摩天大楼纷纷被下列事务所建造起来：伯纳姆与鲁特（Bernham and Root）、霍拉伯德与罗奇（Holabird and Roche）、阿得勒与沙利文（Adler and Sullivan）。实际上，他们创立了芝加哥学派，并勾勒出20世纪商业建筑的基本轮廓。

多层建筑物的出现和1852年发明的升降机有关，不过1880年西门子电梯（Siemens's electric elevator）发明之后，升降设备才变得普遍，现在再也没有理由不把建筑物盖得更高了，这表示新的建筑类型和新的都市景观已经到来。早期摩天大楼中较为突出者，例如芝加哥有伯纳姆与鲁特设计的纯粹是砖石构造的孟内德纳克大楼（Monadnock Building，1884—1891年，图337），及使用金属骨架的瑞莱斯大厦（Reliance Building，1890—1894年，图338）；还有极富涵养的美国建筑师沙利文（Louis Sullivan，1856—1924年）于1890年在水牛城设计的信托大楼（Guaranty Building）；以及芝加哥的"卡森·派瑞·斯科特"百货公司，或简称CPS百货公司（Carson Pirie Scott Department Store，1899—1904年，图339），这栋建筑物展现了他对于新建筑表现形式的熟练精通。

沙利文在他同时代的建筑师中最热情也最具逻辑思考力。只要对CPS百货公司做点简略的勘察，就足以说明它能成为20世纪无数办公室和百货公司模范的基本要素。这栋建筑有10层办公空间，覆以镶在钢骨架上的白色陶砖，并以一排排大型窗户突显其位置。这些楼层下方两层楼高的底座部分（销售所需空间），也是这金属结构的一部分。沿着所有主要出入口的上方设置的镶嵌板，充满了沙利文特有的华丽铸铁造装饰。理性和幻想如同在19世纪一样并存无碍，这说明了一个由重复量体组成

图 337　伯纳姆与鲁特：孟内德纳克大楼，芝加哥，公元 1884—1891 年

图338 伯纳姆与鲁特：信托大楼，芝加哥，公元1890—1894年

图339 沙利文：CPS百货公司，芝加哥，公元1899—1904年

的建筑物需要有它自己独特的装饰。沙利文继承自19世纪理论家所提出的设计原则是"形随功能"（form follows function），而这成为后来许多年流行的口号。

　　钢铁和钢筋混凝土是既高又厚重的建筑物的两个主要建材。钢铁在英国的初期发展已在前一章说明，但其真正广泛使用是在美国。至于钢筋混凝土，则是在法国发展起来的。1892年左右，埃内比克（François Hennebique，1842—1921年）使一个将钢筋用在混凝土最佳位置做补强的系统更完善。具有抗压强度的混凝土和具有抗张强度的同质格子状钢筋结合，乃建筑史的一个转折点，它为现代建筑的大型空间和新类型提供了一种新的结构材料。

钢筋混凝土最早的建筑范例之一，是博多（Anatole de Baudot，1836—1915年）在1897—1904年建于巴黎的蒙马特的圣尚教堂（St-Jean-de-Montmartre）。博多是维奥莱·勒·杜克的弟子，他追随师傅的理想，运用现代技术更深入地发展传统构造原理，从新哥特到新古典，重新检查传统的形式并去芜存菁。要理解任何现代建筑，基本上要先知道它是淘汰不必要的细部以及表达结构的组织。

在法国，将钢筋混凝土带到令人满意的第一次高峰的建筑师是佩雷（Auguste Perret，1874—1954年）。1903年，他在巴黎富兰克林路25号（25bis rue Franklin）的公寓（图340），超越了芝加哥的建筑师。他发现在8层楼高的骨架中不需要有承重功能的墙，而这些墙既然没有任何支撑功能，那么这建筑物就获得开阔的内部空间。他在骨架外边覆以具有花形装饰图案的瓷砖。结构构件自由地表现，塑造出锋利和深刻的立体感，使建筑物呈现清晰的垂直动感。佩雷给这个新的混凝土建筑和它所在的公寓街区美好的声望。20年后，即1922—1923年间，经由巴黎郊区的勒兰西圣母院（Notre-Dame-du-Raincy，图341），他揭露了在一个传统的平面上，可媲美伟大的哥特设计师想象力的空间概念是如何形成的。钢筋混凝土铸成的弧形拱顶优美地坐落在细长的柱身上，构成一个崭新的明亮轻快的空间，这个空间周围环绕着不具载重力、镶嵌彩色玻璃的预铸混凝土幕墙。

法国人以装饰细部为乐，结果出人意表地创出一种新鲜、富于表现力的空间。吉马尔（Hector Guimard，1867—1942年）在1900年设计了巴黎地铁，他是新兴的"新艺术"（Art Nouveau）的代表。新艺术的特征为：绳索般的线条，抽象化的生物、植物装饰，不对称，建筑材料的呈现方式很广泛。这一切都允许个人化的表现形式和新奇的装饰主题。

新艺术在布鲁塞尔的创始者是霍尔塔（Victor Horta，1861—1947年），他设计的塔塞尔旅馆（Hôtel Tassel，

图340　佩雷：富兰克林路25号公寓，巴黎，公元1903年

图341　佩雷：勒兰西圣母院，巴黎，公元1922—1923年

1892—1893 年，图 342）有一个新奇的平面，并且重复运用在许多楼层。不过他的杰作是后来的索尔维旅馆（Hôtel Solvay，1895—1900 年），其楼梯大厅具有新艺术的所有特征——流畅的曲线和率直呈现的熟铁件装饰，成为这栋建筑物整个室内风格统一的主题。吉马尔在巴黎贝朗榭公寓（Castel Béranger，1897—1898 年）的设计中，为新艺术做了更完全的示范，他在正立面运用许多不同的材料，并且使造型具有流畅感，甚至令人联想到活生生的有机体。有那么一段不算长的时间，看起来好像出现了一个具野性想象力又灵活的设计方法，而且它也可能会传播到世界每个角落。但是，基本上新艺术只是特定建筑物的装饰风格，并不适用于一般建筑物的机能需求。

不过在建筑史上，在我们曾看过的独创性最特别的表现形式里，新艺术确实扮演了某个角色。这发生在西班牙北部高迪（Antoni Gaudí）的创作中。西班牙的新艺术以"现代风格"（Modernismo）之名为大众所知，而巴塞罗那是有机设计浪潮的中心。高迪生于 1852 年，是当时最有个性、最具有创造力的设计师，却不幸在 1926 年遭电车辗过而逝，丧礼时出现那个城市最长的送葬队伍，全国都为之哀悼。

高迪最知名的杰作在他逝世时并未完工，至今也还未完成——位于巴塞罗那的圣家堂（Expiatory Temple of the Sagrada Familia，1882 年至今，图 343），这是他接替另一个建筑师的新哥特式设计，他将它改造成一个庞大的大教堂。东翼 4 个尖端渐细的塔楼位于饰有基督诞生图的正立面，是他在世时完成的少数部分之一。尖塔的高度超过 107 米，上有百叶窗洞般的造型（这样设计是为了释放出长形排钟的声音），并在尖端以奇特梦幻的玻璃、陶片、瓷砖的尖饰做结束。人形、动物、植物和云朵的雕刻属于自然主义风格，每一个部分都是惊喜，有些甚至是高迪亲自放上去的。他拒绝了其他所有的工作并搬到这栋建筑物的地下室居住，直到过世为止他都在那里过着教士般与世隔绝的生活。

高迪的世俗建筑和景观设计，甚至比这座大教堂具有更加引人注目的独创性。位于巴塞罗那市中心的贝特罗住宅（Casa Batll，1904—1906 年），被称为"骨头住宅"（House of the Bones），这是因为正面结构的构件有形状像骨头的弯曲变形表面。同样在巴塞罗那的米拉住宅（Casa Milà，1905—1910 年，图 344），是一栋大型的公寓大楼，外观像波浪，而室内空间没有直角。他使用抛物线形拱圈，并利用不同跨度所造成的不同高度塑造出令人惊奇的屋顶景观。在高尔公园（Guell Park，1900—1914 年），他以波浪造型、奇特的石拱廊和感性的雕塑品，创造了不寻常又具多样性

图 342　霍尔塔：塔塞尔旅馆，布鲁塞尔，楼梯间，公元 1892—1893 年

图 343　高迪：圣家堂，巴塞罗那，公元 1882 年至今

的景观。他能够设计出这些奇特的建筑物，是源于他对自然形态的组织纹理有独到的了解，如壳状物、嘴巴、骨头、软骨、火山岩、植物、翅膀和花瓣等，他创造出的是光和色彩交织成的幻想。

　　高迪最迷人的作品是圣科洛马-德塞尔韦略教堂（Santa Coloma de Cervelló，1898—1917 年）的地下室（图 345），除了精心制作的自然造型之外，他也发展出他自己的结构系统。他用张力网线吊以重锤，如果把这个以张力设计的形状颠倒过来，就变成了一个抗压石造结构的自然形式。这形状稀奇古怪的柱子和拱顶就是这项实验的结

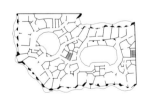

图 344　高迪：米拉住宅，巴塞罗那，公元 1905—1910 年，平面图

图 345　高迪：圣科洛马－德塞尔韦略教堂地下室，巴塞罗那，公元 1898—1917 年

果。他说：哥特式建筑的扶壁在这里是不需要的，因为所有构件都具有正确的角度和斜度，所以能够抵抗加在它们上面的重量。

高迪最喜爱运用的几何形状是抛物面、双曲面和螺旋面，这些形状都可以在自然界中找到，都以不同的曲面造成表面弯曲变形。不管看起来有多古怪，这些形状都是经过审慎思考才采用的，结构合理可靠，几何原理也很精确。如果说要创造一个外观不对称但其实符合机能需求且具有自然形状和色彩的建筑物，高迪远远超过任何一位建筑师。

若说法国、比利时、西班牙是新艺术的发源地，那么它生气蓬勃的造型则是通过比尔德斯雷（Aubrey Beardsley，1872—1898 年）的图例集才流传到英国。新艺术本来只是装饰性的，但是传到英国后，在建筑艺术中却变得更具永久性，更深入根本。它不只呈现了独创性的造型，同时表达了"艺术和工艺运动"（Arts and Crafts movement）更完整、实用的方法。

如同我们所知，普金宣告了功能主义建筑的几个原则。拉斯金把普金的构想更加扩大延伸，并强调工艺师是装饰性造型品质的关键。而现在又增加一项新信念，即建筑是社会形态的一种表现。19 世纪下半叶，莫里斯（William Morris，1834—1896 年）是提倡艺术和工艺运动的主要人物，他认为艺术和工艺运动不单是艺术性的，同时也属于社会性的计划。对他自己位于伦敦贝克斯利希思（Bexley Heath，1859—1860 年，图 346）的住宅，他委托韦伯（Philip Webb，1831—1915 年）设计成中世纪式样，但是建筑材料的直率表现则属于当代。由砖、瓦构筑而成，不多做细部表现，构造坚固，外观朴实无华。韦伯和莫里斯着手创造一种坦率踏实的建筑艺术，而他们成功了——红屋是建筑史上划时代的里程碑，是现代运动中机能建筑的先驱。

当建筑界不再因袭传统的古典式或哥特式的细部之后，建筑师开始能够直率地运用材料的优点，同时享受材料丰富的构造纹理，以及属于各地传统建筑和天然材料制作的工艺产品的多变造型。因此，建筑界恢复了对各地本土建筑语言的关注。

在这个时代占有一席之地的建筑师，除了韦伯之外，还有沃伊齐（Charles Annesley Voysey，1857—1941 年，本土建筑语言的最杰出代表）、理查德·诺曼·肖（Richard Norman Shaw，1831—1912 年，同期中最成功的建筑师）和勒琴斯爵士（Sir Edwin Lutyens，1869—1944 年）。勒琴斯设计了 100 多栋住宅和一些重要的公共建筑，其中规模最大的是在印度首都新德里所建的总督府（Viceroy's House，1920—1931 年，

258

图 346　韦伯：红屋，贝克斯利希思，伦敦，公元 1859—1860 年

图 347）。住宅作品当中，最能表现他设计特点的例证，是 1899—1902 年建于泰晤士河边桑宁（Sonning-on-Thames）的教区花园（Deanery Garden，图 348），中等大小的房子坐落在杰克尔（Gertrude Jekyll）设计的令人愉快的英式花园中，建筑材料以自然的方式运用并以直率的方式表现。但不管是这栋建筑物还是勒琴斯的其他作品，最有独创性的往往是他的平面设计。

　　在上一章我们已看到，建筑的平面规划成为 19 世纪建筑师的首要任务。而勒琴斯甚至赋予平面更多的独创表现，通往房子的信道、入口在他手下仿佛一场惊奇冒险。在一个显然是轴线设计的房子，一个人可能必须改变好几次行进方向才能到达主要的室内空间。在教区花园中，从马路到花园的信道有时半围闭，有时开阔，有一些空间和房间朝向这个信道。而这个花园末端的立面，可算是英式建筑中最优美的不对称构图。

　　在今天看来，麦金托什（Charles Rennie Mackintosh，1868—1928 年）是这个时期极富创造力并具历史重要性的建筑师。他在苏格兰格拉斯哥（Glasgow）的作品是一些住宅和一些非常具有独创性的茶馆，呈现出他个人对新艺术的独到见解。其中

图 347　勒琴斯爵士：总督府，新德里，印度，公元 1920—1931 年

的重要作品是格拉斯哥艺术学校（Glasgow School of Art），他赢得设计图案竞赛，然后分 1896—1899 年与 1907—1909 年两个时段兴建。撇开一些令人愉快的游戏式曲线和扭转造型的熟铁装饰不讲，主立面的处理是率直的，是把教室和工作室等空间以最机能性的方式配置在一起的单纯结果。至于室内空间又是另一种不同的体验了，主要的工作室、展示空间、楼梯间，显示他精通各种不同材料的本质。这所学校的图书馆（图 349）值得注意，麦金托什运用垂直、水平及柔和曲线的木料营造出一个装饰感丰富的空间，又利用柱子、梁、面板和悬挂的雕刻装饰板来塑造空间并使其轮廓鲜明。灯具、门口家具、窗户、放置期刊的桌子等细项都是他设计的。但在当时，他却被视为一个失败者，所以他离开了格拉斯哥。他先后在伦敦和法国度过晚年，创作了许多极令人陶醉的风景、花卉水彩画。

在英格兰和苏格兰发生的艺术和工艺运动，通过《英国住宅》（Das englische Haus）一书而对欧洲大陆产生影响。此书是驻伦敦的德国大使馆馆员穆特修斯（Hermann Muthesius）所作，1904—1905 年于柏林出版。书中对于本章讨论的大部分建筑师

图 348　勒琴斯爵士：教区花园，泰晤士河边的桑宁，波克郡（Berkshire），公元 1899—1902 年

的成果图文并茂地加以描述。从较老一辈建筑师的创作中，穆特修斯把折中了酷爱结构的机能表现和偶尔别出心裁地运用装饰性细部的建筑物独立出来。而 1907 年由奥尔布里希（Joseph Maria Olbrich，1867—1908 年）设计，位于德国达姆施塔特（Darmstadt）的展览厅，就是这种折中建筑的主要例子。更富表现力的是瓦格纳（Otto Wagner，1841—1918 年）在维也纳的作品，他试图将古典风格的精华浓缩为一点，即材料、结构、机能上呈现合理的表述。他于 1898 年设计的马加利卡住宅（Majolica House，图 350），是简朴、庄严、比例优美的建筑。外观装饰意大利产的马加利卡（majolica）珐琅陶砖，由彩色面砖构成的图案往右边横过上面 4 个楼层。在邮政储蓄银行（Post Office Savings bank，1904—1906 年），他抑制住对于装潢装饰的喜爱，让一个建造完美的建筑物完全仰赖构造和机能上的坦率表现来达成它的效果。这种功能主义（functionalism）最狂热的代表人物是鲁斯（Adolf Loos，1870—1933 年），他于 1908 年写了一篇名为《装饰与罪恶》（*Ornament and Crime*）的文章，坚持装饰应该从"有用的对象"（useful objects）之中排除。

260

　　在荷兰，这个时期的主要建筑物更富于个性和表现性。其中的杰出建筑物是位于阿姆斯特丹的证券交易所（Exchange，1898—1903 年），由贝尔拉赫（H. P. Berlage，

图 349　麦金托什：格拉斯哥艺术学校，图书馆，公元 1907 年

图 350　瓦格纳：马加利卡住宅，维也纳，公元 1898 年

1856—1934 年）设计。他希望这栋建筑具有现代化的机能，风格的表达上不矫揉造作，但是他也希望它能获得来此使用大厅和走廊空间的人们的注意和赞赏。因此，他聚集了画家、雕刻师和工艺师一起创造这些美妙的空间，使其室内空间流露高贵的气氛和吸引人的特质。

这种处理的基调流传很广。在波兰，由贝格（Max Berg，1870—1947 年）设计，1911—1913 年间建于布雷斯劳（Breslau）的百年纪念堂（Jahrhunderthalle），是为纪念民族奋起反抗拿破仑的 100 周年而设立。它是一个巨大的钢筋混凝土结构体，在同类构造中跨度最大，有大型内部拱圈和梯级状同心圆环圈。但是外观印象更令人感动的是奥斯特贝里（Ragnar Ostberg，1866—1945 年）设计的斯德哥尔摩市政厅（Town Hall），从 1904 年到 1923 年花了 20 年才盖好，不过始终被视为现代传统学派或浪漫国家主义学派（modern traditional or romantic nationalist school）的成功作品（图 351）。它优美地坐落在水边，呈现了轻快和坚固相结合的浪漫风格，并表现出庄严的存在感，堪为独特的国家象征。

为了看到这个时期的完整表现，我们必须回到美国。芝加哥学派 20 世纪初期仍然存在，不过影响力已经不如 19 世纪最后 10 年，但是在那段时间孕育出一个决定性的天才，他的个性和他长久的事业，使他经历了那次运动之后，至少又经历了另外两次运动而成功地进入 20 世纪中叶。这个天才就是赖特（Frank Lloyd Wright），他生于 1867 年（但是他谎称生于 1869 年，以鼓励一位在他破产后经济支持他的朋友），死于 1959 年。他一直将沙利文当作"崇敬的大师"（Lieber Meister），在为沙利文工作之后，于 19 世纪 90 年代自己开业。他的创作生涯跨越了七十几个年头，在这期间他非凡的才华表现在处理钢材、石材、红杉木、钢筋混凝土、伸展的几何形平面和轮廓上，创造出与自然环境的新颖并令人兴奋的关系。

图 351　奥斯特贝里：市政厅，斯德哥尔摩，公元 1904—1923 年

　　赖特从来不怀疑自己是个天才以及是他同代最优秀的建筑师，他的一生充满了戏剧性，包括他房子的两次火灾，以及妻子和她的孩子遭到谋杀。他著作丰富，并且是个众所皆知的公众人物，而他的自传[①]是所有曾被谈论过生平的建筑师中最令人注目的。他在著作《遗嘱》（*A Testament*）中，谈论到赋予他创作灵感的理论及个人信念。他可能是他那一代人中最优秀的美国人。

[①] 即 *An Autobiography*，首次出版于 1932 年。随后提到的 *A Testament*，系赖特晚年著作。——编者注

1889 年赖特在芝加哥橡树公园（Oak Park）建造了自家住宅，往后的几年，他陆陆续续为这个富裕的住宅区建造了许多房子，而由于一神论教派教堂（Unity Temple，1905—1908 年）的建造，使得整个社区更为完整。此教堂是一个具有影响力的设计，抓住了本案的三个基本元素：礼拜堂、玄关、教区大厅，并将三者组成一些简单的立方体。为了了解他设计的房子，最好来看一个他设计的典型平面——水牛城的马丁住宅（Martin House，1904 年，图 352），基本形状从交叉的斧头而来，这些斧头延伸到庭园形成了其他包含的形状——这正是赖特风格的特征。通过这些互相贯穿的室内室外形体，予人独特的空间感受。他对于三维几何学有特殊的了解，或许是他幼儿时期在福禄贝尔（Froebel）幼儿园堆栈积木的潜移默化。特别有趣的是他使内部

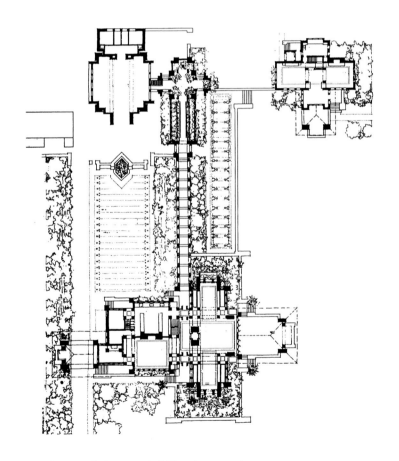

图 352　赖特：马丁住宅平面，水牛城，公元 1904 年

空间互相交融的能力：事实上房间的角落已经消失，墙壁也变成了屏风一样，他用低矮广阔的天花板和屋顶以及带状高窗（常常是铅框）来强调建筑物的水平线条，并且不用阻隔物或门，而借由改变地板面高度来界定出空间的范围。他对所有人宣告他设计了这种开放式平面。

在他的诸多"草原式住宅"（prairie houses）中，最著名也最受赞赏的是芝加哥的罗比住宅（Robie House，1908—1909 年，图 353）。在此，他将传统工艺的优点和优美的细部与现代技术设备结合在一起。住宅外部砌筑精致的砖墙（上有石材压顶）和铅窗，里面却是那个时代最先进的电力照明及暖气系统。但是相对于引人注目的屋顶组合及室内空间的相互交融，他的创作在工艺技术的部分展露得并不多。他处理室内空间的方式，改变了曾经把房子当成方盒子堆积品的概念。

由于自己的不断探求以及天生的好奇性格，赖特的事业好几次有了新的方向，因此跨越了好几个本书定义的时期。不过在这里就讨论他后期的建筑物是最好的，因为它们可以使一个从这世纪转折点开始的故事具有完整性。在他已建成东京的帝国饭店（Imperial Hotel，1916—1922 年）——出色新颖的结构使它能幸免于 1926 年的大地震——并回到美国时，他已经是位成熟老练的大师了。接着，他以更戏剧性的一系列住宅继续震撼这个世界。位于宾州熊奔溪（Bear Run）上的落水山庄（Fallingwater，1935—1937 年，图 354 年），可能是 20 世纪的住宅中最常附以图文说明的一个。像他早期的住宅一样，这也是个出色的构造。钢筋混凝土制的梯级状区块从中心的石造体向外延伸，重叠数层飘在岩石、树木和瀑布上。他克服了一个表面上看起来不可能构筑的基地，并且创造出一个与大自然结合的人造形体中最生动的范例。

几乎在同时，赖特构筑了位于亚利桑那州凤凰城（Phoenix）的西塔里埃森住宅（Taliesin West，1938 年，图 355），当时是作为冬天居所，也是他诸多弟子的工作室，而现在仍然是他的崇拜者精神上的家。此构造物以 45 度的斜线排序，由他所谓的沙漠混凝土（desert concrete，以当地大砾石作为混凝土拌合的骨材）、木造构架和帆布遮篷所构成。这个案子简洁地表现出他的概念——有机建筑（organic architecture）、可变通的形状、与建筑基地融合的自然材料，同时也对亚利桑那沙漠的和谐与韵律做出了响应。

这里似乎有一个重要的特点产生了，它或许可以协助说明现代运动的本质。在

图 353　赖特：罗比住宅，芝加哥，公元 1908—1909 年▽

图 354　赖特：落水山庄，熊奔溪，宾州，公元 1935—1937 年

这世纪的转折点产生了一种建筑，它在概念上是国际性的，但在国家性的表现形式上是极度个人和特殊的。这是建筑师有机会在创作中表达如此的个体性的最后一个时期。第一次世界大战的劫难之后，欧洲、美洲和东方都相继进入"国际主义"（internationalism）的新时期，但它意味的并非多变性，却是单调的一致性。其具体表现，就是"国际风格"（International Style）。

图 354　赖特：西塔里埃森住宅，凤凰城，亚利桑那州，公元 1938 年

第二十章

符合新社会形态的设计：国际风格

　　"国际风格"这个专有名词，是 1932 年纽约现代艺术博物馆（Museum of Modern Art）举办首届国际现代建筑博览会（Exhibition of Modern Architecture）时，筹划单位创造的。从那时开始，尽管有许多的批评和抱怨说此一名称并未精确反映真实的情况，但它还是从 20 世纪 20 年代到 50 年代或 70 年代成为现代建筑主流的代表称号。为了这次展览会所印行的书宣称："现在有一个独特的纪律主体，够坚定而能将当代风格像真实事物一样统整起来，也够灵活，可以允许具个性化的诠释并且鼓励自然发展……首先，建筑的新概念是量体（volume）而不是块体（mass）；其次，作为秩序性设计主要手段的是匀称（regularity）而非轴线对称（axialsymmetry）。"

　　这种对于秩序的需求在这整个时期来讲是具有实质意义的。因为第一次世界大战和 1917 年俄国革命，改变了整个欧洲的内部秩序。在往后的年代，发生了一连串的经济危机，以及另一次世界大战（1939—1945 年）。大众文化在生产、消费和传播领域得到显露。

　　作为新社会的设计者，建筑师和规划师面临的难题是如何使自己加入国际性的主题。国际现代建筑协会（Congrès Internationaux d'Architecture Moderne，CIAM）在 1928 年成立，他们的集会以各种形式一直持续到 1959 年才告中止，但是他们最早期的宣言是 CIAM 效应中最持久的。他们宣称"我们的建筑创作应该只源于现在"，他们希望"把建筑艺术带回它的真实面亦即其经济社会层面"，并且特别声明"最有效的成果来自合理性和标准化"。传统的街道将会被淘汰，取而代之的是公园和独立的建筑物。

　　为了了解这个运动成形的经过，以及为什么它会变成好几代人的情结，我们必须看看杰出领导人物的作品及思想，并要谨记在心，这些主流建筑师视自己为社会变革的一部分。在一个新社会的创立过程中，建筑不只要成为见证，还要成为决定性的媒介。这是符合逻辑的，而且与以下意识形态一致：这是建筑史上第一次，可能也是唯一的一次，为普通大众建造的集合住宅变成展现伟大建筑艺术的媒介。就像早年的

图 356　柯布西耶：萨伏伊别墅，普瓦西，邻近巴黎，公元 1928—1931 年 ▷

大教堂和宫殿，这样的媒介将要构成伟大的建筑宣言。

让纳雷（Charles-Edouard Jeanneret，1887—1966 年）是这场运动中的杰出天才，也是 CIAM 的创立者之一，但他更为人知的名字是勒·柯布西耶（Le Corbusier），他是作家、画家、建筑师以及市镇规划师，早在开始建造建筑物之前，他就已经是影响建筑及市镇规划思想潮流的重要人物。他每隔几年出版他的设计和计划案，其中也包含了他个人明确的格言和毫不妥协的声明。无论好坏，他对现代建筑影响最为深远。想要了解现代建筑，就必须先了解柯布西耶的一切创作。

柯布西耶初期创作的第一本书《迈向建筑》（*Vers une architecture*，1923 年），英译本书名为《迈向新建筑》（*Towards a New Architecture*，1927 年），在书中他提出了新建筑的五要素：独立支撑（柱桩构造）、屋顶花园、自由平面、带状窗户、自由构成的立面。我们可以在普瓦西（Poissy）的萨伏伊别墅（Villa Savoie，1928—1931 年，图 356）看到所有要素。此别墅是个架高的白色混凝土方盒子，垂直面和水平面都有开口。跟这时期的绘画一样，其设计概念有个重点，就是观看者并非站在一个固定位置，而是不停移动的。当观看者移动时，建筑物的形状会部分重叠，而且变得时而实体时而透空。这些独立柱桩使地面层畅通，同时屋顶花园在半空中重新创造了随着建造而失去的下方土地。

阅读一个平面，使我们更了解那个概念。我们已经看过维多利亚女王时代的人如何通过分析需求和为每项机能找出适合的空间和形体，改变了建筑物的规划设计；我们也看过勒琴斯如何在房子周围设计一个充满冒险精神的信道，从而创造出一个崭新的平面；我们还看到赖特如何透过敞开角落，使室内空间相互交融甚至到达外部空间来完全解放平面。但柯布西耶的脑海里有个完全不同的概念，他将室内空间或量体视为一个大立方体，再从水平面和垂直面加以分割，以便这个方盒子的一部分可容纳较高的房间，其他部分则容纳较小、较矮的。他以立体派画家诠释物体的方式来看待建筑物，他毕竟是画家，而他观看形体的方式就好像他本人正在移动。

这种平面和立面上的自由，可通过另一个简单但极具影响力的图标来说明。多米诺住宅（Domino House）的计划案（图 357）在 1914 年刊载，它不过是一个骨架（低造价集合住宅的准则），由两个被柱子隔开的楼板组成，而其间的连接只靠一个敞开的楼梯。这个案子的平面和结构是完全分开的，也就是墙面和窗户的位置可以随设计者的意思设置，或在所有的地方都装上玻璃。差不多在整个建筑史中，墙都是用来支撑楼板和屋顶的，现在它们却可以被设置在任何地方并且可能被做成可移动的。这个看起来简单的图样，实际上影响了整个建筑的未来，同时它也说明了现代建筑平淡无奇并且不讨人喜欢的特点。平屋顶是方便的，因为它可能达成"完全自由的平面"。在传统建筑中，斜屋顶必须坐落在墙上，而现在你却可以把墙设在任何你喜欢的地方。

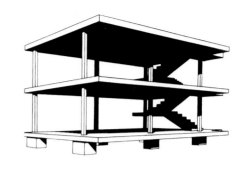

图 357　柯布西耶：多米诺住宅，公元 1914 年

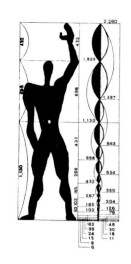

图 358　柯布西耶："模矩人"，公元 1948 年

在柯布西耶的理论中，另一个主要原理是"模矩"（Modulor）的创造，即建筑比例关系的缩尺是建立在人类身体和"黄金分割"（golden section）的基础上（图 358）。我们看到文艺复兴时代的建筑师，如阿尔贝蒂便成功地创造了比例系统，赋予当时建筑物权威，并给予追随者一套持续好几世纪的实用尺寸。柯布西耶更进一步地创造了一套灵活的系统，并运用在他后期所有建筑物中。这一系列实用尺寸全与人类身体有关，且它们彼此也相关联，以便为令人满意的比例关系提供一个精确的准则。

在巴黎市立大学（Cité Universitaire）瑞士学生宿舍（Pavillon Suisse，1930—1932 年，图 359）中，柯布西耶运用了独立柱和带形窗。他引用了一个机能主从观念——45 间学生卧室的重复机能，安排在一个以粗大支撑物架高于地面层的楼板上，可自由穿越的地面层公用区域由不规则粗石砌成的墙包围起来。将近 20 年之后，他将那些发现运用在一个规模巨大的革命性建筑——马赛公寓（Unité d'Habitation，Marseilles，1946—1952 年，图 360）中，它是战后年代对于集合住宅单一影响性最大的建筑。

图 359　柯布西耶：瑞士学生公寓，市立大学，巴黎，公元 1930—1932 年

图 360　柯布西耶：单元住宅，马赛，公元 1946—1952 年

　　这栋公寓大楼所有尺寸都谨慎地引用自模矩图，大楼中有 23 种不同型的 337 户错层式（split-level）公寓，地面层是粗大的混凝土柱桩构造，这些柱桩有当初浇灌时的木模板留下的线条记号。公寓都有室内楼梯，可以从宽广的室内走廊或街道进入。共 18 个楼层，在大约往上三分之一的地方，这个室内走廊及其两侧变成了一个两层楼高的大型购物中心。而屋顶层不仅只是个空中花园，更是一个美妙奇特的造园景观，完全不同于柯布西耶以往作品，它有混凝土构造物和植栽，其中包括了一个健身房和跑道、一所托儿所、供孩子游玩的隧道和洞窟、一个游泳池、许多座椅、一个悬臂伸出的露台和一间餐厅，这一切聚集起来就像个巨大连续的雕塑品，其中最引人注目的则是将空气排出建筑物的巨大倒锥形烟囱。柯布西耶完全不像曾说过"房子是供人居住的机器"这种话的冷淡理性主义者，他将自己所理解的并在最初即宣告的伟大理想完全表现在他设计的建筑物中，即"建筑是在光亮中，将量体巧妙地、准确

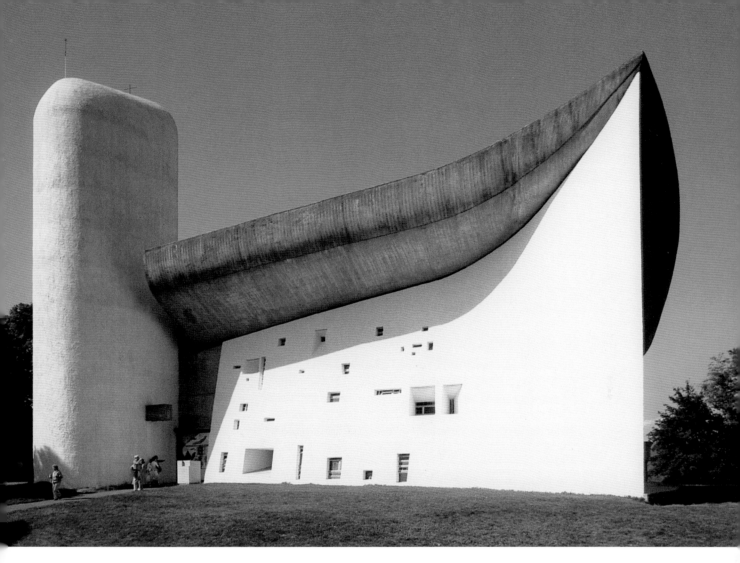

图 361　柯布西耶：朗香教堂，朗香，法国，公元 1950—1954 年

地、华丽地拼合在一起的游戏"（l'architecture est le jeu savant，correct et magnifique des volumes assemblés sous la lumière）。

　　好像是为了混淆批评他的人似的，柯布西耶在 1950—1954 年建造了一个小教堂，许多人视之为当世纪最优秀的单一建筑作品，它就是位于朗香（Ronchamp）的圣母教堂的朝圣堂（朗香教堂，The Pilgrimage Chapel of Notre-Dame-du-Haut，图 361）。朝圣堂建于孚日山区的一处山顶，据说里面有座能创造奇迹的雕像，在特殊活动时都会吸引无数人前来。朝圣堂是根据将主要仪式移到户外举行的想法而设计，内部空间不大，有三个小祈祷室位于较高的平面并且在顶部塑形以便采光。整个朝圣堂是研究光线的成果，有一侧墙面非常厚，在那些凹进去的不规则窗户上装有彩色玻璃；在其他

墙面，窗户则像是以不同角度挖掘的隧道。随着太阳环绕移动，整个室内仿佛有生命
似的也跟着改变。屋顶是个巨大的混凝土壳状物，在中间处下弯并在角落处上扬而朝
向天空，于是整个建筑物看起来既像指向外，也像欢迎入内。为了塑造它外观的不规
则性，事实上四处规划了一系列的直角和平行线，都依模矩图的尺寸而定。柯布西耶
曾说过："我们的眼睛是为了在光线中欣赏正方体、圆锥体、球体、圆柱体或角锥体
等美妙的原型而生的。"总而言之，它们都是古典的形体。

　　柯布西耶的创作相当多，影响也相当大。1957 年，他设计靠近里昂的拉图雷
特（La Tourette）修道院，成为许多国家社区建筑的模范，而受他影响的作品中最成
功的是吉莱斯皮（Gillespie）、基德（Kidd）和柯伊亚（Coia）设计的苏格兰卡德罗斯

图 362　柯布西耶：省议会，昌迪加尔，印度，公元 1956 年

（Cardross）圣彼得学院（St Peter's College，1964—1966 年）。在他最多产的期间，他为印度旁遮普省的新首府昌迪加尔（Chandigarh）设计了主要的政府建筑群，后面有喜马拉雅山作为背景。其中省议会（Legislative Assembly，1956 年）看起来像是一个斜截头的冷却塔（图 362）。以清水混凝土（rawconcrete）构筑的法院（Courts of Justice，1951—1956 年）有个巨大伞状的浅拱顶，横跨在最高法院（High Court）上方，审判室和门廊就位于法院和最高法院之间。书记处（Secretariat，1951—1958 年）是一个钢筋混凝土制的庞然大物，开口处设置的遮阳板在阻隔阳光的同时也能让微风吹入。

我们已经详细看了一些柯布西耶设计的建筑物，因为它们提供了许多现代建筑师的语汇，并具体地成为这个时代的象征，然而在发展现代建筑方面他绝不孤单。为了看看国际风格的其他表现形式，我们必须到欧洲四处走走，然后横渡到美洲。

现代建筑运动的明显分支，可特别见于第一次世界大战后的德国。一方面，是以门德尔松（Erich Mendelsohn，1887—1953 年）及其位于波茨坦的爱因斯坦塔（Einstein Tower，1919—1921 年，图 363）为代表的一派，这栋建筑物是为科学家设计的天文实验室。事实上，它使建筑师能以混凝土（实际上是以灰泥覆在黏土瓦外面）制成流动的雕塑似的造型。另一方面，在这场运动中占有主导地位的是更名不经传及拘泥形式的人及建筑。

1911 年，格罗皮乌斯（Walter Gropius，1883—1969 年）和迈耶（Adolf Meyer，1881—1929 年）在莱茵河边的阿尔费尔德（Alfeld-an-der-Leine）设计了法古斯工厂（Fagus Factory，图 364），除了几支结构柱之外，他们把外墙处理成光滑的玻璃及钢材的薄外壳。格罗皮乌斯接着创办了一所设计学校——包豪斯

图 363　门德尔松：爱因斯坦塔，波茨坦，德国，公元 1919—1921 年

图 364　格罗皮乌斯和迈耶：法古斯工厂，莱茵河边的阿尔费尔德，德国，公元 1911 年

（Bauhaus，图 365），该校对于建筑教育最广泛的影响在美国尤其显著。包豪斯 1919 年创立于魏玛（Weimar），1925 年迁往德绍（Dessau），1933 年关闭，因为该校指导教师为了逃避纳粹政权而纷纷逃到美国。这所学校传授设计、建筑和工艺知识，以格罗皮乌斯为领导者，杰出艺术家如克利（Paul Klee）、康定斯基（Wassily Kandinsky）和莫霍利–纳吉（László Moholy-Nagy）等为其幕僚，就像莫里斯曾做过的一样，包豪斯也坚持潜在于所有设计分支下的基本统一性，并且强调任何严肃的建筑方案必须在一开始就具备理性和有条理的分析。

　　包豪斯学校本身的建筑由格罗皮乌斯设计，建于 1925 年至 1926 年，精确地示范了这些原理。简单的基本形体根据功能清楚呈现出来，配置在有角窗、纸风车似的平面上，呈现出一系列"虚""实"不断变化的序列。包豪斯的学说和建筑形式遍及全世界，其教师的影响力亦然，其中首推密斯·凡·德·罗（Ludwig Mies van der Rohe，1886—1969 年）。1927 年他为德国斯图加特（Stuttgart）的花园住宅大展（Weissenhofsiedlung）设计的住宅，是平顶建筑中大平台的先驱之一，且不论好或不

图 365　格罗皮乌斯：包豪斯学校，德绍，德国，公元 1925—1926 年

好，对于家居建筑都有重要的影响。密斯·凡·德·罗的影响遍及全世界，在教育方面，他继格罗皮乌斯之后成为包豪斯学校的首脑，后来将该校课程带到美国；在建筑方面，在 20 世纪 20 年代早期，他设计了许多住宅及玻璃、钢材构成的摩天大楼计划案，然后在 1929 年巴塞罗那世界博览会的德国展示馆（German Pavilion，图366、367）中，创造了平顶覆盖下的自由平面最纯净最原始的例子，并且影响了各地的建筑师。

　　在荷兰，一群艺术家和建筑师 1917 年于莱顿（Leiden）自称"风格派"（De Stijl），并以这个名称出版了一本具有影响力的杂志，此杂志受到艺术家蒙德里安（Piet Mondrian）的创作的启发：蒙德里安将互相连接的几何形、光滑无装饰的表面和红、黄、蓝三原色运用在他的绘画和构成上。1923—1924 年，里特维德（Gerrit Rietveld，

图 366　密斯·凡·德·罗：德国展示馆，巴塞罗那世界博览会，公元 1928—1929 年▽

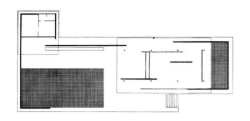

图 367　德国展示馆平面图

1888—1964 年）设计、建于乌得勒支（Utrecht）的许莱德尔住宅（Schröder House，图 368），是风格派美学的杰出案例。这个作品将一些成直角的光滑面组成的立体构成设置到空间中，并利用三原色清楚地表达其设计构想。

276　在室内，可以将墙面向旁边移开以形成一个大型无阻的空间。从室外看，它是一个抽象的雕塑作品，很像里特维德的著名椅子设计，具有笔直的线条和原色，供给那些宁愿牺牲舒适感也不愿意放弃对美学有强烈信念的人。风格派更具权威的作品是希尔弗瑟姆（Hilversum）的市政厅（Town Hall，1927—1931 年，图 369），由杜多克

图 368　里特维德：许莱德尔住宅，乌得勒支，荷兰，公元 1923—1924 年

图 369　杜多克：希尔弗瑟姆市政厅，荷兰，公元 1927—1931 年

（Willem Dudok，1884—1974 年）设计，运用优美的荷兰传统砖造技术创造出一个不浮夸而色彩庄严的市民建筑，虽有一个"简单的外观"的假象，但建筑内部的空间和色彩都是精巧的安排，并且呈现出非比寻常的宁静柔和感。由于它是保守与激进的交融，因此非常符合英国建筑师的喜爱。

　　逃离欧洲大陆极权统治的流亡者，为英国的国际风格注入鲜明的激进主义色彩。第一个例子是位于阿默舍姆（Amersham）的"高高在上"（High and Over，1929—1930 年）住宅，由康奈尔（Amyas Connell，1901—1980 年）设计。他结束在罗马英国学校的旅居生活回到英国（在那里他学习到关于柯布西耶的创作），这栋住宅就是他为母校的校长设计的，不过当地居民对此非常厌恶。格罗皮乌斯去美国之前在英国停留了一段时间，他受雇设计一些具有影响力的学校建筑，与年轻的建筑师福莱（Maxwell Fry，1899—1987 年）一起工作。福莱于 1936 年在汉普斯特德（Hampstead）设计的太阳馆（Sunhouse），是大战前国际现代建筑（International Modern）的杰出案例。但最有戏剧性的，却是俄国移民莱伯金（Berthold Lubetkin，1901—1990 年）为伦敦动物园设计的企鹅池（Penguin Pool，1934 年，图 370），它以令人惊讶的简单混凝土螺旋形往下倾斜没入水中，成为活泼的动物园所有

277

图 370　莱伯金：企鹅池，伦敦动物园，公元 1934 年

动物房舍中最精巧又不落俗套的设计。他成立的泰克坦公司（Tecton，聘用了一些下一代的杰出设计师）设计了位于伦敦海格特（Highgate）的高点 I 和高点 II（Highpoint I and Highpoint II，1933—1938 年），这高大、线条简洁并且造价高昂的钢筋混凝土建筑，是英国国际风格最洗练的例子。

　　不过国际风格是一直到第二次世界大战之后才真正在英国进行的，当时由公共建筑师部门领导，尤其是附属于伦敦郡议会（London County Council）的以马修（Robert Matthew，1906—1975 年）为首的建筑师群。皇家庆典堂（Royal Festival Hall）是 1951 年不列颠节的核心建筑，有三点可看出它是英国国际风格的关键建筑物：第一，它是第一个运用国际风格的公共建筑；第二，它有流畅的室内空间序列，这正是现代运动的特征；第三，它是第一栋全面展示先进音响设备之应用的建筑物。此外在音乐厅的设计上，皇家庆典堂成为具有国际影响力的主要建筑物。

　　1952—1955 年，在伦敦罗汉普顿（Roehampton）高大树林间的一块高低起伏的

图 371 伦敦郡议会：罗汉普顿住宅，伦敦，公元 1952—1955 年

公有土地上，同一建筑师部门放弃整齐的街道，依地势建立了一个杰出的集合住宅（图 371），并且被视为混合发展的一种住宅——混合了板状及点状的 11 层建筑体和单层、双层及 4 层建筑体的组合。它成为国际知名的建筑物，并且是融合了斯堪的纳维亚经验的柯布西耶理论的英国变型。目前，研究已揭露高层建筑的生活缺点，所以这个住宅看起来不再具有吸引力，但是在当时战后的社会，巨大尺度的住宅似乎具有英雄般的形象。

在战前的斯堪的纳维亚，国际风格未经渴求和抗争就被接受，不管是家居建筑或博物馆、大学、教堂和医院等公共建筑。其中最知名的计划案之一是阿斯普隆德（Gunnar Asplund，1885—1940 年）设计的斯德哥尔摩的森林火葬场（Forest Crematorium，1935—1940 年，图 372），他透过简单的几何形体，将礼拜堂、火葬场、骨灰瓮安置所和十字架细腻地结合在一起，予人难忘的庄严安详的印象。在芬兰，阿尔托（Alvar Aalto，1897—1976 年）是公众人物并且是民族的英雄，他的创作自成一格而不属于

图 372 阿斯普隆德：森林火葬场，斯德哥尔摩，公元 1935—1940 年

任何门派，他结合浪漫与工艺技术，运用在许多既讲究实际又极具个人风格的建筑物上。他最出名也最具影响力的作品是帕伊米奥疗养院（Paimio Sanatorium，1929—1933 年，图 373），这栋建筑物在入口大厅处有一个阿尔托的半身像，证明了他个人的声望。而他最吸引人的作品是珊纳特赛罗（Säynätsalo）的市民中心（Civic Centre，1950—1952 年，图 374），这是个斜屋顶的小型建筑群，以红砖、木材和铜等构筑而成，有议会厅、市政办公室、图书馆、商店、银行和邮局，这些建筑群聚在一个较高

图 373　阿尔托：帕伊米奥疗养院，芬兰，公元 1929—1933 年

图 374　阿尔托：市民中心，珊纳特赛罗，芬兰，公元 1950—1952 年

的植栽庭院周围，呈现出图画般美丽的组合。阿尔托以故乡景观赋予他的灵感，成功地创造出富地方人文色彩的建筑，完全避开教条主义的严谨，充分表现出自由，可以说是民族浪漫主义（national romanticism）的典范。

来到美国，值得注意的是少了政府部门的操控和许多可供运用的金钱，所以为现代运动提供了创造辉煌成就的机会。辛德勒（Rudolf Schindler，1887—1953年）在加州纽波特海滩（Newport Beach）的洛威尔海滨住宅（Lovell Beach House，1925—1926年）为国际风格的早期作品之一。辛德勒生于维也纳，在那里受到瓦格纳的影响。他1913年移民到美国。不过这场建筑运动是通过商业建筑才得以快速蔓延开来。1929年华尔街股市崩盘，随着第一次世界大战发展起来的办公建筑也进入繁荣景象的尾声。那个时候，纽约的克莱斯勒大楼（Chrysler Building，1928—1930年，图375）将近完成，它是由凡艾伦（William Van Alen，1883—1954年）设计的装饰艺术（Art Deco）建筑；施里夫（Shreve）、兰姆（Lamb）、哈蒙（Harmon）设计的帝国大厦（Empire State Building，1930—1932年）正在规划中，此大厦有一段很长的时间是世界上最高的建筑；位于纽约，由伦哈德（Reinhard）、霍夫梅斯特（Hofmeister）及其他人设计的洛克菲勒中心（Rockefeller Center，1930—1940年），将这个主题运用在更大规模的尺度上。这些盖在5公顷基地上的办公及休闲建筑群，是利用线和面创造出垂直动感的时髦组合。

包豪斯的流亡者也有所贡献。格罗皮乌斯和包豪斯学校最具才华的学生——布罗伊尔（Marcel Breuer，1902—1981年），将包豪斯的教义带到美国，运用在格罗皮乌斯位于马萨诸塞州林肯的朴素小型住宅（1937—1938年）中，将美国的木屋建筑技术应用在欧洲现代性的量体上。这批人当中影响力最大的是密斯·凡·德·罗，不只是他所构筑的建筑物，还包括与他一起工作过的美国人。

约翰逊（Philip Johnson，1906—2005）继续密斯·凡·德·罗钢材和玻璃的主题，这点可见于他1921年对于包豪斯玻璃屋的研究策划。1949年他在康涅狄格州的新迦南（New Canaan）为自己建造了优美的建筑物群（图376、377），将户外景观当作建筑物的墙面，成为追求透明性的精确尝试。由斯基德莫尔（Skidmore）、奥因斯（Owings）、梅里尔（Merrill）组成的SOM事务所，从密斯1923年的玻璃摩天大楼项目中取得灵感，第一次实际领悟了密斯富于想象力的观念。他们建造的纽约利华大厦（Lever House，1951—1952年，图378）成为全世界高层建筑的模范：蓝绿

图375　凡艾伦：克莱斯勒大楼，纽约，公元1928—1930年▷

图 377　玻璃屋平面图

图 376　约翰逊：玻璃屋，新迦南，康涅狄格州，公元 1949 年

色玻璃的帷幕墙安装在轻钢架上，裹覆在主结构体外围，服务设施的技术成为国际标准，也是最初将高薄的结构体部分安置在低矮基座上（含入口及一个大型社交空间）的建筑物。

　　密斯自己也继续从事设计工作。1951 年建于芝加哥的湖滨大道公寓住宅（Lake Shore Drive Apartment）是楼高 16 层的建筑群。它有一个严格的准则，甚至要求住户一起遵守——将标准色的百叶窗维持在正确的位置上，好让立面外观看起来有条有理。密斯与约翰逊合作，建造了可能是包豪斯最后的作品——位于纽约的西格拉姆大厦（Seagram Building，1954—1958 年，见第 3 页），它从街面退缩构筑，以便呈现这 38 层大楼的全貌。这栋建筑是一家威士忌公司不惜成本建造的总部，也是超越利华大厦的一个案例，有棕色玻璃和青铜表面的梁，某些细部颇具纪念性，装修材质富丽昂贵。在这栋建筑之后，很难发现还有什么可以用这样精练优雅的方式构筑。到了下一代，人们就开始找寻某种更具有个人风格的事物。

　　在南美洲，更壮观的建筑风格正在兴起，主要的影响来源又是柯布西耶。他在 1936 年去过巴西的里约热内卢，受邀担任新的教育部大楼（Ministry of Education building，1936—1945 年）的设计顾问，这是一个受他影响的典型设计案，它使用像屏风的遮阳板作为玻璃幕墙的遮蔽。第二次世界大战之后，巴西迅速增加属于它自己且令人震惊的建筑。科斯塔（Lucio Costa，1902—1998 年）是新首都巴西利亚的规划师，他于 1957 年赢得设计竞赛。负责大部分主要建筑物设计的建筑师是尼迈耶（Oscar Niemeyer，1907—2012 年），总统府（President's Palace，1957 年）矗立在托柱上，是个颇为自命不凡的表现，反映出尼迈耶浮华的个人特质，或者该说是巴西对于它新首都的骄傲。位于中心的复合体（1958—1960 年，图 379）俯视着三权广场（Plaza of the Three Power，1958—1960 年），以不同的基本几何形体将个别的机能做明显的分界，这 3 个光滑的基本实体几乎和布雷（Boullée）想象

图 378　斯基德莫尔、奥因斯、梅里尔：利华大厦，纽约，公元 1951—1952 年

中的几何组合一样具有强大的力量。双塔建筑是行政办公室，圆顶是参议院（Senate Chamber），浅碟是众议院（Assembly Hall）。关于巴西利亚的纯粹几何中有某些几乎是不真实的，它今日普遍不受欢迎，它只是一个建筑师的梦，只把很少的注意力放在人们的需要上。

　　在墨西哥，新建筑因为坎德拉（Felix Candela，1910—1997 年）而出现令人瞩目的转变。他在西班牙内战之后来到墨西哥，在此成为建筑师和建造商，他特别受到注意的是他在双曲线的抛物面上的发展。一个扭曲变形的表面可以由直线产生，而这种做法在建造上是经济的。他对于三维几何以及材料特性有罕见的理解，从他第一个主要的作品可看出高迪对他的影响，那是位于墨西哥城的神奇圣女教堂（Church of the Miraculous Virgin，1954 年，图 380），由一系列戏剧性的扭曲柱子和双曲面拱顶（事实上是双曲线的抛物面）构成，一个普通的教堂平面被转化成一个新颖特殊的迷

图 379　尼迈耶：政府大楼，巴西利亚，公元 1958—1960 年

图 380　坎德拉：神奇圣女教堂，墨西哥城，公元 1954 年

人室内空间。

　　到这里，国际风格固有的可能性和随之而来的技术发展算是接近尾声。或者可以这么说：国际现代建筑曾被认为是一种总体的建筑，拒绝了所有的传统风格；而今，它也只是另一种式样罢了。在 20 世纪 50 年代末期，建筑师看起来好像在盼望某种不必牺牲功能主义的必要性，就可以结合独创性和个体性的东西。确实，当世界的形式在改变，人们对于空间所持有的观念也一样会产生变化。所以，新式样的探索再一次开始了。

第二十一章

建筑多元论：确定性的结局

对于促使国际风格产生的男女而言，它是万事的极致——在一个远比以前小的美妙新世界里的每一个国家以每一种方式为每一个人所构筑的建筑。如同我们这个时代的建筑史学家佩夫斯纳（Nikolaus Pevsner，1902—1983 年）坚决认为"去想每个人都希望丢弃它，似乎是个傻念头"。不过建筑的故事是没有结尾的，人类头脑的别出心裁和发明才能是无穷的，当一些建筑师心想他们已经得到最后的解答时，其他的建筑师可能正在孕育即将推翻现况的建筑物，就像 20 世纪初期的建筑艺术被现代运动推翻一样。

据一个消息灵通且熟悉当代景象的评论家指出，现代运动在 1972 年 7 月走到了尾声，也就是当山崎实（Minoru Yamasaki，1912—1986 年）设计的位于圣路易斯的普鲁伊特-伊戈（Pruitt-Igoe）公寓大楼被炸毁之时。这个在 1955 年建造完成的公寓大楼，曾获得美国建筑师学会（American Institute of Architects）的奖项，却已经被任意破坏，弄得脏污不堪，更比同类型的开发案有更高的犯罪率。这个事件并不是最后一起，1979 年，两栋 1958 年建于利物浦的高层公寓大楼也被炸毁夷平，从那时起就有更多的高层建筑被夷为平地。有讽刺意味的是，那些建筑物是社会建筑的主要例子，它们被期望成为所有人的建筑，成为人们的集合住宅。

在那后面 20 年究竟哪里做错了呢？发生了什么导致建筑师及观察家都对他们曾经视为现代运动的事物失去信心呢？对于观察家而言，事情主要发生在 20 世纪 60 年代，不仅在英美，还包括全世界。失去最多公众敬意的建筑物，是那些构成较晚期现代运动的主体并成为现代都市特征的建筑物，包括两种类型——大众集合住宅和办公空间的开发案。这场运动的手臂伸向集合住宅区，却突然发现它似乎抱着一个怪物。评论家曾经说过建筑师是新社会的英雄，现在则相信事实上他们一直在破坏城市并蔑视人们。

至于设计师，他们对于将往哪里走已经不再如此肯定。就像在生活的许多方面，当人们不太自信时，会变得最武断、最教条化。一个有道德确定性的世界，是不需

图 381/382　伍重和其他建筑师：悉尼歌剧院，空照图／屋面壳之细部，公元1957—1973 年 ▷

要教条的。所以不论大众曾经想过的是什么，建筑开始朝许多不同的方向迈进。建筑师不再只认可一个主流，开始顺着许多不同的途径行进，某些人彼此甚至水火不容。非但如此，他们迷上了那些设计师常常会迷上的艺术和建筑的某某主义、某某学说，但是这种现象在此之前从来没这么戏剧化，撇开传统主义的复兴式样不谈，其他还有粗犷主义（Brutalism）、历史主义（Historicism）、结构主义（Constructivism）、未来主义（Futurism）、新造型主义（Neoplasticism）、表现主义（Expressionism）、实用功能主义（Utilitarian Functionalism）、新经验主义（New Empiricism）、有机主义（Organicism）、代谢主义（Metabolism）、新代谢主义（Neo-Metabolism）以及后现代主义（Post-modernism）。或许这只是表示最新的建筑艺术的特点也是多元论的，就像我们社会中大部分事情的趋势一样。

地方风格（vernacular）延续了下来，不再只是建造的基本方式，而成为时兴式样。技术的发展也在它自己的道路上继续平稳行进，有时不理会建筑师，有时又会响应建筑师的挑战。技术的进步引人注目，但经由新发现而来的并不多，大多是从 20 世纪早期的创新观念改造而来。

结构设计方面，大部分材料在使用上已经有重大的发展。建造纽约肯尼迪国际机场（J. F. Kennedy International Airport）环球航空公司（Trans World Airlines, Inc., TWA）候机楼（1956—1962 年，图 383）时，就发展出钢筋混凝土薄壳。一个由钢制空间骨架构成的三维系统，均等地将载重分布在各个方向，实现了不寻常的跨度；如果将它弯成球面，它就会变成"多面体圆顶"①。这种由坎德拉引介的变形表面已经产生一大群类似的空间构造物。这种三维空间的构成，需要从结构体做一些不同种类的分析才能将其减为二维系统。运用悬吊缆网屋顶（cable net roofs）及充气构造的戏剧性实验已经完成，在建筑物内部的空气压力比外部稍大，不用任何支撑举起一个塑料外壳，不过需要锚定物加以固定。这是一种与传统相反的结构，而这种发展才开始起步而已。

传统构造先进了许多。为了抵抗在相当高度上的风荷载（wind-loading），传统的高层骨架发展成混合的结构形态，例如刚性的核心筒、剪力墙和结构加强的外墙，于

---

① geodesic dome，一种结构坚固的圆顶，由大量平直材料互相连接成的许多小三角形连续曲面构成，1950 年 B. 富勒发明。——译者注

是建筑物实际上像个垂直的悬臂梁一样产生作用。好些材料已经工业化生产，因此会有更多构件可在工厂预制。这个趋势发展虽非一帆风顺，但可以预见，会有更多的构件可能在工厂制造购买。因此可以说，现成的构件已经在一栋现代建筑物中占相当高的比例了。如果说钢材和混凝土是早期现代运动的主要结构材料，那么今日最普遍的材料就是玻璃。经过试验开发，玻璃

图 383　萨里宁：TWA 候机楼，肯尼迪国际机场，纽约，公元 1956—1962 年

不只用在窗户上，还运用在构造、覆面材料和墙面上，目前也运用于电子业。

　　这些建筑物的技术性设备的发展，连同新开发的设备（如空调系统和建筑物的传音效果），一起对建筑物的构想、建造和使用方式做了最根本的改变。尤其高层建筑物从升降设备到水和空气系统的所有设备都必须控制得当，所以构思上特别不同。然而，这些设备是彻底的能源消耗者。1973 年的能源危机，对于某些国家来说是个转折点，对于建筑的未来也未尝不是，因此让人们对一些替代性能源做更多的考虑，例如太阳、风和水。同时，也有许多人试图改善建筑物中传统能源的使用效益。

　　最终，今日或明日的建筑师势必在空前的规模上精通对他来说可供利用的技术。因此新一代的建筑很大程度上取决于最初片刻的决定，即成本中有多少比例要花费在技术设备上，有多少比例要花在建筑主体上。这除了会影响建筑物的便利性，也会影响其整体风格和外观。坚固、适用和美观即具有现代技术扩充的意义。

　　国际风格不可能是建筑的全部，这是一年比一年更明显的。有些建筑师往回寻找古典式样；其他人则更加积极，例如在意大利的米兰，由贝尔吉欧加索、皮瑞瑟悌和罗杰斯（Belgiojoso，Peressutti and Rogers）事务所设计的维拉斯加塔（Velasca Tower，1956—1958 年，图 384），就是对国际现代建筑的平淡无奇和平滑流畅的抗议。这 26 层塔最上面 8 个楼层，在 3 层楼高的巨大厚实混凝土托座上向外突出。窗户散落在正面，仿佛有人丢了几扇窗户上去一样。这是关于一般现代办公大楼的整齐、平滑、流畅的粗鲁批评。

图 384　贝尔吉欧加索、皮瑞瑟悌和罗杰斯：维拉斯加塔，米兰，公元 1956—1958 年

图 385 路易斯·康：理查德兹医学研究大楼，宾州大学，费城，公元 1958—1960 年

大约同时期，萨里宁（Eero Saarinen，1910—1961 年）以那优美如展翅欲飞的鸟一样坐落于纽约肯尼迪国际机场的 TWA 候机楼震惊全美。突然间，取代了千篇一律的现代性的，是生动活泼同时也是飞翔的象征——正是这建筑物存在的原因。一个更极致、更引人注目的设计者是路易斯·康（Louis I. Kahn，1901—1974 年），他设计的宾州大学理查兹医学研究大楼（Richards Medical Research Building，1958—1960 年，图

385），是由"被服务空间"和"服务空间"①构成，以至于外观像个巨大的输送管，这成为学生的模范。他 1962 年为达卡（Dacca）设计的国家会馆（National Assembly Hall），复兴了 19 世纪巴黎美术学院（Paris Beaux-Arts school）教导的轴线使用原理。现代运动正呈现出崭新、更富于情感的弦外之音。

这些建筑物象征着这场运动开端的一部分，而以文字和实际行动让建筑的调子更清楚、更简明的建筑师是文丘里（Robert Venturi，1925—2018 年）。他于 1966 年出版的《建筑的复杂与矛盾》（Complexity and Contradiction in Architecture）中，说明了某种超越现代运动简单的单一形式的东西。他要的是一个具有意义和大众爱好的建筑，而非任何抽象的概念。1962—1964 年，他在费城栗树山丘（Chestnut Hill，图 386、387）为母亲盖了一栋房子，这是一个关键案例，因为它呈现了这个设计流派复杂的、突如其来的、隐喻的表达方式。在费城的富兰克林内院（Franklin Court，1976 年）中，这种模棱两可甚至更出人意料，因为当你注视这些新建筑物时，你可以看到它们前方有记录着旧建筑轮廓线的钢骨架。

---

① 被服务是指人员使用的空间，服务是指电梯间、楼梯间、管道间等。——译者注

图 386　文丘里：栗树山丘住宅，费城，公元 1962—1964 年

图 387　栗树山丘住宅，地面层和一楼平面图

　　文丘里和他的合伙人劳赫（John Rauch，生于 1930 年）及斯科特·布朗（Denise Scott Brown，生于 1931 年），正呈现出一种氛围，导致某些不寻常、令人兴奋的改变。西班牙建筑师博菲利（Ricardo Bofill，生于 1939 年）先后在西班牙和法国构筑出若干色彩艳丽的复合建筑物。1978—1983 年建于巴黎郊区的阿布拉克萨斯宅邸（Palais d'Abraxas），是个 10 层楼、400 户的集合住宅，巨大的混凝土爱奥尼克柱造成一种韵律感；1970—1975 年建于马赛的湖滨连拱廊（Les Arcades du Lac）复合建筑，以 5 个巨大的拱圈突显特色，这个 386 户的低造价公寓曾被描述为纪念性的古典主义或技术性的古典主义。他把住宅建筑变成公共的纪念性建筑了，这在现代建筑史上虽不是第一次，但或许是悲惨的。西班牙工程师卡拉特拉瓦（Santiago Calatrava，生于 1951 年）在世界各地将构造物创造得非常优美、戏剧性和新颖，仿佛希望被当成建筑的主要作品来看待。它们包含了从一张椅子到一个博物馆、一个音乐厅、几座桥、一个长廊商场、一个奥林匹克运动场、一个火车站和一个机场的每个事物，其中最有特色的两件是西班牙塞维利亚（Seville）的阿拉米罗桥（Alamillo Bridge，1987—1992 年）和里昂-萨特勒机场（Lyons-Satolas Airport）的快速列车车站（TGV station，1988—1992 年，图 407）。

　　对于新古典主义（已经以后现代古典主义知名）建筑的探寻，当以摩尔（Charles

图 388　摩尔：意大利广场，新奥尔良，公元 1975—1978 年

Moore，1925—1993 年）在美国的创作最具技巧性。摩尔是任教于洛杉矶大学建筑系的博学教授，也是古典仿作的优秀设计师。他位于加州圣塔芭芭拉（Santa Barbara）的住宅（1962 年）表达了古典建筑的空间概念；而位于新奥尔良的意大利广场（Piazza d'Italia，1975—1978 年，图 388）则是一个令人愉快的公共空间，有喷水池、彩色立面、幕墙和古典的细部（如不锈钢制的爱奥尼克柱头）；在加州的圣克鲁兹（Santa Cruz）大学，他创造了一个舞台装置，称为克雷斯吉学院（Kresge College，1973—1974 年），有一个穿越几区居住空间群的不规则走道，所配置的景观则可能会取悦 19 世纪早期的画境风格建筑师。

如果说国际风格是趋于单一性、千篇一律和简朴，那么取代它的风格则是趋于复杂和趣味。它唤醒了历史的记忆（但不是历史的准确性）和地方的内涵，它利用地方风格，喜欢建筑物呈现出隐喻性并有模棱两可的空间，它运用多种风格（甚至是在同一栋建筑物上），也喜欢使用意象和象征。建筑师不再寻找一种个别方法以合乎现代风格标准，也不再寻找乌托邦式的解答；他寻找个别性和许多不同的方式；他告别了密斯·凡·德·罗，重新回到高迪和朗香时期的柯布西耶。

新的多元风格的有若干最戏剧性的案例是在美国及加拿大。罗奇（Kevin Roche，1922—2019 年）和丁克路（John Dinkeloo，1918—1981 年）1967 年在纽约建造了福特基金会总部（Ford Foundation Headquarters），它有一个温室般的广阔休息大厅，空间往上延伸到 12 楼，办公和公共活动区域围绕在两侧；波特曼（John Portman，1924—2017 年）设计并作为开发者建造了几间令人惊讶的凯悦摄政饭店（Hyatt Regency Hotels），1974 年建于旧金山的那一间十分壮丽，有一个广阔的室内景观空间，其中充满了绿饰，并给人一种奢华的享受，将人们在饭店停留的时

图 389　富勒：美国展示馆，1967 年博览会，蒙特利尔，公元 1967 年

图 390　萨夫迪：栖息地 67，蒙特利尔，公元 1967 年

间转化成一种富有异国情调的体验。在加拿大蒙特利尔举办的 1967 年博览会中，美国聘请了本国最优秀也最啰唆的工程师富勒（Buckminster Fuller）来设计展示馆，那是一个直径 75 米的圆顶建筑（图 389），由三角形和六角形构件组成的多面体结构，表面覆盖塑料外壳。富勒相信整个社区可以生活在这么一个"气候宜人、有物质享受又具有自然特征的小天地中"。这个博览会中最令人难忘的永久性展示物是萨夫迪

图 391　夏隆：爱乐音乐厅，柏林，公元 1956—1963 年

（Moshe Safdie，生于 1938 年）和他的同事一起设计的栖息地 67（Habitat 67，图 390），位于桩基上的是 158 户预制的住宅组件，这些住宅单元呈现出预先计划好的错落不整的外观。他们试图提供一种非正规的都市生活，一种结合私密性、社会接触和现代便利设施的生活。

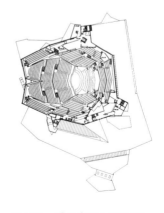

图 392　爱乐音乐厅平面图

在德国，夏隆（Hans Scharoun，1893—1972年）在他晚年创造了柏林的爱乐音乐厅（Philharmonic Concert Hall，1956—1963年，图391、392）。乍看之下，可能觉得它是特意的个人表现的产物，但事实上它是基于合理地解决声学问题，并渴望创造观众和乐队之间密切和谐的关系而产生的。

图 393　F.奥托和贝尼斯联合建筑师事务所：奥林匹克运动场，慕尼黑，公元 1972 年

这个精雕细琢的空间，是依据声学原理，把高尚精神活动场所中的座位做了创意安排的结果。座位一级级升高并围绕着演奏者，成功地响应了该音乐厅伟大的管弦乐队的严格要求。为了 1972 年慕尼黑奥林匹克运动会，工程师奥托（Frei Otto，1925—2015年）和建筑师贝尼斯（Behnisch，1922—2010年）等人利用相反曲率的张力原理，在大型运动场的观众台上方构筑了庞大的帐篷形屋顶（图 393）。透明的塑料玻璃覆盖在钢缆线网上面，再从柱杆以钢索吊在半空中，而这个半透明的晴雨篷几乎没有在观众席上留下影子。

图 394　斯特林和高恩：工程大楼，雷斯特大学，公元 1963 年

英国起初较少在结构上大胆尝试，而将更多的实验用在风格和环境上。有个短暂的插曲，即新粗犷主义（New Brutalism），这是建筑师受柯布西耶后期作品影响，原始地呈现建筑材料（主要是钢和混凝土），而没有伪装它们和使其更具吸引力的目的。之后在建筑物内外环境中，某些值得注意的发展已经完成：彼得·史密森（Peter Smithson，1923—2003年）和艾莉森·史密森（Alison Smithson，1928—1993年）夫妇设计的位于伦敦的经济学家大楼（Economist Buildings，1962—1964年，图 395）由三座高度不同的塔楼组成，坐落在仿佛 18 世纪的环境中，为仿文艺复兴式规划的尝试；斯特林（James Stirling，1926—1992

图 395　彼得·史密森和艾莉森·史密森：经济学家大楼，伦敦，公元 1962—1964 年

图 396　福斯特：威利斯·费伯和杜玛斯大楼，伊普斯威奇，公元 1974 年

年）和高恩（James Gowan，1923—2015 年）为雷斯特大学（Leicester University）设计的工程大楼（Engineering Building，1963 年，图 394），是具有原创性的复合建筑，由教学工作场、研究实验室、演讲厅、职员室和办公室组成，运用一种毫不松懈的逻辑诠释建筑物的机能需求和经济条件，以创造出独特的意象；还有位于伦敦，由泰克坦事务所幸存的成员之一拉斯登爵士（Sir Denys Lasdun，1914—2001 年）设计的皇家国家剧院（Royal National Theatre），虽然在混凝土外观上有点令人生畏，但仍不失为一个出色的构成，而且极为美妙的室内空间环绕着并通往三个成对比的剧院；几年之后，由霍普金斯（Michael Hopkins，生于 1935 年）设计的伦敦贵族板球场（Lord's Cricket Ground）小丘看台（Mound Stand，1987 年），也有出色雅致的结构设计。

　　在英国，这个多样性运动中最成功的例子或许是威利斯·费伯和杜玛斯（Willis Faber and Dumas）办公大楼（图 396），1974 年由福斯特（Norman Foster，生于 1935 年）设计，位于伊普斯威奇（Ipswich）。这个三层楼的建筑物占满了不规则的基地，

图 397 福斯特：汇丰银行，中国香港，公元 1979—1986 年

有波浪形反光玻璃构成的一大片窗户外墙，内部则是高度机械化的环境控制系统提供的舒适工作环境。玻璃墙上的反射影像是这栋建筑物最突出的特征，它是光和色彩不断变化的图案。同样是福斯特设计的香港汇丰银行（Hong Kong and Shanghai Bank，1979—1986 年，图 397）在香港被视为瑰宝。它的造价相当高，并使用最先进的技术——不单是计算机化的暖气和通风系统、通信设备、操纵装置、照明和声学，还包括航天科学开发后所带来的材料。此案可以说为建筑带来最大范围的发展，因为在历史上许多时期，建筑已经体现当时最先进的技术，而现在则出现了运用先进太空技术的可能。在那个前提下并且要生动呈现沙利文"形随机能"的格言，福斯特在 1991 年为斯坦斯特德机场（Stansted Airport）创造了一个更为出色的建筑物。

此外，还有更多样的例子。希灵登市政中心（Hillingdon Civic Centre，1977 年），由罗伯特·马修和约翰逊·马歇尔联合事务所（Robert Matthew，Johnson Marshall and Partners）的德比希尔（Andrew Derbyshire，1926—2016 年）设计，是目前所见地方风格最广泛的示范。它有许多不同角度形成的屋顶以及砌砖图案，最能表现当地传统。但是许多人眼中最突出的英国新建筑，是新堡（Newcastle）的拜可墙（Byker Wall，1977 年），它是由砖砌纹理的集合住宅所形成的一长条波浪形轮廓线，并具有稠集的自然景观。设计者是厄斯金（Ralph Erskine，1914—2015 年），他以此案作为社区建筑的尝试，在设计的每一个过程都邀请居民共同参与。

不论是英国还是其他国家的新近建筑中，某些最成功也最大胆的例子都是博物馆建筑，它们在建筑历史上真正具有现代化的机能，吸引了社会大众到访此种新型社交中心。这类建筑包括德国斯图加特的新国家美术馆（Neue Staatsgalerie，1984 年，图 398），斯特林设计；美国得克萨斯州的沃斯堡（Fort Worth）的金贝尔艺术博物馆（Kimbell Art Museum，1972 年，图 399），路易斯·康设计；以及苏格兰格拉斯哥的

图 398 斯特林：新国家美术馆，斯图加特，公元 1984 年

柏瑞尔收藏馆（Burrell Collection，1972年），
加森（Barry Gasson，生于1936年）设计。

巴黎接纳了重新考虑的现代建筑中最激
进的例子——蓬皮杜中心（Centre Pompidou，
1971—1977年，图400），由意大利的皮亚诺
（Renzo Piano，生于1937年）和英国的罗杰斯
（Richard Rogers，生于1933年）设计。这里
的需求是一堆连续的内部空间和物品展示以
及其他功能需求（如图书馆和咨询服务设施）
的技术性基础建设，设计者以一种最极端的

图399　路易斯·康：金贝尔艺术博
物馆，沃斯堡，得克萨斯州，公元
1972年

现代方式把这些需求凑在一起，为了保持室内空间的纯粹和简单明了，而将所有的
运作系统摆在外部，如管线、管道间、电扶梯和结构系统。后来罗杰斯用同样的设
计方式在伦敦为洛伊德（Lloyds）设计了一栋建筑物（1978—1986年）。与传统的建

图400　罗杰斯和皮亚诺：蓬皮杜中心，巴黎，公元1971—1977年

图 401　丹下健三：奥运会运动场，东京，公元 1964 年

筑物相比，现代的建筑物常常是上下颠倒、内外相反、该在后面的却跑到前面来。除前面提到的特点之外，克罗（Lucien Kroll，生于 1927 年）在比利时鲁汶大学的学生宿舍和广场（1970—1977 年），展示了它可以看起来好像正在下落。

在荷兰，1974 年赫兹伯格（Herman Herzberger，生于 1932 年）在阿佩尔杜恩（Apeldoorn）替贝希尔中心（Central Beheer）设计了一个复杂的三向度集合体，由单独的工作空间组成，几乎可说是具有标准组成套件的工作村。

在芬兰，从前占据主要地位的是独特、富于思考力的阿尔托。而阿尔托的追随者——不但杰出甚至更有独创性的皮耶蒂莱（Reima Pietilä，1923—1993 年），他设计的教堂和图书馆，例如位于坦佩雷（Tampere）的图书馆（1988 年），都运用了有机的表现形式。他为芬兰总统设计的官邸，就好像在表达"芬兰人本质的神话力量：退却了冰河作用和后来的陆地变动"。

在日本以及远东其他地区，曾出现过非常戏剧化的先进实验性的建筑。在结构方面，例如丹下健三（Kenzo Tange，1913—2005 年）——柯布西耶出色的信徒——为 1964 年东京奥运会设计的两个体操运动体育馆（图 401），创造出极富想象力的杰出结构体。它们顶部覆盖着巨大的帐篷式屋顶，这些帐帆靠着钢缆悬吊，似乎反映出体育活动的精神和活力。丹下在此之前已经设计过一些超大型计划案，例如一个凸出东京湾的城市。日本的建筑景象充满了冒险精神：延伸到海上甚至海底的集合住宅，超大型阶梯状的集合住宅块体，复杂的办公环境，可以扩大、缩小、改变的建筑物。而这些即是代谢派（Metabolists）的主题思想，建筑师试着通过生物繁衍的过程创造出类似精神的建筑。

最令人难忘的是位于东京的插取式塔楼（Nakagin Capsule，图 402），由黑川纪章（1934—2007 年）于 1972 年设计。日本在预制房屋工业化系统的发展上，置身世界先进国家之列。黑川提供了一个小型居住单元的可插入式系统骨架，每个小型居住单元包括一套卫浴、双人床、厨房、储藏室和起居空间，全部纳入一个 2.4 米 × 3.6 米的空间中，此外，每个单元有独立的暖气通风和空调系统。对于观察者来说，它有点像日本古代的木头拼图玩具和日本庙宇木结构的搭接几何。据说黑川对这种小盒子有下列评论："它们是鸟笼子，你们看，在日本，我们把混凝土盒子建构成有圆洞的鸟窝，放置在树般的骨架上。我建筑这些鸟窝是为了那些暂居东京的流动商人，为了那些同时带着他们的鸟儿飞进来的单身汉。"

所有现代化的公共建筑中，最壮观但从某个角度来讲又最不令人满意的是悉尼歌剧院（Sydney Opera House，图 381、

图 402　黑川纪章：插取式塔楼，东京，公元 1972 年

382），丹麦建筑师伍重（Jørn Utzon，1918—2008 年）赢得设计竞赛方案后在 1957 年开始设计，最后在 1973 年由霍尔（Hall）、里特摩尔（Littlemore）和陶德（Todd）的团队完成。伍重勾勒出最富想象力和表现力的钢筋混凝土薄壳的组合，这些贝壳状构造构筑在一个伸出悉尼港的壮观防波堤上，在贝壳状构造下面，或者说是在贝壳状构造坐落处，即覆以花岗岩的基座范围内，有一个音乐厅、一个歌剧院、一个剧场、一个电影院和几间餐厅。

实际上，它们并非薄壳构造，薄壳构造不可能以如此大的尺度构筑，它们是预铸混凝土区块以永久性的陶砖贴在表面塑造而成的。伍重在案子结束之前即辞去工作，所以最后的室内空间和它的外观一点关系都没有，可它仍是 20 世纪建筑中非常戏剧性、非常启发灵感的创作。建筑再次可以产生伟大的宣言，并且带给人们惊喜。

在那个例子之后还有什么呢？要在建筑故事里加入其他杰作，那么有什么例子可以做最好的说明？实际上是有的，像出色的玻璃金字塔（1989 年，图 403），由美籍华裔建筑师贝聿铭（1917—2019 年）设计，它点亮卢浮宫拿破仑庭院（Napoleon Court）下面许多便利的新设施，并提供了进入的通道；令人惊讶的防御大拱门

图 403 贝聿铭：卢浮宫的玻璃金字塔，巴黎，公元 1989 年

（Grande Arche de la Défense，1983—1989 年），冯·史普雷克尔森（Johann Otto von Spreckelsen，1929—1987 年）设计，这个纪念馆比哥特大教堂还高，在饰有大理石的两侧是高达 35 层楼的办公空间；位于科威特、令人震惊的蘑菇形水塔（1981 年），史威登（V. B. B. Sweden）设计；奇异的荷花形混凝土薄壳构造（1987 年），位于印度德里巴哈伊教派（Baha'i）庙宇中，萨哈（Fariburz Sabha）设计；位于悉尼，云霄飞车似的足球场（1988 年），科克斯（Cox）、理查森（Richardson）和泰勒（Taylor）设计；以及部分位于地下室的连绵曲面的新国会大厦（Parliament building，1988 年），由米切尔·朱尔哥拉和索普（Mitchell Giurgola and Thorp）事务所设计，位于澳大利亚首都堪培拉的小山丘上，表现了这个活泼国家的民主思想。

英国的案例在特征上更传统，但是作为建筑的说明同样有正面的意义，如威特菲尔德（William Whitfield）为伦敦白厅（Whitehall）一位政府首长设计的理奇蒙住宅（Richmond House，1976—1987 年），或也是威特菲尔德设计的位于赫里福德（Hereford）的大教堂图书馆（Cathedral Library，1996 年）。旧时的伦敦港区几乎令人迷惑，有新办公空间、住宅和乌特勒姆（John Outram）设计的一个令人难忘的抽水站（1988 年），看起来像个希腊神庙，却充满了五颜六色的现代幻想。这些例子运用历史风格的方式几乎像滑稽的模仿秀，却清楚地将这些历史风格转化成 20 世纪的某种东西。乌特勒姆认为"在发现将圆柱当作服务设备导管的新特性之后，我们已经使圆柱建筑（也称横梁式建筑）现代化了"。他提到大部分伟大的建筑物（如古希腊神庙）在其最完美的发展时期时是具有色彩的，他说"颜色是自信心和生命力的表现"。另外，柯利南（Edward Cullinan，1931—2019 年）设计的案子被视为"浪漫的实用主义"（romantic pragmatism），他设计独创性的新建筑物，也将历史的杰出作品做富于创造力的改写。

在美国，格雷夫斯（Michael Graves，1934—2015 年）以位于俄勒冈州波特兰的阿兹特克风格（Aztec-style）的公众服务大楼（Public Services Building，1980—1982 年，图 404）使大众感到惊奇。从前是密斯·凡·德·罗门徒的约翰逊，在纽约曼哈顿为美国电信电报公司（American Telephone and Telegraph，1978—1983 年）设计了一栋办公大楼，因为顶部有个破裂的山形墙，而被认为是齐本德尔（Chippendale，18 世纪英国家具设计师）式建筑。在丹麦，设计悉尼歌剧院的建筑师伍重，于接近哥本哈根的巴格斯韦德（Bagsvaerd）设计了一座教堂（1969—1976 年），外观并不

295

图 404　格雷夫斯：公众服务大楼，波特兰，俄勒冈州，公元 1980—1982 年

浮夸出奇，室内却有美妙的弯曲表面和手艺精致的细部装饰，它是住宅、大厅和教堂集中成一体的建筑，这种多功能和富表现力的空间群集类型，在我们这时代的建筑上会越来越常看到。

对于第三世界国家来说，现代建筑的标准做法就是以惊人的速度建造——特别是大众集合住宅和办公建筑，并且开始把城市变成西方城市的翻版，所以要辨认出一个城市变得困难了。在那里建造出的特殊建筑，通常是对于自大的"现代人"的一种反作用，以及确认什么是承受得起的建筑，即国家财力能够负担得起的建筑。

并且，那里还开始出现一种情形：建筑师回头找寻传统的构筑和规划方法，一种代表穷人的建筑。地区性的特色重新被发觉，地方的建筑有了一种新的含义，但是整个改变其实是更深刻的。一方面，越来越多工作以"保存"之名完成，那是指维护和增加先辈遗留下来的建筑物之价值，通常是为这些建筑物找出新的使用方式；另一方面，建筑师开始重新发现地区性的特色并运用传统的构筑、规划方法。所以说地方风格的建筑有了新的含义。在埃及，法特希（Hassan Fathy，1900—1989 年）设计并主张运用传统的材料、方法及改编地方风格。扩大范围来看，在约旦，曾在德国受过建筑训练的巴德兰（Rasem Badran，生于1945 年），把每个他工作过的区域的古老建筑物都做了详尽研究，创造出一种完全不同于国际风格，但看起来既具本土特色又在构图上有现代感的建筑。他设计的位于沙特阿拉伯首都利雅得市中心的大清真寺（Grand Mosque，1992 年）和司法宫（Justice Palace，1992 年），具有独特而明显的历史风格，利用自然通风和遮挡以及特殊技术避免眩光。建筑（包括住宅）按照传统方式进行分组，以形成适合现代建筑的历史风格。或许在我们所知的中东和远东地区，建筑的故事的下一篇章已初具规模。

在大量建筑作品中，大多缺乏灵感，仅以规模和自大而引人注目，除此之外，

图 405　艾森曼：视觉艺术系的维克斯纳中心，俄亥俄州立大学，哥伦布，俄亥俄州，公元1983—1989 年

还有什么能让我们停下来思考？这包括平面图和截面图的实验的例子、地域建筑特征的个人练习，以及保护历史建筑和整个环境的一些惊人的例子。

　　也许最非凡的——对大部分观察者来说也是难以理解的，是近期的发展被定义为解构主义（Deconstructivism）的东西，它并不是一个运动，而是一种态度、看法，它允许冲突的片段出现在古怪的角度和不笔直的网格上。而其中属于较有条理、较易理解的设计者是艾森曼（Peter Eisenman，生于 1932 年），他将自己形容为"后功能主义者"（postfunctionalist），并且说："我最好的创作是没有目的的——谁在乎什么机能呢？"他为俄亥俄州立大学的视觉艺术系设计了维克斯纳中心（Wexner Center，1983—1989 年，图 405）。屈米（Bernard Tschumi，生于 1944 年）设计了巴黎的小城公园（Parcdela Villette，1984—1989 年，图 406），它是密特朗总统的伟大计划之一，要作为"21 世纪的新型景观"，几个亮红色的物体散布在草地上。

　　我用"多元论"（Pluralism）来为这个章节定名，但是其中有无共通的特点呢？有一个可能的建议是，那些确定的一般主题似乎具有现代建筑后面几个时期的特色：

　　　　自然和成长对建筑的表现形式有启发作用；

图 406　屈米：小城公园，巴黎，公元 1984—1989 年

地方风格是权威的根源；

空间的理解是设计的必要条件；

立体几何学和精确的数学比例；

在环境控制中所运用到的现代技术；

室内、室外景观中的形状的连续性；

用途、运动和经验在心理上具有一致性。

那暗示了画境风格的新时期。见证了脱离国际风格以及一成不变的机能设计的一场运动后，我们已经发现新建筑的基础是空间的理解、现代技术和形状的连续性。然而这些全都是新发现的吗？实际上，这些特征也可以在建筑史的其他时期发现。

但是在建筑史的所有时期中，建筑必须贡献的，而且在所有创造性艺术里唯有建筑可以贡献的，是空间的发明和控制。那是可以使用的空间，与雕塑品不同。目前我们所拥有并且在掌握中的技术，意味着我们得以看见并体验的建筑空间比起任何早期的都更大、更具独创性、更令人兴奋，也更令人难以忘怀。建筑的故事或许并非到了尾声，而是刚刚开始。

▌ 结 语

我开始讲一个故事，这建筑的故事，并试着从许多时期收集这故事。从简单地描述如何建造任何种类的建筑开始，随着故事的进行，我越来越认清一点——我在一开始有所认识，却从未真正知道它全部的复杂性。这是一个很棒的题材，一则很棒的故事。

称呼本书为"故事"会有个问题，因为通常故事有结尾。不过，现今当然有许多故事也以无解的插曲片段结束在空洞的符号中。这个建筑的故事也像那样：没有结尾。

不过随着这故事的收场，总是使人想去理一理主题，甚至去找出一个高潮和答案作为收场。但是如果想要在这摊开的建筑史中看到现代建筑——今日的建筑，来作为高潮及令人满意的结尾，那是没什么道理的，因为它对于整个故事来说其实微不足道，这个故事从头到尾都已经充满高潮及解答。而所有的建筑都经过这些阶段：评论性的喝彩，然后是嘲弄，有时候也会被推翻。

甚至可以说，我用来贯穿这整个故事的时代和风格的分类，只是反映各类建筑被创造发明时的看法。古罗马后期的理论家维特鲁威，将古希腊的古典建筑照等级（"order"一词源于代表等级之意的拉丁字）分类。"哥特"这个代表中世纪欧洲建筑的专有名词是个被滥用的名词，为文艺复兴时代的历史学家瓦萨里在1550年所创。而英国哥特式建筑的分类是19世纪早期一个建筑史学家所发明的。对于历史上大部分的建筑师来说，没有人一开始就要把建筑物设计成特定的样式，他们都只是想解决问题并创造令人难忘的建筑物而已。只有在最近这两个世纪，建筑师才感到不得不以明确的样式来设计，不管是古代的或是现代的。

喜欢或不喜欢的轮转，好或坏的判定，曾经如戏剧般多样。当我还是学生时，伦敦最荒谬的建筑物是斯科特（Gilbert Scott）设计的米德兰饭店（Midland Hotel），

图407 卡拉特拉瓦：快速列车车站，里昂-萨特勒机场，里昂，法国，公元1988—1992年 ▷

位于圣潘克拉斯车站，而现在它是需要保存的主要纪念性建筑之一。在 20 世纪早年，巴特菲尔德（Butterfield）设计的牛津大学基布尔学院（Keble College，1867—1883 年）被普遍视为大学里最丑的建筑物，然而现在这所大学却以它为荣。同样，以往电影院和工厂的装饰艺术（Art Deco）被瞧不起，现在却得到热爱。曾经被辱骂的建筑物现在重获声誉，也被加入建筑的汇集中，更因此进入了它所属的故事里。

以那样的观念来看，这建筑的故事永远也不可能结束，每一个新的出发都会改变当前的景象，也会改变历史的形貌。随着每一个新发现，我们会往回寻找它起源的轨迹，寻找设计者在探寻表现形式时有意识或无意识受到的影响。

回溯过去绝不比了解我们时代的建筑更为重要。你或许有可能从外表就能了解及欣赏许多历史时期的建筑物，但是对于一栋现代的建筑，你不可能不知道它的平面就想了解它。因为它是由许多室内空间聚集而成的平面，是设计者着手阐明、解决问题后所产生的。我们越研究每一个时期，就越充满疑惑，并且踌躇。

但是随着我们的踌躇，我们必须自问，这个故事有没有一个模式？可以确定的是，从这超过 6000 年的整个建筑回顾中，有一些主题浮现了，而这些帮助我们回答我在一开始的时候所提出的问题——为什么事情会那样呢？这当然没有简单的答案：因为在我们已经看过的故事里，曾有许多不同的答案出现过，而且肯定将有更多的答案出现。

人们一直是急躁地想去预测那些可能出现在未来的答案是什么，然而要对现在的景象做出可信赖的评断，就得花掉好几年时间。但是我愿意担这个风险。对我来说，要描绘出新千禧年建筑的特色，似乎有两个建筑发展的领域是不少的。

其中之一，是建筑作为一个社会现象，将必须满足增加中的人口的需求，分布不均但通常是高要求的经济建筑物往往用当地材料（甚至泥土）和单次使用的人造材料所建——即一个可持续的建筑物和景观环境。的确，即使在单独一位建筑师的工作范围内要对这趋势做出详细计划，也是可能的，何况老练如皮亚诺这样的建筑师。皮亚诺因为和罗杰斯在 1972 年设计了蓬皮杜中心（图 400）而出名，这是在 70 年代中期全球能源危机发生之前的事；后来，他专注于具有高度能源意识和环境觉察的建筑物上，例如位于新喀里多尼亚（New Caledonia）的努美阿岛（Nouméa）的吉巴欧文化中心（JM Tjibaou Cultural Centre，1991—1998 年，图 408）。这是一栋完全与它所在地的景观结合，并依靠传统建筑材料和技术来建造的建筑物，实际上，你不可能

图 408　皮亚诺：吉巴欧文化中心，主要结构系统的原型，努美阿岛，新喀里多尼亚，公元 1991—1998 年

想象它被建造在其他任何地方，这也正是它对于文化和场所的全然贡献。

另一个领域是惊人的技术发展，它不容忽略，而且已经转化了建造的艺术和科学。常识和社会需求会说服我们去发展一个更老练的技术，这包括更加精通材料以及运用创造力去结合技术和独创形式。当然，技术发展的必然结果，是此类建筑变得更适合全世界使用（或说更轻便的），而这必须依靠工业化建造系统使它几乎在任何地区都能取得、预制。如同我们曾看过的，这样的建筑方式通常称为"重技派"（high-tech），但是其中一个"全球互相依赖论"（globalism）的要素可以在该阵营外许多建筑师的创作中察觉，例如卡拉特拉瓦（Santiago Calatrava）构筑了许多桥梁和车站（图407），它们在风格上可以替换，并且几乎可以建造在世界上任何地方，而不需要修改任何角度。

不管风格上关注的是什么，所有建筑都显露出人类为满足需求所运用的聪明才智。那些需求不只是遮蔽、保暖和膳宿，还包括了在这世间的每个层面、每个片刻以无止境的不同方式感觉到的欲望，是关于某种更深刻、更能唤起情感也更世界性的东西，关乎美，关乎永恒，关乎不朽。

注:本书所附世界略图有选择性地对书中事物进行了标注,仅旨在帮助读者了解其大致方位,图中标注的地方包括国家、城市、古迹、山脉等,其中有的为古地名;历史年表概略性地列出了本书所介绍的建筑物的历史名称和事件,许多关于帝国、风格和早期建筑物的时代也是近似推断性的,仅供参考。

格林兰（丹）

阿拉斯加

冰岛

加拿大

都柏林

爱尔兰

波特兰

美国

多伦多　蒙特利尔

芝加哥　哥伦布　布法罗　波士顿

巴尔的摩　纽约

华盛顿特区　费城

葡萄牙

里斯本　西

旧金山

圣菲

蒙蒂塞洛　威廉斯堡

洛杉矶

凤凰城

卡萨布兰卡

沃斯堡

摩洛哥

新奥尔良

墨西哥

奥科特兰　埃尔塔欣

图拉　墨西哥城　乌斯马尔

阿尔万山　帕伦克

蒂卡尔

科潘

圣多明各

大 西 洋

太 平 洋

基多

厄瓜多尔

秘鲁

利马　马丘比丘

库斯科

巴西

萨尔瓦多

巴西利亚

玻利维亚

欧鲁普雷图

里约热内卢

巴拉圭

圣保罗

智

乌拉圭

利　阿根廷

瑞
典
斯德哥尔摩
哥本哈根
林
国
波兰
奥地利 匈牙利
大利
罗马
希腊
尔
突尼斯
尼斯
约黎波里
利比亚
亚
苏丹
亚

芬兰
珊纳特赛罗
赫尔辛基
圣彼得堡
莫斯科

乌克兰

伊斯坦布尔
土耳其
德黑兰
伊拉克 伊朗
巴格达
亚历山大 开罗
埃及 沙特阿拉伯
麦加
利雅得
哈拉雷
亚的斯亚贝巴
埃塞俄比亚
肯尼亚
内罗毕

俄罗斯

撒马尔罕

伊斯法罕
亚兹德
波斯波利斯
卡拉奇

拉合尔
昌迪加尔
德里
巴基斯坦
桑吉
加尔各答
埃洛拉 阿旃陀
孟买
卡尔利
哈勒比德
马杜赖
科伦坡
斯里兰卡

印度
克塔克
金奈
马哈巴利普兰
波隆纳鲁沃

沈阳
北京 朝鲜
五台山 首尔
嵩山 韩国
中国
上海

台北

香港

河内
缅甸
仰光
曼谷 吴哥窟
胡志明市
菲律宾
马尼拉

日本
京都 东京
大阪

宁波

太平洋

印度洋

吉隆坡
新加坡

雅加达
爪哇岛

印度尼西亚

哈拉雷
马达加斯加

约翰内斯堡

南非
干普敦

澳大利亚

珀斯

墨尔本

新喀里多尼亚（法）
努美阿

悉尼

奥克兰
新西兰

苏格兰　　　　　　　　　　　挪威

格拉斯哥　●爱丁堡　　　　　　　瑞典

达勒姆

爱尔兰　　　　　　　　丹麦

　　　都柏林　　霍华德堡　北海　哥本哈根

博马里斯　利物浦　利兹

英国　林肯

威尔士　伯明翰

荷兰

布里斯托尔　巴斯　伦敦　　阿姆斯特丹

索尔兹伯里　梅德斯通　海牙　鹿特丹　莱茵河　德国　柏林

布莱顿　比利时　　科隆　　　波茨坦

伊普尔　　布鲁塞尔　亚琛　　德绍

亚眠　　　　　德累斯敦

巴黎　兰斯　卢森堡　沃尔姆斯　维尔茨堡　布拉柏

沙特尔　塞纳河　　　　纽伦堡　捷克

海德堡

布尔日　奥登　奥格斯堡　慕尼黑

普瓦捷　伯尔尼　圣加伦　维也纳

法国　罗　瑞士　奥地利

纳

河　米兰　维琴察　斯洛文尼亚

圣地亚哥 - 德孔波斯特拉　都灵　波河　威尼斯　卢布尔

拉韦纳　克罗地亚

葡萄牙　图卢兹　尼姆　奥朗日

布尔戈斯　卡尔卡松　马赛　比萨　佛罗伦萨　乌尔比诺

萨拉曼卡　　　　　　　锡耶纳

马尔　埃斯科里亚尔　巴塞罗那　罗马　意大利

里斯本　西班牙　马德里

那不勒斯

科尔多瓦　　　　　　　　帕埃其

格拉纳达　地中海

直布罗陀

切法卢

拉巴特　阿尔及尔　突尼斯

凯鲁万　马耳他

摩洛哥

突尼斯

大西洋　　　　卢瓦尔河

的黎波里

阿尔及利亚

利比亚

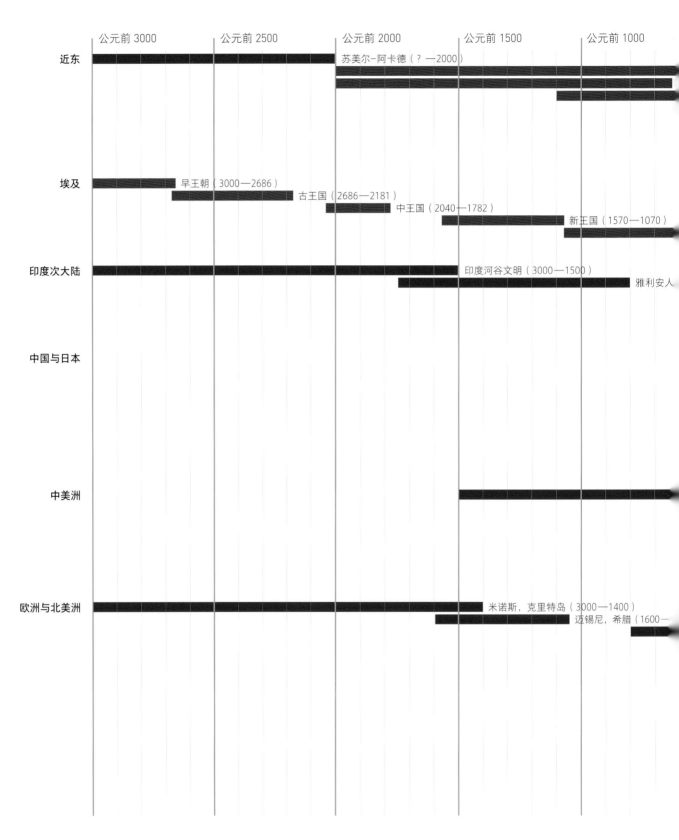

	公元前 3000	公元前 2500	公元前 2000	公元前 1500	公元前 1000
近东			苏美尔-阿卡德（？—2000）		
埃及		早王朝（3000—2686）古王国（2686—2181）	中王国（2040—1782）		新王国（1570—1070）
印度次大陆			印度河谷文明（3000—1500）雅利安人		
中国与日本					
中美洲					
欧洲与北美洲			米诺斯，克里特岛（3000—1400）迈锡尼，希腊（1600—		

表一　帝国与风格：公元前 3000—公元 2000 年

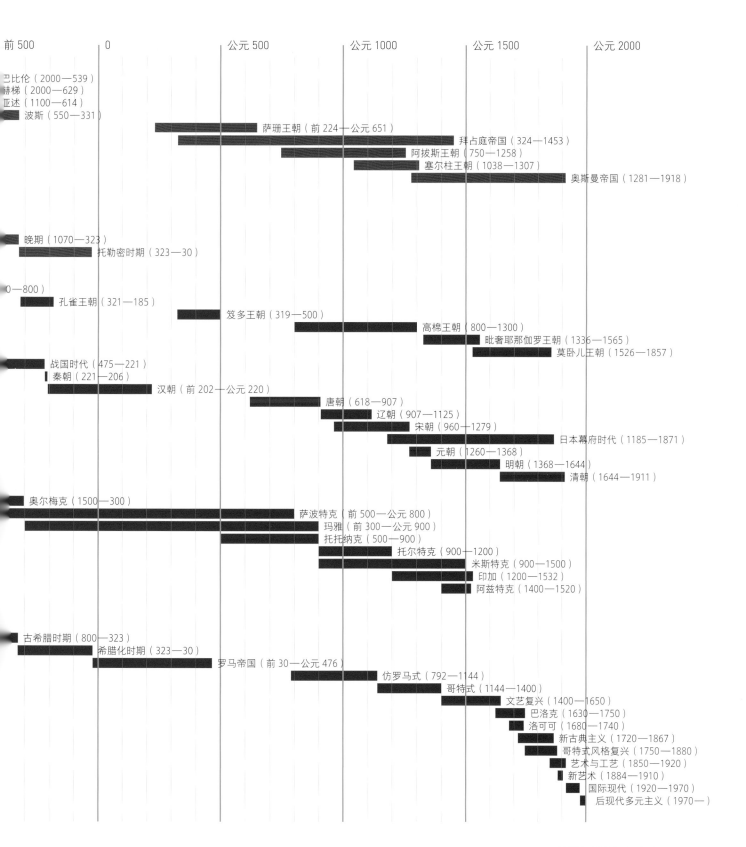

前 500　　0　　公元 500　　公元 1000　　公元 1500　　公元 2000

巴比伦（2000—539）
赫梯（2000—629）
亚述（1100—614）
波斯（550—331）
萨珊王朝（前 224—公元 651）
拜占庭帝国（324—1453）
阿拔斯王朝（750—1258）
塞尔柱王朝（1038—1307）
奥斯曼帝国（1281—1918）

晚期（1070—323）
托勒密时期（323—30）

0—800）
孔雀王朝（321—185）
笈多王朝（319—500）
高棉王朝（800—1300）
毗奢耶那伽罗王朝（1336—1565）
莫卧儿王朝（1526—1857）

战国时代（475—221）
秦朝（221—206）
汉朝（前 202—公元 220）
唐朝（618—907）
辽朝（907—1125）
宋朝（960—1279）
日本幕府时代（1185—1871）
元朝（1260—1368）
明朝（1368—1644）
清朝（1644—1911）

奥尔梅克（1500—300）
萨波特克（前 500—公元 800）
玛雅（前 300—公元 900）
托托纳克（500—900）
托尔特克（900—1200）
米斯特克（900—1500）
印加（1200—1532）
阿兹特克（1400—1520）

古希腊时期（800—323）
希腊化时期（323—30）
罗马帝国（前 30—公元 476）
仿罗马式（792—1144）
哥特式（1144—1400）
文艺复兴（1400—1650）
巴洛克（1630—1750）
洛可可（1680—1740）
新古典主义（1720—1867）
哥特式风格复兴（1750—1880）
艺术与工艺（1850—1920）
新艺术（1884—1910）
国际现代（1920—1970）
后现代多元主义（1970—）

公元前 2500	公元前 2000	公元前 1500	公元前 1000

* 吉萨的金字塔，埃及（2550）
　* 摩亨佐达罗，印度（2500）
　　　* 乌尔纳姆梯形庙塔，伊拉克（2100）
　　　　* 巨石阵，英国（2000）
　　　　　　　* 御座大殿，克诺索斯，克里特岛（1600）
　　　　　　　* 神庙群，卡纳克，埃及（1500）
　　　　　　　　　* 石狮大门，迈锡尼，希腊（1300）

■ 苏美尔-阿卡德王萨尔贡（2370—2316）
　　　　　　■ 巴比伦王汉谟拉比（1792—1750）
　　　　　　　　■ 埃及法老图特摩斯一世（1506—1493）
　　　　　　　　■ 埃及女王哈特谢普苏特（1479—1458）
　　　　　　　　　■ 埃及法老拉美西斯二世（1279—1212）

表二　世界建筑：公元前 2500—公元 1500 年

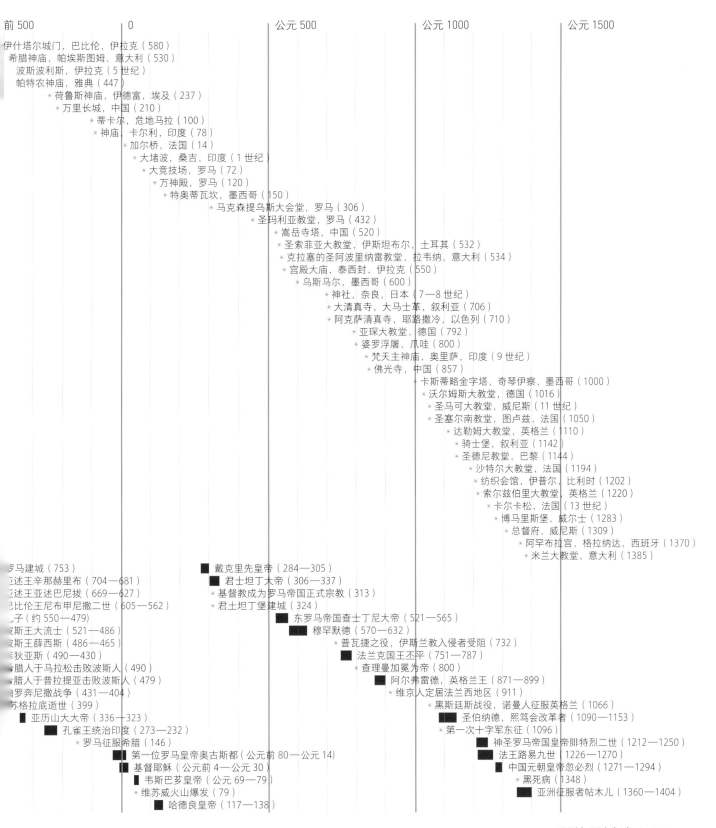

前 500　　0　　公元 500　　公元 1000　　公元 1500

伊什塔尔城门，巴比伦，伊拉克（580）
希腊神庙，帕埃斯图姆，意大利（530）
波斯波利斯，伊拉克（5 世纪）
帕特农神庙，雅典（447）
*荷鲁斯神庙，伊德富，埃及（237）
*万里长城，中国（210）
蒂卡尔，危地马拉（100）
*神庙，卡尔利，印度（78）
*加尔桥，法国（14）
*大堵波，桑吉，印度（1 世纪）
*大竞技场，罗马（72）
*万神殿，罗马（120）
*特奥蒂瓦坎，墨西哥（150）
*马克森提乌斯大会堂，罗马（306）
*圣玛利亚教堂，罗马（432）
*嵩岳寺塔，中国（520）
*圣索菲亚大教堂，伊斯坦布尔，土耳其（532）
*克拉塞的圣阿波里纳雷教堂，拉韦纳，意大利（534）
*宫殿大庙，泰西封，伊拉克（550）
*乌斯马尔，墨西哥（600）
*神社，奈良，日本（7—8 世纪）
*大清真寺，大马士革，叙利亚（706）
*阿克萨清真寺，耶路撒冷，以色列（710）
*亚琛大教堂，德国（792）
*婆罗浮屠，爪哇（800）
*梵天主神庙，奥里萨，印度（9 世纪）
*佛光寺，中国（857）
*卡斯蒂略金字塔，奇琴伊察，墨西哥（1000）
*沃尔姆斯大教堂，德国（1016）
*圣马可大教堂，威尼斯（11 世纪）
*圣塞尔南教堂，图卢兹，法国（1050）
*达勒姆大教堂，英格兰（1110）
*骑士堡，叙利亚（1142）
*圣德尼教堂，巴黎（1144）
*沙特尔大教堂，法国（1194）
*纺织会馆，伊普尔，比利时（1202）
*索尔兹伯里大教堂，英格兰（1220）
*卡尔卡松，法国（13 世纪）
*博马里斯堡，威尔士（1283）
*总督府，威尼斯（1309）
*阿罕布拉宫，格拉纳达，西班牙（1370）
*米兰大教堂，意大利（1385）

罗马建城（753）
亚述王辛那赫里布（704—681）
亚述王亚述巴尼拔（669—627）
巴比伦王尼布甲尼撒二世（605—562）
孔子（约 550—479）
波斯王大流士（521—486）
波斯王薛西斯（486—465）
伯里克利斯（490—430）
希腊人于马拉松击败波斯人（490）
希腊人于普拉提亚击败波斯人（479）
伯罗奔尼撒战争（431—404）
苏格拉底逝世（399）
亚历山大大帝（336—323）
孔雀王统治印度（273—232）
*罗马征服希腊（146）
第一位罗马皇帝奥古斯都（公元前 80—公元 14）
基督耶稣（公元前 4—公元 30）
韦斯巴芗皇帝（公元 69—79）
*维苏威火山爆发（79）
哈德良皇帝（117—138）

戴克里先皇帝（284—305）
君士坦丁大帝（306—337）
*基督教成为罗马帝国正式宗教（313）
*君士坦丁堡建城（324）
东罗马帝国查士丁尼大帝（521—565）
穆罕默德（570—632）
*普瓦捷之役，伊斯兰教入侵者受阻（732）
法兰克国王丕平（751—787）
*查理曼加冕为帝（800）
阿尔弗雷德，英格兰王（871—899）
*维京人定居法兰西地区（911）
*黑斯廷斯战役，诺曼人征服英格兰（1066）
圣伯纳德，熙笃会改革者（1090—1153）
*第一次十字军东征（1096）
神圣罗马帝国皇帝腓特烈二世（1212—1250）
法王路易九世（1226—1270）
中国元朝皇帝忽必烈（1271—1294）
黑死病（1348）
亚洲征服者帖木儿（1360—1404）

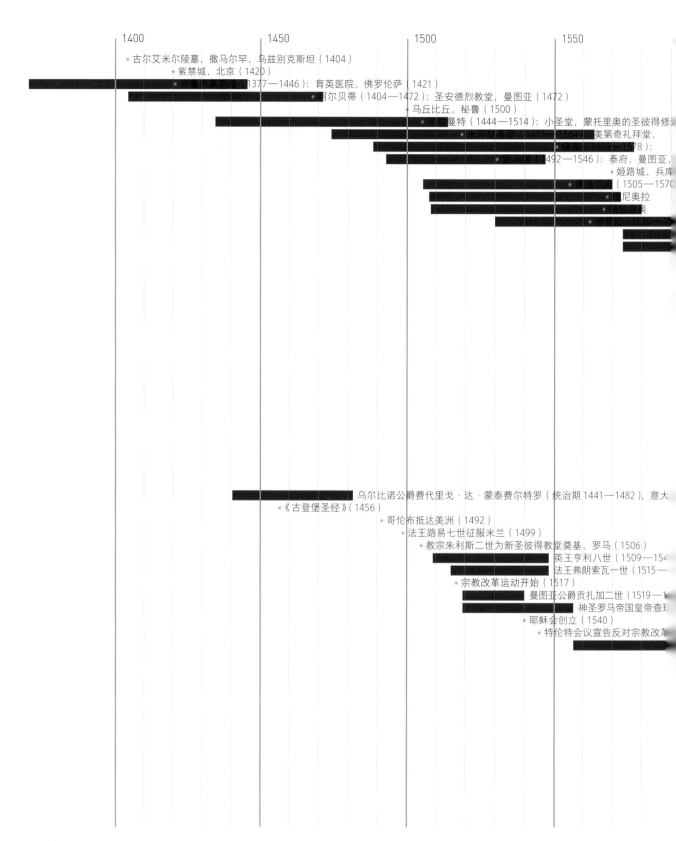

* 古尔艾米尔陵墓，撒马尔罕，乌兹别克斯坦（1404）
　　　* 紫禁城，北京（1420）
* 布鲁内莱斯基（1377—1446）：育英医院，佛罗伦萨（1421）
　　　　　* 阿尔贝蒂（1404—1472）：圣安德烈教堂，曼图亚（1472）
　　　　　　* 马丘比丘，秘鲁（1500）
　　　　　* 布拉曼特（1444—1514）：小圣堂，蒙托里奥的圣彼得修
　　　　　　　* 米开朗琪罗（1475—1564）：美第奇礼拜堂，
　　　　　　　　* 锡南（1489—1578）：
　　　　　　　* 罗马诺（1492—1546）：泰府，曼图亚，
　　　　　　　　* 姬路城，兵库
　　　　　　　　* 维尼奥拉（1505—1570
　　　　　　　　* 帕拉迪奥
　　　　　　　* 谢鲁拉
　　　　　　　* 裘内拉（1530—

乌尔比诺公爵费代里戈·达·蒙泰费尔特罗（统治期1441—1482），意大
*《古登堡圣经》（1456）
　　　* 哥伦布抵达美洲（1492）
　　　　* 法王路易七世征服米兰（1499）
　　　　　* 教宗朱利斯二世为新圣彼得教堂奠基，罗马（1506）
　　　　　　英王亨利八世（1509—154
　　　　　　法王弗朗索瓦一世（1515—
　　　　* 宗教改革运动开始（1517）
　　　　　　曼图亚公爵贡扎加二世（1519—1
　　　　　　神圣罗马帝国皇帝查理
　　　* 耶稣会创立（1540）
　　　　* 特伦特会议宣告反对宗教改

表三　世界建筑：公元1400—公元1800年

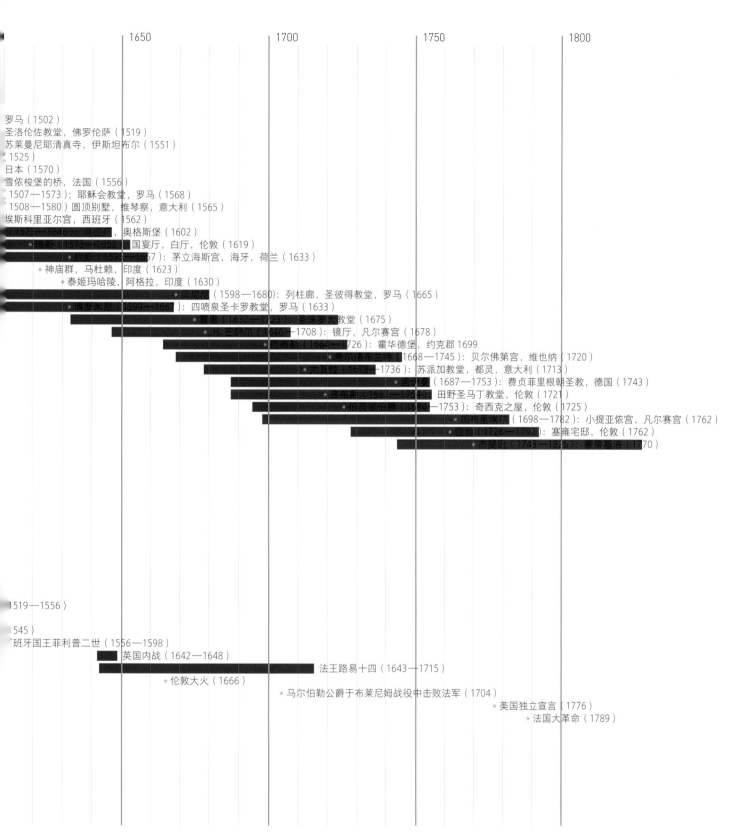

罗马（1502）

圣洛伦佐教堂，佛罗伦萨（1519）

苏莱曼尼耶清真寺，伊斯坦布尔（1551）

（1525）

日本（1570）

雪侬梭堡的桥，法国（1556）

（1507—1573）：耶稣会教堂，罗马（1568）

（1508—1580）圆顶别墅，维琴察，意大利（1565）

埃斯科里亚尔宫，西班牙（1562）

（1573—1646）：其仕，奥格斯堡（1602）

* 琼斯（1573—1652）：国宴厅，白厅，伦敦（1619）

* 奕森（1595—1657）：茅立海斯宫，海牙，荷兰（1633）

* 神庙群，马杜赖，印度（1623）

* 泰姬玛哈陵，阿格拉，印度（1630）

* 贝尼尼（1598—1680）：列柱廊，圣彼得教堂，罗马（1665）

* 博罗米尼（1599—1667）：四喷泉圣卡罗教堂，罗马（1633）

* 雷恩（1632—1723）：圣保罗大教堂（1675）

* H. 芒萨尔（1646—1708）：镜厅，凡尔赛宫（1678）

* 范布勒（1664—1726）：霍华德堡，约克郡 1699

* 希尔德布兰特（1668—1745）：贝尔佛第宫，维也纳（1720）

* 尤瓦拉（1678—1736）：苏派加教堂，都灵，意大利（1713）

* 诺伊曼（1687—1753）：费贞菲里根朝圣教，德国（1743）

* 吉布斯（1687—1754）：田野圣马丁教堂，伦敦（1721）

* 伯灵顿伯爵（1694—1753）：奇西克之屋，伦敦（1725）

* 加布里埃尔（1698—1782）：小提亚侬宫，凡尔赛宫（1762）

* 亚当（1728—1792）：塞雍宅邸，伦敦（1762）

* 杰斐逊（1743—1826）：蒙蒂塞洛（1770）

（1519—1556）

（1545）

西班牙国王菲利普二世（1556—1598）

英国内战（1642—1648）

法王路易十四（1643—1715）

* 伦敦大火（1666）

* 马尔伯勒公爵于布莱尼姆战役中击败法军（1704）

* 美国独立宣言（1776）

* 法国大革命（1789）

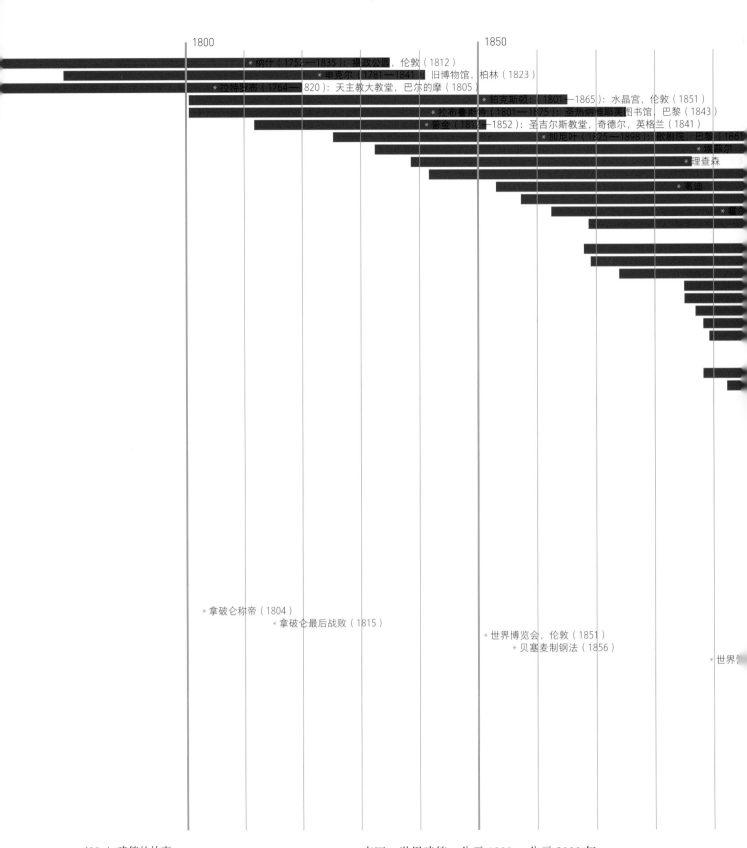

1800　　　　　　　　　　　　1850

* 纳什（1752—1835）：摄政公园，伦敦（1812）
* 申克尔（1781—1841）：旧博物馆，柏林（1823）
* 拉特罗布（1764—1820）：天主教大教堂，巴尔的摩（1805）
* 帕克斯顿：（1801—1865）：水晶宫，伦敦（1851）
* 拉布鲁斯特（1801—1875）：圣热纳维耶芙图书馆，巴黎（1843）
* 普金（1812—1852）：圣吉尔斯教堂，奇德尔，英格兰（1841）
* 加尼叶（1825—1898）：歌剧院，巴黎（1861）
* 埃菲尔
* 理查森
* 高迪
* 霍尔

* 拿破仑称帝（1804）
　　* 拿破仑最后战败（1815）

* 世界博览会，伦敦（1851）
　　* 贝塞麦制钢法（1856）

* 世界

　　　　表四　世界建筑：公元 1800—公元 2000 年

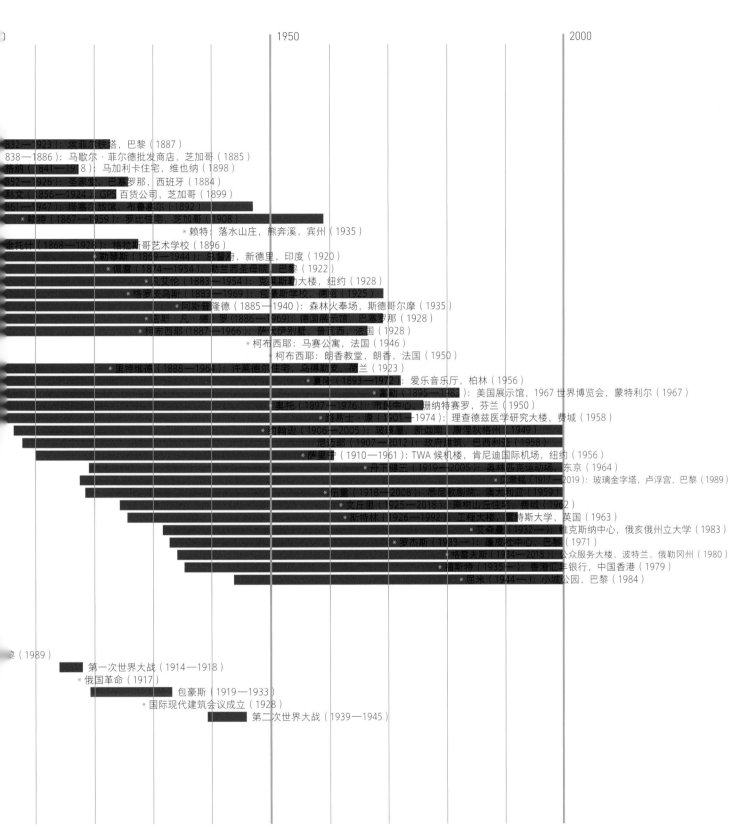

1950　　　　　　　　　　　　2000

832—1923）：埃菲尔铁塔，巴黎（1887）
838—1886）：马歇尔·菲尔德批发商店，芝加哥（1885）
格纳（1841—1918）：马加利卡住宅，维也纳（1898）
852—1926）：圣家堂，巴塞罗那，西班牙（1884）
利文（1856—1924）：GPS 百货公司，芝加哥（1899）
861—1947）：搭塞尔旅馆，布鲁塞尔（1892）
* 赖特（1867—1959）：罗比住宅，芝加哥（1908）
　　　　　　　赖特：落水山庄，熊奔溪，宾州（1935）
金托什（1868—1928）：格拉斯哥艺术学校（1896）
　* 勒琴斯（1869—1944）：总督府，新德里，印度（1920）
　　* 佩雷（1874—1954）：勒兰西圣母院，巴黎（1922）
　　　* 凡艾伦（1883—1954）：克莱斯勒大楼，纽约（1928）
　* 格罗皮乌斯（1883—1969）：包豪斯学校，德绍（1925）
　　　阿斯蓓隆德（1885—1940）：森林火奉场，斯德哥尔摩（1935）
　　* 密斯·凡·德·罗（1886—1969）：德国展览馆，巴塞罗那（1928）
　　* 柯布西耶（1887—1966）：萨伏伊别墅，普瓦西，法国（1928）
　　　* 柯布西耶：马赛公寓，法国（1946）
　　　　* 柯布西耶：朗香教堂，朗香，法国（1950）
　* 里特维德（1888—1964）：许莱德尔住宅，乌得勒支，荷兰（1923）
　　　　* 夏隆（1893—1972）：爱乐音乐厅，柏林（1956）
　　　　　* 富勒（1895—1983）：美国展示馆，1967 世界博览会，蒙特利尔（1967）
　　　奥托（1897—1976）：市民中心，珊纳特赛罗，芬兰（1950）
　　　* 路易士·康（1901—1974）：理查德兹医学研究大楼，费城（1958）
　　* 约翰逊（1906—2005）：玻璃屋，新迦南，康涅狄格州（1949）
　　　尼迈耶（1907—2012）：政府建筑，巴西利亚（1958）
　　* 萨里宁（1910—1961）：TWA 候机楼，肯尼迪国际机场，纽约（1956）
　　　　* 丹下健三（1919—2005）：奥林匹克运动场，东京（1964）
　　　　　　贝聿铭（1917—2019）：玻璃金字塔，卢浮宫，巴黎（1989）
　　* 伍重（1918—2008）：悉尼歌剧院，澳大利亚（1959）
　　* 文丘里（1925—2018）：奥栋山丘住宅，费城（1962）
　　* 斯特林（1926—1992）：工程大楼，莱斯特斯大学，英国（1963）
　　　　* 艾森曼（1932—）：维克斯纳中心，俄亥俄州立大学（1983）
　　　罗杰斯（1933—）：蓬皮杜中心，巴黎（1971）
　　　* 格雷夫斯（1934—2015）：公众服务大楼，波特兰，俄勒冈州（1980）
　　　* 福斯特（1935—）：香港汇丰银行，中国香港（1979）
　　　* 屈米（1944—）：小城公园，巴黎（1984）

黎（1989）

　　█ 第一次世界大战（1914—1918）
　　* 俄国革命（1917）
　　　█ 包豪斯（1919—1933）
　　　* 国际现代建筑会议成立（1928）
　　　　█ 第二次世界大战（1939—1945）

名词释义

三 画

三角穹隆，弧三角法（Pendentive）：弯曲的三角形面，是为了将圆顶置于正方形空间上而产生的。在正方形空间的上方角落做成穹隆状，以形成圆顶的圆形基部。和内角拱的功用一样。

三角楣饰（Pediment）：最初是古希腊神庙斜屋顶的三角形山墙的部分，后来被当作纪念性的特征，独立于背后的建筑物。

三叶拱廊，厢座（Triforium）：仿罗马式或哥特式教堂立面的中间这一层，位于下层连拱廊和上层高窗之间。

三槽板（Triglyph）：有三个垂直条纹和两条凹槽作为其间隔的板块，和间饰板一起构成多立克柱顶线盘的壁缘饰带。

大会堂，巴西利卡（Basilica）：（1）罗马建筑中，进行诉讼审理的公共大会堂；（2）一种早期基督教和尔后的建筑，由中殿和侧廊组成，侧廊的屋顶以上有一排高窗或称假楼高窗。

女像柱（Caryatid）：雕刻了女性形体的造型柱。

小圆顶（Cupola）：有时候是指圆顶，但在英国更常指小型的圆顶或有灯形顶的塔楼。

小塔楼（Turret）：小型塔。通常覆盖着环形的楼梯结构，或作为装饰性的特征。

山墙（Gable）：山形屋顶的三角形边端。在古典时期建筑中，称为三角楣饰或山形墙，延伸来看，出入口上方的三角形区域，即使其后方没有屋顶也称之为山墙，例如法国哥特大教堂正门的上方。

弓形顶篷（Cove，Coving）：连接墙和天花板的内凹的表面。

门廊（Portico）：列柱廊式的门廊或门厅。在新古典式的住宅中，门廊（柱子和三角楣饰）常常融入建筑物正立面。

马斯塔巴（古埃及）（Mastaba）：埃及建筑中，一个有平顶和四个斜面的坟墓。金字塔的前身。

广场（古希腊）（Agora）：古希腊公众集会之场所。相当于罗马的广场。

广场（古罗马）（Forum）：古罗马的市场或供集会的开放式场所。通常有公共建筑环绕着。

卫城（Acropolis）：古希腊城市的要塞，通常守护神的庙建筑在此。

四 画

中柱（King-post）：在屋顶内支撑脊梁的垂直构架，坐落在系梁的正中心。

中殿（Nave）：（1）大会堂的中心空间，侧廊位于两侧，高窗提供光线；（2）教堂交会区西边的整个空间，若无翼殿，则是指圣坛的西边空间。

内角拱（Squinch）：为了形成圆顶的圈形底而构筑在方形空间顶部角落处的小拱圈。

巴洛克（Baroque）：1600年左右继矫饰主义之后意大利的新风格，后来遍及全欧。特征是：生动的线条、块体和自由使用的古典图案。

方石（Ashlar）：修整过、规则的石制品，有平整的表面和方形的边缘。

方尖碑（Obelisk）：高的纪念碑。横断面是正方形的，越往上越细，结尾处为金字塔状。

日式壁龛（Tokonoma）：日式住宅中展示绘画或花的壁龛。

木瓦（Shingles）：一片片用来取代瓦片的木板。

火焰式（Flamboyant）：法国哥特式建筑的最后一个时期（字面意思：火焰形状的）。特征是：复杂的曲线组成的窗格和大量的装饰。

开间，间隔（Bay）：大型建筑物中的区划。以教堂为例，由两个圆柱或墩柱之间的空间构成，包含墙和上方拱顶或天花板。延伸来看，墙面的任何单元都被大型垂直特征或窗户（外观上）划分。

五 画

主厅（Megaron）：米诺斯或荷马（Homeric）式住宅中的主要厅堂（如古希腊城市梯林斯、迈锡尼的住宅）。

凹室（Exedra）：一个有座位的半圆形或多角形的凹室或壁龛。在文艺复兴建筑中，是指任何形式的壁龛或小环形殿。

凹槽（Flute, fluting）：沿着古典柱式的柱身，垂直雕刻的沟槽。

凸圆线脚（Echinus）：多立克式柱头中位置较低的构件，位于柱顶板下方，是个像圆形垫子的东西；爱奥尼克式柱头中的相对应组件，部分被涡卷饰遮掩住，另一部分刻上了卵锚饰（egg-and-dart）线脚。

加洛林建筑（Carolingian）：创始于公元 800 年法国查理曼大帝时期的一种风格，并导致仿罗马式建筑的发生。

半圆顶（Semidome）：圆顶的一半靠在建筑物的某个地方（通常是一个完整的圆顶），扮演延伸的飞扶壁角色，也具有其同样的功能（如伊斯坦布尔的圣索菲亚教堂）。

古典风格（Classical）：古希腊或古罗马时期及其旁系建筑风格。特点在于柱式的运用。

台基（Podium）：神庙构筑处的石造平台。

巨石工程（Cyclopean）：不用砂浆，直接用非常大型的石材砌筑成墙。

巨柱式（Giant order）：方形或半圆形壁柱。用来表现建筑物正立面，并且延伸至二楼或更高的楼层。

正立面（Façsade）：建筑物外观主要面向之一。几乎总是包含了一个入口玄关。

圣殿，圣所（Sanctuary）：教堂或庙宇中，最神圣的地方。

圣坛（Chancel）：教堂中保留给神职人员的空间。包括祭台和诗歌坛。

叶形装饰板（Acanthus）：一种尖叶植物。叶子的形态运用在科林斯柱式的柱头装饰上。

六 画

交叉拱线（Groin）：两个拱面交会处形成的脊线或棱线。

交会区（Crossing）：十字形教堂的中心空间，中殿、翼殿和圣坛在此交会。

仿银器装饰风格（Plateresque）：西班牙文艺复兴时期早期的风格，约从 1520 年开始。

仿罗马式（Romanesque）：法国加洛林建筑之后，哥特建筑之前的一种建筑风格。特征是：厚实的石造建筑和厚重的比例关系；圆拱圈；拱顶结构的再创造——先是筒形拱顶，然后是交叉拱顶，最后是肋筋拱顶。

伊特拉斯坎柱式（Etruscan）：见托斯坎柱式。

列柱，排柱廊（Colonnade）：一整排间隔整齐的圆柱。

同心圆式防护墙（Concentric walls）：十字军由东方引进的防御工事。在一个完整的防御系统内再建另一个。

吊桥（Suspension bridge）：在塔楼或桥塔之间，以链条悬吊作为通路或过道的桥。

向心式平面（Central-plan）：四个方向均对称或接近对称的平面。

地窖（Crypt）：地下的空间，位于教堂东端下面，最初是用来放置圣人遗体的地方。

多立克柱式（Doric）：三个古典柱式中的第一个，也是最简单的一个。特征是：没有柱础；柱身较短，凹槽的接合处产生的棱线是锋利的；简单而未装饰的凸圆线脚和方形柱顶板。古罗马的多立克柱式与之类似，差别在于它有柱础。

多柱式建筑（Hypostyle）：一个厅堂或大型的围闭空间，其屋顶（通常是平顶）架在遍布整个空间的圆柱上，圆柱不是只沿着四周设立。

纪念碑（Cenotaph）：纪念个人的纪念碑。其人并不埋葬于此（希腊文"空墓"之意）。

尖凸饰（Cusp）：位于拱圈、窗或圆盘（roundel）内侧的凸出点。

托座（Bracket）：从垂直的表面凸出之组件，提供横向的支撑。参见挑垛及悬臂梁。

托斯坎柱式（Tuscan）：古罗马时期增加的古典柱式，跟多立克柱式很像，但是有柱础而没有凹槽及三槽板。

托梁（Joist）：支撑地板或天花板的水平梁。

收分法（Entasis）：为了修正视觉上的错觉——中间的地方看起来会比实际上还细，故在柱身中段做了轻微的凸出处理。

早期英国式（Early English）：英国哥特式建筑的第一个阶段，始于 1180 年。特征是：尖顶窗或后来的几何形花式窗格；肋筋拱顶；强调纤细的线状接合，取代了块状和量体；鲜明的线脚；建筑组件间有明显的区别。

灰泥细工粉刷（Stucco）：将灰泥或水泥与模子一起使用，

通常作为室内的装饰（例如洛可可），但是也运用于室外装饰，偶尔用在石块上仿制出整个建筑物的正立面（例如帕拉迪奥的作品）。

老虎窗（Dormer window）：斜屋顶上的竖窗。

肋筋拱顶（Rib vault）：见拱顶。

回廊院落（Cloister）：周围环绕着开放式连拱廊的方形庭院。

华盖、顶盖（Canopy）：小型敞开的建筑物，如墓、讲道坛或壁龛上方的装饰性顶盖。通常以圆柱支撑。

网状的（Reticulated）：窗格的开口像网的网眼，是英国哥特式建筑装饰时期的特色。

七画

系梁（Tie beam）：梁或杆（rod）横跨在斜屋顶的底部，将两边系在一起，以防止其张开。

纵长形平面（Longitudinal plan）：中殿–圣坛轴线比翼殿轴线还要长的一种教堂平面（就像所有的英国大教堂）。

冷水浴室（Frigidarium）：古罗马公共浴场中的冷水游泳池。

扶壁（Buttress）：倚靠墙壁构筑的石造物，提供额外的支撑力，或抵抗从拱顶、拱圈来的推力。飞扶壁（flying buttress）是半圆拱靠在拱圈或拱顶侧推力作用的墙上的一点，并将这推力传递到石造物较低的平面层。为哥特式建筑的特色之一。

步廊（Ambulatery）：连续的侧廊组成一个行进的过道，圈绕在较大的围闭式空间周围。在欧洲，它位于大教堂的东端；在印度，它在寺庙的神龛周围。

赤陶瓦，琉璃砖（Terracotta）：以黏土在模子中成形，烧制成酷热烘烤的制品。比砖块还硬。可能呈现自然棕色或上色、上釉。

连拱廊（Arcade）：一排连续的拱圈，构筑在一系列墩柱或圆柱上。

麦加朝向的壁龛（Mihrab）：清真寺墙面上，朝向麦加方向的壁龛。

围柱列，围柱廊（Peristyle）：一排圆柱列环绕着建筑物外围（通常是古希腊神庙），或环绕在中庭的内侧（例如古希腊或古罗马住宅）。广义来看，是指以这种方式围绕的空间。

围柱式建筑（Peripteral）：有一单排的圆柱环绕；一个

周围环绕着单排柱列的神庙。

间饰板（Metope）：多立克柱式壁缘饰带的一部分。位于三槽板和三槽板之间，起初是留白的，后来有雕刻的图案。

走廊，阳台（Verandah）：位于房子外侧的小型开放式狭长空间。有柱支撑的屋顶，以及从地面升高了部分高度的地板。

花式窗格（Tracery）：石造的框架，夹住一小片一小片的玻璃，而组成一个大型窗户。实际上这个词几乎是专指哥特建筑的窗格。最早的形式为石板镂空式窗格（plate tracery），基本上只是一面实墙，挖了一些洞安装玻璃罢了。还有条纹窗格（bar tracery），使用石肋条来构成复杂的图案。

八画

定方位（Orientation）：严格地说，指东西向校直，也泛指一栋建筑物相对于罗盘刻度的位置。

底座（Plinth）：石柱、柱脚、雕像或整个建筑物的基座。

放射状祈祷室（Radiating chapels）：呈扇形放射状散开，加在环形殿上的祈祷室。

直棂，中棂，竖框（Mullion）：将窗户分割成两个以上小窗的垂直组件［水平组件称作横棂（transoms）］。

舍利子塔（Dagoba）：一种锡兰式的窣堵波或放圣人遗物的圣室。

金字塔（Pyramid）：有正方形底和向中心倾斜而相交于一点的四个斜面的正方锥体。

金堂（Kando）：日本佛教神社的主要圣殿。

垂直小撑或小立柱（Queen posts）：屋架内的两支竖立的撑材，架在系梁上，支撑着人字梁。

垂直式（Perpendicular）：英国哥特式建筑最后一个阶段，14世纪下半叶取代了装饰式，并一直延续到17世纪。特征是：轻巧高耸的比例，大型的窗户，平直整齐的格状饰线既装饰窗子也装饰墙面，浅而薄的装饰线脚，四心式拱圈（four-centred arches）和扇形拱顶。

国际风格（International Style）：第一次世界大战前不久，在欧洲和美国形成的一种建筑风格。特征是：强调机能以及排斥传统装饰。

顶塔（Lantern）：（1）一个向下边空间开的塔，借着塔上的窗户将光线向下引入；（2）构筑在圆顶或小圆顶上方，环围设有窗户的小塔楼。

诗歌坛（Choir）：教堂中唱诗班的座位区。通常在圣坛西面。但此词常泛指圣坛，即使在大型的中世纪教堂中，诗歌坛也是位于交会区或其西边。

环形殿（Apse）：建筑物的一部分，平面上是半圆形或 U 字形。通常是在礼拜堂或圣坛的东端。

侧廊（Aisle）：大会堂式建筑物中位于侧面的区域。与中殿平行，但是高度不同。过去有时候也被囊括在中殿里。

九 画

城门楼，山门（Propylaea）：希腊文"大门前的"之意。一个通往神圣围闭空间的重要入口。

宣礼塔（Minaret）：建筑在清真寺近处或属于清真寺一部分的塔楼。宣礼人从此处召唤信众来祷告。

屏风，遮蔽墙（Screen）：没有承重功能的分隔墙。例如中世纪教堂中，围绕在诗歌坛周围的屏风。

屋脊（Hip）：两个斜屋面交会处所形成的线。屋脊式屋顶是桁架屋顶加上屋脊，以取代山墙。意思是，脊梁比与之平行的墙面还要短，因此在四边的屋面可以向内斜靠在一起。

屋檐（Eave）：斜屋顶凸出于墙面的最低部分。

拜占庭（Byzantine）：大约 5 世纪在君士坦丁堡逐渐形成的一种风格，现今有些地区仍在使用。特征是：圆拱圈、弧形圆顶以及使用大理石做表面装饰。

拱圈（Arch）：当建筑物的开口只有两侧支撑物时，在上方的此构造可连接两侧，将向下的压力转变成向两侧的推力。一个有挑垛支撑的拱圈，是由石块一个叠一个，最后中间的缺口用一特别的石块填补。真拱是由放射状的楔形石块构成，也就是楔形拱石（voussoirs）。

拱顶，穹隆（Vault）：石造的天花板。筒形拱顶（barrel vault）就是拱圈式拱顶，不是半圆形就是尖头形，坐落在支撑的墙上；交叉拱顶（groine vault）指各拱面交会在交叉拱线上；肋筋拱顶（rib vault）和交叉拱顶一样，只是其接缝处由石肋条替代；扇形拱顶（fan vault）是装饰型的肋筋拱顶，拱肋从柱身之圈脚呈扇形散开。

挑垛（Corbel）：同托座。从墙壁表面凸出的一块石材，作为水平的支撑或是拱肋的起拱石。见拱圈和拱顶。

柱式（Orders）：圆柱以及位于其上之柱顶线盘，特别是古希腊、古罗马建筑所依循的各式设计：多立克式、爱奥尼克式、科林斯式、复合式、托斯坎式。古罗马建筑中，柱式开始被当成附属于墙面和正立面的装饰。

柱座（Stylobate）：在列柱坐落处的一个连续状的基座。

柱顶板（Abacus）：柱头上的平板，直接支撑横梁。

柱顶线盘（Entablature）：古典时期的建筑，位于柱子上方的部分，包括额枋、檐壁（或称壁缘饰带）和檐口。

柱廊（Stoa）：古希腊建筑中，开放性的列柱空间，供公共商业之需。相当于一个长的凉廊。

柱桩构造（Piotis）：支撑整个建筑物的柱或桩，使整个地面层完全开放。

柱头（Capital）：柱子的上部。参见多立克、爱奥尼克、科林斯等柱式。在非古典（古希腊和古罗马以外）时期建筑中，柱头可采用任何一种形式设计。

洛可可（Rococo）：18 世纪晚期在法国发展的一种风格，是巴洛克建筑之轻巧明亮的变化。特征是：流畅的线条；阿拉伯式图案的装饰；装饰华丽的灰泥工程；模糊建筑组件间的分别，使之成为一个单一塑造的量体。

科林斯柱式（Corinthian）：三个古典柱式中的最后一种，特征是：高柱座，有时为高柱础；细长的柱身上有凹槽和细凸条纹；华丽的柱头、使用形式化的莨苕叶饰。

复合柱式（Composite）：古罗马时期发明的柱式，柱头乃结合了科林斯柱式的叶饰和爱奥尼克柱式的涡卷饰而成。

独立的（Free-standing）：在各个方向都是敞开的，没有依附在墙上的。

钢构架（Steel frame）：由钢制大梁、纵梁构成的骨架，提供使建筑物站立的所有结构性需要。

栏杆（Balustrade）：一排栏杆柱或小型柱支撑着扶手。

神圣区（Temenos）：古希腊建筑中的一个神圣区城，周围有墙，区域内有神庙或祭台。

轴线规划（Axial planning）：几个建筑物或房间沿着单独一条线（轴线）配置的方式。

十 画

哥特式建筑（Gothic）：对大约从 12 世纪中期到文艺复兴时期欧洲建筑的命名。特征是：尖拱、飞扶壁和肋筋拱顶。

核堡（Keep）：城堡中最内部的堡垒。最初是唯一用石头建造的部分，后来砌筑了同心圆防护墙环绕在外。

桁架（Trus）：精确的三角形骨架，跨放在开口上支撑屋瓦或铅皮。大部分的木造屋顶是桁架式架构。

桁条（Purlin）：沿着斜屋面中间放置的横梁，靠在人字梁（principal rafter，主要的椽条）上，支撑着次要椽条。

浮雕（Relief）：在表面上雕刻，使图案和物体相对于背景是凸起的。高凸浮雕（high relief）雕刻得很深，浅浮雕（low relief）则雕得比较浅。

浴场（Thermae）：古罗马的公共浴室。有几个大厅，各有不同水温的水池（冷水浴室、温水浴室、热水浴室）和许多其他设施。

脊梁（Ridge beam）：沿着斜屋顶的顶端架设的梁。

起拱石（Springing）：拱圈上曲线开始的地方。

高台（Dais）：在厅堂末端高起的平台。

高窗，假楼高窗（Clerestory）：大型围闭式空间中较高的窗带，在邻接的屋面上方。尤其在大会堂建筑物中，设置在连拱圈所塑造的侧廊上方。

凉廊（Loggia）：有屋顶覆盖，在一边或一边以上有开放性连拱圈的空间。

爱奥尼克柱式（Ionic）：三个古典柱式中的第二个。特征是：塑造高雅的柱础；高而细长的柱身，有垂直的凹槽，凹槽间由细凸条纹做分隔；柱头运用了涡卷形或螺旋形。

诺曼式（Norman）：指英国的仿罗马式风格。

圆形建筑（Rotunda）：任一种形式的圆形建筑（未必有圆顶）。

圆形露天竞技场（Amphitheatre）：圆形或椭圆形场地，周围环绕着一阶阶座位。

圆室（Chevet）：在大型哥特式教堂的东端，由环形殿、步廊和放射状祈祷室组成。

圆柱（Column）：圆形的柱子，圆柱状的支撑物，支撑建筑物的一部分。当然，也有像纪念碑一样单独设立的。见多立克、爱奥尼克、科林斯等柱式。

圆顶（Dome）：约呈半球形的内凹屋顶，构筑在圆形基座上。从圆顶的剖面来看，它可以是半圆形、带尖顶或弧形的。有弧形剖面的圆顶称为碟形顶（saucer-dome）。大部分西欧的圆顶是叠在鼓形环（drum）上。而葱形顶或球茎形顶只是显露在外部的特色而已。

陵墓（Mausoleum）：华丽精巧的墓。此名称源自希腊的统治者摩索拉斯（Mausolus）在小亚细亚的哈利卡纳苏斯（Halicarnassus）的陵墓。

涡卷饰（Volute）：螺旋形的涡卷纹饰，特别常在爱奥尼克柱头中出现。

热水浴室（Calidarium）：罗马的公共浴场中，供应热水的房间。

十一画

梯形庙塔（Ziggurat）：层叠式金字塔，最顶上筑有祭台或庙宇。建于古美索不达米亚和墨西哥。

清真寺（Mosque）：供伊斯兰教徒祈祷、聆听训示的场所。

敏拜尔（Minbar）：清真寺中的讲道坛。

粗石造（Rustication）：一种石墙的构筑方法，使石造建筑物的外观表面保持石头一块块的粗糙质感，散发"力"的感觉。为了使石块接缝处出现深沟槽，边缘通常是凿削掉的。

矫饰主义（Mannerism）：在文艺复兴盛期和巴洛克时期之间形成的一种建筑风格。特征是：古典题材特殊的使用方式、不寻常的比例、风格上的矛盾。

悬臂梁（Cantilever）：梁或桁在其中央区或长度一半处被支撑，一端加重，使另一端承受同比例的载重。

廊台，狭长的房间（Gallery）：（1）位于上面的楼层，对建筑物的主要室内空间或对室外敞开（例如教堂侧廊上方的廊台）；（2）在中世纪和文艺复兴住宅中，指长而窄的房间。

梁柱工法（Columnar and trabeate）：只运用柱和梁或楣线构筑，即不使用拱的构造原理。

十二画

嵌墙（Engaged）：与墙壁结合在一起，不是独立坐落着的。

棱堡（Bastion）：城堡或防御工事之幕墙的凸出物。设置棱堡，是为了使城墙上的炮火能扫过墙面。

装饰风格（Decorated）：英国的哥特式建筑中，在早期英国式时期之后的一种建筑风格。特征是：精巧的曲线式的花式窗格、奇特的空间效果、复杂的肋筋拱顶、尖凸饰、自然风的叶饰雕刻。

装饰线脚（Moulding）：建筑组件轮廓处的装饰。通常是一个有雕刻或凸出图案的连续带状物。

跑道，墓道（Dromos）：（1）赛马跑道；（2）两高墙之间的信道或入口，例如通往一座迈锡尼陵墓的信道。

湿壁画（Fresco）：狭义上，单指墙面灰泥还是湿的时候，以颜料绘制的画。有时泛指任何墙壁绘画。

温水浴室（Tepidarium）：古罗马公共浴场的一部分，内有温水，调节冷水浴室和热水浴室之间的温度。

塔（Pagoda）：具有多层楼面的中国或日本建筑物，每一层楼有宽阔凸出的屋檐。

塔门，门塔（Pylon）：古埃及纪念性门道，通常由两个有斜边的石砌体组成。

十三画

新古典主义（Nee-classicism）：巴洛克之后产生的风格。特征是运用更学院式的古典特色。

新艺术（Art Nouveau）：1890 年到 1910 年流行于欧洲的一种装饰风格。避开传统的图案而建立在各式曲线和植物造型的基础上。

楣，过梁（Lintel）：横跨开口上方的水平梁或板。在古典建筑中，此过梁称为额枋。

楣梁式（Trabeate）：以梁来构筑的。

碉楼（Barbican）：中世纪的城市或城堡中，监视出入口的外围防御工事。

椽（Rafter）：斜屋顶上的斜梁，支撑着挂瓦条。

窣堵波（Stupa）：最初是埋葬佛教徒的坟冢，后来才安置骨灰、圣物的房间，其四周环绕着一个步廊。

幕墙（Curtain wall）：（1）城堡建筑中，幕墙是筑于棱堡或塔楼之间；（2）现代建筑里，幕墙是种功能像屏风而不承重的外墙，对于钢构建筑而言，所有的墙面都是幕墙。

十四画

赛马场（Hippodrome）：古希腊供马或战车比赛的竞技场。

僧院（Vihara）：佛教的僧院，或僧院中的大厅（最初的僧院是石窟形式的）。

模矩（Module）：比例的度量单位。建筑物中的每部分都跟一个简单的比率有关。在古典建筑中，通常是紧接在柱座上方的圆柱半径。

十五画

墩柱（Pier）：支撑拱圈的独立石造物，通常从断面上看是多柱复合的，并且比圆柱还粗，但是功能一样。

额枋（Architrave）：古典的柱顶线盘最下面部分，柱列上方的石造过梁。

十六画

壁柱，半露柱（Pilaster）：平直的柱子，断面上是长方形，贴附在墙上作为装饰。不具有结构上的功能，但是仍然遵循柱式的规范。

壁龛（Niche）：墙壁中的凹处。通常有雕像或装饰物。

十七画

翼殿（Transept）：十字形教堂的一部分。中殿和圣坛与之成直角，北翼和南翼称为北翼殿和南翼殿。有一些大教堂在交会区的东边建有额外的翼殿。

檐口（Cornice）：（1）柱顶线盘中凸出于其表面，位于最上面的部分（见柱式）；（2）文艺复兴建筑中，沿着墙的上缘凸出于其表面的隔板，此板架于装饰性的托座上。

檐壁，壁缘饰带（Frieze）：柱顶线盘的一部分，位于额枋上方、檐口下方。在多立克柱式中，它被分割成数个三槽板和间饰板。檐壁往往作为图案的雕刻饰带，因此在文艺复兴建筑中，它意指一个环绕在建筑物或房间顶部的浮雕带。

十八画以上

藻井镶饰（Coffering）：由内陷的镶板（藻井）构成的一种天花板和圆顶的处理方式。

镶嵌，马赛克（Mosaic）：玻璃或石材的小方块，镶嵌在覆有粘着料的底层，作为墙面或地板的装饰。

镶嵌物（Inlay）：多种材料混合物的小块，装填在基床或某物背后。

▍建筑师小传

注：以下是本书提及的主要建筑师的小传，排序按原书，个人作品选择性列出。

阿尔托（Aalto, Alvar, 1898—1976），芬兰伟大的建筑师，继续浪漫民族主义传统，并把国际现代风格引进芬兰，同时赋予强烈的个人色彩与芬兰特色。他对地貌（landscape）十分敏感，擅于运用砖材与木材。

作品：维普里图书馆（1927—1935）；帕伊米奥疗养院（1929—1933）；Villa Mairea, Noormarkku（1938）；剑桥麻省理工学院的贝克公寓（1947—1948）；珊纳特赛罗（Saynatsalo）的市民中心（1950—1952）；Technical University, Otaniemi（1950—1964），Vuoksenniska Church, Imatra（1956—1959）；罗瓦涅米（Rovaniemi）的公共图书馆（Public Library）（1963—1968）。

亚当（Adam, Robert, 1728—1792），18世纪后半期伟大的英国建筑师，首创新古典主义、装饰华丽优雅的建筑风格，在美国、俄罗斯与英国等地，都造成极大的影响。父亲是苏格兰知名的建筑师威廉·亚当（William Adam, 1689—1748），他与兄弟詹姆斯（James）承其衣钵，建筑事业均十分成功。他们的《建筑作品集》（*Works in Architecture*）在1773年、1779年与1822年出版。所谓的"亚当风格"包括了装饰性的用品、设备与家具，以及前所未见的房间形状的多样变化。

内部改装：Harewood House, Yorkshire（1758—1771）Kedleston Hall, Derbyshire（1759—）；伦敦的Syon House（1760—1769）；Osterley Park, Middlesex（1761—1780）；伦敦的Kenwood House（1767—1769）。建筑作品：伦敦的20 Portman Square（18世纪70年代）；爱丁堡的Register House（1774—）Culzean Castle（1777—1790）；爱丁堡的Charlotte Square（1791—1807）。

阿尔贝蒂（Alberti, Leon Battista, 1404—1472），意大利文艺复兴时期的建筑师与作家。穿梭于人文主义的知识圈，建筑作品充分反映出他对和谐比例与正确运用古典秩序的兴趣，极具影响力的作品《谈建筑》（*On Architecture*）写于15世纪40年代，但直到1485年才出版。

作品：佛罗伦萨的鲁切拉伊大厦（1446），佛罗伦萨的福音圣母教堂（1456—1470），曼图亚的圣安德烈亚教堂（1472）。

安东尼奥·弗朗西斯科·科斯博阿（Aleijadinho; Antonio Francisco Lisboa, 1738—1814），巴西建筑师，父亲是葡萄牙建筑师，母亲则是黑奴。他协助创立巴西色彩鲜明的巴洛克风格，在作品中加入大量的装饰与扭曲的形式，同时在单一空间的观念里，结合了雕刻与建筑。

作品：圣方济教堂，欧鲁普雷图（1766—1794）；Bom Jesus de matozinhos, Congonhas do Campo（1800—1805）。

特拉勒斯的安提莫斯（Anathemius of Tralles），希腊几何学家，后来成为建筑师，活跃于公元6世纪初期，他和米利都的伊西多尔（Isidore of Miletus）一起，建筑了君士坦丁堡圣索菲亚的原始教堂（532—537）。

阿萨姆（Asam, Egid Quirin, 1692—1750），开创德国南部巴伐利亚地区鲜明巴洛克风格的两兄弟之一，这两兄弟最擅长设计教堂的内部，运用壁画与粉刷等技巧，创出繁复多彩的效果。

装饰作品：Freising Cathedral（1723—1724）；St Emmeram, Regensburg（1733）；慕尼黑市内与附近的委托作品。建筑作品：慕尼黑的圣约翰内波穆克教堂（1733—1744）；Ursuline Church, Straubing（1736—1741）。

阿斯普隆德（Asplund, Gunnar, 1885—1940），瑞典首屈一指的建筑师，把国际现代风格转变得较为轻柔优雅。

作品：斯德哥尔摩市立图书馆（1920—1928），Stockholm Exhibition（1930）；Goteborg Town Hall extension（1934—1937）；斯德哥尔摩的森林火葬场（1935—1940）。

巴里（Barry, Sir Charles, 1795—1860），英国维多利亚初期多才多艺的建筑师，作品深受文艺复兴时期大师的影响，经典作品是英国国会大厦（Houses of Parliament），其中的哥特式细部风格源自普金（Pugin）。

作品：伦敦的旅人俱乐部（1829—1831），伦敦的英国国会大厦（1836—1852），伦敦的改革俱乐部（1837），伦敦的Bridgewater House（1847），Halifax Town Hall（1859—1862）。

贝尔吉欧加索（Belgiojoso，Lodovico，1909—2004），意大利建筑师，1932年与埃内斯托·罗杰斯（Ernesto Rogers，1909—1969）、皮瑞瑟悌（Enrico Peressutti，1908—1973）合伙创立了米兰BBPR建筑工作室（BBPR Architectural Studio）。他们的作品现代风格中带有幽默、奇想，而且不排斥运用传统风格。

作品：米兰 Legnano 的 Heliotherapy Clinic（1938年建，1956年拆除），罗马 EUR quarter 的邮局（1940），米兰 Sforza Castle Museum（1956—1963），米兰维拉斯加塔（1956—1958），米兰 Chase Manhattan Bank（1969）。

贝尼尼（Bernini，Gian Lorenzo，1598—1680），当时最伟大的雕刻家，开创巴洛克风格的主导人物，作品常具戏剧性效果，将建筑与雕刻融合为一个整体。

作品（全都在罗马）：圣彼得教堂的 Baldacchino（1624—1633）；特雷维喷泉（1632—1637）；Comaro Chapel，S.Maria della Vittoria（1646）；圣彼得广场的列柱建筑（1656—1671）；奎里纳雷的圣安德烈亚教堂（1658—1670），Palazzo Chigi-Odescalchi（1664）。

宾德斯伯（Bindesbøll，Gottlieb，1800—1856），丹麦建筑师，以自由改编新古典风格和用色大胆而备受称道、影响深远，他的许多建筑作品都采用多色砖块，同时反映出地方传统的影响。

作品：哥本哈根的托尔瓦森博物馆（1839—1848），Habro Church（1850—1852），Oringe Mental Hospital（1854—1857），哥本哈根的 Veterinary School（1856）。

勃夫杭（Boffrand，Gabriel Germain，1667—1754），法国最伟大的洛可可风格建筑师，追随芒萨尔（J.H.Mansart）习业，后来两人成为合伙人，建筑作品特色在于外部简单、内部豪华繁复，其中以苏比亲王连栋式街屋最为知名，他因建筑巴黎市内匠心独运的私人饭店而变得非常富有，但1720年，法国的密西西比泡沫案，又使他失去大部分财富。

作品：Château de Luneville（1702—1706）；Château de Saint Ouen（约1710）；巴黎的 Hôtel de Montmorency（1712）；Ducal Palace，Nancy（1715—1722，1745年拆除）；巴黎的苏比亲王连栋式街屋（现在的国家档案局1735—1739）。

博罗米尼（Borromini，Francesco，1599—1667），杰出的意大利巴洛克建筑师，贝尼尼的学生与对手，最有名的作品是一些散布在罗马怪异地点的小教堂，所有的小教堂均严格采取简单的几何形式，结构明确利落，善于掌握运用各种空间。他创造出来的作品形式大胆、具原创力，而且影响深远，但对手认为他打

破古典建筑的规则，却被他否认。晚年他愤世嫉俗，与世隔绝，最后以自杀结束一生。

作品（全部都在罗马）：Oratory of St Philip Neri（1637—1650），四喷泉圣卡罗教堂（1638—1677），圣伊沃·德拉·萨皮恩扎教堂（1642），纳沃纳广场的圣阿涅丝教堂（1652—1666）。

布拉曼特（Bramante，Donato.1444—1514），意大利文艺复兴时期建筑师，其作品小圣堂（Tempietto）常被视为完美的文艺复兴式建筑。约从1480年起，他就待在米兰，和达·芬奇是同一个时代的人，都在米兰公爵 Lodovico Sforza 的旗下服务。在米兰，他盖了好几间教堂。1499年法国入侵后，他逃往罗马，在罗马为新的圣彼得教堂，提出了宏伟的希腊十字架的原始兴建计划（后来落成的结构已经过大幅修改）。

作品：米兰的 S.Maria presso S.Satiro（1482）；米兰的 S.Maria delleGrazie（1492）；罗马的 cloister，S.Mariadella Pace（1500—1504）；罗马小圣堂的 S.Montorio in Monte（1502）；罗马的圣彼得教堂（1506—）；罗马的 Palazzo Caprini（1510）。

布罗德里克（Brodrick，Cuthbert，1822—1905），维多利亚全盛时期，以约克郡为基地的英国建筑师，其古典风格深受法国文艺复兴以及巴洛克典范的启发。

作品：利兹市政厅（1853），Leeds Corn Exchange（1860—1863），斯卡伯勒的豪华大饭店（1863—1867）。

布鲁内莱斯基（Brunelleschi，Filippo，1377—1446），意大利建筑师、雕刻家与数学家，率先开创文艺复兴的风格，并被视为透视图法的发明人。他精研古代与罗马式的风格典范，并将原始风格转化成一系列的文艺复兴原型建筑，以优雅、简洁、比例完美而著称。

作品（都在佛罗伦萨）：育英医院（1421），圆顶大教堂（1420—1434），S.Lorenzo（1421—），帕齐礼拜堂的圣十字教堂（1429—1461），S.Spirito（1436—）。

比朗（Bullant，Jean，约1520—1578），法国矫饰主义（Mannerist）建筑师，结合了学院派对古典正确细节的专注，以及对庞大细节的运用，创造出恢宏的效果。1570年他成为 Catherine de Medicis 的建筑师，曾写过 *Reigle générale d'architecture*（1563）一书。

作品：Petit Château，Chantilly（1560）；巴黎的 Hôtel de Soissons（1572，已毁）；bridge gallery，Chenonceaux（1576—1577）。

伯灵顿（Burlington，Lord，1694—1753），鉴赏家与业余

建筑师，提倡帕拉迪奥新古典主义的建筑风格，对英国的品位有极大影响。他生性严谨拘泥、惯于吹毛求疵，最喜欢强调大师帕拉迪奥（Palladio）纯粹而"绝对"的古典标准，他在奇西克（Chiswick）的别墅，就是仿照圆顶别墅（Villa Rotonda）而建。

作品：伦敦的 Dormitory，Westminster School（1722—1730）；奇西克之屋（1725），Assembly Rooms，York（1731—1732）。

伯纳姆（Burnham, David H., 1846—1912），美国建筑师与室内设计师，与鲁特（John Wellborn Root，参照小传）合伙，在树立所谓"芝加哥风格"（Chicago Style）中，扮演了重要的角色。他是芝加哥哥伦比亚世界博览会的建筑负责人（Chief of Construction for the World Columbian Exhibition, 1893），另外还为华盛顿特区（1901—1902）以及芝加哥（1906—1909）提出了全盘的建筑规划。

作品：芝加哥的孟内德纳克大楼（1884—1891），芝加哥的信托大楼（1890—1894），芝加哥的 Masonic Temple（1891），纽约的 Flatiron Building（1902）。

卡拉特拉瓦（Calatrava, Santiago, 1951—），建筑师与工程师，生于西班牙，但定居在瑞士苏黎世。他以戏剧性的手法，结合建筑与先进的工程技巧，创造出几乎可以说是雕刻杰作的建筑结构，其三维空间的形式优雅而充满内涵，不但实用，而且表达了丰富的雕刻语汇。

作品：苏黎世的 Stadelhofen 火车站（1982—1990）；多伦多的 Gallery and Heritage Square（1987—1992）；塞维利亚的阿拉米罗桥（1987—1992）；里昂－萨特勒机场的快速列车车站（1988—1992）；巴塞罗那的 Telecommunications Tower, Montjuic（1989—1992）；Bilbao Airport（1991）。

卡利克拉特（Callicrates，公元前 5 世纪），雅典首屈一指的建筑师，主要以建筑帕特农神庙（Parthenon）闻名，这间神庙是他与伊克提诺斯（Ictinus）共同设计的。

作品：雅典的妮可·阿波提若思神庙（公元前 450—公元前424），雅典的帕特农神庙（公元前 447—公元前 432），连接雅典与比雷埃夫斯的部分防御性长城（约公元前 440）。

卡梅隆（Cameron, Charles, 1746—1812），苏格兰新古典主义建筑师，尊崇追随罗伯特·亚当，曾在 1779 年前往俄罗斯为 Catherine the Great 服务，后来终其一生一直留在俄国。

作品：普希金冬宫的建筑设计、室内设计与庭园设计（1780—1787）；普希金的 Pavlovsk Palace（1781—1796）；Naval Hospital and Barracks, Kronstadt（1805）。

坎彭（Campen, Jacob van, 1595—1657），荷兰古典建筑师，把某个版本的帕拉迪奥新古典主义建筑风格引进荷兰，一时蔚为风行，在英国也有特殊的影响力。

作品：海牙的茅立海斯小宫殿（1633—1635）；阿姆斯特丹的市政厅（1648—1655）；New Church, Haarlem（1654—1659）。

坎德拉（Candela, Felix, 1910—1997），生于西班牙的墨西哥建筑师与工程师，他实验式的水泥贝壳式圆顶建筑，为现代建筑带来新的抛物线形式，不但极具实用功能，而且具有丰富内涵。

作品：墨西哥城的 Cosmic Rays Laboratory, University Campus（1951）；墨西哥城的神奇少女教堂（1954）；Warehouse for Ministry of Finance, Vallejo（1954），Textile Factory, Coyocoan（1955）；Restaurant, Xochimilco（1958）。

居维利埃（Cuvilliés, Francois, 1695—1768），生于比利时的建筑师，后来成为德国南部洛可可风格的超级拥护者，被巴伐利亚地区的诸侯指派为宫廷建筑师，并被送往巴黎研习建筑，回到慕尼黑后，发展出一种兼具繁复多彩与优雅细致的建筑风格。

作品（在慕尼黑）：Residenz 的装饰（1729—1737），亚玛连堡阁，Schloss Nymphenburg（1374—1379）；Residenztheater（1751—1753）；fçcade, St Cajetan（1767）。

丁岑霍费尔（Dientzenhofer, Johann, 1665—1726），德国一个巴洛克风格建筑师家族中的一员，曾走访罗马，早期作品带有意大利风味，成熟期的作品则以戏剧性的空间运用与自由自在的空间挥洒为特色。

作品：Cathedral, Fulda（1701—1712）；班兹修道院教堂（1710—1718）；Palace, Pommersfelden（1711—1718）。

达尔曼（Dollmann, Georg von, 1830—1895），德国歌特复兴传统与浪漫主义建筑师，曾师从克伦泽（Leo von Klenze），接替爱德华·里德尔（Eduard Riedel, 1813—1885）担任路德维希二世的宫廷建筑师，负责把王侯童话似的奇想落实到建筑中，整个建筑因此囊括中世纪、巴洛克、拜占庭与东方等各种风格。

作品：Parish Church, Giesing（1865—1868）；新天鹅堡（1872—1886，最早由里德尔开始兴建，1868）；Schloss Linderhof（1874—1878）；Schloss Herrenchiemsee（1878—1886）。

杜多克（Dudok, Willem, 1884—1974），荷兰建筑师，定居于希尔弗瑟姆，对砖材的运用极为保守，尊重传统，受风格派与赖特（Frank Lloyd Wright）的影响，开创出某种特殊的国际风格（International Style），因此备受尊崇，尤其是在英国。

作品：Dr Bavinck School, Hilversum（1921—1922）；希尔弗瑟姆市政厅（1927—1931）；鹿特丹的 Bijenkorf Department Store（1929—1930，现已不存）；鹿特丹的 Erasmus Flats（1938—1939）。

埃菲尔（Eiffel, Gustave, 1832—1923），法国工程师，率先启用格构式主梁结构（latticed box girder construction），特别是用在桥梁上。他的建筑结构以沉静的优雅，结合了轻巧与力量。

作品：法国的 Pont du Garabit, Cantal（1870—1874）；葡萄牙的 birdge over the Douro, Porto（1877—1878）；纽约的自由女神金属框架（1885）；巴黎的埃菲尔铁塔（1887—1889）。

艾森曼（Eisenman, Peter, 1932—），美国建筑师，20世纪60年代属于"纽约五人组"（New York Five），这个团体崇尚早期现代主义的古典形式，倡导形式的价值胜于功能。他描述自己是"后人文主义者"（post-humanist），特别喜欢运用分裂的片段（fragmentation）、叠置的棋盘式方格布局（superimposed grids）以及武断的并置手法（arbitraty juxtaposition）。

作品：柏林 Kochstrasse 的 IBA Social Housing（1982—1987），俄亥俄州哥伦布市的维克斯纳中心（1983—1989），柏林的 Max Reinhardt House 规划（1983—1989, 1994），俄亥俄州哥伦市的 Greater Columbus Convention Center（1989—1993）。

福斯特（Foster, Sir Norman, 1935—），英国建筑师，与罗杰斯（Richard Rogers）一起，率先开创出英国现代主义的高技术（high tech）发展，他大胆运用先进科技，坦白呈现各种结构，但是设计流畅自然，形式节制有度，其中蕴含了对社会甚至精神需求的意识与体认。

作品：Reliance Controls Factory, Swindon（1966）；Sainsbuty Centre for Visual Arts, University of East Anglia（1974—1978）；Willis Faber Dumas Building, Ipswich（1974）；中国香港的汇丰银行（1979—1986）；Stansted 机场（1980—1991）；Sackler Galleries, Royal Academy（1985—1993）；法国 Carré d'Art, Nimes（1985—1993）；东京的 Century Tower（1987—1991）；中国香港的新机场（1992—1998）。

富勒（Fuller, Richard Buckmin-ster, 1895—1983），美国工程师与理论家，毕生极力倡导运用崭新的材质与建筑技巧。他发明了网格圆顶（geodesic dome）——一种运用空间张力原则所创造出的轻型建筑结构。目前这种圆顶结构建筑已经有25万座以上。

作品：路易斯安那州巴吞鲁日（1959），蒙特利尔（1967），日本富士山（1973），以及佛罗里达州迪士尼乐园（1982）等地的网格圆顶建筑。

弗尼斯（Furness, Frank, 1839—1912），美国建筑师，定居费城，其建筑风格兼容并蓄，主要受法国与英国的影响，以形式大胆、砖材运用手法多彩多姿而著称，学生包括路易斯·沙利文（Louis Sullivan）。

作品（全部在费城）：宾州美术学院（1871—1876），Provident Life and Trust Company Building（1876—1879），宾州大学图书馆（1887—1891），Broad Street Station（1891—1893，已拆除）。

加布里埃尔（Gabriel, Angre-Jacques, 1698—1782），法国新古典主义最伟大的建筑师。1742年，继承父亲之职，成为法王路易十五的皇家建筑师，主要作品包括对枫丹白露宫、Compiègne 与凡尔赛等地皇宫的改建与增建。他最好的作品庄严肃穆、简洁利落、装饰节制有度。

作品：凡尔赛的歌剧院（1784）；Pavillon de Pompadour, Fontainebleau（1784）；巴黎的 École Militaire（1750—1768）；凡尔赛的 Petit Trianon（1763—1769）；Hunting Lodge, La Muette（1753—1754）；Place Royale, Bordeaux（1731—1755）；巴黎的协和广场（1753—1765）。

加尼叶（Garnier, Charles, 1825—1898），法国建筑师，金碧辉煌、洋溢着新巴洛克风格的巴黎歌剧院，是他的代表性杰作，不但色彩变化丰富，装饰繁复细致，对空间与群众的掌控更是极为杰出。

作品：巴黎歌剧院（1861—1875）；蒙特卡洛的赌场（1878）；villa, Bordighera（1872）；巴黎的 Cercle de la Librairie（1878）。

高迪（Gaudí, Antoni, 1852—1926），西班牙建筑师，以自然的形式为基础，对新艺术（Art Nouveau）有极为独到而精彩的运用与诠释。建筑物正面与屋顶线条多有雕刻，再加上丰富多彩的各种装饰，是他建筑作品的最大特色。

作品（全部在巴塞罗那）：圣家堂（1884—），Palacio Güell（1885—1889），吉尔公园（1900—1914），圣科洛马-德塞尔韦略教堂（1898—1917），贝特罗住宅（1904—1906），米拉住宅（1905—1910）。

吉布斯（Gibbs, James, 1682—1754），英国巴洛克与新

古典主义建筑师，曾追随罗马的丰塔纳（Carlo Fontana），创造出一种深沉而节制的巴洛克风格，对后来英国新古典风格的发展，产生极大的影响。

作品：Ditchley House, Oxfordshire（1720—1725）；伦敦的田野圣马丁教堂（1721—1726）；Senate House, Cambridge（1722—1730）；剑桥国王学院的 Fellow's Building（1724—1729）；牛津的拉德克里夫图书馆（1737—1749）。

罗马诺（Romano, Giulio, 1492—1546），意大利建筑师与画家，大胆而刻意地操纵古典建筑的规则，因而成为矫饰主义的代表大师。受雇于曼图亚的贡扎加二世公爵。

作品：（全都在曼图亚）：泰府（1524—1534），公爵府（1538—1539），大教堂（1545—1547）。

高恩（Gowan, James）见**斯特林**（Sterling, James）

格雷夫斯（Graves, Michael, 1934—2015），美国建筑师，定居于普林斯顿与纽约，身为"纽约五人组"（详见**艾森曼**）的一员，他致力于操纵现代与古典原型建筑的各种形式，刻意在引用历史的同时，加入明显的嘲讽与模棱两可。

作品：普林斯顿的 Benacerraf House（1969）；Fargo-Moorhead Cultural Center, North Dakota/Minnesota（1977—1978）；俄勒冈州波特兰的公众服务大楼（1980—1983）。

格罗皮乌斯（Gropius, Walter, 1883—1969），现代建筑国际风格的开创者之一，参与成立包豪斯学院，这是 20 世纪最有影响力的建筑与设计学校。1933 年，包豪斯遭纳粹关闭后，他曾短暂在英国工作（1934—1937），随即移民美国，担任哈佛大学设计研究所所长，对现代主义的传播有很大的贡献。

作品：莱茵河边阿尔费尔德的法古斯工厂（1911）；科隆的 Werkbund Exhibition Pavilion（1914）；Bauhaus, Dessau（1925—1926）；Gropius House, Lincoln, Mass.（1938）；麻州剑桥哈佛大学的 Harkness Commons Dormitories（1948）。

瓜里尼（Guarini, Guarino, 1624—1683），意大利巴洛克建筑师与数学家。他以一种更巨大的形式，来表达博罗米尼（Borromini）的想法，所建教堂空间上的配置十分复杂，圆锥形屋顶首开先例，影响深远。

作品：（都在都灵）：圣裹尸布礼拜堂（1667—1690），圣洛伦佐教堂（1668—1687），Collegio del Nobili（1678），Palazzo Carignano（1679）。

赫雷拉（Herrera, Juan de, 约 1530—1597），西班牙建筑师，发展出一种极为纯净简洁的文艺复兴风格，反映出他的赞助人菲利普二世朴实无华的品位。他从 1572 年起，开始负责完成兴建埃斯科里亚尔宫（the Escorial palace）。

作品：Aranjuez Palace（1569）；Alcázar Toledo（1571—1585）；El Escorial（1572—1582，1562 年时，先由托雷多开始兴建）；Exchange, Seville（1582）；Valladolid Cathedral（约 1585）。

希尔德布兰特（Hildebrandt, Lucas von, 1668—1745），奥地利首屈一指的巴洛克建筑师，曾追随丰塔纳（Carlo Fontana）习艺，崇仰瓜里尼（Guarino Guarini）。他设计的建筑物正面相对而言较为简朴，但内部，尤其是楼梯部分，装饰极为繁复，极具戏剧化的效果，他的许多作品（除了 Belvedere）都是以现有建筑改装。

作品：Schloss Pommersfelden（1711—1718）；维尔茨堡 Residenz（1719—1744）；维也纳的贝尔佛第宫（1720—1724）；Schloss Mirabell, Salzburg（1721—1727）。

霍尔（Holl, Elias, 1573—1646），德国首屈一指的文艺复兴建筑师，1602 年被任命为奥格斯堡的城市建筑师，其风格受到帕拉迪奥新古典主义与矫饰主义的影响，但他另外加入德国典型的建筑特色，例如高高的山形墙等，冲淡了原本的意大利风格。

作品（都在奥格斯堡）：Arsenal（1602—1607），St Anne's Grammar School（1613—1615），Town Hall（1615—1620），Hospital of the Holy Ghost（1626—1630）。

霍尔塔（Horta, Victor, 1861—1947），比利时建筑师，以一连串极具创意的建筑杰作，将"新艺术"（Art Nouveau）蜿蜒曲折的意涵，转化为融合形式与装饰于一整体的"完整建筑"（total architecture）。

作品（都在布鲁塞尔）：塔塞尔旅馆（1892—1893），索尔维旅馆（1895—1900），Maison du Peuple（1896—1899），Lnnovation Store（1901）。

伊克提诺斯（Ictinus）详见**卡利克拉特**（Callicartes）。

伊姆霍特普（Imhotep, 活跃于公元前 2600 年左右）：历史上第一位知名建筑师，埃及左塞王的顾问与大臣，赫里奥波里斯（Heliopolis）的祭司。他在萨卡拉搭盖了巨大的丧葬建筑群（约公元前 2630—公元前 2610），其中阶梯式的金字塔、复杂精致的石材建筑，以及对廊柱的运用等，都成为往后 2500 年埃及建筑的重要依归。

米利都的伊西多尔（Isidore of Miletus）详见**特拉勒斯的安提莫斯**（Anathemius of Tralles）。

圣乔治的詹姆斯（James of St George，13 世纪），曾主导一连串献给英王爱德华一世的建筑作品，负责在 13 世纪末期，于威尔士边境监督兴建一系列"完美"城堡，包括 Conwy，Caernarfon，Pembroke，Harlech 与 Beaumaris 等地。

杰斐逊（Jefferson，Thomas，1743—1826），美国政治家与第三任总统，同时也是天资过人的业余建筑师，在帕拉迪奥新古典主义与古罗马传统的影响下，开创出一种纯粹的古典风格，对美国的公共建筑产生极大的影响，另外他还领导规划美国首都华盛顿的市容。

作品：蒙蒂塞洛（1770—1796）；Virginia State Capitol，Richmond（1796）；夏洛茨维尔的弗吉尼亚大学（1817—1826）。

约翰逊（Johnson，Philip，1906—2005），定居在纽约的建筑师，1932 年，将国际风格引进美国，并在纽约现代美术馆（Museum of Modern Art）参与主办同名展览，引发极大的反响。他是密斯的学生，曾建造美国某些最早，而且影响最为深远的钢铁与玻璃建筑，以线条纯粹利落闻名。20 世纪 80 年代，他又率先在高楼建筑中，以"后现代"的方式，引用史上的各种风格。

作品：新迦南的玻璃屋（1949—1950）；Seagram Building，New York（1954—1958，与密斯合作）；Sheldon Memorial Art Gallery，Lincoln，Nebraska（1963）；纽约林肯中心的 State Theatre（1964，与 Richard Foster 合作）；John F.Kennedy Memorial Hall，Dallas（1970）；纽约的 ATT 大楼（1978—1983）；IBM Tower，Atlanta（1987）。

琼斯（Jones，Inigo，1573—1652），杰出的建筑师与舞台设计师，将文艺复兴的风格引进英国，主要受帕拉迪奥新古典主义的影响，建造出英国第一座古典建筑，同时对 18 世纪的帕拉迪奥新古典主义的复兴，也有很深远的影响。

作品：格林尼治的皇后宅邸（1616—1635）；国宴厅，白厅（1619—1622）；伦敦的 Queen Chapel，St James's Palace（1623—1627）；伦敦圣保罗大教堂的门廊（1631—1642）；威尔特郡威尔顿宅的重建（约 1647 年）。

尤瓦拉（Juvarra，Filippo，1678—1736），丰塔纳（Carlo Fontana）的学生，18 世纪意大利最好的巴洛克建筑师，大部分建筑作品都在都灵市内或附近。他的建筑作品展现出气势惊人、比例匀称的整体效果，虽不具有伟大的原创性，却流露出一代大师成熟完美的风格。

作品（都在都灵市内或附近）：S.Filippo Neri（1715），苏派加长形教堂（1717—1731），Palazzo Madama（1718—1721），史

都比尼吉宫（1729—1733）。

路易斯·康（Kahn，Louis I，1901—1974），美国第二代现代建筑师中，最杰出的人才之一，尊重传统，对各种材质的运用颇有节制，擅长雄伟高大的建筑形式，其建筑作品风格庄严，充满有力的雕刻装饰。

作品：耶鲁大学艺廊（1951—1953）；费城宾州大学的理查德兹医学研究大楼（1957—1965）；加州的 Salk Institute，La Jolla（1959—1965）；Indian Institute of Management，Ahmadabad（1962—1974）；孟加拉国达卡的国家会馆（1962—1975）；德州沃斯堡的金贝尔艺术博物馆（1966—1972）。

肯特（Kent，William，1684—1784），英国建筑师与景观设计师，以革命性的非正式庭园设计，为建筑物与周边自然景观开创出一种全新的关系。他是伯林顿（Lord Burlington）的门徒，与伯林顿一起，开创出一种纯粹的新帕拉迪奥风格，在英国产生很大的影响。

作品：伦敦的奇西克之屋（1725）；景观花园，Stowe，Buckinghamshire（1732—）；诺福克的侯克汉宅邸（1734）；景观花园，Rousham，Oxfordshire（1739）；伦敦的 44 Berkeley Square（1742—1744）；伦敦的 Horse Guards（1748—1759）。

克伦泽（Klenze，Leo von，1784—1864），多才多艺的德国建筑师，开创出庄严气派、高大雄伟的公共建筑，作品主要分布在德国南部，有些采用希腊风格，另外有些采用文艺复兴风格。

作品：慕尼黑的 Glyptothek（1816—1831）；慕尼黑的 Leuchtenberg Palace（1817—1819）；慕尼黑的 Alte Pinakothek（1826—1836）；Walhalla，near Regensburg（1830—1842）；Hermitage，St Petersburg（1839—1852）。

黑川纪章（Kurokawa，Kisho，1934—2007），日本当代首屈一指的建筑师，执业范围遍及日本与世界各地，他是代谢派（the Metabolist group）的成员，曾以标准化的单位为基础，发展出不同的系统，同时强调"共生共利"的想法——亦即强调人与四周环境以及不同文化间的互动，他同时还是个多产作家。

作品：东京的 Nakagin Capsule Tower（1972）；大阪的 Sony Tower（1976）；Museum of Contemporary Art，Hiroshima（1988）；芝加哥的 Sporting Club，Illinois Center（1990）；City Museum of Photography，Nara（1992）。

拉布鲁斯特（Labrouste，Henri，1801—1875），法国建筑师，理性主义的拥护者，影响深远，率先在建筑物内采用钢铁式的拱形圆屋顶。由于遵循"形式应以功能与材质为依归"的原

则，他在负责兴建的两座图书馆中，运用钢铁的力量，创造出明亮、优雅而宽广的内部空间，后来全球许多火车站之类的建筑，都受到这两座图书馆的影响。

作品：巴黎的圣热纳维耶芙图书馆（1843—1851）；Seminary, Rennes（1853—1872）；巴黎的国家图书馆（1854—1875）；巴黎的 Hôtel do Vilgruy（1865）。

拉特罗布（Latrobe, Benjamin, 1764—1820），建筑师与工程师，生于英国，后于 1793 年移民美国，是将新古典风格引进美国建筑的重要人物，也是负责规划兴建美国首都华盛顿特区的建筑师之一。

作品：费城银行（1798），巴尔的摩大教堂（1805—1818），费城的 Markoe House（1810），维吉尼亚大学（1817—1826，与他人合作），新奥尔良的 Louisiana State Bank（1819）。

劳拉纳（Laurana, Luciano, 1420/5—1479），意大利早期的文艺复兴建筑师，目前所知的唯一作品，是位于乌尔比诺（Urbino）的公爵宫（the Ducal Palace，约 1454），这座宫殿居高临下、气势恢宏、内部装潢细致而精巧。

柯布西耶（Le Corbusier, Charles-Edouard Jeanneret, 1887—1965），生于瑞士的建筑师，他的原型建筑形式对现代建筑的发展有决定性的影响。位于普瓦西的萨伏伊别墅线条纯净利落，是现代主义的典型表征，位于马赛的单元住宅，则成为全球大众住宅的原始典型。他晚期的作品变得较为粗犷与富有诗意，反映出他对天然景观与自然形式的新思维。

作品：巴黎的 Maison La Roche/Jeanneret（1925）；Villa Stein/de Monzie, Garches（1928）；普瓦西的萨伏伊别墅（1928—1931）；巴黎的市立大学学生宿舍（1930—1931）；马赛的单元住宅（1946—1952）；Chapel, Ronchamp（1950—1954）；Millowners'Building, Ahmadabad（1951—1954）；印度的昌迪加尔（1956—）；拉图雷特的修道院（1957）；哈佛大学的 Carpenter Center（1959—1963）。

勒沃（Le Vau, Louis, 1612—1670），法国首屈一指的巴洛克建筑师，为法王路易十四规划的几座主要皇家建筑，均以结合华丽与优雅为主要特色。

作品：巴黎的朗勃特连栋屋（1639—1644），沃勒维孔特堡（1657），巴黎的 Collège des Quatre Nations（1662），改建卢浮宫（1664—），改建凡尔赛宫（1668—）。

隆盖纳（Longhena, Baldassare, 1598—1682），威尼斯最伟大的巴洛克建筑师，作品特色在于富有戏剧性、大胆的组合，以及表面丰富的纹理。他大半生的精力都投注于经典作品 S.Maria della Salute 之上。

作品（都在威尼斯）：安康圣母教堂（1630—1687）；staircase, Monastery of S.Giorgio Maggiore（1643—1645）；Palazzo Belloni（1648—1665）；Palazzo Bon（Rezzonico, 1649—1682）；Palazzo Pesaro（1652—1659）；S.Mariadi Nazareth（1656—1673）。

德洛尔姆（L'Orme, Philibert de, 1514—1570），法国 16 世纪最重要的建筑师，创意十足，以法国传统与意大利典范为基础，开创出一种崭新的文艺复兴古典风格。此外，他的著作 *Nouvelles Inventions*（1561）与 *Architecrure*（1567），也产生很大的影响，只是他的作品现今多已不存。

作品：巴黎的圣艾提安杜蒙教堂（1545）；Chateau of Anet（1547—1552，已毁）；Bridge, Chateau of Chenonceaux（1556—1559）；巴黎的 Tuileries Palace（1564—1572，已毁）。

莱伯金（Lubetkin, Berthold, 1901—1990），建筑师，生于俄罗斯，后移居英国，在英国开设了泰克坦（Tecton）事务所，英国战后许多最早、影响最为深远的国际现代风格建筑，都是由这个事务所负责兴建，其作品以简洁利落的线条著称。

作品：伦敦动物园的企鹅池和 Gorilla House（1934, 1935）；伦敦的 Highpoint I and II, Highgate（1933—1938）；伦敦的 Finsbury Health Centre（1939）。

勒琴斯（Lutyens, Sir Edwin, 1869—1944），20 世纪初期最重要的英国建筑师，他所建的豪华乡村别墅以及公共建筑，反映出爱德华王朝时期英国皇室的光辉与财富。早期的作品将"艺术与技艺"的观念与巧妙的规划布局、极富趣味的建筑物正面设计相结合，后期古典主义的倾向则越来越明显。

作品：Munstead Wood, Surrey（1896）；Tigbourne Court, Surrey（1899—1901）；桑宁的教区花园（1899—1902）；Heathcote, llkley, Yorkshire（1906）；新德里的总督府（1920—1931）；War Memorial, Thiepval, Belgium（1927—1932）；华盛顿特区英国大使馆（1927—1928）。

麦金姆（Mckim, Charles, 1847—1909），美国建筑师，与 William Mead（1846—1928）、Stanford White（1853—1906）合伙，经营当时全美最大的建筑师事务所，他们的建筑风格主要以意大利文艺复兴极盛时期为基础。

作品：波士顿公共图书馆（1887—1895）；Rhode Island State House, Providence（1892—1904）；纽约的哥伦比亚大学

（1892—1901）；Morgan Library，New York（1903）；纽约市宾州车站（1902—1911，已拆除）。

麦金托什（Mackintosh，Charles Rennie，1866—1928），天资纵横、创意十足的建筑师与设计师，开创出个人独特的"新艺术"版本，结合了逻辑性的规划与表达性的装饰成分。他在欧陆（尤其是维也纳）的影响，比在英国还要大。

作品：tea-rooms for Miss Cranston，Glasgow（1897—1911）；格拉斯哥艺术学校（1896—1899，1907—1909）；Hill House，Helensburgh（1902—1903）。

芒萨尔（Mansart，Jules-Hardouin，1646—1708），法国首屈一指的巴洛克建筑师，1675 年被任命为法王路易十四的皇家建筑师，大半生精力均投注于完成兴建凡尔赛宫，他创造光辉灿烂视觉效果的绝佳能力也在凡尔赛宫展露无遗。晚期作品显得较为轻巧，预先展现了后来的洛可可风格。

作品：凡尔赛的 Galerie des Glaces（1678—1684）；巴黎的 Chapel of the Invalids（1680—1691）；巴黎的 Royal Chancellery，Place Vendome（1698—）；凡尔赛的 Royal Chapel（1699—）。

米德（Mead，William）详见**麦金姆**（McKim）

门德尔松（Mendelsohn，Erich，1887—1953），德国建筑师，早期作品代表了现代主义中表现主义（expressionist）的倾向，以水泥等材质来传达流动的形式。晚期作品较为正式，朝横向发展，但仍保持流动的线条。

作品：波茨坦的爱因斯坦塔（1919—1921）；Hat Factory，Luckenwalde（1921—1923）；Schocken Department Store，Chemnitz（1928）；De la Warr Pavilion，Bexhill，Sussex（1935—1936，与 Serge Chermayeff 合作）；Hadassah Medical Centre，Mount Scopus，Jerusalem（1936—1938）。

曼哥尼（Mengoni，Giuseppe，1829—1877），意大利建筑师，因建筑米兰的维多利奥·伊曼纽美术馆（1863—1867）而驰名，这座建筑物展现了自由的文艺复兴风格，是至今最大的购物骑楼建筑之一。

梅里尔（Merrill，John），详见**斯基德莫尔**（Skidmore）

米开朗基罗（Michelangelo Buonarroti，1475—1564），雕刻家，画家，军事工程师与建筑师，文艺复兴时期最伟大的奇才之一，他打破建筑的常规，把建筑视为有机的整体与雕刻的完整形式，从而创造出一系列创意十足、影响深远的经典作品，只是每项作品都没有真正完工。他对壁柱（pilaster）与巨大柱式（giant order）的大胆运用以及他对空间的流动观念，为后来的矫

饰主义与巴洛克风格的发展奠定了基础。

作品：S.Lorenzo，Florence，façade（1515，未建）；Medici Chapel（1519—）；洛伦佐图书馆（1524）；罗马的国会大厦（1839—）；罗马的圣彼得教堂（1546—）；罗马的 Capella Sforza，S. Maria Maggiore（约 1560）。

密斯·凡·德·罗（Mies van der Rohe，Ludwig，1886—1969），现代建筑之父之一，先待在德国，1938 年起待在美国，1930—1933 年，担任包豪斯的主任，1938 到 1958 年，任伊利诺伊科技学院建筑系主任，可说是 20 世纪建筑界影响最为深远的建筑教授之一。他擅用钢铁、玻璃、钢骨等高科技材料，力倡建筑应结构明确、楼层自由变化、组合式设计、细部精确。他设计的巴塞罗那世界博览会上的德国展示馆，采用各式高低起伏的钢骨建筑，成为国际风格的经典范例。

作品：glass skyscraper projects（未建，20 世纪 20 年代初期）；Exhibition House，司图加的花园住宅大展（1927）；巴塞罗那世界博览会上的德国展示馆（1929）；Farnsworth House，Plano，Illinois（1945—1950）；Crown Hall，Illinois Institute of Technology（1950—1956）；芝加哥的湖滨大道公寓住宅（1948—1951）；纽约的西格拉姆大厦（1954—1958）；柏林的 New National Gallery（1962—1968）。

米克（Mique，Richard，1728—1794），法国新古典主义建筑师、设计师与工程师。他成为法国皇后玛丽·安托瓦内特旗下的正式建筑师后，建筑生涯发展迅速，但却在法国大革命的余波荡漾中，被送上断头台。他最好的建筑作品，是一系列极端优雅的建筑结构，经过精心的排列设计，置放在自然景观当中。

作品：Porte Ste Catherine，Nancy（1761）；Ursuline Convent，Versailles（1766—）；Temple of Love，凡尔赛宫的小提亚侬宫（1778）；Cabinet Doré，Versailles（1783）；Salon des Nobles，Versailles（1785）。

尼西克利斯（Mnesicles，公元前 5 世纪），希腊建筑师，因建筑雅典的卫城山门（约公元前 437 年）而闻名。

摩尔（Moore，Charles，1925—1993），美国建筑师，同时也是知名的大学教授与作家，身为"后现代古典主义者"，他倡导（并奉行）对史上种种风格的并置与操纵。

作品：加州的 houses at Sea Ranch（1965—1970），圣塔芭芭拉加州大学的 Faculty Club（1968），圣克鲁兹大学的克雷斯吉学院（1973—1974），新奥尔良的意大利广场（1975—1978）。

纳什（Nash，John，1725—1835），多才多艺的企业家型

建筑师与城镇设计者，他针对伦敦大规模的规划设计，在伦敦留下不可磨灭的影响。他不但精力充沛，而且是个十分成功的企业家，1812 年之前，就已经盖了 40 多间乡村房舍，分别呈现古典、歌特与意大利风格，另外还有以茅草盖顶的小屋，而这些作品全都受到画境（the picturesque）观念的影响。1806 年，他被任命为威尔士王子的建筑师，提出从圣詹姆斯宫到摄政公园（Regent's Park），兴建一条符合新古典原则的豪华游行大道的构想，这个构想后来大都落实，创造出伦敦许多最知名的路段。

作品：Cronkhill（约 1802）；Ravensworth Castle（1808）；Rockingham（1810）；布莱斯哈姆雷特（1811）；伦敦摄政公园的坎伯兰连栋屋（1811—）；Brighton Pavilion（1815）；伦敦的 All Souls，Langham Place（1822—1825）；伦敦的白金汉宫（1825—1830）。

诺伊曼（Neumann，Balthasar，1687—1753），德国建筑师，其作品代表了巴洛克晚期的高峰，特色在于漩涡状的曲线，流动的空间，以及丰富、多彩多姿但却十分细致的装饰。

作品：维尔茨堡的主教官邸（1719—1744，与他人合作）；Holzkirchen，在维尔茨堡附近（1726）；staircase，Bishop's Palace，Bruchsal（1732）；费贞非里根朝圣教堂（1743—1772），Abbey Church，Neresheim（1745—）；Marienkirche，Limbach（1747—1752）。

尼迈耶（Niemeyer，Oscar，1907—2012），巴西建筑师，柯布西耶的学生，发展出一派鲜明的现代主义，把抛物线以及其他简单的几何形式，运用在雕刻上。1957 年，成为兴建新城市巴西利亚的主要建筑师。

作品：里约热内卢的教育部大楼（1936—1945，与科斯塔、柯布西耶两人合作）；St Francis of Assisi，Pampuhla（1942—1943）；Pampuhla Casino（1942—1943）；Niemeyer House，Rio de Janeiro（1953）；Brasilia（1957）。

奥斯特贝里（Ostberg，Ragnar，1866—1945），瑞典建筑师与设计师，因一件作品——斯德哥尔摩市政厅（the Stockholm Town Hall）——而驰名国际，这件作品展现了所谓的"浪漫民族主义"的风格，巧妙结合了传统与现代的建筑元素。

作品：斯德哥尔摩市政厅（1904—1923）；斯德哥尔摩的Östermain Boys' School（1910）；Varmland National House，Uppsala（1930）；斯德哥尔摩的 Marine Historical Museum（1934）；Zoorn Museum，Mora（1939）。

奥托（Otto，Frei，1925—2015），德国建筑师，率先采用先进的计算机与工程技巧，使轻量级的帐篷式结构，成为现代建筑中的重要形式。他的帐篷式结构由于曲率复杂，十分先进精巧，不但具有雕刻上的意涵，甚至带有浪漫的风味。

作品：科隆的 Riverside Dance Pavilion（1957）；汉堡的 Star Pavilions（1963）；German Pavilion，Expo'67，Montreal（1967）；retracting roof，Open-Air Theatre，Bad Hersfeld（1968）；慕尼黑的奥林匹克运动场（1972）；Conference Centre，Mecca（1974）。

奥因斯（Owings，Nathaniel），详见斯基德莫尔（Skidmore）。

帕拉迪奥（Palladio，Andrea，1508—1580），意大利文艺复兴时期最伟大、最有影响力的建筑师之一，所有作品都在维琴察（Vicenza）市内或附近。他继承维特鲁威（Vitruvius）以及其他文艺复兴先驱的传统，创造出一种精致而容易模仿的古典风格，以优雅、对称为最大特色。他的影响力在英、美两国最为显著，1570 年，曾出版 The Four Books of Architecture 一书。

作品：维琴察的集会堂（1549）；Palazzo，Chiericati，Vicenza（1550）；维琴察的圆顶别墅（1560）；Palazzo Valmarana，Vicenza（1565）；维琴察附近的 Villa Rotonda（1565—1569）；威尼斯的圣乔治马焦雷教堂（1565—1610）；威尼斯的救世主教堂（1577—1592）；Teatro Olimpico，Vicenza（1580）。

帕克斯顿（Paxton，Joseph，1801—1865），英国园艺家，庭园设计师与建筑师。身为 Chatsworth estate 的园艺主管，他率先采用玻璃与组合式的钢铁来建造温室，1851 年完成的水晶宫（the Crystal Palace），可说是他这类作品的集大成之作，这座建筑后来也成为全球火车站、大厅与工业建筑的原型。在庭园设计方面，他布置了许多大众公园（例如 Birkenhead，1843—1847），而在传统建筑师的角色上，他建造了白金汉郡的 Mentmore House（1852—1854）。

贝聿铭（Pei，leoh Ming，1917—2019），美籍华裔建筑师，定居纽约，是沃尔特·格罗皮乌斯（Walter Gropius）的学生，最擅长建造线条利落、表面全是反光材质的商业大楼。他设计的博物馆与公共建筑，也反映出他对比例与纯净结构的绝佳掌握。

作品：Mile High Center，Denver，Colorado（1955）；Canadian Imperial Bank of Commerce，Toronto（1972）；波士顿的 John Hancock Tower（1973）；华盛顿特区的 East Building，National Gallery of Art（1978）；中国香港的中国银行（1989）；巴黎卢浮宫的玻璃金字塔（1989）。

皮瑞瑟悌（Peressutti，Enrico），详见贝尔吉欧加索（Belgiojoso）。

佩罗（Perrault, Claude, 1613—1688），法国业余建筑师，本业是医师，主要以建筑巴黎卢浮宫东侧气势磅礴的正面建筑而闻名，这座建筑是为法王路易十四而建。他也是个作家，曾出版维特鲁威的第一个法文译本（1673）。

作品：巴黎卢浮宫的东侧正面建筑（1665），巴黎的 Observatoire（1667），Château de Sceaux（1673）。

佩雷（Perret, Auguste, 1874—1954），法国现代建筑的奠基者之一，率先采用强力混凝土结构（construction in reinforced concrete）。他建造的建筑物正面能大胆展现内部结构，同时提供可以自由规划的内部空间。

作品：巴黎的富兰克林 25 号公寓（1903），巴黎的 Théâtre des Champs-Elysées（1911—1913），勒兰西圣母院（1922—1923），巴黎的 Museum of Public Works（1937），Amiens 火车站（1945），重新设计 Le Havre（1949—1956）。

佩鲁齐（Peruzzi, Baldassare, 1481—1536），意大利文艺复兴极盛时期的矫饰主义建筑师，受布拉曼特影响极深，还协助布拉曼特设计罗马的圣彼得教堂。早期作品以细致闻名，后期则打破传统，采用 superimposed columns，别出心裁的窗户造型以及不规则的空间规划，使他成为矫饰主义风格的先声。

作品：罗马的 Villa Farnesina（1508—1511）；罗马的 S. Eligio degli Orefici（1520）；Villa Farnese, Caprarola（约 1530 年）；罗马的 Palazzo Massimo alle Colonne（1532—）。

皮亚诺（Piano, Renzo, 1937—），意大利建筑师，最早与理查德·罗杰斯（Richard Rogers）合伙，1981 年在热那亚（Genoa）成立知名的 Renzo Piano 工作室，从事设计时没有既定的风格，强调与客户的合作以及与自然的协调。他结合了先进科技与传统材质，创造出大胆、色彩缤纷的建筑结构，不但十分实用，而且对周遭环境的反映十分敏感。

作品：巴黎的蓬皮杜中心（1972—1977，与理查德·罗杰斯合作）；巴黎的 Schlumberger Office Building, Montrouge（1981—1984）；德州的 Menil Collection Art Museum, Houston（1981—1986）；大阪关西国际机场航站大厦（1988—1994）；新喀里多尼亚的吉巴欧文化中心（1991—1998）。

珀佩尔曼（Pöppelmann, Matthaeus, 1662—1736），德国巴洛克建筑师，1705 年起担任德累斯顿的萨克森选帝侯（the Elector of Saxony）的宫廷建筑师，他的杰作茨温格尔宫（Zwinger）成功将舞台设计转化为石材建筑。

作品：Taschenberg Palace, Dresden（1705）；德累斯顿的茨温格尔宫（1711—1722）；Schloss Pillnitz（1720—1732）；Augustus Bridge, Dresden（1728）。

德拉波塔（Porta, Giacomo della, 约 1537—1602），意大利矫饰主义建筑师，完成兴建维尼奥拉的耶稣会教堂正面建筑（1568—1584），以及圣彼得教堂的圆顶建筑（1588—1590），另外他还延续米开朗基罗对国会大厦宫殿的设计。

作品：罗马的 Palazzo della Sapienza（约 1575）；罗马的 S. Andreadella Valle（1591，后由马代尔诺完成）；Villa Aldobrandini, Frascati（1598—1603）。

普兰陶尔（Prandtauer, Jacob, 1660—1726），奥地利巴洛克建筑师，成功建造地点特殊的杰作——位于梅尔克的修道院（1702—1714）之后，所有精力均投注于建造与重建奥地利各地的教堂与修道院，其中又以 Garsten, Kremsmünster 与 St Florian 的修道院，以及 Sonntagberg 的朝圣教堂（1706—1717）最为知名。

普金（Pugin, Augustus Welby Northmore, 1812—1852），英国建筑师、设计师，热情拥戴哥特风格，由于对英国国会殿堂的细部设计与内部装饰（1836—1851）而驰名于世。他的著作为建筑学术研究立定新准则，同时他对形式、功能与装饰之间关系的分析，对后来功能主义的想法，也产生很大的影响。他的著作与设计比他的建筑作品影响力更大。

作品：Alton Towers（1837—1852）；奇德尔的圣吉尔斯教堂（1841—1846）；Nottingham Cathedral（1842—1844）；Ushaw College, Durham（1848—1852）；St Augustine, Ramsgate（1846—1851）；爱尔兰的 Lismore Castle（1849—1850）。

理查森（Richardson, Henry Hobson, 1838—1886），美国建筑师，曾在巴黎追随拉布鲁斯特（Labrouste）习艺。他的建筑深受罗马传统影响，风格沉重而鲜明，对 19 世纪末期芝加哥风格的形成有很大的影响，而芝加哥风格正是美国本土最早发展出来的建筑风格。

作品：波士顿的 Trinity Church（1872—1877）；Ames Library, North Easton, Mass.（1877）；麻州昆西的克莱恩图书馆（1880—1883）；哈佛大学的 Austin Hall（1881）；Court House and Jail, Pittsburgh（1884—1887）；芝加哥的马歇尔·菲尔德商店（1885—1887）；芝加哥的 J.J.Glessner House（1885—1887）。

爱德华·里德尔（Riedel, Eduard）详见达尔曼（Dollmann）。

里特维德（Rietveld, Gerrit, 1884—1964），荷兰建筑师与家具设计师，受风格派（the De Stijl group）的影响，设计出

知名的 Red-Bluc Chair（1918），以及乌得勒支的许莱德尔住宅（1923—1924），这是第一座把立体派（cubist）对空间的观念以及分裂平面（fractured planes）的概念运用在建筑上的建筑物。一直到 20 世纪 50 年代，他都是个成功的建筑师与设计师，但他晚期作品的影响力都不如他早期的经典杰作。

埃内斯托·罗杰斯（Rogers，Ernesto），详见贝尔吉欧加索（Belgiojoso）。

理查德·罗杰斯（Rogers，Richard；Lord Rogers of Riverside，1933—），生于意大利的英国建筑师，先与皮亚诺（Renzo Piano）合伙（1971—1978），后在伦敦设立自己的公司。他崇尚科技，建筑外表大胆强调架构与设施，创造出鲜明的管状高科技风格。

作品：巴黎的蓬皮杜中心（1971—1977，与皮亚诺合作），伦敦的罗伊德大楼（1978—1986），伦敦希斯罗机场的第五航站大厦（1989），伦敦第四频道的总部大楼（1990—1994），波尔多的法院（1993—）。

鲁特（Root，John Wellbormn，1850—1891），美国建筑师，与丹尼尔·伯纳姆（Daniel Burnham）合伙，共同设计芝加哥的高耸创新大楼，发展出芝加哥学派典型的玻璃帷幕风格，成为摩天大楼的主要特色。在他们的合伙关系中，鲁特较具创意，伯纳姆则擅长组织与规划。

作品（都在芝加哥）：Montauk Block（1882），孟内德纳克大楼（1884—1891），The Rookery（1886），Masonic Temple（1891）。

萨里宁（Saarinen，Eero，1910—1961），杰出芬兰建筑师埃列尔·萨里宁（Elielie Saarinen）之子，1923 年移民美国。他的建筑风格从受密斯启发的冷静、直线式的外表，渐渐发展成以曲线和拱形屋顶为主的表现主义风格，不但高度个人化，而且极富诗意。

作品：Jefferson Memorial，St Louis（1947—1966）；General Motors Technical Centre，Warren，Michigan（1948—1956，与埃列尔合作）；纽约肯尼迪国际机场的 TWA 航站大厦（1956—1962）；耶鲁大学的 Stiles and Morse College（1958—1962）；华盛顿特区的达拉斯机场（1958—1963）；纽约林肯中心的 Vivian Beaumont Theater（1965）。

萨夫迪（Safdie，Moshe，1938—），以色列裔的加拿大建筑师，1964 年起在蒙特利尔执业。他在建筑作品中表达了"栖息地"（habitat）的观念，并以文字作品将之发扬光大。这个观念排斥现代主义的纯粹线条，转而拥抱集合、混乱与复杂空间的形

式，探索建筑、社会秩序与自然环境之间的关系。

作品：蒙特利尔的栖息地 67（1967）；耶路撒冷的 Porat Joseph Rabbinical College（1971—1979）；National Gallery of Canada，Ottawa（1988）；耶路撒冷的 Hebrew Union College Campus（1988）；Vancouver Library Square（1991）。

桑蒂斯（Sanctis，Francesco de，1693—1731），意大利巴洛克建筑师，以创造罗马戏剧性的西班牙阶梯（1723—1725）而闻名。他另外只有一件重要作品，那就是罗马圣三一教堂的正面建筑（1722）。

夏隆（Scharoun，Hans，1893—1972），德国建筑师，早期作品呈现出国际风格严谨的直线与表意较强的个人化曲线之间的紧张关系。20 世纪 50 年代，他的表现主义蔚为风潮，使他跟着驰名国际。

作品：Exhibition House，Weissenhofsiedlung，Stuttgart（1927）；Schminke House，Löbau（1933）；Romeo and Juliet flats，Stuttgart（1954—1959）；柏林的爱乐音乐厅（1956—1963）；Maritime Museum，Bremerhaven（1970）；Stadttheater，Wolfsburg（1965—1973）；柏林的 National Library（1967—1978）。

申克尔（Schinkel，Karl Friedrich，1781—1841），德国 19 世纪初期最重要、影响力最大的建筑师，1815 年起，任普鲁士建筑委员会的首席建筑师，1831 年，任主管。他完美建构的古典正面建筑，成为全球各地公共建筑的原型。但他也有哥特风格的作品，运用铸铁，设计出未多加装饰的功能性建筑，对发展中的现代主义运动有一定的影响。

作品：柏林的 New Guard（1817）；柏林的 War Memorial（1818）；柏林的皇家剧院（1819—1821）；柏林的 Werdesche Kirche（1821—1831）；Humboldt House，Tegel（1822—1824）；柏林的旧博物馆（1823—1830）；Nicolai Church，Potsdam（1829—1837）；柏林的 Academy of Building（1831—1835）；柏林的 Schloss Charlottenhof（1833—1834）。

薛洛（Siloe，Diego de，约 1495—1563），西班牙建筑师与雕刻家，把意大利文艺复兴的建筑形式引进西班牙，并在西班牙仿银器装饰风格的发展上，扮演了极为重要的角色。

作品：布尔哥斯大教堂的多拉达楼梯（1524）；Granada Cathedral（1549）；Salvador Church，Ubeda（1536）；Guadix Cathedral（1549）；S. Gabriel，Loja（1552—1568）。

锡南（Sinan，Koca，1489—1578 或 1588），土耳其最伟

大的建筑师，从 1538 年至辞世为止，都担任奥斯曼宫廷的首席建筑师。他在世时就颇受称颂，有 476 间以上的伊斯兰教清真寺、学校、医院与其他建筑，都以他的名字来命名，古典风格的奥斯曼圆顶清真寺，在他的努力之下达到极盛。

作品：伊斯坦布尔的 Sehzade Mehmed Mosque（1543—1548）；伊斯坦布尔的苏莱曼尼耶清真寺（1551—1558）；伊斯坦布尔的 Mihrimah Sultan Mosque, Edirnekapi（约 1565 年）；Selimiye Mosque, Edirne（1570—1574）。

斯基德莫尔（Skidmore, Louis, 1897—1976），美国建筑师，1936 年与奥因斯（Nathaniel Owings, 1903—1984）、梅里尔（John Merrill, 1896—1975）合伙，创立美国第二次世界大战以后规模最大的建筑企业之一，尤其擅长建造大型的办公大楼。他们的作品深受密斯的影响，以精确、利落著称，而以钢骨与玻璃为建材的摩天大楼，在他们手上成为经典形式，引发全球建筑师的仿效。他们晚期的作品则偏向运用高科技，以及公开表意的建筑结构。

作品：纽约的利华大厦（1951—1952）；纽约的 Manufactures' Trust Bank（1952—1954）；Connecticut General Life Insurance Building, Hartford（1953—1957）；纽约的 Chase Manhattan Bank（1962）；芝加哥的 John Hancock Center（1968—1970）；沙特阿拉伯吉达的 Hajj Airport Terminal（1980）。

斯默克（Smirke, Sir Robert, 1781—1867），英国首屈一指的希腊复兴派建筑师，负责兴建许多大型的公共建筑与乡村别墅，以简洁、庄严与雄伟为最大特色。

作品：伦敦的 Covent Garden Opera House（1808—1809，已毁），Lowther Castle, Cumbria（1806—1811），Eastnor Castle, Herefordshire（1812），伦敦的 St Mary's Church, Marylebone（1823），伦敦的大英博物馆（1823—1847），伦敦 Trafalgar 广场的 Royal College of Physicians and Union Club（1824—1827），伦敦的 Oxford and Cambridge Club, Pall Mall（1835—1838）。

艾莉森·史密森（Smithson, Alison, 1928—1993）和彼得·史密森（Smithson, Peter, 1923—2003），英国夫妻，虽然规划的建筑只有少数落实，但在教学、前卫的宣传以及开发想象力十足的新方案等方面，却发挥了很大的影响力。他们致力倡导 "New Brutalist" 的观念。

作品：Hunstanton School, Norfolk（1949—1954）；受密斯启发的争议性玻璃箱形结构，伦敦的经济学家大楼（1962—1964）；伦敦的 Robin Hood Lane Housing（1966—1972）。

史密森（Smythson, Robert, 1536—1614），英国砖瓦匠与建筑师，发展出伊丽莎白时期的乡村式房屋，以典型的英国文艺复兴版本为特色，强调繁复的装饰、大胆的造型，以及戏剧化的剪影。

作品：威尔特郡的朗里特宅邸（1572—1575，主要是石工），诺庭汉郡的沃拉顿府（1580—1588），德比郡的哈维克府（1590—1597）。

苏夫洛（Soufflot, JacquesGermain, 1713—1780），法国最伟大的新古典建筑师，在意大利接受训练，兴建法国第一座新古典建筑，他把古罗马典范的规律与雄伟，和哥特建筑中他欣赏的轻巧性结构，加以结合。

作品：Hôtel-Dieu, Lyons（1741—1748）；Loge au Change, Lyons（1747—1760）；巴黎的万神殿（1755—1792）；巴黎的 Ecole de Droit（1771—1783）。

斯特林（Stirling, James, 1926—1992），英国建筑师，他以钢铁与玻璃大胆呈现出来的表意形式，预现了 "高科技" 的意象。此外，他还在作品中刻意引用早期史上各种风格，或刻意并置各种不同的元素，表现出后现代主义的特色。

作品：伦敦的 Ham Common Flats, Richmond（1955—1958）；雷斯特大学的工程大楼（1959—1963）；剑桥大学的 History Faculty Library（1964—1966）；Olivetti Building, Haslemere, Surrey（1969—1972）；Neue Staatsgalerie, Stuttgart（1977—1984）；德国的 Braun Headquarters, Melsungen（1986—1991）。

沙利文（Sullivan, Louis, 1856—1924），芝加哥学派最富创意、影响最为深远的建筑师之一，奉行 "形式随功能转换"，致力于新型的摩天大楼设计，发展出合适的形式与装饰风格，并从自然形式中寻找灵感。他与阿德勒（Dankmar Adler, 1844—1900）合伙执业。

作品：芝加哥的 Auditorium Building（1886—1889）；芝加哥的 Getty Tomb（1890）；Wainwright Building, St Louis（1890—1891）；芝加哥的 Schiller Theater Building（1892）；水牛城的信托大楼（1894—1895）；芝加哥的 CPS 百货公司（1899—1904）；National Farmers' Bank, Owatanna, Minnesota（1906—1908）。

丹下健三（Tange, Kenzo, 1913—2005），日本战后首屈一指的建筑师，受柯布西耶影响颇深，尝试将国际风格与日本传统的巨大建筑风格加以融合，因而开创出大胆、有时甚至显得沉重的混凝土建筑物表面，不过屋顶线条曲线却较为丰富，意涵也较为深刻。

作品：广岛 Peace Memorial and Museum（1949—1955）；东京市政厅（1955）；Kagawa Prefectural Offices, Takamatsu（1958），Yamanashi Press and Radio Centre, Kofu（1961—1967），东京的奥林匹克运动场（1964）。

托雷多（Toledo, Juan Bautista de，卒于 1567），西班牙建筑师，1561 年被西班牙的菲利普二世任命为皇家建筑师，在此之前一直在罗马与那不勒斯工作。他将一套新的建筑教学体系引进西班牙，同时创造出一种纯粹而简洁的古典文艺复兴风格，产生很大的影响。他唯一流传下来的重要作品，就是他的经典杰作——埃斯科里亚尔宫（1562—1582），由赫雷拉（Juan de Herrera）接续完成。

托尔达特（Trdat，活跃于 989—1001），亚美尼亚建筑师，和基督教拜占庭时期的追随者一起，兴建了许多教堂，这些教堂的结构，要比西方的同类建筑早上 100 年。

作品：伊斯坦布尔圣索菲亚大教堂的修复（989），阿尼大教堂（1001—1015）。

屈米（Tschumi, Bernard, 1944— ），瑞士裔法国建筑师，以巴黎与纽约为执业基地，在教学与理论方面，也有很大的影响。他既是后现代主义者，也是解构主义者，致力探索并质疑有关形式、功能与意义的种种假设，并利用谐拟、片段与操纵空间中的形式等，创造出特殊的建筑风格。

作品：巴黎的小城公园（1984—1989），荷兰的 Glass Video Gallery, Groningen（1990），法国的 School of Architecture, Marne-la-vallée（1991— ），纽约哥伦比亚大学的 Lerner Student Center（1991— ）。

伍重（Utzon, Jørn, 1918—2008），创意十足、特立独行的丹麦建筑师，受到阿尔托与阿斯普隆德的影响，运用砖材与规格标准化的组件，创造出与周边自然环境融为一体的住宅，进而实验戏剧化的雕刻形式。

作品：Kingo Houses, Elsinore（1956—1960），悉尼歌剧院（1957—1973），Birkehoj Houses, Elsinore（1963），哥本哈根的巴格斯韦德教堂（1969—1976），科威特的 National Assembly Building（1972）。

凡艾伦（Van Alen, Wiliam, 1883—1954）。美国建筑师，特别擅长建造纽约的摩天大楼，其中最著名的只有一栋——克莱斯勒大楼（1928—1930），这是建筑界装饰艺术风格的最终象征。

范布勒（Vanbrugh, Sir John, 1664—1726），虚张声势的

英国士兵与剧作家，未经正式训练，就当上建筑师。在霍克斯摩尔（Nicholas Hawksmoor, 1661—1736）的大力协助下，设计出英国最大也最绚丽的巴洛克乡村住宅，以大胆的组合、巨大的梁柱以及各式戏剧化的外表轮廓为特色，他晚期的作品比较类似堡垒，预示了后来的哥特式风格复兴（the Gothic Revival）。

作品：Castle Howard, Yorkshire（1699—1726）；Blenheim Palace, Oxfordshire（1705—1724）；King's Weston, Bristol（1711—1714）；格林尼治的范布勒堡（1718—1719）；Seaton Delaval, Northumberland（1720—1728）。

文丘里（Venturi, Robert, 1925—2018），美国后现代建筑师、设计师与作家，与合伙人劳赫（John Rauch, 1930— ），斯科特·布朗 Denise Scott Brown, 1931— ）共同反对现代主义无聊的公式，倡导充满嘲讽与象征的复杂建筑，喜欢引用各种风格，包含地方与当代意象。

作品：费城的栗树山丘住宅（1962—1964）；费城的 Guild House（1962—1968）；Fire Station, Columbus, Indiana（1966—1968）；Butler College, Princeton University（1980）；伦敦的 National Gallery Extension（1987—1991）。

维尼奥拉（Vignola, Giacomo da, 1507—1573），意大利矫饰主义建筑师，是米开朗基罗过世后，罗马首屈一指的人物，大部分作品都是与人合作，或把他人未完成的作品，继续完工。他为耶稣会教堂所做的设计，宽阔的教堂正殿完全没有走道，把注意力集中在高高的祭坛上，影响极为广泛。另外他为圣安娜教堂所画的椭圆形构图，也有很大的影响。

作品：卡普拉罗拉的法尔内塞大厦（1547—1549）；Villa Giulia, Rome（1550—1555）；Palazzo Farnese, Piacenza（1564— ）；罗马的圣彼得教堂（1567—1573）；罗马的耶稣会教堂（1568—1584）；罗马的圣安娜教堂（1573— ）。

瓦格纳（Wagner, Otto, 1841—1918），奥地利现代运动的奠基者之一，1894 年起，在维也纳美术学院担任教授，诲人不倦。他反对讲究风格的折中主义与过度繁复的装饰，主张简洁、理性的结构与运用现代素材。

作品（都在维也纳）：火车站与大桥（1894—1901），马加利卡住宅（1898），邮政储蓄银行（1904—1906），Steinhof Asylum Church（1905—1907）。

沃波尔（Walpole, Horace, 1717—1797），第四任牛津伯爵，国会议员，鉴赏家，艺术赞助人与业余建筑师。他在特威克纳姆兴建草莓山（Strawberry Hill, 1748—1777），倡导哥特式

风格复兴（the Gothic Revival），产生很大的影响，虽然草莓山是雇用了专业建筑师兴建（其中知名的包括 John Chute，Richard Bentley，Robert Adam，James Essex），但整体观念完全出自沃波尔。

沃尔特（Walter, Thomas Ustick, 1804—1887），杰出的美国希腊复兴派建筑师，美国建筑学院（the Institute of American architects）的设立者与第二任校长，他建了无数的房舍与公共建筑，都以简洁、规律与节制为特色。

作品：费城的 Girard College（1833—1848）；Baptist Church, Richmond（1839）；County Court House, West Chester（1847）；华盛顿特区的国会大厦（1851—1867）。

沃特豪斯（Waterhouse, Alfred, 1830—1905），英国维多利亚极盛时期首屈一指的建筑师，衷心拥戴大型公共大楼与商业大楼的哥特风格。他创造出坚实的建筑物轮廓与如画的天空线（skyline），作品细部齐整、井然有序，还会大胆运用有色的砖材与陶土制品。他偶尔会采用罗马式或文艺复兴式的风格，但最擅长的还是哥特风格，而且极为多产。

作品：Manchester Town Hall（1868—1877）；伦敦的自然历史博物馆（1868—1880）；Blackmoor House, Hampshire（1869）；伦敦的 Lyndhurst Road Chapel, Hampstead（1883）；伦敦的 University College Hospital。

韦伯（Webb, Philip, 1831—1915），建筑师与设计师，莫里斯（William Morris）的密友与合伙人。他几乎只盖国内的住宅，避免采用历史风格，反而以地方性的传统、设施、建材与精巧工艺为基础，提出毫不矫饰的设计。他是艺术和工艺（the Arts and Crafts）运动的重要先驱。

作品：Red House, Bexley Heath（1859—1860）；伦敦的 1 Palace Green, Kensington（1868）；Oast House, Hayes Common, Middlesex（1872）；Clouds, East Knoyle, Wiltshire（1880）；Standen, East Grinstead, E. Sussex（1891—1894）。

怀特（White, Stanford），详见**麦金姆（Mckim）**。

小伍德（Wood, John the Younger, 1728—1781），英国建筑师与城市发展设计师，和父亲老伍德（1704—1754）一起，规划出巴斯（Bath，1729—1775）的大半城镇。他们运用巨大的梁柱，将帕拉迪奥新古典主义乡村住宅的柱廊，运用在房屋连栋的街道上，创造出极其优雅的曲线式建筑物表面，实践了文艺复兴最终的古典观念，对后来的城镇规划产生极大的影响。

雷恩（Wren, Sir Christopher, 1632—1723），英国最伟大的建筑师，既是教学家，也是天文学家，透过对结构与工程学的认识，进入建筑的领域。他是国王的测绘总监，负责重建 1666 年在伦敦大火中焚毁的圣保罗大教堂与 51 座市内教堂，他利用这次机会创造出一连串节制但富有创意与变化的古典经典建筑，等于是巴洛克风格经修饰后的英国版本，强调明澈与镇定，避免过度繁复的装饰所带来的昏乱感。

作品：牛津的 Sheldonian Theatre（1663—1665），伦敦的 St Stephen Walbrook（1672），伦敦的圣保罗大教堂（1675—1710），剑桥的三一学院图书馆（1676—1684），伦敦的 Chelsea Hospital（1682—1692），伦敦的 Hampton Court（1690—1700），伦敦的 Greenwich Naval Hospital（1694—1716）。

赖特（Wright, Frank Lloyd, 1876—1959），很多人认为他是最伟大的美国建筑师，身为"草原风格"的创始人，他发展出典型的长屋顶线条，引进内部流动空间的新观念，以及建筑与自然间的崭新关系。他特立独行、创意十足，国际现代风格对他并没有太大的影响，相反，他主要以丰沛的想象为灵感源泉。

作品：芝加哥的 house at Oak Park（1889）；水牛城的马丁住宅（1904）；芝加哥的一神论教派教堂（1905—1908）；芝加哥的罗比住宅（1908—1909）；洛杉矶的 Barnsdall House（1916—1921）；东京的帝国饭店（1916—1922）；洛杉矶的 Ennis House（1923—1924）；宾州熊奔溪的落水山庄（1935—1937）；Johnson Wax Building, Racine, Wisconsin（1936—1945）；凤凰城的西塔里埃森住宅（1938）；纽约的古根汉博物馆（1943—1959）。

▌参考文献

注：建筑的主要来源不是书籍，而是建筑本身。写作过程中，我参考了无数的建筑、游览过的地方、书籍、文章、平面图，并与建筑师和评论家进行了交流。

下面的列表不是详尽的，但可以作为建筑和可参考文献的指南。

综合参考

BRONOWSKI, J., *The Ascent of Man*, London, 1975

CANTACUZINO, SHERBAN, *European Domestic Architecture*, London, 1969

CLARK, KENNETH, *Civilisation*, London, 1969

CLIFTON-TAYLOR, ALEC, *The Pattern of English Building*, London, 1972

COWAN, HENRY J., *The Masterbuilders*, Sydney and London, 1977

DAVEY, NORMAN, *A History of Building Materials*, London, 1961

FLETCHER, SIR BANISTER, *A History of Architecture*, 19th edn., London, 1987

HOSKINS, W.G., *The Making of the English Landscape*, London, 1955

JELLICOE, GEOFFREY and SUSAN, *The Landscape of Man*, London, 1975

JONES, OWEN, *The Grammar of Ornament*, London, 1856; facsimile edn., London, 1986

MUMFORD, LEWIS *The City in History*, London, 1961

NUTTGENS, PATRICK (ed.), *The World's Great Architecture*, London, 1980

NUTTGENS, PATRICK, *Pocket Guide to Architecture*, London, 1980

PEVSNER, SIR NIKOLAUS, *An Outline of European Architecture*, Harmondsworth, 1943

WATKIN, DAVID, *A History of Western Architecture*, London, 1986

1 乡土建筑

BRUNSKILL, R.W., *Traditional Buildings of Britain*, London, 1981

—, *Vernacular Architecture*, London, 1971

GUIDONI, ENRICO, *Primitive Architecture*, New York, 1978

RAPOPORT, AMOS, *House Form and Culture*, Englewood Cliffs, New Jersey, 1969

RUDOFSKY, BERNARD, *Architecture without Architects*, London, 1973

2 建筑文明之始

BACON, EDWARD (ed.), *The Great Archeologists (from The Illustrated London News)*, New York, 1976

BORD, JANET and COLIN, *A Guide to Ancient Sites in Britain*, St Albans, 1979

BURL, AUBREY, *The Stonehenge People*, London, 1987

COTTRELL, LEONARD, *Lost Cities*, London, 1957

—, *The Bull of Minos*, London, 1955

CULICAN, WILLIAM, *The Medes and the Persians*, London, 1965

GARBINI, GIOVANNI, *The Ancient World*, London, 1967

GIEDION, SIGFRIED, *The Beginnings of Architecture*, vol. 2 of *The Eternal Present* (2 vols.), Oxford, 1964

JAMES, E.O., *From Cave to Cathedral*, London, 1965

LLOYD, S. and MULLER, H.W., *Ancient Architecture*, London, 1980

MACAULAY, ROSE, *The Pleasure of Ruins*, London, 1964

MACKENDRICK, PAUL, *The Mute Stones Speak*, London, 1960

PIGGOTT, STUART (ed.), *The Dawn of Civilization*, London, 1961

POSTGATE, NICHOLAS, *The First Empires*, Oxford, 1977

WHITEHOUSE, RUTH, *The First Cities*, Oxford, 1977

3 古埃及建筑

DE CENIVAL, JEAN-LOUIS, *Living Architecture: Egyptian*, London, 1964

CURL, JAMES STEVENS, *A Celebration of Death*, London, 1980

EDWARDS, I.E.S., *The Pyramids of Egypt*, London, 1947

HANCOCK, GRAHAM, *Fingerprints of the Gods*, London, 1955

HUTCHINSON, WARNER, A., *Ancient Egypt*, London and New York, 1978

PEMBERTON, DELIA, *Ancient Egypt*, Harmondsworth, 1992

SMITH, W. STEVENSON, *The Art and Architecture of Ancient Egypt* (rev. edn.), Harmondsworth, 1971

4 亚洲次大陆建筑

BUSSAGH, MARIO, *Oriental Architecture*, London, 1981

GRAY, BASIL (ed.), *The Arts of India*, Oxford, 1981

HARLE, J.C., *The Art and Architecture of the Indian Subcontinent*, Harmondsworth, 1986

Indian Temples and Palaces (Great Buildings of the World series), London, 1969

ROWLAND, BENJAMIN, *The Art and Architecture of India* (rev. edn.), Harmondsworth, 1971

TADGELL, CHRISTOPHER, *The History of Architecture in India*, London, 1990

VOLWAHSEN, ANDREAS, *Living Architecture: Indian*, London, 1969

5 中国与日本建筑

AUBOYER, JEANNINE and GOEPPER, ROGER (eds.), *Oriental World*, London, 1967

COTTERELL, ARTHUR, *The First Emperor of China*, London, 1981

DEPARTMENT OF ARCHITECTURE, Qinghua University, *Historic Chinese Architecture*, Qinghua University Press, 1985

GARDINER, STEPHEN, *The Evolution of the House*, London, 1976

KIDDER, J. EDWARD JR., *The Art of Japan*, London, 1981

LIP, EVELYN, *Chinese Geomancy*, Singapore, 1979

PAINE, ROBERT TREAT and SOPER, ALEXANDER, *The Art and Architecture of Japan* (rev. edn.), Harmondsworth, 1975

SICKMAN, LAURENCE and SOPER, ALEXANDER, *The Art and Architecture of China* (3rd edn.), Harmondsworth, 1968

TERZANI, TIZIANO, *Behind the Forbidden Door*, London, 1986

YU, ZHUOYAN, *Palaces of the Forbidden City*, Harmondsworth, 1984

6 中美洲建筑

HEYDEN, DORIS and GENDROP, PAUL, *Pre-Columbian Architecture of Mesoamerica*, New York, 1975, and London, 1980

—, *The Pre-Columbian Civilisations*, New York, 1979

MORRIS, CRAIG, AND VON HAGEN, ADRIANA, *The Inka Empire and its Andean Origins*, New York, 1996

ROBERTSON, DONALD, *Pre-Columbian Architecture*, Englewood Cliffs and London, 1963

7 古希腊建筑

BROWNING, ROBERT (ed.), *The Greek World*, London, 1985

GRANT, MICHAEL (ed.), *The Birth of Western Civilisation*, London, 1964

LAWRENCE, A.W., *Greek Architecture*, Harmondsworth, 1957; rev. edn., 1983

ROLAND, MARTIN, *Living Architecture: Greece*, London, 1967

ROBERTSON, D.S., *Greek and Roman Architecture*, Cambridge, 1969

SCULLY, VINCENT, *The Earth, the Temple and the Gods*, New Haven and London, 1962

SPIVEY, NIGEL, *Greek Art*, London, 1997

TAPLIN, PLIVER, *Greek Fire*, London, 1989

8 古罗马建筑

GIBBON, EDWARD, *Decline and Fall of the Roman Empire*, 1776–88; available in various modern editions and abridgements

GOODENOUGH, SIMON, *Citizens of Rome*, London, 1979

GRANT, MICHAEL, *The World of Rome*, New York, 1960

PICARD, GILBERT, *Living Architecture: Roman*, London, 1965

VITRUVIUS, *The Ten Books on Architecture*, transl. M. H. Morgan, New York, 1960

WARD-PERKINS, JOHN B., *Roman Architecture*, New York, 1977

—, *Roman Imperial Architecture*, 2nd edn., New Haven and London, 1992

9 早期基督教和拜占庭建筑

FOSTER, RICHARD, *Discovering English Churches*, London, 1980

HETHERINGTON, PAUL, *Byzantine and Medieval Greece: Churches, Castles, Art*, London, 1991

KRAUTHEIMER, RICHARD, *Early Christian and Byzantine Architecture*, Harmondsworth, 1975

LOWDEN, JOHN, *Early Christian and Byzantine Art*, London, 1997

MACDONALD, WILLIAM L., *Early Christian and Byzantine Architecture*, Englewood Cliffs and London, 1962

MAINSTONE, ROWLAND, *Hagia Sophia*, London, 1986

MANGO, CYRIL, *Byzantine Architecture*, London, 1978

STEWART, CECIL, *Early Christian, Byzantine and Romanesque Architecture*, London, 1954

TALBOT RICE, DAVID (ed.), *The Dark Ages*, London, 1965

10 仿罗马式建筑

ATROSHENKO, V.T., and COLLINS, JUDITH, *The Origins of the Romanesque*, London, 1980

CONANT, K.J., *Carolingian and Romanesque Architecture 800–1200*, London, 1959

COOK, OLIVE, *English Cathedrals*, 1989

EVANS, JOAN (ed.), *The Flowering of the Middle Ages*, London, 1985

KUBACH, HANS ERICH, *Romanesque Architecture*, New York, 1977

OURSEL, RAYMOND and ROUILLER, JACQUES, *Living Architecture: Romanesque*, London, 1967

SERVICE, ALASTAIR, *The Building of Britain: Anglo-Saxon and Norman*, London, 1982

TAYLOR, H.M. and J., *Anglo-Saxon Architecture*, Cambridge, 1965

11 伊斯兰建筑

BARAKAT, SULTAN (ed.), *Architecture and Development in the Islamic World*, York, 1993

BLAIR, SHEILA S., and BLOOM, JONATHAN M., *The Art and Architecture of Islam, 1250–1800*, New Haven and London, 1995

BLAIR, SHEILA S., and BLOOM, JONATHAN M., *Islamic Arts*, London, 1997

ETTINGHAUSEN, RICHARD and GRABAR, OLEG, *The Art and Architecture of Islam, 650–1250*, New Haven and London, 1992

GOODWIN, GEOFFREY, *Islamic Architecture: Ottoman Turkey*, London, 1977

—, *Sinan*, London, 1993

GRUBE, ERNST J., *The World of Islam*, London, 1966

HOAG, JOHN D., *Islamic Architecture*, New York, 1977

HUTT, ANTHONY AND HARROW, LEONARD, *Islamic Architecture: Iran*, London, 1977

HUTT, ANTHONY, *Islamic Architecture: North Africa*, London, 1977

MICHELL, GEORGE, *Architecture of the Islamic World*, London, 1978

WARREN, J. AND FETHI, I., *Traditional Houses in Baghdad*, Coach Publishing House, 1982

12 中世纪风格与哥特式建筑

ACLAND, JAMES H., *Mediaeval Structure: the Gothic Vault*, Toronto and Buffalo, 1972

BRAUNFELS, WOLGANG, *Monasteries of Western Europe*, London, 1972

CHARPENTIER, LOUIS, *The Mysteries of Chartres Cathedral*, Research into Lost Knowledge Organisation, Haverhill, Suffolk, 1966

COWAN, PAINTON, *Rose Windows*, London, 1979

FRANKL, PAUL, *Gothic Architecture*, Harmondsworth, 1962

GIMPEL, JEAN, *The Cathedral Builders*, new edn., London, 1993

GRODECKI, LOUIS, *Gothic Architecture*, New York, 1977

HARVEY, JOHN, *The Medieval Architect*, London, 1972

HOFSTATTER, HANS H., *Living Architecture: Gothic*, London, 1970

JAMES, JOHN, *Chartres: the Masons Who Built a Legend*, London, 1982

MALE, EMILE, *The Gothic Image*, London, 1961

PANOFSKY, ERWIN, *Gothic Architecture and Scholasticism*, Latrobe, PA, 1951

VILLARD DE HONNECOURT, *The Sketchbooks of Villard de Honnecourt*, Bloomington, Indiana, 1959

VON SIMSON, OTTO, *The Gothic Cathedral*, London, 1962

WILSON, CHRISTOPHER, *The Gothic Cathedral*, London, 1990

13-14 意大利的文艺复兴建筑　文艺复兴的流传

ACKERMANN, JAMES, *Palladio*, Harmondsworth, 1966

ALBERTI, LEON BATTISTA, *On the Art of Building in Ten Books*, Florence, 1485; transl. J. Rykwert, N. Leach and R. Tavernor, Cambridge, Mass., 1988

ALLSOPP, BRUCE, *A History of Renaissance Architecture*, London, 1959

BENEVOLO, LEONARDO, *The Architecture of the Renaissance*, 2 vols., London, 1978

GADOL, JOAN, *Leon Battista Alberti, Universal Man of the Early Renaissance*, Chicago, 1969

HAY, DENYS (ed.), *The Age of the Renaissance*, London, 1967

HEYDENREICH, LUDWIG H., and LOTZ, WOLFGANG, *Architecture in Italy, 1400–1600*, Harmondsworth, 1974

MORRICE, RICHARD, *Buildings of Britain: Stuart and Baroque*, London, 1982

MURRAY, PETER, *Renaissance Architecture*, New York, 1971

PALLADIO, ANDREA, *The Four Books of Architecture*, Venice, 1570; Engl. transl., London, 1738, reprinted New York, 1965

PLATT, COLIN, *The Great Rebuilding of Tudor and Stuart England*, London, 1994

PORTOGHESI, PAOLO, *Rome of the Renaissance*, London, 1972

SCOTT, GEOFFREY, *The Architecture of Humanism*, London, 1914

SERLIO, SEBASTIANO, *Regolo generale di architettura*, Venice, 1537; English translation, 1611, reprinted New York, 1980

SUMMERSON, JOHN, *The Classical Language of Architecture*, London, 1963

—, *Architecture in Britain, 1530–1830*, Harmondsworth, 1953; 6th edn., 1977

WITTKOWER, RUDOLF, *Architectural Principles in the Age of Humanism*, London, 1962

VASARI, GIORGIO, *Lives of the Most Eminent Painters, Sculptors and Architects*, Florence, 1550, revised edn. 1568; transl. C. de Vere, London, 1912–15, reprinted New York, 1979

15 巴洛克与洛可可

BAZIN, GERMAIN, *Baroque and Rococo*, London, 1964

BLUNT, ANTHONY (ed.), *Baroque and Rococo: Architecture and Decoration*, London, 1978

DOWNES, KERRY, *Hawksmoor*, London, 1969

DOWNES, KERRY, *Vanbrugh*, London, 1977

FISKE-KIMBALL, *The Creation of the Rococo*, New York, 1964

HARALD, BUSCH and LOHSE, BERND, *Baroque Europe*, London, 1962

HUBALA, ERICH, *Baroque & Rococo*, London, 1989

KITSON, MICHAEL, *The Age of the Baroque*, London, 1976

MILLON, HENRY A., *Baroque and Rococo Architecture*, Englewood Cliffs and London, 1961

WHINNEY, MARGARET, *Wren*, London, 1971

WITTKOWER, RUDOLPH, *Art and Architecture in Italy, 1600–1750*, Harmondsworth, 1965

16 浪漫古典主义的建筑

AUNT, JOHN DIXON, and WILLIS, PETER, *The Genius of the Place: the English Landscape Garden 1620–1820*, Cambridge, Mass., 1988

BRAHAM, ALLAN, *The Architecture of the French Enlightenment*, London, 1980

CAMPBELL, COLEN (ed.), *Vitruvius Britannicus*, London, 1715–25

CROOK, J. MORDAUNT, *The Greek Revival*, London, 1972

CRUIKSHANK, DAN and WYLD, PETER, *London: The Art of Georgian Building*, London, 1975

GERMANN, GEORGE, *Gothic Revival in Europe and Britain*, London, 1972

HARRIS, JOHN, *The Palladian Revival: Lord Burlington, His Villa and Garden at Chiswick*, New Haven and London, 1996

IRWIN, DAVID, *Neoclassicism*, London, 1997

MIDDLETON, ROBIN, and WATKIN, DAVID, *Neoclassical and Nineteenth Century Architecture*, New York, 1980

STUART, JAMES and REVETT, NICOLAS, *The Antiquities of Athens*, London, 1762

SUMMERSON, JOHN, *Architecture in the Eighteenth Century*, London, 1986

TREVOR-ROPER, HUGH (ed.), *The Age of Expansion*, London, 1968

WATKIN, DAVID, *The English Vision: the Picturesque in Architecture*, London, 1982

WITTKOWER, RUDOLF, *Palladio and English Palladianism*, London, 1974

17 美洲与新世界

COOKE, ALASTAIR, *America*, London, 1973

DAVIES, P., *Splendours of the Raj: British Architecture in India, 1660–1947*, London, 1985

FIELDHOUSE, D.K., *The Colonial Empires*, London, 1966

HAMLIN, T.F., *Greek Revival Architecture in America*, New York, 1944 and 1964

HANDLIN, DAVID P., *American Architecture*, New York and London, 1985

HITCHCOCK, HENRY-RUSSELL, *Architecture: Nineteenth and Twentieth Centuries* (4th edn.), Harmondsworth, 1977

KUBLER, G., and SORIA, M., *Art and Architecture in Spain and Portugal and their American Dominions*, London, 1959

MORRIS, JAMES, *Heaven's Command: an Imperial Progress*, New York, 1975

O'MALLEY, DINAH, *Historic Buildings in Australia*, London, 1981

PIERSON, WILLIAM H., *American Buildings and their Architects: the Colonial and Neo-classical Styles*, New York, 1970

STACKPOLE, JOHN, *Colonial Architecture in New Zealand*, Wellington, Sydney and London, 1959

TREVOR-ROPER, HUGH (ed.), *The Age of Expansion*, London, 1968

18 风格的探寻

ALDRICH, MEGAN, *Gothic Revival*, London, 1996

ATTERBURY, PAUL and WAINWRIGHT, CLIVE, *Pugin: A Gothic Passion*, New Haven and London, 1994

BRIGGS, ASA, *Victorian Cities*, London, 1963

CLARK, KENNETH, *The Gothic Revival*, London, 1962

COLLINS, PETER, *Changing Ideals in Modern Architecture*, London, 1966

CROOK, MORDAUNT J., *The Dilemma of Style*, London, 1989

DIXON, ROGER, and MUTHESIUS, STEFAN, *Victorian Architecture*, London, 1978

GIROUARD, MARK, *The Victorian Country House*, Oxford, 1971

GOODHART-RENDELL, H., *English Architecture since the Regency*, London, 1953

HITCHCOCK, HENRY-RUSSELL, *Architecture: Nineteenth and Twentieth Centuries* (4th edn.), Harmondsworth, 1977

IRVING, ROBERT GRANT, *Indian Summers*, New Haven and London, 1984

MAHONEY, KATHLEEN, *Gothic Style: Architecture and Interiors from the Eighteenth Cen-*

tury to the Present, New York, 1995

MORRIS, IAN, with WINCHESTER, SIMON, *Stones of Empire: the Buildings of the Raj*, Oxford, 1986

MUTHESIUS, STEFAN, *The High Victorian Movement in Architecture 1850–70*, London, 1972

PEVSNER, NIKOLAUS, *A History of Building Types*, London, 1976

ROLT, L.T.C., *Isambard Kingdom Brunel*, London, 1961

STROUD, DOROTHY, *The Architecture of Sir John Soane*, London, 1962

TREVOR-ROPER, HUGH (ed.), *The Nineteenth Century*, London, 1968

WAINWRIGHT, CLIVE, *The Romantic Interior 1750–1850*, New Haven and London, 1989

19 世纪的转折点

AMAYA, MARIO, *Art Nouveau*, London, 1985

CONDIT, CARL, W., *The Chicago School of Architecture 1875–1926*, Chicago, 1964

DAVEY, PETER, *Arts and Crafts Architecture*, London, 1980; 2nd edn., 1995

FRANKLIN, JILL., *The Gentleman's Country House, 1835–1914*, London, 1981

GAUNT, WILLIAM, *The Pre-Raphaelite Dream*, London, 1943

GUTHEIM, FRED, *Frank Lloyd Wright on Architecture*, New York, 1941

HOWARTH, THOMAS, *Charles Rennie Mackintosh*, London, 1977

HUSSEY, CHRISTOPHER, *The Life of Sir Edwin Lutyens*, Woodbridge, 1984

MACCARTHY, FIONA, *William Morris*, London, 1994

MACLEOD, ROBERT, *Charles Rennie Mackintosh*, London, 1968

MUTHESIUS, HERMANN, *Das englische Haus*, Berlin, 1904–5

NAYLOR, GILLIAN, *The Arts and Crafts Movement*, London, 1971

NUTTGENS, PATRICK (ed.), *Mackintosh and his Contemporaries*, London, 1988

PEVSNER, NIKOLAUS, *The Sources of Modern Architecture and Design*, London, 1968

RUSSELL, FRANK, *Art Nouveau Architecture*, London, 1979

SERVICE, ALASTAIR, *Edwardian Architecture*, London, 1977

SULLIVAN, LOUIS H., *Autobiography of an Idea*, New York, 1956

ZERBST, RAINER, *Antoni Gaudí*, London, 1992

20 国际风格

BANHAM, REYNER, *Theory and Design in the First Machine Age*, London, 1960

BENEVOLO, LEONARDO, *History of Modern Architecture*, 2 vols., London, 1971

DROSTE, MAGDALENA, *Bauhaus*, London, 1990

FABER, COLIN, *Candela the Shell Builder*, London and New York, 1963

GIEDION, SIGFRIED, *Space, Time and Architecture*, Cambridge, Mass., 1963

GROPIUS, WALTER, *The New Architecture and the Bauhaus*, London, 1935

HATJE, GERD (ed.), *Encyclopaedia of Modern Architecture*, London, 1963

HITCHCOCK, HENRY-RUSSELL and JOHNSON, PHILIP, *The International Style*, New York, 1932; 2nd edn., 1966

LE CORBUSIER, *Towards a New Architecture*, London, 1927; reprinted 1970

NUTTGENS, PATRICK, *Understanding Modern Architecture*, London, 1988

PEVSNER, NIKOLAUS, *The Sources of Modern Architecture and Design*, London, 1968

RICHARDS, J.M., *Guide to Finnish Architecture*, London, 1966

SCULLY, VINCENT, *Modern Architecture*, New York, 1961

WEBER, EVA, *Art Deco*, London, 1989

21 确定性的结局

CURTIS, WILLIAM J.R., *Modern Architecture since 1900*, 3rd edn., London, 1996

GLANCEY, JONATHAN, *New British Architecture*, London, 1989

FRAMPTON, KENNETH, *Modern Architecture, a Critical History*, New York, 1980

JENCKS, CHARLES, A., *The Language of Post-Modern Architecture*, 3rd edn., London, 1981

—, *Late Modern Architecture and Other Essays*, London, 1980

ROSSI, ALDO, *The Architecture of the City*, Cambridge, Mass., 1982 (original Italian edition, Padua, 1966)

VENTURI, ROBERT, *Complexity and Contradiction in Architecture*, New York, 1966

▌索引

注：页码为原书页码，即本书的页边码，斜体数字为图片编号。

Aerofilms page 6, 209, 287; AKG, London 363; Arcaid/Richard Bryant 406; Arcaid/S. Couturier 361; Arcaid/Dennis Gilbert 400; Arcaid/Paul Rafferty 407; Dept of Archaeology and Museums, Pakistan 37; Archipress/R. Bryant 398; Archivi Alinari, Florence 99, 118, 120, 123, 136, 218, 222, 223, 224, 228, 229, 230, 231, 233, 263, 264, 266, 272, 274, 332; Artephot/Varga 280; James Austin 289; Barnaby's Picture Library 28, 303; G. Barone (Index, Florence) frontispiece 167, 196; Basilica of the Assumption Historic Trust, Baltimore 311; Bastin & Evrard, Brussels 342; Bauhaus Archiv, Berlin 364, 365; John Bethell 68, 281, 292, 322; BIF, Mexico (Paul Czitromb) 304; Bildarchiv Foto Marburg 14, 148, 202, 207, 212, 220, 246, 261, 271, 330; Bildarchiv Preussischer Kulturbesitz 16; Boston Public Library 333; Copyright British Museum, London 2, 23; Anthony Browell 382; Caisse Nationale des Monuments Historiques et des Sites 163, 165, 193, 238, 295, 329; Martin Charles 341, 356, 372; Richard Cheek, Belmont, Mass. pages 4–5, 298; Chicago Historical Society 335, 338, 339; College of William and Mary, Williamsburg 308; Conway Library, Courtauld Institute of Art 141, 162 (Photo Julian Gardner), 198, 200, 203, 211, 214, 243, 296; Peter Cook/View 354, 360; © Corbis 107; Paul Almasy/© Corbis 21; Tony Arruza/Corbus 273; Dave Bartruff/Corbis 36; Chris Bland; Eye Ubiquitious/Corbis 194; Jan Butchofsky-Houser/Corbis 38; Macduff Everton/Corbis 127; Wolfgang Kaehler/Corbis 152; Danny Lehman/© Corbis 84, 92; Charles and Josette Lenars/Corbis 32, 55, 117; Richard T. Nowitz/Corbis 25, 112; The Purcell Team/Corbis 390; Joel Rogers/Corbis 150; Hans Georg Roth/Corbis 41; Gian Berto Vanni/Corbis 39; Ruggero Vanni/Corbis 164; Nik Wheeler/Corbis 186; Roger Wood/© Corbis 9, 15, 19, 20, 113, 174, 175, 180; Adam Woolfitt/Corbis 51, 143, 155, 213, 244, 270, 276; Alison Wright/Corbis 49; Michael S. Yamashita/

Corbis 132, 393; Bernard Cox, John Bethell Photography 17, 31, 284; Bernard Cox, British Architectural Library, RIBA, London 184, 260; Roy C. Craven Jr. 90, 91, 305; Jérôme Darblay 325; Frank den Oudsten, Amsterdam 368; Deutsches Archaeologisches Institut, Athens 100; C. M. Dixon 124; Max Dupain and Associates, Sydney 314, 381; EMAP Construct 389; Ezra Stoller/© ESTO page 9, 377; Paolo Favole 168; Mark Fiennes 349; Werner Forman Archive 4, 22, 83, 94; Werner Forman Archive/National Museum of Anthropology, Mexico 82; Foster Associates (Photo Ian Lambot) 397; Fototeca Unione 128; Alison Frantz 103, 104; Gabinetto Fotografico Nazionale 133; Dennis Gilbert/View 391; Giraudon 114, 242, 297; Lauros-Giraudon 190, 237; Michael Graves, Architect (Proto Acme Photo) 404; Sonia Halliday Photographs 108, 170 (Jane Taylor) 151 (© Sonia Halliday and Laura Lushington) 189 and 199; Robert Harding Picture Library, London 58, 62, 67, 116, 119, 182, 403 (Mohamed Amin) 171 (© Robert Frerck/Odyssey/Chicago) 380 (J. Pate) 3 and 169 (© Roy Rainford) 288 (Adina Tovy) 78 (Adam Woolfitt) 178 and 240; Lucien Hervé 359; Hirmer Fotoarchiv 12, 26, 33, 35; © Angelo Hornak Photograph Library 156, 166, 173, 204, 215, 217, 256, 258, 275, 277, 317; Hutchison Library (Liba Taylor) 379; Ironbridge Gorge Museum Trust 320; Japan Information and Cultural Centre, London 74, 76, 79; A. F. Kersting 43, 53, 101, 111, 140, 147, 149, 159, 172, 188, 236, 241, 249, 252, 257, 265, 267, 278, 279, 285, 286, 290, 291, 294, 319, 323, 351, 370; Kimbell Art Museum, Fort Worth, Texas/Michael Bodycomb 399 (1972 photograph); Ken Kirkwood 283, 396; Balthazar Korab Ltd. 337, 353, 355, 375, 383, 385, 405; Kisho Kurokawa architect and associates 402; Library of Congress 306, 307, 312, 336; Norman McGrath 388; Ampliaciones y Reproducciones Mas 197, 247, 248, 250, 259; T. Harmon Parkhurst, Courtesy Museum of New Mexico (No. 4568) 1; Arthur

Taylor, Courtesy Museum of New Mexico (No. 70211) 300; National Gallery of Art, Washington (Samuel H. Kress Collection) 122 (Photo Richard Carafelli); National Monuments Record 157, 195, 206; National Monuments Record of the Netherlands, The Hague 253; The Nelson Atkins Museum of Art, Kansas City, Missouri (Purchase: Nelson Trust) 56; Courtesy of the Pennsylvania Academy of the Fine Arts Archives 334; Renzo Piano Building Workshop/Michel Denancé 408; Pitkin Guides Ltd. 7; Réunion des Musées Nationaux, Paris 245; Rheinisches Bildarchiv 153; British Architectural Library, RIBA, London 54 (Douglas Dickins), 57, 348, 369; Simo Rista 373, 374; Roger-Viollet 6, 192; Royal Pavilion, Art Gallery and Museums, Brighton (the Pavilion is now a tourist attraction, open daily) 293; Scala, Florence 125, 131, 137, 154, 225, 227, 234, 384; Julius Shulman 378; The Skyscan Photolibrary 210; Alison and Peter Smithson 395; South American Pictures 81, 95 (© Robert Francis) 85 and 89 (© Tony Morrison) 301 and 302; The Stapleton Collection 316; Stiftsbibliothek St Gallen 161; Studio Kontos 13, 18, 96, 97, 105, 110, 144, 183; Christopher Tadgell 45, 46, 48, 177, 185, 187, 315, 347, 362; Kenzo Tange Associates 401; Edward Teitelman 309; Thorvaldsens Museum, Copenhagen 327; Rupert Truman 343, 345; School of Architecture, Tsinghua University, Beijing 59, 61, 63, 64, 65, 69, 73; University of Warwick 318; Venturi, Scott Brown and Associates 386; Courtesy of the Board of Trustees of the Victoria and Albert Museum, London 176, 321; Charlotte Wood 346

▌ 出版后记

　　人们每天都会与建筑打交道，无论亲眼观之还是身处其中，即使置身沙漠，或许也能看到壮观的金字塔。正如作者所言：建筑艺术在每个人的生命史中都占有部分篇章，无论我们是否意识到这一点。但或许很少有人会望着建筑驻足思考：为什么它的外观会如此设计？为什么它的结构与旁边的大厦不同？

　　建筑艺术不同于一般艺术，除却艺术魅力，它还强调实用。同时，它也是历史文化及社会生活的缩影。要了解建筑，就得从多方面去探讨。在本书中，身为建筑师的作者即是从建筑师如何设计建筑的角度出发去观察建筑，并综合历史、政治、社会等因素去分析建筑，找到建筑师选择如此设计建筑的原因。

　　欲深入探讨建筑，读万卷书与行万里路缺一不可。在创作本书前及创作中，作者与妻子一起参观了世界上许多地方的建筑，进行了无数次讨论，查阅了无数书籍与建筑平面图，最终将他们对建筑的认识全部分享在本书中，其中包括数千年的建筑历史及各种建筑风格的发展与演变等。

　　新版《建筑的故事》，我们对文字重新进行了编校，同时竭力将书中所有人名、地名、建筑名的译名按今日常用译法进行了调整，以便阅读；虑及书中丰富的图片，我们沿用了原书开本，并委托专业印刷厂印制，以使图片呈现效果更佳；对于内文的版式，我们重新进行了设计，力求更加疏朗、美观。希望通过本书，能让读者对数千年的建筑艺术有更深入、更全面的了解。

后浪出版公司

2021 年 9 月